汇设计丛书

HUI DESIGN

智能交互设计

Intelligent Interaction Design

李存　安景瑞　著

化学工业出版社

·北京·

内容简介

本书主要讲述了智能交互设计的理论知识、设计方法与工具，并精选了大量实际案例，包括：面向健康的智能交互设计、面向弱势群体的智能交互设计、多模态交互设计，以及智能交互式展示设计、智能家居设计等案例，多层次多梯度的案例为学习者提供全面的参考与启发。

本书不仅是一本通识教材，更是一把开启智能时代设计大门的“红宝书”，引导学习者利用AI工具探索设计的无限可能，探索智能交互的定义与奥秘，并深入剖析大语言模型等AI技术如何介入设计流程，帮助学习者构建清晰的知识框架。

本书可作为高等院校交互设计、用户体验设计、产品设计及相关专业的教材，也可作为相关行业的爱好者和从业者的参考读物。

图书在版编目（CIP）数据

智能交互设计 / 李存，安景瑞著. -- 北京 ：化学工业出版社，2025. 11. --（汇设计丛书）. -- ISBN 978-7-122-48896-1

Ⅰ. TP11

中国国家版本馆CIP数据核字第2025U28Q66号

责任编辑：李彦玲　　　文字编辑：谢晓馨　刘　璐
责任校对：杜杏然　　　装帧设计：王晓宇

出版发行：化学工业出版社
（北京市东城区青年湖南街13号　邮政编码100011）
印　　装：三河市航远印刷有限公司
787mm×1092mm　1/16　印张18½　字数410千字
2026年1月北京第1版第1次印刷

购书咨询：010-64518888　　　售后服务：010-64518899
网　　址：http://www.cip.com.cn
凡购买本书，如有缺损质量问题，本社销售中心负责调换。

定　　价：59.80元

前言
PREFACE

“智能”一词的定义一直在持续演化。在 21 世纪初，为冰箱配备变频压缩机便可冠以“智能冰箱”之名；随着智能手机的普及，“智能”被定义为超越通话功能的拍照和娱乐功能；随后，智能灯、插座、音箱等细分产品，因具备 Wi-Fi 协议实现远程控制而被称为“智能”；2017 年，谷歌发布的“*Attention Is All You Need*”论文开启了大语言模型（LLM）时代，“智能”又被赋予了全新的内涵——能够根据语境和个性化需求提供反馈与服务。近年来，人工智能与机器学习的飞速发展进一步重塑了“智能”的定义。从自动驾驶汽车的感知与决策能力，到 AI 辅助设计工具的创意生成，再到大模型驱动的个性化医疗服务，“智能”正从简单的功能叠加，向以数据驱动、动态学习和自主优化为核心的方向转变。

“交互设计”自 20 世纪 80 年代提出以来，随着“智能”范畴的扩展，亦经历了多个维度的变革：由人机工程学为主导，逐步拓展至心理学、行为学和社会学等多学科交叉领域；在载体上，其范围从传统的图形用户界面（GUI）扩展至声音、触觉、气味等多模态交互；在方法上，更注重混合化与系统化，以适应人类愈发复杂的需求体系。

在知识快速更新与碎片化的今天，知识的获取愈发便捷、高效且低成本，我们的学习路径似乎更多依赖于短平快的信息渠道。然而，这种以点赞和收藏为主的学习方式也带来了一个问题：那些学习了却“吃灰”的内容，是否真正被吸收、内化？在这样的背景下，成体系的书籍仍有其价值。因此，我们编写了这本书。本书的四个特色如下。

第一，智能交互设计国际化视野的前沿性。本书超越常见的基础议题讨论（如人机工学与美学），对接国际学术论文与会议成果，为读者提供智能交互设计领域的最新动态与洞见。

第二，系统性与复杂性思维的培养。本书不仅仅是单纯罗列方法或工具，而是更注重对整体设计逻辑的剖析与系统性思考。通过分析当今设计领域广泛应用的组合性方法与工具，帮助读者在“知其然”的基础上深入理解，从而达到“知其所以然”。

第三，丰富的案例支持。书中精选了大量案例，既包括高引用的学术论文，又包括国际前沿研究；既有已上市的、成熟的智能产品，又有低成本、处于研发阶段的智能原型。同时，编者结合教学实践，收录了本科生课堂训练、专题研究和硕士研究生课题作业，形成多层次案例梯度，为读者提供全面的参考与启发。

第四，面向非技术背景学生的 AI 赋能探索。随着编程门槛的进一步降低，如何发挥非技术背景学生的设计优势成为关键。本书特别引入了案例，通过设计案例详细介绍市面 AI 工具如何融入并提升设计流程。

我们希望本书不仅是一本工具指南，更能成为通往智能交互设计世界的窗口，为读者提供理论支撑与实践启迪。

本书的研究内容是山东省社科规划项目研究成果（项目批准号：24CLYJ15）。由于著者水平有限，书中疏漏之处在所难免，敬请广大读者批评指正，以期不断改进与提升。

著　者

2025 年 5 月

目录

CONTENTS

05 Chapter

第5章
面向健康的智能交互设计 / 109

01 Chapter

第1章

智能交互设计基础

智能交互设计基础这一章提供智能交互设计的核心概念和理论背景，构建理解后续章节内容的知识框架。本章从智能交互设计的定义与演变开始，详细阐述其从传统交互到智能交互的发展历程，揭示智能化设计如何深刻改变工业设计的传统理念与实践方式。同时，围绕智能交互系统的结构、关键技术和社会影响进行深入探讨，帮助读者全面了解智能交互设计的技术构成与伦理责任。

本章的亮点在于结合实际案例，如智能家居、智能出行等领域的经典产品，展示智能交互在不同行业的创新应用。通过对感知层、网络层、平台层和应用层的解析，了解智能交互系统的基本结构，并初步认识到技术与用户体验的结合点。本章还探讨了人工智能的伦理问题，引导读者从设计师的视角思考智能交互设计的社会价值和责任。

1.1 智能交互设计的定义与演变

1.1.1 智能交互与智能交互设计的定义

图1-1 托尼·斯塔克的智能助手贾维斯

在《钢铁侠》系列电影中，托尼·斯塔克的智能助手贾维斯（图 1-1）不仅能与托尼对话，还能自主对数据进行分析、调整钢铁侠战甲，甚至预测未来事件。虽然现实中的智能交互还无法达到贾维斯的水平，但它正朝着这个方向快速发展。

从智能手机到智能家居，从自动驾驶到虚拟助手，智能交互已经渗透到我们生活的方方面面。这些充满科技感的产品和体验，正在改变我们与世界互动的方式。同学们或许会好奇，这些神奇的体验是如何实现的？智能交互的背后又隐藏着怎样的规则？让我们一起探索智能交互的宇宙，了解这一新的课题给计算机和设计专业的同学们带来了怎样的挑战。

智能交互是指用户与具备感知、推理、学习、决策和交互能力的产品之间的互动。这类产品不再是冰冷的机器，而是可以感知周围环境、理解用户意图、自主学习并做出智能决策的伙伴。与人的五感类似，智能产品通过各种传感器感知世界，通过人工智能算法处理感应数据，并通过多种界面与环境交互，从而为人们提供更加个性化、便捷和高效的服务。

智能交互设计是现代工业设计的前沿领域，将先进技术与用户需求相结合，创造出具有高功能性（功能主义）和良好用户体验（享乐主义）的设计。智能交互设计不仅要满足传统设计的基本要求，如审美性、功能性和耐用性，还要融入智能技术，使其具有部分自动化功能，可以独立进行数据分析或与其他设备交互。该过程从概念的构思到实际设计的实现，需要跨学科知识和团队的紧密合作。

1.1.2 智能交互设计的演变

智能交互设计的演变，随着技术的浪潮不断前行。虽然“智能”这个词是随着计算机技术的诞生而出现的，但它在产业界的意义却一直在演变。从最初的功能主义，到如今对用户体验的极致追求，智能交互设计的重心一直在转移。智能交互设计的发展可划分为三个关键阶段：萌芽阶段（20 世纪 60 年代至 80 年代）、发展阶段（20 世纪 90 年代至 21 世纪初）和成熟阶段（21 世纪初至今）。每个阶段都见证了智能交互设计从无到有、从简单到复杂的蜕变。

（1）萌芽阶段（20 世纪 60 年代至 80 年代）

在智能交互设计的萌芽阶段，“智能”这个词更多地体现在设备中嵌入了简单的自动化功能和基本的电子控制系统。虽然当时的设备与如今的智能设备相比显得相当原始，但它们为未来的技术发展奠定了坚实的基础，就像一颗种子埋在了肥沃的土壤中，等待着未来的绽放。

这一阶段的智能交互设计主要集中在工业自动化、家电控制系统和初级计算设备。当时的智能交互设计定义较为宽泛，通常指那些嵌入了计算或电子控制功能的设计，具备一定程度的自我调节或自动响应能力。因此，这一阶段的“智能”更多地偏向自动化技术，通过电子设备简化重复性任务，从而提高生产效率。美国、日本和欧洲国家成为这一时期智能交互设计发展的主要推动力量。

在这一时期，我国也开始尝试初步的自动化和电子技术应用，尤其是在军事、工业和少数民用领域。由于我国工业基础相对薄弱，智能交互设计的研发和应用主要通过引进国外技术和设备来实现。在工业领域，企业开始初步使用自动化设备，重点关注加工原理和机械结构的优化，以提高良品率并减少原材料或耗材的消耗。例如，早期从日本引进的数控机床在我国机械制造业中发挥了重要作用。尽管这些设备大多基于国外技术，但它们为我国后续的自主研发奠定了基础。与此同时，我国的消费电子产品开始逐渐进入家庭。20 世纪 80 年代初期，我国自主设计研发并生产的黑白电视机和晶体管收音机在市场上取得了成功。这些产品虽然智能化程度较低，但代表了我国在电子消费品领域的早期探索，例如通过电子元件替代传统电子管。此外，我国许多政府部门和大型科研机构在这一时期引进了一些计算机系统，主要用于计算和数据处理，尚未涉及消费者层面的“智能”交互设计。

（2）发展阶段（20 世纪 90 年代至 21 世纪初）

进入 20 世纪 90 年代，智能交互设计的概念逐渐清晰，并开始向多功能化和集成化方向迈进。在这个阶段，智能交互设计通常指那些具备一定计算能力的设计，能够处理输入的信息并做出相应的反馈，同时在一定程度上具备联网或数据存储功能。

随着计算机技术和传感器技术的不断进步，智能交互设计的功能变得更加丰富多样。例如，数码相机不仅可以拍摄高质量的照片和录制视频，还能进行简单的图像处理。这些设计不仅具备自动化功能，还能根据用户的具体需求进行个性化配置，并支持远程操作或数据通信。因此，这一时期智能交互设计的发展主要集中在功能的差异化和硬件的迭代升级，为后续的智能化发展奠定了坚实的基础。

改革开放使得我国科技产业迅速崛起，并对智能交互设计产生了深远影响。在这个阶段，我国的设计师们开始更多地参与到产品设计的全过程中，从技术模仿到自主创新的转变逐渐显现。在家电领域，海尔和美的等中国品牌通过与国际设计公司的合作，逐步掌握了智能家电的设计方法。1999 年 4 月海尔在美国的南卡罗来纳州建厂，园区占地约 46.7 公顷，年产能达 50 万台。2000 年正式投产生产家电产品，并通过高质量和个性化的设计逐渐打开市场。在通信设备领域，摩托罗拉与联想的合作为中国手机的设计打开了新的局面。联想在吸收摩托罗拉的设计经验后，逐渐形成了自己的设计语言。这种合作模式不仅提升了我国手机的设计水平，还为本土设计师积累了宝贵的经验。

（3）成熟阶段（21 世纪初至今）

21 世纪初至今是智能交互全面爆发的时期。随着人工智能（AI）、物联网（IoT）、5G 通信和云计算技术的快速发展，智能交互设计在各个领域中得到了广泛应用和创新。智能交互的定义从功能的简单集成，扩展到对用户需求的深度理解和主动响应，设备之间的协同能力和用户体验成为核心竞争力。例如，智能手机已经成为智能产品中的代表性设备。智能手机在这个阶段不仅是通信工具，更是一个移动计算平台。苹果公司的 iPhone 和 Android 阵营的智能手机在技术上不断迭代，配备了高性能处理器、高清显示屏、复杂的摄像头系统，以及生物识别功能（如指纹和面部识别）。这些设备还集成了人工智能助手，如 Siri 和 Google Assistant，可以根据用户的语音命令执行任务，甚至预判用户需求，提供个性化的建议和服务。

在这个阶段，我国的智能交互设计取得了巨大的进步。随着“中国制造 2025”等国家战略的实施，中国企业在智能交互设计方面展现出了强大的实力和创新能力，取得了显著的成就。华为、小米、OPPO 和 vivo 等国产品牌迅速崛起，不仅在国内市场占据主导地位，还在全球市场中与苹果和三星等国际品牌展开竞争。

我国通过政策支持和市场推动，使得智能交互设计逐渐成为制造业升级和创新的核心动力。国家对科技创新的大力支持，特别是在 AI 和 5G 领域的布局，为我国设计师和企业提供了广阔的创新空间。例如，中国移动在 5G-A 技术的应用上取得了显著进展，推动了 5G 与人工智能、物联网等技术的融合，为智能交互设计的互联互通提供了强大的技术支撑。

1.1.3 智能交互设计的发展趋势

智能交互设计的发展呈现出五个明显的趋势（图 1-2）。

（1）以用户体验为核心的设计驱动

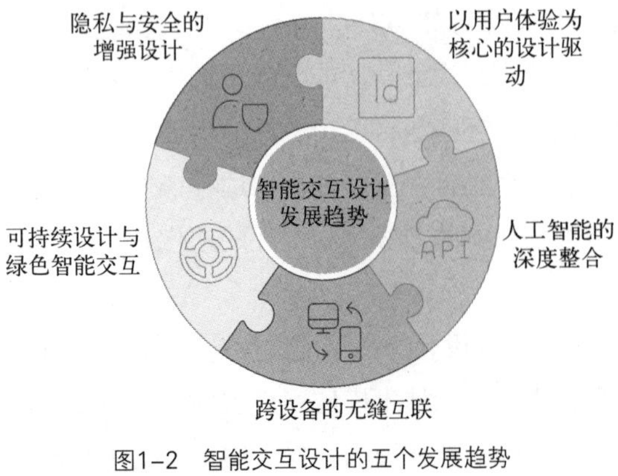

图1-2 智能交互设计的五个发展趋势

以用户体验为核心的设计已经成为智能交互设计的主流趋势。这一趋势强调在设计过程中始终将用户的需求、行为习惯和感受置于首位，研究的重点包括对用户行为的预测、对体验的评估以及对用户需求的深入了解。未来的智能交互设计师要持续关注用户需求的变化，并通过用户调研、行为分析和迭代设计等方法，不断优化产品的用户体验。设计师需要将可用性测试作为设计过程中的关键环节，以确保产品在不同使用场景下能够为用户提供良好的体验。此外，还应考虑通过设计，使产品的复杂技术能够以简洁直观的方式呈现给用户，从而增强产品的市场竞争力。随着技术的不断进步，智能交互设计将更加注重多模态交互设计能力的升级，例如拓展语音交互设计、手势与空间交互设计，以及环境和感知交互设计。设计师需要打破专业壁垒，积极拥抱新技术、新趋势。

（2）人工智能的深度整合

随着人工智能技术的快速发展，智能交互设计正越来越多地整合深度学习、自然语言处理和计算机视觉等 AI 技术。这一趋势使得智能交互设计能够提供更加个性化和智能化的服务，超越了传统的功能型设计。设计师的角色是配合 AI 工程师，让用户了解设备的功能和风险，处理设备共享时的复杂情况，以及帮助用户更好地控制系统。跨学科的合作模式不仅要求设计师具备扎实的设计功底，还需要他们掌握跨学科的知识，成为“T 型人才”，以应对智能产品设计中日益复杂的用户需求。

（3）跨设备的无缝互联

随着物联网技术的普及，智能交互设计正向跨设备的无缝互联方向发展。这一趋势意味着未来的智能交互设计不仅要在单一设备上表现优异，还要能够与其他设备高效协作，提供一致且连贯的用户体验。跨设备互联已经成为智能家居、智能办公和智慧城市等领域的关键趋势。设计的关注点正从单一设备拓展到系统性的互动体验，未来的设计师应更加关注智能交互在多设备环境中的表现，确保产品在各种使用场景下能无缝地与其他设备协作。这种无缝互联正在从单一设备体验的连贯性向多设备配合的和谐性和一致性转移。

更重要的是，设计师是控制用户注意力的指挥家。他们需要让用户在体验设备时感受到整体的和谐氛围，同时实现注意力的自然转移。例如，在跨设备切换时，用户不应感到困惑或不便。这要求设计师在设计过程中充分考虑设备之间的交互逻辑，确保用户在不同设备间切换时的流畅性。

（4）可持续设计与绿色智能交互

随着全球环境问题的加剧，可持续设计和绿色智能交互正成为设计师关注的焦点。这一趋势强调在智能交互设计过程中，尽可能减少对环境的负面影响，同时提升产品的可回收性和能源效率。可持续设计强调的是设计师的社会责任感。这意味着设计师可能需要减少对低廉、易得和稳定的材料的依赖，选择更加环保、能源效率更高或可回收性更强的替代性材料。设计师应积极参与从设计到生产的全生命周期管理，确保产品在其生命周期结束后能够得到有效的回收和再利用。我国目前的可持续事业受到政策大力支持，通过企业社会责任推动执行。虽然对于普通消费者而言，交互体验的改善可能并不显著，但这对生态环境的维护和改善有重要意义。

（5）隐私与安全的增强设计

随着智能交互的普及，用户数据的隐私与安全问题变得越来越重要。增强隐私和安全的设计趋势强调，在智能交互设计过程中必须确保用户数据的保密性、完整性和可控性。如今，我们搜索过的话题，可能会惊现于各类软件的精准广告推送中，这说明软件可能时刻在“监视”着我们的一举一动。智能交互强大的数据收集能力和不透明的运作机制，让用户陷入纠结：希望产品更加智能和个性化的同时，又担心自己的隐私以意想不到的形式被泄露。设计师可以通过提升舒适度、增强用户对产品的熟悉度、提高操作的可预测性、增强用户的控制感、增加透明度和建立信任等方式，提升用户对安全性的感知。

1.2 传统交互设计与智能交互设计的碰撞与融合

面对以上五大趋势，智能交互设计在理念、方法和技术上都发生了迁移。

1.2.1 设计理念的差异：从“以人为本”到“以数据为导向”

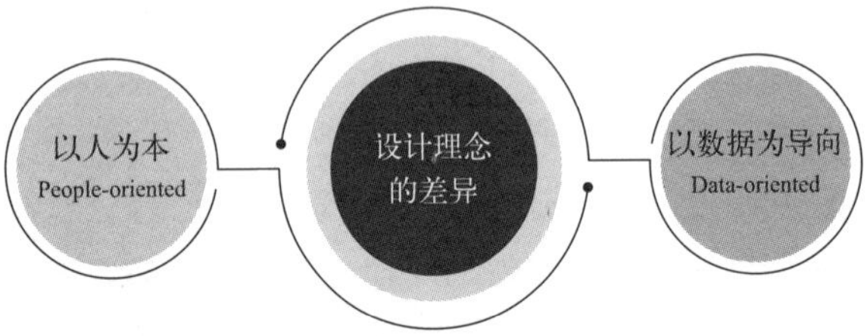

图1-3 设计理念的差异

传统交互设计主要强调“以人为本”，关注互动的功能性、易用性和美观性。设计师通过用户调研、可用性测试等方法，了解用户的需求和痛点，从而设计出符合用户期望的产品。智能交互设计则更进一步，强调“以数据为导向”（图 1-3）。设计师不仅要关注用户的主观感受，还要通过数据分析，了解用户的行为习惯、偏好等客观数据，从而设计出更符合用户需求的产品。

随着精细化发展和成本的不断降低，各式各样的传感器被设计师巧妙地融合到日常生活中。在户外，几乎无处不在的摄像头实时掌握着车辆和人员的流动信息（图 1-4）。在家中，人们的每一次心跳、每天浏览的视频以及每晚在购物软件闲逛而被收集的数据信息，可能已经远超人们的认知。换句话说，过去设计师关注从用户问卷或访谈中挖掘需求，智能时代用户的感受和需求大部分可以反映在日常的数据中。例如，视频博主通过分析视频的观看时间、受众点击情况以及受关注的片段区间，来调整下一条视频的发布时间、话题和脚本。

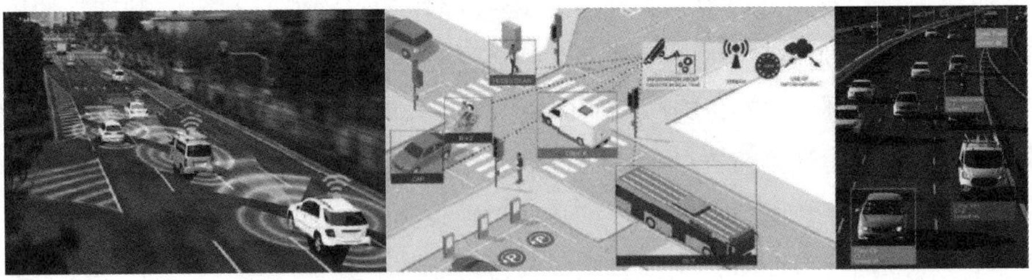

图1-4 街道上的各种摄像头和传感器智能检测交通情况

数据为设计师提供了很多具体的参考信息，这有利于减少设计师的主观判断或较少基数用户的样本偏差，并且有助于为不同用户提供定制化的产品和服务，提升用户满意度和忠诚度。因此，智能交互时代设计师将面临更多的使命：如何根据设计目标锁定相关的数据指标和有效合理的采集方式，如何实现定量数据与用户主观描述的结合性分析，如何平衡数据的客观性和设计师的创造力。这些使命要求设计师不仅需要拓展计算机和统计学相关的知识基础，而且需要学习更多技术工具来辅助创意生产。

1.2.2 设计方法的革新：从“静态”到“动态”

传统交互设计通常采用“瀑布式”开发流程，即先完成需求分析、设计、开发等环节，然后再进行测试和发布（图 1-5）。这种流程的优点是各个环节清晰明确，便于管理和控制，但缺点是难以适应快速变化的用户需求，一旦用户需求发生变化，整个开发流程可能需要重新调整。

图1-5 设计方法的革新

智能交互设计则更倾向于采用“敏捷”开发流程，即通过快速迭代、持续交付的方式，不断优化产品。这种流程的优点是能够快速响应用户反馈，及时调整产品方向，更好地满足用户需求。例如，智能手机厂商通常会先发布一个基础版本，然后通过收集用户反馈，不断优化系统功能和改善用户体验，定期推送系统更新。这种模式不仅加快了产品的上市速度，还能在实际使用场景中验证和改进产品功能。

“敏捷”开发流程的缺点是对团队的协作能力和技术水平要求较高。团队成员需要具备快速学习和适应变化的能力，同时，设计、开发和测试等环节需要紧密配合，以确保产品在快速迭代过程中保持高质量和一致性。因此，智能交互设计不仅需要设计师和技术人员紧密合作，还需要建立高效的团队协作机制和灵活的开发管理流程。

在当今的互联网时代，大家已经对信息传播的速度有所感悟。一条突发新闻、一段社交媒体平台的爆料，都可能快速引爆一个话题。在互联网时代，产品的开发流程也发生了显著变化，从传统的草图设计、渲染、草模、油泥模型、原型的复杂推敲，简化为人工智能生成内容（AIGC）、设计师调整和 3D 打印快速成型的模式。这大大缩短了产品的设计周期，但也带来了极大的不确定性。最先投入市场的产品可以快速向设计产业反馈用户体验，而公司则根据市场的反馈调整下一步的开发策略。目前，这种螺旋式的开发周期变得越来越短。对于设计师而言，传统“瀑布式”的开发将减缓产品迭代的速度（图 1-6）。

图1-6 和传统工业设计相比，当今设计采用的工具和技术完全不同

设计师除了在学习和实践中积累设计工具的使用能力和审美能力，还需要关注物联网时代的隐性设计。产品如何动态地与场景中的其他物品建立联系，以及如何在未来兼容更多产品的互联，成为设计的关键。跨平台体验、系统化体验强调设计师不应只关注单一产品的开发，更重要的是产品在生态系统中的角色，以及交互体验的一致性和流畅性。如果说传统产品设计师是一名制作钢琴的工匠，那么智能交互时代的设计师更像是交响乐团的指挥家。因此，越来越多的智能交互的学者在研究中与影视艺术、戏剧和舞蹈等专业的学者合作，在单一产品的设计中融合系统化的思维。

1.2.3 技术驱动的创新：人工智能、物联网、云计算的应用

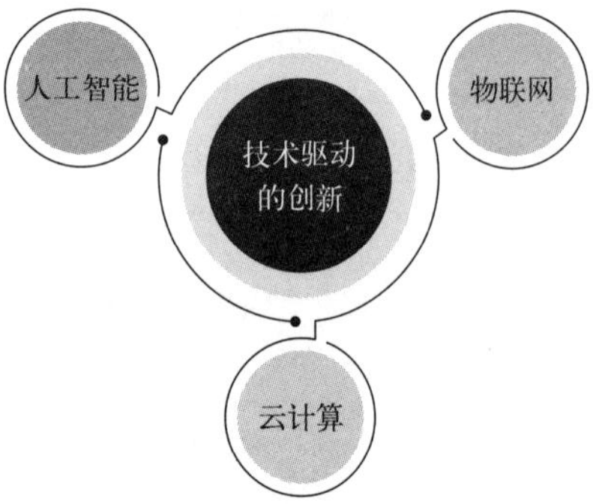

图1–7 技术驱动的创新

智能交互设计的创新离不开技术的支持。人工智能、物联网、云计算等新兴技术为智能交互设计带来了无限可能（图 1–7）。

首先，人工智能通过机器学习、自然语言处理等技术，使产品具备更强的感知、推理和决策能力，从而实现个性化服务和智能交互。例如，智能音箱可以通过语音识别技术理解用户的指令，并借助自然语言处理技术回答用户的问题。设计师在人工智能交互领域可以贡献的是如何通过设计引导普通用户高效地向人工智能输入指令，以快速获得满意的结果。此外，设计师还需要考虑人工智能如何向用户主动发起交互，影响用户做出更有利的决策或更好的行为模式。

其次，物联网通过传感器、通信模块等技术，实现产品之间的互联互通，形成一个庞大的智能生态系统。例如，智能家居设备可以通过物联网技术，实现远程控制、数据共享等功能。设计师在物联网领域可以贡献的是建立人机交互的可解释性。可解释性是系统通过透明的设计和清晰的反馈，让用户能够理解其行为和决策过程，从而增强信任并促进有效使用。用户在接触物联网的初期，很可能无法理解物联网系统的行为是如何判定的，以及对自己的生活有哪些影响。如果家中的窗帘毫无征兆地拉上，温度突然升高 2℃，我们很可能感觉到莫名其妙和失去控制。当用户长期处于物联网系统中，设计师的课题就由可解释性转移到了更深层的信任问题。就好比坐出租车的时候，我们信任一位陌生的司机不是因为他具有可解释性，而是明白一个训练有素、有着丰富经验的司机大概率可以把我们安全地送到目的地。

再次，云计算通过云端服务器，为智能交互产品提供强大的数据存储和处理能力。例如，智能手机可以通过云端服务器，实现云端备份、数据同步等功能。对于设计师而言，云的概念意味着，手机所保存的用户数据以及记录的用户信息并不只服务手机内部的小生态，用户在手机上下单生鲜的时候，冰箱和烹饪系统可能已经通过访问这些信息开始生成智能管理和推荐信息。设计不再把手机作为一个系统，而需要考虑整个家庭的生态系统配合。用户的哪些体验需要在不同设备上迁移？系统中的设备又如何处理共享空间中的数据授权和分享的权利？当不同用户在系统中的偏好设定发生冲突的时候，是让用户做出裁定还是系统自主做出

选择？这些问题有待我们进一步探究。

1.3　智能交互的设计要点

1.3.1　智能交互的特征

由于智能交互设计目前还处于探索阶段，为了让设计师在实践中有更多明确的方向，下面将结合学术界的理论和实践来讨论智能交互的特征（图 1-8）。

图1-8　智能交互的特征

（1）主动性：从被动响应到预先判断，智能交互的“超前服务”

在很多情况下，智能交互不需要用户主动发出指令，通过内置的传感器和数据分析，就能提前提供服务。这种方式不仅省去了用户的操作步骤，还让交互变得更懂人心。它可以预测用户的需求，提供更方便的体验。美国计算机科学家马克·韦泽（Mark Weiser）对普适计算的愿景是，我们以及我们的生活环境都能被感知、适应并响应不同的需求和个人情绪。

然而，经过多年的实践，先驱者发现日常生活的具体环境要比理论环境更加微妙、多变和特异。要在实际生活中建立真正的智能系统，了解或准确模拟人们的行为、情绪和意图是非常困难的事情。为此，英国心理学家和计算机科学家伊温妮·罗杰斯（Yvonne Rogers）主张人机交互从积极主动的计算向积极主动的人转变，技术不是为了替人做事情，而是让人更加积极地参与到目前所做的事情中。换句话说，通过环境中的互动，人们能够用技术做他们想要、需要或从未考虑过的事情。因此，设计师通过设计主动的交互，创造吸引人的体验是有潜力的趋势。

在这个过程中，设计师探索如何用最佳方式让人们更积极地参与到互动当中。主动性的交互目前至少在三个领域展示出了前景：首先，为游戏提供工具包和沙盒，通过传感器、电机和灯光等硬件激发儿童的好奇心和想象力，从而增强他们的理解力和参与感。乐高玩具和大疆的机甲大师就是激发儿童主动参与的商业案例。其次，在科研和教育领域，设计师可以设计互动，让更多的数据主动呈现。科研和教育依赖人们对接收到的信息的理解和感悟，并以更多创造性的方式构建联系。丰富的可视化信息，配合沉浸式的声、光、电效果，更容易激发人们的灵感。最后，说服设计也是主动交互能够对人们产生重要影响的领域，属于自我监控和行为改变的一部分。

在过去，设计师对行为的约束主要靠弹窗、提示和个性化信息等，然而这些努力良莠不齐。互动设计可以通过温和的“唠叨”去引导人们做一些可能不会做或不想做的事情，通过趣味性强化人们参与的意图，并主动暴露一些人们不会注意到的信息来减少人们的坏习惯，例如对饮水量的反馈和久坐的提示。

（2）情境感知：适应不同环境，提升互动体验

情境感知指的是智能交互能根据周围环境做出反应。通过传感器等技术，智能交互产品

可以知道用户身处什么环境，并自动调整服务内容。在学术界，这种感知通常被称为“情境意识”，迈卡·R. 恩兹利（Mica R. Endsley）和德布拉·G. 琼斯（Debra G. Jones）在《为情境意识而设计：一种以用户为中心的方法》（*Designing for Situation Awareness*: *An Approach to User-centered Design*）一书中提到，情境意识是“在一定的时间和空间范围内感知环境中的各种因素，理解其含义，并预测其在不久的将来的状况”。目前，很多设计师已经开始意识到情境的重要性，并将其应用到交互设计当中。

荷兰埃因霍温理工大学学者马提亚斯·冯克（Mathias Funk）认为，智能家居的交互式意向编程需要捕捉场景、意图和偏好，这为智能交互的理解提供了很好的例子。他指出，智能家居设计不仅要关注设备的功能实现，更要理解用户在不同场景下的真实需求和偏好，从而提供更加个性化和人性化的服务。

首先，智能家居需要区分活动和场景。人们在不同场景下进行相同活动时可能带有不同的目的。例如，在办公室阅读可能是为了获取知识，而在床上阅读可能是为了放松或入睡。此时，灯光的调整策略就需要根据场景发生改变。其次，同样的行为可能基于不同的意图。例如，用户经过客厅时，可能是为了走向沙发阅读书籍，此时需要明亮的灯光；如果是在半夜经过客厅，可能是想去洗手间，此时刺眼的灯光可能会干扰用户的睡眠。因此，智能家居系统需要根据用户的行为意图灵活调整设备状态。最后，用户的偏好是一个复杂的问题，有些人偏好节能，而有些人更注重体验。例如，对于百叶窗、灯光和空调的调节策略，节能型用户可能更倾向于关闭不必要的设备，而体验型用户可能更注重舒适度。此外，用户的需求往往是矛盾的，例如短期愿望可能是享受美食，而长期目标可能是保持健康。这种矛盾也体现在家庭成员之间，比如丈夫可能更关注节能，而妻子可能更注重安全。马提亚斯·冯克的研究强调，智能家居设计需要通过灵活的编程和交互界面，捕捉用户的场景、意图和偏好，从而实现更加智能和人性化的服务。

因此，适应情境的智能交互设计依然任重而道远。虽然随着大模型的发展，AI 理解情境的能力在逐渐提升，但终究无法完美地预测现实生活中的复杂问题。例如，谷歌公司旗下的智能家居品牌 Nest 一直是学习用户行为的成功案例，然而 Nest 可能更适合在规律的生活中调节设备，在处理现实生活中的突发情况时会显得力不从心。美国密歇根大学的学者 Rayoung Yang 等人曾在 2013 年对 Nest 的学习能力展开研究，当研究参与者怀孕的女儿来拜访时，参与者临时降低了温度，然而 Nest 并没有理解这个行为背后的含义，只学习到了每天同一时间降低温度。

这表明，尽管当前的智能交互设计已经考虑到了基础问题，但随着人们精细化的需求被不断满足，会有更多个性化的期待出现。设计师所面临的情境感知挑战也在不断更新。例如，智能家居系统需要通过情境感知算法动态调整其行为和功能，以适应用户的特定环境和需求。这种设计不仅需要理解用户当前的任务和需求，还要考虑用户的情感状态、设备与环境的适应性，以及如何在不同情境下提供一致且流畅的交互体验。

（3）自适应性：通过学习提供个性化服务

为了应对不断变化的需求，智能交互需要具备自适应性。自适应性是指智能产品通过分析用户的使用行为、习惯、情境和数据，自动学习并调整其功能和参数，从而为用户提供更加个性化的服务。随着大数据和人工智能技术的不断发展，智能交互不仅能够主动响应用户需求，还可以持续学习用户的偏好。自适应系统在学习用户行为和提供个性化服务方面，不仅能显著提高用户满意度，还可以大幅减轻用户操作负担。这些研究成果为设计师提供了重要的理论支持，表明智能交互应通过自适应学习来更好地满足不同用户的需求。

过去，工业设计为了实现大规模标准化生产，往往强调标准化，要求用户根据自己的需求主动调整交互方式。例如，在使用健身车时，用户需要手动调节车座高度和飞轮阻力，以获得理想的健身体验。随着智能硬件成本的降低、功能的完善以及软硬件的深度整合，人们对交互的自适应性提出了更高的要求。

自适应性不仅是一项技术挑战，还涉及用户体验设计的微调。牛津大学计算机科学学院的学者马克斯·范·克里克（Max Van Kleek）等人的研究指出，如果智能交互过于依赖自动学习，可能会忽略用户的个性化需求，有时甚至会做出与用户期望相悖的决定。因此，在设计自适应系统时，除了优化自动化功能外，设计师还应为用户提供足够的自主权和干预能力。这种兼顾自适应性和用户控制的设计策略，可以有效防止智能产品过度自动化带来的负面影响。例如，当用户不希望系统提供提醒功能时，可以选择关闭某些自适应功能或调整产品设置。

此外，隐私问题也给自适应系统的设计带来了巨大挑战。随着智能产品收集的用户数据越来越多，如何平衡个性化服务与数据隐私已成为研究人员和设计人员关注的重点。西班牙罗维拉－威尔吉利大学学者莎拉·哈吉安（Sara Hajian）等人指出，系统应提供透明的隐私控制选项，用户需要了解他们的数据是如何被收集和使用的。未来，设计者在设计自适应功能时必须更加关注隐私保护，确保用户能够控制自己可被收集的数据。

（4）可扩展性：通过升级持续提升产品性能

可扩展性是指智能产品能够通过软件或硬件的更新，持续提升其功能和性能，从而在产品的生命周期内不断适应新技术和用户需求的变化。随着技术的快速发展，现代智能产品设计不再局限于一次性硬件构建，而是通过远程更新、模块化设计等方式，赋予产品持续进化的可能性。这不仅延长了产品的使用寿命，还提升了用户体验。例如，许多智能设备制造商通过定期推送软件更新，为用户提供新的功能和优化。同时，模块化设计允许用户根据自身需求更换硬件组件，如升级处理器或增加存储容量。这种设计思路不仅降低了电子产品的废弃率，还为用户提供了更高的灵活性和个性化选择。

可扩展系统的核心是灵活性，即系统能够在不改变整体架构的情况下，通过简单的更新和升级来适应新的功能需求。这种灵活性为设计师提供了在产品生命周期内持续优化产品的机会，同时也能够有效应对市场的快速变化。智能交互的可扩展性不仅体现在技术层面，还体现在用户体验的可持续性上。用户对产品的期望随着时间而变化，因此产品的升级不仅是功能上的扩展，还应该是体验上的优化。这要求设计师在产品初始设计时就考虑到未来的扩展性，并为用户提供能够随时获得新功能和体验的途径。例如，智能家居系统可以通过软件更新引入新的智能场景模式，或者通过硬件模块的升级增加新的设备兼容性。这种设计思路不仅延长了产品的使用寿命，还让用户能够在产品的整个使用周期中享受到持续改进的体验，从而提升产品的市场竞争力和用户满意度。

虽然可扩展性设计在智能交互设计领域已经取得了长足进展，但仍然面临一些挑战。例如，在系统扩展过程中，更新的复杂性可能导致系统稳定性下降，甚至引发新的问题。设计师在规划可扩展性时，需要确保每次更新都能与现有系统无缝兼容，并提供足够的测试和验证，以防止更新造成功能紊乱。

此外，未来的可扩展性设计不仅应关注技术升级，还应关注用户体验的连贯性。用户对智能交互设计的期望不仅限于功能扩展，更希望体验的连贯性不受更新的影响。系统升级后应使用户依然感受到交互流畅、熟悉，而不至于因为新功能的引入而感到困惑或陌生。因此，可扩展性设计在增强技术能力的同时，也应考虑到用户体验的平滑过渡。

1.3.2 智能交互系统的结构

智能交互系统为了实现复杂的功能、增强用户体验，通常会采用分层结构。这种分层结构能够有效地将系统的各个功能模块独立化，同时确保各层之间能够顺畅地交互和通信。智能交互系统的结构包括感知层、网络层、平台层以及应用层（图 1-9）。

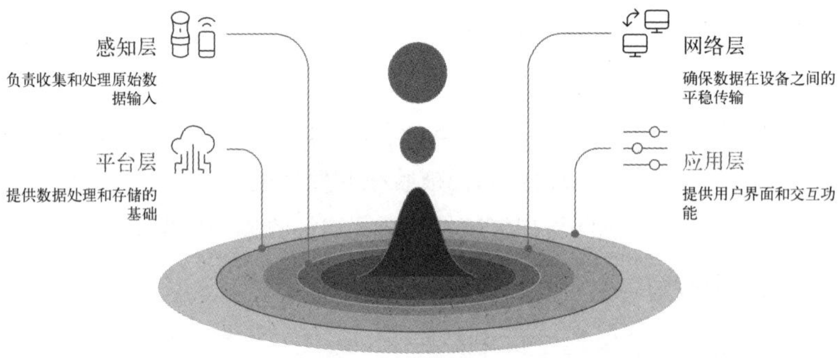

图1-9 智能交互系统的结构

（1）感知层：感知环境与用户

感知层是智能交互系统的基础，由各种传感器、摄像头等硬件设备组成，主要负责收集环境和用户的相关数据。这一层次的设备包括智能手机中的加速度传感器、陀螺仪、光线传感器等，它们能够实时监测设备的状态，如运动、方向、光线强度等。例如，加速度传感器可以检测手机的运动轨迹，陀螺仪用于测量设备的方向变化，光线传感器则根据环境光强度自动调节屏幕亮度，从而优化用户体验并节省电量。

感知层的主要作用是将用户的行为和环境状况转化为可理解的数字信号，供上层系统处理。例如，智能手机中的加速度传感器和陀螺仪可以感知手机的运动状态和方向，从而为导航、健身追踪等应用提供数据支持。而光线传感器可以根据环境光线的强弱自动调整屏幕亮度，增强用户视觉体验。又如，智能音箱中的麦克风是感知层的核心元件，通过麦克风捕捉用户的语音指令，智能音箱能够理解并响应用户的需求。当用户说“播放音乐”时，麦克风将语音信号转化为电信号，传输给系统进行处理和分析，最终实现播放音乐的功能。这种基于语音交互的设计不仅提高了操作的便捷性，还增强了用户与设备之间的自然交互体验。

感知层是物联网设备的重要组成部分，传感器技术的进步使得智能设备能够更好地理解用户和环境。这种对用户和环境的感知能力不仅提升了用户体验，还为智能交互设计提供了广泛的应用场景。未来，随着传感器技术的进一步发展，感知层将能够捕捉到更加精细的用户和环境数据，从而为上层系统提供更加精准的支持。

（2）网络层：实现设备之间的互联互通

网络层是智能交互产品中负责通信的关键部分，它通过各种通信模块实现设备之间的互联互通。现代智能设备的网络层通常包含 Wi-Fi、蓝牙、Zigbee、Z-Wave 等通信技术。Wi-Fi 和蓝牙模块广泛应用于智能手机和可穿戴设备中，允许这些设备与其他设备进行无线数据传输和通信。例如，智能手机可以通过 Wi-Fi 与云端服务器同步数据，通过蓝牙连接耳机或智能手表。

网络层的作用是提供设备之间的无缝通信，它是智能交互设计实现互联功能的基础。网络层的高效通信能力对于构建智能化环境至关重要。通过高效的网络通信，智能设备能够更好地协同工作，从而提升用户体验。例如，在智能交通系统中，车辆通过 5G 网络实现车与车（V2V）、车与基础设施（V2I）的高速通信，能够有效提高自动驾驶的安全性和效率。

随着 5G 技术的普及，网络层的通信能力将得到极大提升。5G 的高速率、低延迟特性将使智能设备能够实现更快的响应和更低的延迟。这不仅将进一步优化用户体验，还将为更多复杂的应用场景提供支持，例如高清视频流、实时游戏、远程控制等。未来，网络层的持续升级将为智能交互设计的发展提供更广阔的空间，推动智能化环境的不断进化。

（3）平台层：提供软件运行环境

平台层是智能交互系统中的中间层，负责为各种应用程序和功能提供一个稳定的运行环境。它通常由操作系统和中间件组成。操作系统，如智能手机中的 Android 或 iOS 系统，以及智能家居设备中的嵌入式操作系统，起到为上层应用程序提供基础支持的作用。这一层确保硬件设备和应用程序之间能够顺利互动，并为开发者提供应用程序编程接口（API），以构建新的功能。

平台层为应用层提供了稳定的基础。例如，智能手机的 Android 系统为各种应用程序（如微信、支付宝）提供了统一的开发平台，使得开发者可以方便地构建社交、支付等功能。而在智能家居设备中，嵌入式操作系统则为设备的自动化功能提供支持，如智能温控器的温度调节、智能门锁的远程开关等。

平台层在智能设备中发挥着关键作用，它提供了一个简单好用的工具箱，让开发者不用操心硬件的复杂细节，就能灵活地构建各种功能。平台层的设计直接影响智能设备的扩展性和兼容性。未来，智能平台的架构将越来越注重跨设备、跨平台的兼容性，以满足更多元化的应用场景。例如，通过物联网平台的标准化协议，不同品牌和类型的智能设备能够无缝协同工作，形成一个统一的智能生态系统。这种跨平台的兼容性不仅提高了用户的便利性，也为开发者提供了更广阔的创新空间。

（4）应用层：实现具体的功能

应用层是与用户直接互动的部分，负责为用户提供各种服务和功能。智能手机中的应用程序、智能家居中的控制软件都属于应用层的范畴。例如，智能手机中的微信、支付宝等应用程序可以实现社交和支付功能，而在智能家居中，用户可以通过智能灯光、安防监控等应用程序远程控制家中的设备。应用层的设计不仅要满足功能需求，还要注重用户体验，使操作更便捷、界面更友好。应用层的核心在于为用户提供直观、易用的功能。

例如，用户可以打开智能手机中的导航软件查看路线和支付费用，或通过智能家居 App 控制灯光和设置温度。正是这些丰富的应用使得智能设备成为人们日常生活中不可或缺的一部分。应用层的设计直接决定了用户的体验。因此，设计师在开发智能交互的应用程序时，必须从用户的实际需求出发，提供直观的交互界面和简便的操作流程。应用层的设计是否对用户友好将决定智能交互的成败。

应用层的设计还应注重个性化和智能化。例如，智能语音助手可以根据用户的使用习惯提供个性化的建议和服务，智能家居 App 可以根据用户的日常行为自动调整设备状态。这种智能化的设计不仅提升了用户的便利性，还增强了用户对智能交互的依赖和满意度。

1.3.3 智能交互的角色

在学术界，研究者通常会使用隐喻或拟人的方式去定义智能交互。这种方法与设计师在研究用户时建立的用户画像（Persona）概念相似。通过类比生活中典型用户的特征，设计意向更容易被团队内部理解，同时在产品进入市场后也能有更加明确的目标群体。随着智能产品互动性能的提升，人们对智能交互的期待已经从单纯的功能性向体验转移。因此，将用户画像方法延续到智能交互的设计定位中是一种具有潜力的方式。例如，设计师可以为智能交互创建一个“产品画像”，赋予其特定的性格、行为模式和目标用户群体，从而让团队成员更容易理解交互的设计方向和目标。

在智能交互设计中，学者和设计师逐渐从笼统的角色描述转向更精确的定义，以更好地满足用户对智能交互体验的期待。最初，智能交互的角色描述较为宽泛，例如智能设备被定义为帮助者（Helper）、优化器（Optimiser）和享乐主义者（Hedonist）。然而，随着研究的深入和技术的发展，智能设备被赋予了更多精细化的角色，如协调员（Mediator）、脚手架工人（Scaffolder）、安慰者（Consoler）、执行者（Executor）、合作者（Collaborator）和鼓励者（Encourager）。

这种角色的精细化定义为设计师带来了诸多好处。首先，它让用户能够清晰地预期设备在特定角色下可能提供的功能和服务，同时避免设备超出其职责范围进行操作。其次，设计师可以通过对不同场景的调研，为智能交互在不同语境中设定具体的角色，从而更好地满足用户的个性化需求。

02 Chapter

第2章

AI交互设计：大模型与提示词

在第 1 章中，我们探索了智能交互设计的定义和演变历程，了解了它如何改变我们与机器的互动方式，以及那些令人惊叹的智能交互产品如何将科技与生活完美融合。这些炫酷的体验背后究竟是什么在驱动？仅仅理解交互方式的改变还不够，我们需要深入了解推动这些改变的核心技术——大模型。近年来，人工智能技术以前所未有的速度发展，其中大模型作为一项具有划时代意义的技术突破，正在引领新一轮的技术革命。它不仅赋予了机器强大的学习和理解能力，也为智能交互的发展注入了新的活力。

想象一下，如果你的智能家居设备不再只是简单地执行你的指令，而是能够真正理解你的需求和意图；如果你的虚拟助手不再只是机械地回答你的问题，而是能够像朋友一样与你进行自然流畅的对话；如果你的出行工具不再只是尽快把你从一地带到另一地，而是能够根据你的喜好和习惯提供个性化的路线和服务……这些曾经只存在于科幻电影中的场景，正在逐渐变成现实，而这一切都离不开大模型技术的支持。

大模型，简单来说，就是一个拥有超大规模参数的深度学习模型，它能够处理海量的文本、图像、音频等数据，并从中学习到复杂的模式和规律。正是这种强大的学习能力，使得大模型能够像人类一样理解语言、识别图像、生成内容，甚至进行推理和决策。

本章将带领大家走进大模型的世界，揭开其神秘面纱。我们将从大模型的基本原理和技术概述出发，探讨大模型如何赋能智能交互，并重点讲解提示词设计在人机协同中的重要作用。相信通过本章的学习，大家将对大模型在智能交互中的应用有一个更清晰的认识，并掌握与大模型进行有效沟通的关键技巧，最终更好地利用大模型技术，创造出更加智能、更加人性化的交互体验。

2.1 走进大模型：AI 交互设计的核心

2.1.1 什么是大模型

想象你进入了一个超级图书馆，这里不仅有整个互联网的知识储备，还配备了一个智慧馆员，能够理解复杂的问题，并从庞大的信息中提取出最贴切的答案。这种馆员的角色，正是大模型的写照。大模型（Large Language Model，LLM）是基于深度学习的人工智能系统，训练于海量数据集，通常包含数以亿计甚至数万亿的参数。它能够通过复杂的计算和学习，理解语言的语义结构、图像的构成逻辑以及音频的多层次特征。

大模型的强大能力源于其核心架构——Transformer（图 2-1）。2017 年，谷歌研究团队发表了文章《注意力就是你所需要的一切》(*Attention Is All You Need*)，并在这篇文章中提出了 Transformer 网络结构。Transformer 是一种可以帮助计算机理解和生成语言的架构，它像一个“聪明的翻译官”。它分为两部分：编码器和解码器。编码器把一句话里的每个词变成计算机能理解的“信息代码”，解码器则根据这些信息生成结果。一个关键特点是它的“注意力机制”，就像在一篇文章中找到最重要的词来理解全文。比如，如果你输入“今天的天气怎么样？”，编码器会分析句子里的每个词并理解其含义，解码器则生成答案：“天气晴朗，适合出行！”此外，Transformer 还能“记住”句子的上下文，比如在更长的对话中保持连贯。为了避免信息丢失，Transformer 使用了一种叫“残差连接”的技术，就像解决复杂问题时保留中间每一步的结果，确保信息传递清晰。这让大模型能够更稳定地学习复杂任务，比如翻译、写文章或生成图片描述。

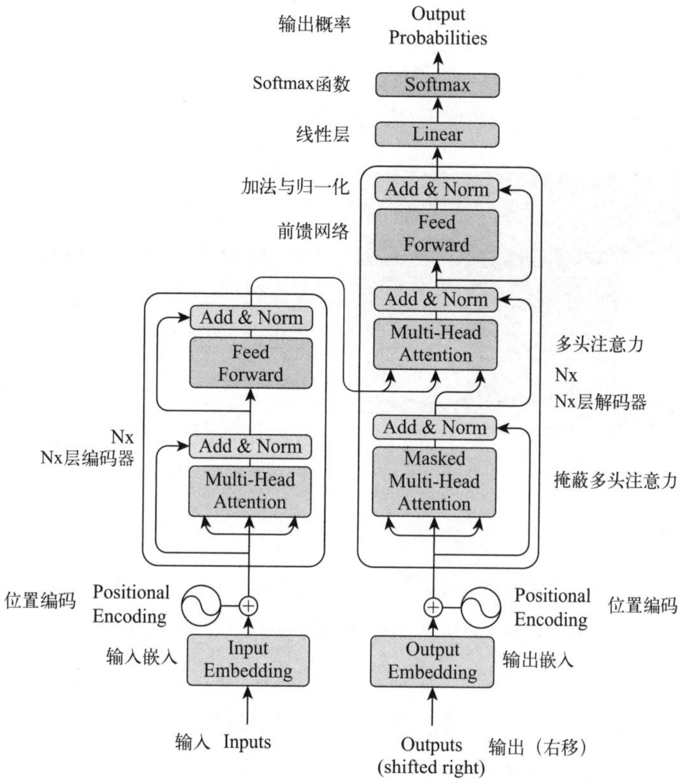

图2–1 Transformer网络结构及注意力机制

这种“注意力机制”不仅使大模型能够专注于重要信息，还允许它动态调整对不同内容的关注程度。例如，在分析一段复杂文本时，大模型能够捕捉关键概念，同时忽略不相关的细节。这种特性使得大模型在处理多任务时表现出色，比如当你需要同时进行写作和数据分析时，大模型能够根据具体任务的需求灵活应对。

进一步来说，“注意力机制”还具备全局视野。它不局限于处理单一任务，而是能综合考虑整个数据集或上下文。例如，当翻译一段外文时，大模型不仅关注每个单词，还会分析整段文字的逻辑和语气。这种能力极大地提升了输出的准确性和自然性。此外，“注意力机制”的灵活性让大模型在创意生成任务中更加游刃有余。比如设计师想探索未来感十足的产品外观，只需输入一些关键词，大模型就能根据提示词生成一系列创意方案。这种“理解需求 + 快速反馈”的能力，为跨领域创新提供了全新的工具和方法。

（1）核心技术特点

大模型因其强大的自然语言处理与生成能力、多模态支持，成为智能时代的核心技术。

这些能力不仅降低了技术门槛，让用户轻松与大模型互动，还能为复杂任务提供有效的解决方案。首先，大模型在自然语言处理方面表现突出。想象它是一位知识渊博的朋友，既能回答问题，也能表达复杂的想法。例如，使用 Kimi 或 DeepSeek 时，只需输入“帮我写一封申请信，解释我适合设计实习”，它就会生成一封清晰且专业的信件。通过对大量数据的学习，大模型掌握了语言的语法、语义和逻辑结构，生成结果自然流畅，适用于解决问题、撰写文案等场景。

其次，多模态支持拓展了大模型的应用范围。它不仅能理解文字，还能跨越边界处理图像、音频等多种数据。例如，DALL-E 是一款生成式 AI 工具，可以根据文字描述生成图像。设计师在 DALL-E 中输入“简约风格的语音控制灯”，模型会生成符合描述的创意图像，帮助设计师快速将抽象概念变为视觉成果（图 2-2）。这种跨模态能力大幅提升了创意效率，使设计流程更加直观。

图2-2 DALL-E生成的效果图在风格上具有一致性

总之，大模型的这些特点不仅推动了技术普及，也为创意工作注入了全新活力。即使没有技术背景，也能借助这些工具，将复杂想法快速转化为实际成果，体验设计与技术融合的魅力。

（2）实际应用场景

在实际应用中，大模型已被广泛应用于不同领域。例如，聊天机器人成为一种高效的知识获取工具，DeepSeek 或 Kimi 可以快速生成对话内容，帮助用户解答疑问、编写创意文案或提供技术支持。同时，设计辅助工具也在革新创意行业，DALL-E、Midjourney 等生成式 AI 能根据文本描述输出高质量的图像，为用户提供独特的设计灵感。此外，Stable Diffusion 在视觉艺术和产品外观设计领域也备受推崇。它通过文本生成风格化的图像，帮助设计师迅速探索多种创意方向（图 2-3）。

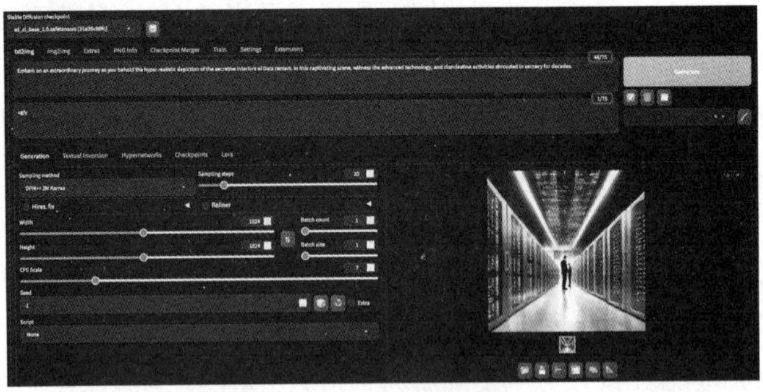

图2-3 Stable Diffusion界面

2.1.2 大模型的优势与局限

近年来，大模型的飞速发展为人工智能领域带来了革命性的变化。这些模型展现出惊人的智能水平，不仅能够理解复杂的语义，还可以模拟人类的逻辑思维，生成连贯且逻辑严谨的内容。在软件开发领域，大模型可以辅助程序员进行代码生成、代码补全和错误检查，从而显著提高开发效率。例如，GitHub Copilot 就是一款由 OpenAI 开发的 AI 代码助手，它可以根据程序员的注释或代码上下文自动生成代码片段，例如函数、循环、类等，从而减少重复性劳动，提高编码效率（图 2-4）。Tabnine 是一款 AI 代码补全工具，它可以根据程序员的输入习惯和代码库，预测并推荐下一个代码元素，例如变量名、函数名、参数等，从而加快编码速度，减少拼写错误（图 2-5）。DeepCode 是一款 AI 代码审查工具，它可以分析代码，识别潜在的错误和漏洞，例如空指针引用、内存泄漏、安全漏洞等，从而帮助程序员提高代码质量，减少故障。

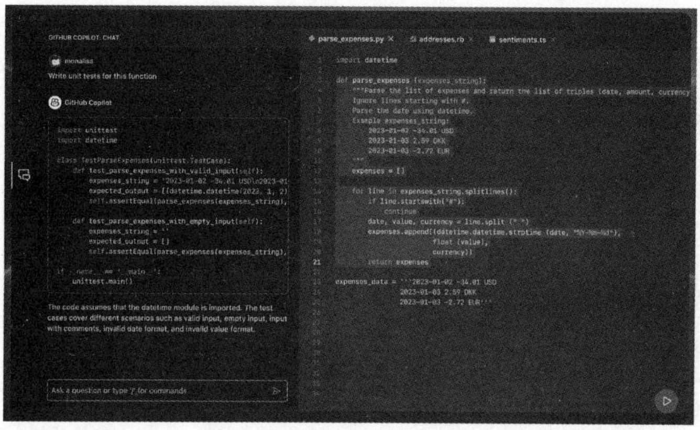

图2-4　GitHub Copilot在右侧展示代码，可以在左侧与AI对话来解析代码

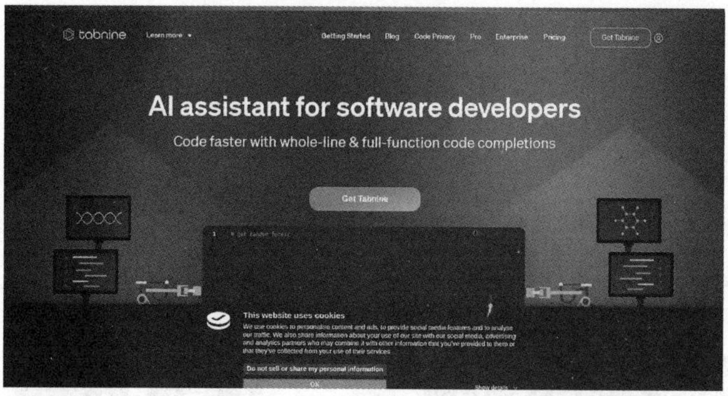

图2-5　Tabnine界面

在设计领域，大模型能够根据设计师的描述生成产品原型、界面草图甚至广告文案，为创意设计提供新的可能性。例如，Uizard 是一款 AI 设计工具，它可以将手绘草图转换为数字化的产品原型、网站、App、图形界面等，从而帮助设计师快速表达设计想法，进行原型迭代（图 2-6）。Galileo AI 是一款 AI 界面设计工具，它可以根据设计师的文本描述，生成各种风格的界面草图，例如登录页面、产品列表、用户资料等，从而为设计师提供创意灵感（图 2-7）。

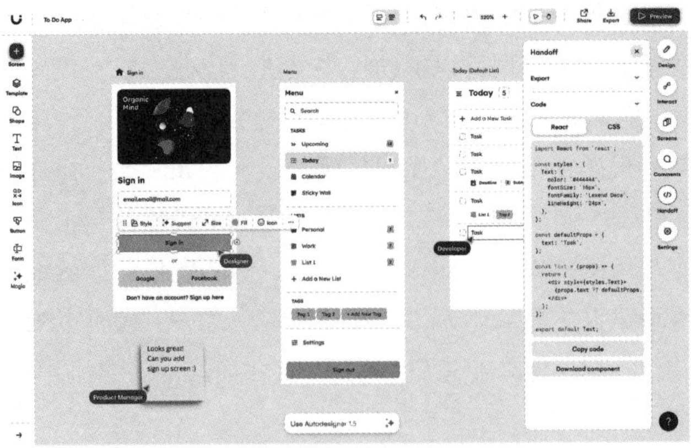

图2-6　Uizard将手绘转为用户界面的示意图

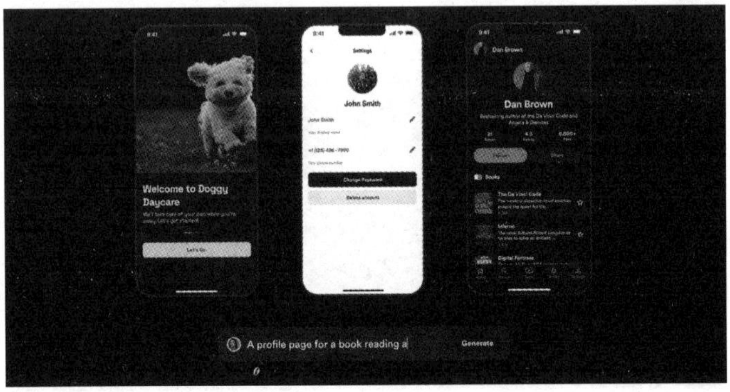

图2-7　Galileo AI通过描述即可生成界面

此外，大模型在医学、金融、教育等领域也展现出巨大的应用潜力。例如 Google Health 开发的 AI 模型可以分析医学影像，例如 X 光片、CT 扫描等，辅助医生进行疾病诊断，例如检测肺癌、乳腺癌等，从而提高诊断准确率，辅助医疗决策。Bloomberg 利用大模型分析金融数据，例如股票价格、新闻报道、经济指标等，预测市场趋势，识别投资机会，帮助分析师做出更明智的投资决策（图 2-8）。多邻国（Duolingo）利用大模型开发个性化的语言学习课程，根据用户的学习进度和水平，提供定制化的学习内容和练习，从而提高学习效率，增强学习体验（图 2-9）。

图2-8　Bloomberg通过大模型分析金融数据

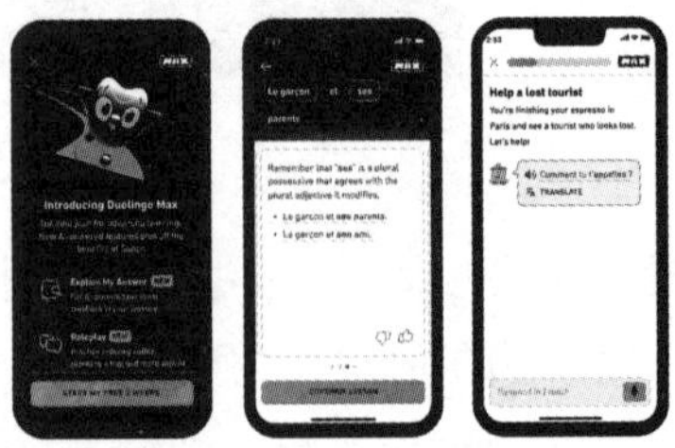

图2-9　Duolingo利用大模型开发个性化的语言学习课程

然而，尽管大模型功能强大，其发展仍面临诸多挑战。首先，训练和部署大模型需要巨大的计算资源和能源消耗，这不仅增加了应用成本，也带来了环境方面的负担。其次，大模型的性能严重依赖训练数据的质量和规模，数据偏差可能导致模型输出结果的偏见和不准确。例如，如果训练数据中存在性别或种族歧视，模型的输出结果也可能带有类似的偏见。最后，透明性不足也是当前大模型广受批评的问题。大模型的内部运作机制复杂，即使是开发者也难以完全解释模型如何做出某些决定。这种“黑箱”特性在医学、法律等对决策透明性要求较高的领域可能引发伦理和责任归属问题。

2.1.3 应对策略

为解决以上局限，研究者正在探索多种优化策略。模型优化技术如参数剪枝和量化帮助大模型减少计算资源需求。例如，通过对模型进行参数压缩，可以在不显著降低性能的前提下减少算力消耗，从而降低训练成本。在增强模型透明性方面，设计解释性模块成为关键方向。例如，谷歌提出的可解释 AI（Explainable AI，XAI）框架，可以帮助用户理解模型生成内容的依据，为决策提供更多参考（图 2-10）。此外，绿色计算理念正在推动更高效的算法和硬件的发展。例如，通过优化算法实现更低的计算复杂度，以及利用更节能的硬件，开发者正在努力减少大模型的环境影响。

图2-10　谷歌可解释AI框架

2.2 提示词工程：与 AI 沟通的艺术

2.2.1 提示词的定义

提示词是大模型生成内容的起点和方向指引，可以将提示词理解为与大模型对话的语言桥梁，其准确性直接影响模型输出的质量。例如，输入“设计一个智能家居设备”可能会生成笼统的建议，但更具体的提示词如“设计一款支持语音控制、节能模式的智能家居灯光系统”则会产生更符合预期的结果。通过设计高质量的提示词，用户能够高效地获取符合需求的结果，从而减少无用或不相关的输出内容。这种能力对于设计师至关重要，因为他们需要精确的工具来激发灵感或开发方案。

2.2.2 提示词的设计

大家在使用像 ChatGPT 这样的大型语言模型时，是否遇到过这样的情况：明明心中有一个清晰的想法，但 AI 却总是无法理解意图，给出的结果也不尽如人意？其实，与 AI 沟通也需要技巧。就像与人交流时需要清晰地表达自己的想法，并根据对方的特点调整沟通方式一样，与 AI 沟通也需要掌握一定的技巧，这就是提示词工程（Prompt Engineering）。我们参考《OpenAI 官方提示词工程指南》中提到的六种策略来讲解如何通过丰富准确的提示词来得到理想的结果。

（1）撰写清晰的指令

这些模型并不会读心术，无法猜到你的想法。如果模型的输出内容过长，你可以要求它“用一句话概括”或“用 50 个字以内回答”。如果模型输出内容过于简单，你可以要求它“用更专业的术语解释”或“以研究生的水平写作”。如果你对输出格式不满意，可以直接展示你期望的格式，例如“请用 Markdown 格式输出”。最好不要让模型去猜你想要什么，这样你才最有可能获得想要的结果。

小技巧

① 在查询中添加详细信息，以获得更准确的答案：例如你想让 AI 生成一张人物肖像，可以指定人物的性别、年龄、表情、穿着等细节。

② 请求模型扮演特定角色：例如让模型扮演一位经验丰富的 UI（用户界面）设计师，或者一位专业的插画师，可以使它更好地理解你的需求，并生成更符合预期结果的内容。

③ 使用分隔符来清晰区分输入的不同部分：例如使用三个反引号 """ 来分隔代码块和自然语言文本，或者使用 XML 标签 <example> </example> 来标记示例。

④ 明确指出完成任务需要的步骤：例如你想让 AI 帮你设计一张海报，可以明确指出先确定主题，然后选择配色，最后排版。

⑤ 提供实例作为参考：例如你想让 AI 生成某种风格的图片，可以提供一些该风格的图片作为参考。

⑥ 明确指定希望输出的长度：例如“写一篇 800 字的文章”或“生成 5 个不同的 Logo 方案”。

（2）提供参考文本

大模型就像一个知识渊博的学生，但有时候也会“不懂装懂”，编造出一些看似合理的答案，尤其是在面对一些专业性很强的问题，或者需要提供参考资料和链接的时候。为了避免这种情况，我们可以给 AI 模型提供一些“参考资料”，就像考试时允许查阅笔记一样，这样

AI 就能根据“参考资料”给出更准确的答案，减少“胡编乱造”的情况。

小技巧

① 引导模型根据参考文本回答问题：例如，提供一篇关于人工智能的文章，然后让模型根据文章内容回答问题。

② 引导模型根据参考文本中的引用信息回答问题：例如，提供一篇包含参考文献的论文，然后让模型根据参考文献中的信息回答问题。

（3）拆分复杂任务

就像在设计一个复杂的用户界面时，我们会先把它分解成不同的模块，例如导航栏、图标、按钮、信息展示区等，然后再分别设计每个模块。对于交给 AI 模型的任务也是同样的道理，如果任务太复杂，AI 容易出错，就像一个新手设计师一下子要完成整个用户界面的设计，很容易顾此失彼。所以，我们需要把复杂的任务分解成一系列简单的步骤，就像把用户界面分解成不同的模块设计一样，每个步骤都是一个独立的小任务，AI 可以更容易地完成。

例如，你想让 AI 帮你设计一套完整的品牌形象系统。如果直接要求 AI“设计一套完整的品牌形象系统”，它可能会不知所措。但如果把这个任务分解成以下几个步骤：

① 确定品牌的核心理念和目标用户；

② 设计 Logo 和品牌标准色；

③ 设计品牌标准字体和辅助图形；

④ 设计品牌应用物料，例如名片、信纸、宣传册等。

这样 AI 就能一步一步地完成任务，最终设计出一套完整的品牌形象系统。

将复杂任务分解成简单的子任务不仅可以降低 AI 的错误率，还可以使整个过程更可控、更易于调试。就像在设计用户界面时，如果某个模块出现问题，我们可以单独修改这个模块，而不会影响其他模块。同样，在 AI 完成任务的过程中，如果某个步骤出现问题，我们也可以单独调整这个步骤的提示词，而不会影响其他步骤。最终将所有步骤的结果整合起来，就能完成整个复杂的任务。

小技巧

① 利用意图分类识别用户查询中最相关的指令：例如，用户输入“我想设计一个网站”，模型可以识别用户的意图是“网站设计”，然后进一步询问用户关于网站类型的需求。

② 对于需要长时间对话的应用，总结或筛选先前的对话内容：例如，在一个聊天机器人应用中，模型可以总结之前的对话内容，以便更好地理解用户的当前需求。

③ 分步总结长文档，并递归地构建完整的总结：例如，让模型先总结文档的每个段落，然后将段落总结合并成章节总结，最后将章节总结合并成完整的文档总结。

（4）给模型更多时间“思考”

如果你是一位设计师，要设计一款手机 App 的界面，你肯定不会立刻开始画草图，而是会先思考 App 的功能、用户需求、设计风格等。AI 也是一样，如果直接让它生成设计方案，它可能会忽略很多重要的因素，导致设计结果不尽如人意。但如果让 AI 先分析用户需求，再考虑不同的设计风格，最后评估每个方案的优缺点，那么它就能设计出更符合要求的界面。

为了引导 AI 展示“思考过程”，我们可以在提示词中加入一些引导性语句，例如：

①“在回答问题之前，请先列出所有相关的因素。”

②“请一步一步地解释你的推理过程。”

③“请用图表或表格来展示你的分析结果。”

AI 模型的“思考过程”不仅可以帮助我们理解它是如何得出答案的，还可以帮助我们发现模型的不足之处。例如，如果 AI 在设计 App 界面时忽略了易用性（例如颜色对比度不足导致色盲用户难以识别），我们就可以通过它的“思考过程”发现这个问题，并及时进行纠正。例如，在使用 Midjourney 生成图片时，可以要求 AI“先描述一下你将要生成的图片”，这样你就能了解 AI 对你的指令的理解是否正确。在使用 Copilot 编写代码时，可以要求 AI“解释一下这段代码的逻辑”，这样就能判断 AI 生成的代码是否符合你的预期。

小技巧

① 在仓促做出结论前，指导模型自己寻找解决方法：例如，让模型先列出所有可能的解决方案，然后评估每个方案的优缺点，最后选择最佳方案。

② 通过内心独白或连串问题来掩盖模型的思考过程：例如，让模型模拟人类的思考方式，“我首先想到的是……，但是……，所以……，最终我认为……”。

③ 问模型在之前的步骤中是否有遗漏：例如，在模型完成一个设计方案后，可以问它“你是否考虑了用户体验”或“你是否考虑了易访问性”。

（5）运用外部工具

就像优秀的建筑师不仅需要精通设计，还需要了解建筑材料、结构力学等方面的知识一样，AI 模型也需要借助其他工具来完成更复杂的任务。我们可以把这些工具想象成 AI 模型的“助手”，它们可以帮助 AI 模型获取更多信息、进行更精确的计算，或者执行一些 AI 模型无法完成的操作。例如，AI 模型可以调用图像处理工具来调整图片的尺寸、颜色和亮度，或者调用设计软件 API 来生成矢量图形。AI 模型可以调用音乐生成工具来创作不同风格的音乐，或者调用 3D 建模工具来创建虚拟场景。AI 模型可以调用代码分析工具来检查代码中的错误，或者调用数据库来查询和存储数据。

其中一种重要的外部工具是文本检索系统，有时也称为 RAG（检索增强生成）系统。RAG 系统就像一个知识库，它可以存储大量的文本信息，例如书籍、文章、代码等。当 AI 模型遇到不了解的问题时，它可以向 RAG 系统“求助”，RAG 系统会根据问题的内容，从知识库中检索相关的文档，并将文档内容提供给 AI 模型，帮助 AI 模型更好地理解问题，并给出更准确的答案。例如，一些智能客服机器人就使用了 RAG 系统，当用户提出问题时，机器人会先在知识库中搜索相关的答案，如果找不到合适的答案，才会调用 AI 模型生成答案。这样既可以保证答案的准确性，又可以提高机器人的效率。

结合外部工具，可以弥补 AI 模型的不足，充分发挥 AI 的优势，从而更高效地完成各种任务。

小技巧

① 运用基于嵌入的搜索来高效实现知识检索：例如，使用向量数据库来存储和检索信息，可以帮助模型快速找到与用户查询相关的文档。

② 利用代码执行进行更精确的计算或调用外部 API：例如，让模型调用 WolframAlpha（知识计算引擎软件）进行数学计算，或者调用高德地图 API 获取地理位置信息。

③ 使模型能够访问特定功能：例如，允许模型访问互联网、数据库或其他软件工具，可以扩展模型的能力范围。

（6）系统的变更测试

就像服装设计师在设计新款服装时，不能只考虑模特穿着的效果，还要考虑不同身材、不同年龄的顾客穿上后的效果。我们对 AI 模型的提示词进行修改后，也不能只看个别例子的效果，还要进行全面的测试，看看修改后的提示词是否对大多数情况都有效。例如，你修改了 Midjourney 的提示词，想让它生成更具未来感的图像。你不能只看 AI 生成的一两张图片就判断修改是否成功，而应该用不同的关键词、不同的风格（如“赛博朋克城市夜景”“蒸汽朋克风格的机器人”）进行测试，看看 AI 是否都能生成符合你预期的图像。

又如，你修改了 AI 音乐生成器的提示词，想让它生成更欢快的音乐。你不能只听 AI 生成的一两首曲子就判断修改是否成功，而应该用不同的乐器、不同的节奏进行测试，看看 AI 是否都能生成符合你预期的音乐。或者，你修改了 Copilot 的提示词，想让它生成更简洁的代码。你不能只看 AI 生成的一两段代码就判断修改是否成功，而应该用不同的编程语言、不同的算法进行测试，看看 AI 是否都能生成符合你预期的代码。

只有经过全面的测试，我们才能确保对提示词的修改是有效的，并且不会对 AI 模型的整体性能造成负面影响。这就好比汽车厂商在推出新车型之前，要进行各种测试，例如碰撞测试、耐久性测试等，以确保汽车的安全性和可靠性。

小技巧

① 根据标准答案的参考评估模型输出效果：例如，使用人工标注的数据集来评估模型的准确率、召回率和 F1 值。

② 使用 A/B 测试比较不同提示词的效果：例如，将用户分成两组，分别使用不同的提示词，然后比较两组用户的满意度或任务完成率。

③ 收集用户反馈：例如，让用户对模型的输出结果进行评分或评价，可以了解提示词的有效性。

2.2.3 提示词工程框架

如何通过优化提示词的方式来获得理想的答案，数据科学家也在不断尝试提出各种框架来辅助设计和科研。下面列举几个案例作为参考，引导大家了解提示词工程的可能性，同时激励大家学习最新的框架体系来赋能自己的创作。

（1）CO-STAR 框架

首先介绍的是 2023 年新加坡首届提示工程大赛夺冠选手、数据科学家张席拉（Sheila Teo）的框架。她为自己的框架撰写了一篇博客，我们在原文的基础上增加了一些注释，来帮助非计算机背景的同学理解这个框架的逻辑和使用方法。

CO-STAR 框架是一种帮助你构建有效提示词的工具，它就像一个万能模板，可以让你更有条理地向 AI 传达你的需求。CO-STAR 框架包含六个要素（图 2-11）。

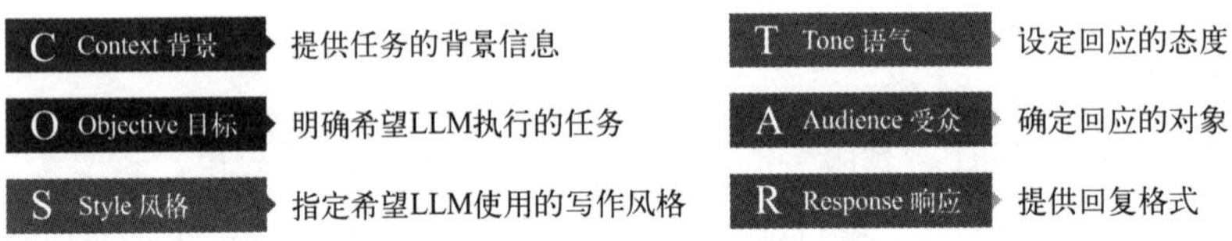

图2-11 CO-STAR提示词框架要素

（C）背景（Context）：告诉 AI 你想做什么，就像跟朋友聊天一样，先交代一下背景。例如“我想设计一张海报，宣传学校的艺术节”。

（O）目标（Objective）：明确告诉 AI 你想要的结果是什么。例如“我希望海报能够吸引更多学生参加艺术节”。

（S）风格（Style）：告诉 AI 你想要的风格是什么，可以参考一些具体的例子。例如“我希望海报的风格像毕加索的画作一样，充满艺术感”。

（T）语气（Tone）：告诉 AI 你想要的语气是什么。例如“我希望海报的语气热情洋溢，能够感染学生”。

（A）受众（Audience）：告诉 AI 你的目标受众是谁。例如“我的目标受众是 18～25 岁的大学生”。

（R）响应（Response）：告诉 AI 你希望以什么格式输出结果。例如“我希望 AI 以图片格式输出海报”。

案例分析：设计智能家居 App 界面

假设你想让 AI 帮你设计一款智能家居 App 的界面。通过使用 CO-STAR 框架，你能够明确地传达设计需求，并确保界面设计符合预期。以下是利用 CO-STAR 框架来清晰地构建提示的过程。

（C）背景

首先，明确设计的背景和应用场景。一款智能家居 App 的界面，将允许用户远程控制家中的各种智能设备，如灯光、空调、窗帘等。随着智能家居设备越来越普及，人们期望能通过手机轻松管理和控制家中的各项设备，因此，设计需要解决用户在日常使用中的便利性和效率问题。

场景：该App会作为一个中心控制平台，用户可以通过App来设置、查看和调整各个智能家居设备的状态。除了基本的控制功能，App还应该包括自动化设置、设备状态显示、能源消耗统计等附加功能。

用户需求：用户期望智能家居App的操作简便直观，能快速调整设备设置，同时拥有智能化的控制选项。

（O）目标

明确设计目标，确保界面能够满足用户的核心需求。目标是设计出一个简洁易用、功能强大的界面，让用户能够方便地控制和管理家中的智能设备。

核心功能：用户能够快速添加、删除和管理设备，控制各项功能（例如开关灯、调节空调温度、打开或关闭窗帘等）。

操作简便：用户不需要进行繁杂的操作，所有功能都能够通过简单的点击或滑动完成。

智能化体验：例如，App可以根据用户的生活习惯，推荐设备的自动控制模式，或根据环境变化自动调节设备。

（S）风格

风格上希望界面设计简约现代，以体现科技感和智能化，类似于苹果公司的HomeKit智能家居平台App风格。这里的重点是界面简洁、直观，同时通过细节传达出智能化和科技感。

色彩：使用干净、简约的色调，如白色、灰色和浅蓝色，突出智能化和科技感。配色要简单且具有现代感，可以用一些柔和的渐变色来增强视觉的层次感。

布局：设计应遵循简洁明了的原则，避免繁杂的元素或复杂的界面结构。每个页面应突出最常用的功能，减少不必要的操作步骤。

图标与按钮：图标设计要简洁且富有辨识度，按钮和互动区域的设计要符合用户的操作习惯，确保触控感知清晰。

（T）语气

语气上希望界面设计能够传达科技感和智能化，让用户感受到现代技术的便捷性和智能家居带来的未来感。

细节：例如，按钮的响应反馈可以采用平滑的动画效果，让用户感觉到交互的流畅性和高科技的体验。

智能提示：在界面设计中，可以加入智能提示或动态元素（如设备状态实时更新、提醒用户设备自动化操作等），这些都会增加界面与用户的互动感，提升智能感。

（A）受众

你的目标受众是所有使用智能家居设备的用户。这个受众群体通常是对新技术较为敏感并且关注便捷生活的人群，年龄层从年轻人到中年人。界面需要足够简单以适应不同年龄和技术水平的用户，同时也要具备足够的功能性以满足高端用户对智能控制的需求。

用户画像：包括已经拥有一定数量智能设备的用户，或刚刚入门智能家居设备的用户。

功能需求：受众希望App具备易用性，同时又不失灵活性和高级功能，如定时任务、自动化控制等。

（R）响应

在响应部分，你希望 AI 根据前述所有需求，以图片格式输出界面设计稿，并提供以下设计细节要求。

尺寸：设计稿需适应不同屏幕尺寸，尤其是智能手机屏幕。

布局：展示简洁的控制界面，可以分为几个主要功能区，如设备列表区、设备控制区、自动化设置区、能源管理区等。

设计稿要求：图片需要包含主界面布局和典型功能的设计示意图（如灯光控制、温度调节等）。

可以看到，使用 CO-STAR 框架后，提示词包含了更多信息，例如 App 的功能、目标用户、设计风格等，AI 就能更好地理解你的需求，生成更符合你预期的界面设计稿（图 2-12）。

图2-12　使用CO-STAR框架生成的界面效果图

当提示词很长，包含很多信息的时候，AI 也有可能“看花眼”，弄混你的意图。为了避免这种情况，可以用一些特殊的符号来为提示词“划重点”，这就是分隔符。分隔符就像提示词中的“路标”，可以帮助 AI 清晰地识别不同的信息，例如哪些是指令，哪些是例子，哪些是需要 AI 处理的内容。

常用的分隔符有：

- ###
- ===
- >>>
- <tag> </tag>（XML 标签）

一个简单的例子：

假设你想让 AI 帮你把一段中文翻译成英文，不使用分隔符：“请将以下文本翻译成英文：中文文本。”

使用分隔符：“请将 <<< 文本 >>> 翻译成英文：<<< 中文文本 >>>。”

可以看到，使用分隔符后，AI 就能更清晰地识别出哪些是需要翻译的文本。

以下是一些使用分隔符的小技巧。

选择合适的分隔符：根据提示词的内容和格式选择合适的分隔符。

保持一致性：在同一个提示词中，使用相同的分隔符。

配合大写字母：可以将分隔符与大写字母结合使用，例如 ### SUMMARY ###，这样可以使提示词更清晰易读。

Sheila Teo 还在原文中进一步分享了一些提示词工程的进阶技巧，欢迎有兴趣的同学进一步学习。除了 CO-STAR 框架之外，还有许多其他的提示词框架，它们各有特点，适用于不同的场景和任务。就像与人沟通一样，与 AI 沟通的方式也应该灵活多变，选择合适的框架可以帮助你更高效地表达你的意图，获得更满意的结果。

（2）ICIO 框架

ICIO 框架是由马特·奈（Matt Nigh）在他的博客文章《提示词工程 101：ICIO 框架》（*Prompt Engineering 101: ICIO Framework*）中提出的。Matt Nigh 是一位经验丰富的机器学习工程师和 AI 产品开发者，他致力于探索如何利用 AI 技术解决实际问题。ICIO 框架是他对提示词工程实践的总结和提炼，旨在提供一种简洁易用的框架，帮助人们更好地与 AI 模型进行交互。

与 CO-STAR 框架相比，ICIO 框架更加简洁，强调指令和上下文的清晰性，特别适合那些需要快速构建提示词的场景，例如在设计过程中进行头脑风暴或快速原型设计。 它没有像 CO-STAR 那样详细规定 AI 的语气、风格和受众，而是将重点放在指令的准确性和输入数据的完整性上，这使得它更加灵活和易于使用。ICIO 框架包含四个要素（图 2-13）。

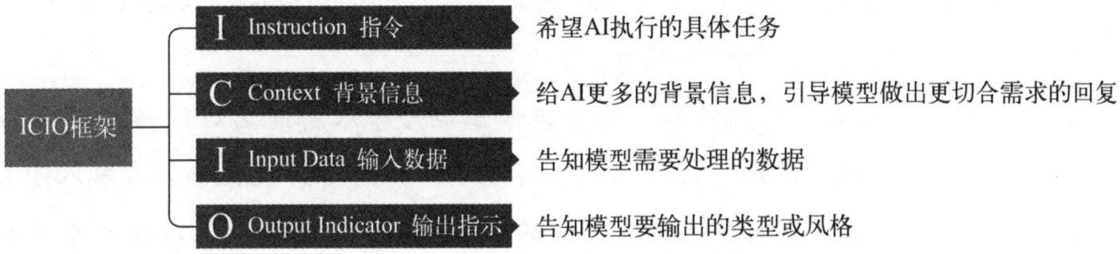

图2-13 ICIO提示词框架要素

（I）指令（Instruction）：清晰明确地告诉 AI 模型你希望它做什么。

（C）背景信息（Context）：提供与任务相关的背景信息，帮助 AI 模型理解你的意图。

（I）输入数据（Input Data）：提供 AI 模型需要处理的数据，例如文本、图像、代码等。

（O）输出指示（Output Indicator）：明确你期望的输出格式或类型。

案例分析：为“绿色星球”环保产品公司设计 banner 图片

假设你正在为一家名为“绿色星球”的环保产品公司设计一个新的网站 banner（横幅广告）图片。目标是突出环保主题，并吸引年轻用户的注意力。为了帮助自己更高效地实现这一目标，你决定使用 ICIO 框架来构建提示词，引导 AI 生成符合你需求的图片。以下是应用框架的详细过程。

（I）指令

首先，明确设计任务的核心指令。你需要生成一个符合“绿色星球”环保产品公司定位的 banner 图片。这张图片不仅要突出环保主题，还要吸引年轻用户的注意力。指令具体包括：

主题：突出环保与可持续发展。

目标用户：18～35 岁的年轻人，关注环保、追求时尚并热爱生活。

风格：设计要简约、清新、自然，能够体现现代感和时尚感。

吸引力：图片需要具有视觉冲击力，能够快速吸引用户的注意并传递品牌的环保理念。

指令的重点是通过图像本身来传达环保、绿色生活的理念，并通过设计风格的选择与年轻群体产生情感上的共鸣。

（C）背景信息

“绿色星球”是一家专注于推广环保产品的公司，致力于向年轻消费者提供可持续、环保的生活方式。其产品包括可降解餐具、环保袋、竹制牙刷等，这些产品倡导无塑料、低碳的绿色生活方式。公司不仅通过产品来实现环保理念，还通过品牌传播来激发用户对环保的关注与行动。

该网站的主要用户群体是18～35岁的年轻人，他们普遍关注环境保护，愿意为地球的可持续发展贡献自己的一份力量。同时，他们热爱生活、追求时尚，喜欢具有创意和独特性的设计风格。你需要为这个用户群体打造一个既能展示环保理念，又具备现代感和时尚感的banner图片。

（I）输入数据

为了确保设计的准确性和品牌的一致性，你需要提供以下输入数据。

公司的Logo：这个Logo可能包括一些绿色或自然元素（如地球、植物等），这些元素需要在设计中融入，以保持品牌的视觉一致性。

网站的口号：“绿色生活，从我做起”这个口号强调每个人都能通过选择环保产品来贡献自己的力量。这个信息需要在设计中得到体现，可能以一种简洁、现代的方式融入图片中。

参考图片：提供一些参考图片，可以是简洁的自然景观、绿色植物、环保元素（如可降解餐具、竹制产品等）。这些图片会帮助你了解用户的审美风格，并为AI提供更具体的视觉方向。

（O）输出指示

图2-14　ICIO框架生成的AI图片

最后，基于前面分析的指令和上下文，给出详细的输出要求，以确保设计的准确性和效果（图2-14）。

图片尺寸：1920像素 ×1080像素，符合标准网页banner的尺寸，适合显示在网站的首页，能够在大屏幕上显示时保持清晰度和美观性。

图片格式：PNG格式，保证图像质量清晰，适合网络使用。

图片风格：简约、清新、自然。这种风格要求整体设计保持简洁，不要过于繁杂，突出清新的绿色元素，给人一种舒适、放松的视觉感受。风格应该符合年轻人追求个性和时尚的趋势，同时与环保主题相契合。

（3）CRISPE框架

CRISPE框架是由PromptHero网站提出的。PromptHero是一个致力于分享和推广

AI 艺术的在线社区，汇集了来自世界各地的艺术家、设计师和 AI 爱好者。CRISPE 框架是 PromptHero 社区对 AI 艺术创作实践的总结和提炼，旨在帮助用户更好地利用 AI 生成图像，探索 AI 艺术的无限可能。

与其他框架相比，CRISPE 框架更加注重创意和个性化，强调 AI 模型的角色扮演和情感表达，特别适合那些需要 AI 模型进行艺术创作或创意设计的场景。它鼓励用户将 AI 模型视为一个具有创造力的“艺术家”，通过设定角色、赋予个性、引导情感，激发 AI 模型的创作灵感，生成更具艺术性和感染力的作品。CRISPE 框架包含六个要素（图 2-15）。

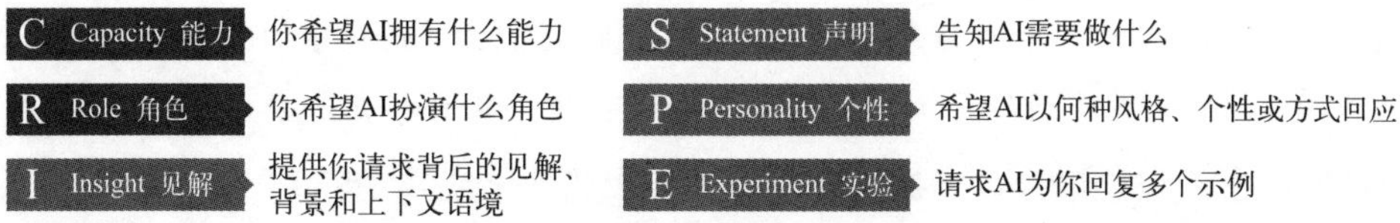

图2-15　CRISPE提示词框架要素

（C&R）能力和角色（Capacity and Role）：赋予 ChatGPT 角色扮演的能力，也就是在当前提问中你希望 ChatGPT 以何种身份帮你解答这个问题。例如，你在向 ChatGPT 询问感冒药的用法用量时，应该让 ChatGPT 扮演一位医生，而不是一位修理工。

（I）见解（Insight）：提供详尽的上下文和背景信息。当我们向 ChatGPT 提问时，详尽的上下文和背景信息可以让 ChatGPT 更好地了解你想询问的问题。要知道，ChatGPT 只能通过你的输入信息获得有效信息。

（S）声明（Statement）：描述你想要 AI 模型生成的内容，例如“画一幅未来城市的景象”。

（P）个性（Personality）：设定 AI 模型的个性，例如“用活泼的风格绘画”。

（E）实验（Experiment）：鼓励 AI 模型尝试不同的风格或方法。

案例分析：为儿童教育机构设计吉祥物

假设你正在为一家名为“启蒙乐园”的儿童教育机构设计吉祥物。该机构致力于为 3～8 岁的儿童提供富有创意和互动性的早期教育，帮助孩子们在玩耍中培养基础的学习能力、社交技能和情感智力。该机构以寓教于乐为核心理念，通过游戏化、互动性强的课程内容激发孩子们的好奇心和探索欲望。

该机构的课堂环境充满色彩和活力，所有的教学材料和工具都具有极强的视觉吸引力，旨在创造一个温馨、友善且充满欢乐氛围的学习空间。因此，设计一个能够传达友善、亲切并激发孩子们学习兴趣的吉祥物显得尤为重要。这个吉祥物不仅需要与课程内容相契合，还需要在孩子们的日常学习和活动中扮演引导者的角色，成为孩子们的“朋友”和“伙伴”。

你希望这个吉祥物能够通过其形象和情感传达给孩子们一个清晰的信号——学习是有趣的，探索世界充满无限可能。在设计过程中，吉祥物需要具备易于记忆的特征，同时具备足够的吸引力，能够吸引孩子们的注意力，并在他们的日常学习中成为一个激励源。

为了实现这一目标，你决定使用 CRISPE 框架来引导设计过程。以下是框架的具体应用过程。

（C&R）能力和角色

你作为一名经验丰富的角色设计师，熟悉儿童心理学，知道如何利用颜色、形状和表情创造出既有吸引力又富有教育意义的角色形象。你深知，儿童尤其喜欢那些形象简单、色彩鲜艳、表情丰富的角色，而这些角色也能通过与孩子们互动，激发他们的创造力和学习兴趣。你还了解儿童的注意力持续时间较短，因此吉祥物的形象需要具有足够的视觉冲击力，以保持孩子们的兴趣。

（I）见解

你希望这个吉祥物不仅能传递友善和亲切的感觉，还要能与孩子们产生情感上的连接，成为他们的“学习伙伴”。它应该展现出一种充满温暖的个性，让孩子们一看到它就感到开心和放松。具体而言，吉祥物的外形需要具备软萌的特质，且面部表情应当丰富而直观，能够传达出快乐、惊讶、好奇等多样的情感，激励孩子们积极参与学习活动。

（S）声明

你希望设计一个卡通风格的吉祥物，形象可以是动物或植物。根据启蒙乐园的品牌理念，你可以从动物中汲取灵感，设计一个既具备教育寓意又富有趣味的形象。可以设计一个类似小狐狸或小兔子的动物角色，因为温暖、亲和力强的形象往往能够轻松吸引孩子们的注意。

同时，你也可以考虑从植物中汲取灵感，例如设计一个微笑的向日葵或开心的小树精灵。这样的形象象征成长和希望，与启蒙乐园的教育理念相得益彰。

（P）个性

吉祥物的个性设计至关重要，它不仅是视觉符号，更应该具备与孩子们的互动性。你希望吉祥物充满活力、可爱且富有表现力。它的动作和表情应当生动有趣，能够引导孩子们积极参与各种学习活动。例如，吉祥物可以摆出欢快的跳跃姿势，或者用两只小手挥动，表达“欢迎来到启蒙乐园”的热情。你还可以让吉祥物时不时做出各种富有趣味的表情，比如开心地笑、眨眼或者疑惑的表情，这些都能帮助提升孩子们的参与感和情感联结。

（E）实验

在设计过程中，你可以尝试不同的颜色组合、形状和风格，以找到最适合的吉祥物形象。例如，尝试圆润的形状，而不是尖锐的边角，这样可以让形象看起来更加亲和。色彩上，可以选择对比鲜明且富有活力的颜色，比如橙色、黄色和蓝色，不仅能吸引孩子们的注意力，还能传递出温暖、积极的情绪。

你还可以尝试将动物和植物元素进行融合，创造出一个既有动物的亲和力，又带有自然、成长象征的独特形象。例如，将小兔子的耳朵设计成树叶形状，或让吉祥物的身体像花朵一样层叠，这样既符合教育机构的自然、成长主题，又能展现出富有创意的卡通风格（图 2-16）。

图2-16　CRISPE框架生成的吉祥物效果图

在应用 CRISPE 框架的过程中，设计师能够深入挖掘并实现“启蒙乐园”吉祥物的创意构想。通过定义能力和角色、见解、声明、个性和实验，设计师能够创造出一个既符合教育机构的教育理念，又能与孩子们建立情感联系的吉祥物形象。

（4）BROKE 框架

BROKE 框架是由著名的 AI 专家吴恩达（Andrew Ng）在他的机器学习课程中提出的。吴恩达是美国斯坦福大学计算机科学系教授，也是 Coursera 的联合创始人，他在机器学习和深度学习领域享有盛誉。BROKE 框架是他多年教学和实践经验的总结，旨在引导学生进行机器学习项目，培养他们的问题解决能力和数据分析能力。

与其他框架相比，BROKE 框架强调目标和结果导向，注重评估 AI 模型的输出是否符合预期，特别适合那些需要 AI 模型解决实际问题的场景，例如数据分析、预测等。它鼓励用户从实际问题出发，明确项目的目标和评估指标，并将 AI 模型视为一个解决问题的工具，通过不断优化和评估，最终获得满意的结果。BROKE 框架包含五个要素（图 2-17）。

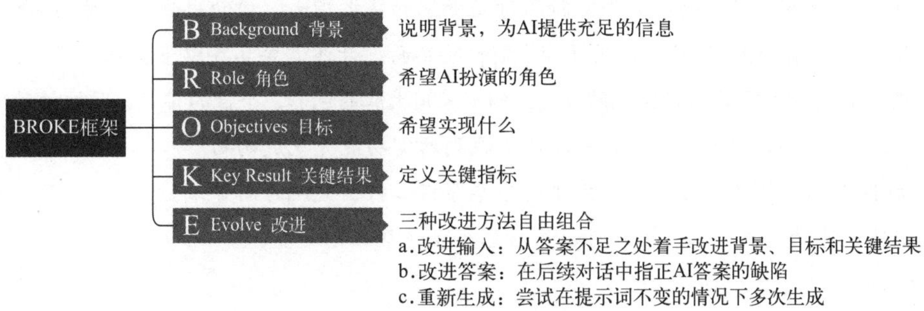

图2-17 BROKE提示词框架要素

（B）背景（Background）：提供问题的背景信息，例如“我正在分析用户购买行为数据”。

（R）角色（Role）：定义 AI 模型的角色，例如“你是一位数据分析师”。

（O）目标（Objectives）：明确项目的目标，例如“我希望找到影响用户购买的主要因素”。

（K）关键结果（Key Result）：定义评估项目成功的指标，例如“模型的预测准确率要达到 90%”。

（E）改进（Evolve）：如果 ChatGPT 生成的内容不能让人满意，有三种可能性。第一种是我们的指令不够清楚。这时候，我们应该改进提示，从答案的不足之处着手改进背景、角色、目标与关键结果。第二种是 ChatGPT 的回答有误或有缺点，这时候我们可以在接下来的对话中指出生成内容中的错误与缺点，让它重新回答。第三种是碰到一次不太准确的结果。这时候你可以优中选优，用相同的提示词让 ChatGPT 多生成几次，然后选一次最满意的。三种方法需要组合起来，重复、多次使用，才可以得到满意的答案。

案例分析：为电商设计一款 App

假设你正在设计一款全新的电商 App，名为“潮流集市”。你希望通过 AI 模型来帮助你分析和优化界面设计，使其对用户更加友好，从而吸引更多年轻用户。“潮流集市”是一款面向 Z 世代（1995—2010 年出生的人群）的电商 App，主要销售潮流服饰、时尚单品和设计师品牌。目标用户是 18～25 岁的年轻人，他们热衷追求个性化、展现自我，对时尚潮流高度敏感，并且习惯在手机上购物。

（B）背景

首先，你需要向 AI 提供详细的背景信息，就像跟一位设计师介绍你的项目一样告诉 AI，你正在设计一款名为“潮流集市”的电商 App，目标用户是 18～25 岁的年轻人。他们热衷于追求个性化、展现自我，对时尚潮流高度敏感，并且习惯在手机上购物。为了满足这些年轻用户的需求，“潮流集市”App 需要具备以下功能。

① 个性化商品推荐：根据用户的兴趣爱好和浏览历史，推荐符合其喜好的商品。

② 潮流社区互动：提供一个平台，让用户可以分享穿搭心得、交流时尚资讯、参与潮流话题讨论。

③ 便捷的购物流程：提供流畅的购物体验，支持多种支付方式，并提供完善的售后服务。

④ AR 试穿功能：用户可以通过增强现实（AR）技术虚拟试穿衣服，提升购物体验。

⑤ 时尚资讯和穿搭指南：提供最新的时尚资讯和穿搭指南，帮助用户提升时尚品位。

为了提升 App 的吸引力，“潮流集市”App 的界面设计还需要具备以下特点。

① 界面设计风格要符合 Z 世代的审美，例如采用大胆的色彩、个性的排版、酷炫的动画等。

② 操作流程要简洁流畅，用户可以快速找到所需功能并完成购物。

③ 社区互动要活跃，用户可以方便地分享穿搭心得、交流时尚资讯。

④ AR 试穿功能要逼真，用户可以体验到虚拟试穿的乐趣。

（R）角色

接下来，你需要告诉 AI 你希望它扮演的角色。例如，可以说：“我希望你扮演一位经验丰富的 UI 或 UX 设计师，熟悉移动端设计规范，了解 Z 世代用户的审美和使用习惯，并且擅长设计具有视觉吸引力的界面。”

（O）目标

然后，你需要明确地告诉 AI 你的设计目标。例如，可以说：“我希望设计一个用户友好、易于导航的界面，让用户可以轻松地浏览商品、下单购买和管理订单。同时，界面设计要符合 Z 世代的审美，提升用户的购物体验和 App 的吸引力。”

（K）关键结果

为了评估 AI 的设计方案是否符合预期，你需要设定一些关键结果指标。例如，可以设定以下指标：

① 用户应该能够在 30 秒内找到他们想要的功能。

② 用户完成购买流程的步骤应该不超过 5 步。

③ 用户对 AR 试穿功能的满意度评分应该达到 4.5 分以上（满分 5 分）。

④ 用户测试的整体满意度评分应该达到 4.7 分以上（满分 5 分）。

（E）改进

最后，你需要告诉 AI 如果它生成的设计方案不符合预期，你将如何进行改进。如果生成的界面设计方案不符合预期，可以尝试以下改进方法。

① 改进提示词：例如，更详细地描述目标用户的特征、App 的功能和设计风格，或者更明确地定义关键结果指标。

② 指出错误和缺点：例如，指出 AI 模型生成的界面中哪些元素不符合设计规范，或者哪些操作流程不够流畅。

③ 多次生成：使用相同的提示词让 AI 模型多次生成界面设计方案，并从中选择最满意的方案。

通过 BROKE 框架的应用，设计师能够精确把握“潮流集市”App 的设计方向，确保界面既符合 Z 世代的审美，又提升用户体验。最终，这一框架不仅帮助设计师创造出满足用户需求的界面，还确保了设计方案的科学性和实用性。希望“潮流集市”App 能够成为年轻用户的首选电商平台，引领时尚购物新潮流（图 2-18）。

图2-18　BROKE框架生成的“潮流集市”App推荐风格

（5）RASCEF 框架

RASCEF 框架由一位名叫莱利·古德赛德（Riley Goodside）的提示词工程师提出。Riley Goodside 是一位在 AI 领域拥有丰富经验的专家，他曾在 Scale AI 和 Google 工作，参与过多个大型 AI 项目的开发。RASCEF 框架是他对提示词工程的深入思考和实践总结，旨在提供一种更加全面和细致的框架，帮助用户更好地控制 AI 模型的输出。

与其他框架相比，RASCEF 框架为用户提供了一个精确、结构化的方式来引导 AI 输出，帮助用户明确地指导 AI 扮演特定角色，并执行相应的任务，从而实现更加流畅和高效的沟通。它适用于需要高精度、创意和流程控制的设计任务，尤其是品牌设计、广告创意等领域。通过为 AI 提供清晰的角色设定、任务要求、完成任务的步骤、背景信息、示例参考和格式规范，RASCEF 框架帮助设计师更好地与 AI 进行协作，确保设计成果完美符合预期。RASCEF 框架包含六个要素（图 2-19）。

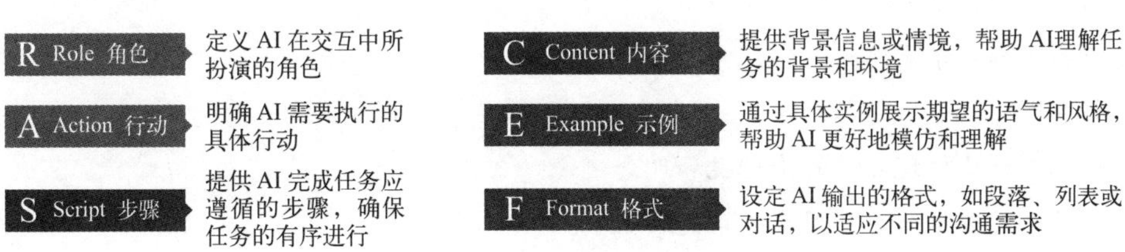

图2-19　RASCEF提示词框架要素

（R）角色（Role）：定义 AI 在交互中所扮演的角色，如电子邮件营销人员、项目经理等。

（A）行动（Action）：明确 AI 需要执行的具体行动，如编写项目计划或回答客户咨询。

（S）步骤（Script）：提供 AI 完成任务时应遵循的步骤，确保任务有序进行。例如，在设计 Logo 时可以设定步骤为：确定 Logo 的主题和风格；设计 Logo 的图形元素；选择 Logo 的颜色和字体；调整 Logo 的细节和布局。

（C）内容（Content）：提供背景信息或情境，帮助 AI 理解任务的背景和环境。

（E）示例（Example）：通过具体实例展示期望的语气和风格，帮助 AI 更好地模仿和理解。

（F）格式（Format）：设定 AI 输出的格式，如段落、列表或对话，以适应不同的沟通需求。

案例分析：为现代时尚品牌设计新系列包装

假设你要为一个高端时尚品牌设计新系列的包装，设计一款简约且富有现代感的包装，突出品牌的创新精神和优雅气质。你决定使用 RASCEF 框架来帮助 AI 完成这项任务，确保包装设计符合品牌形象并吸引目标市场（年轻、时尚、追求品质的消费者）。

（R）角色

角色设定：你是一位经验丰富的时尚包装设计师，专注于简约现代风格，熟悉如何通过包装传递品牌的价值观和情感。

（A）行动

任务说明：请设计一款适用于高端时尚品牌的系列包装，包括外包装盒和内袋，体现简约而富有现代感的风格，适合年轻且追求时尚品质的消费者。

（S）步骤

设计步骤：① 确定包装的整体风格和色调，例如以黑、白、灰为主色调，搭配金色或银色作为点缀。② 设计外包装盒的结构和造型，例如采用立方体、长方体或圆柱体等几何形状，并考虑开合方式和功能。③ 设计包装盒上的图形元素，例如 Logo、品牌名称、产品信息等，并进行排版和布局。④ 设计内袋的材质和造型，例如使用环保纸张或无纺布，并考虑与外包装盒的搭配。⑤ 制作包装效果图，展示包装的整体效果和细节。

（C）内容

品牌信息：

① 品牌名称：卢恩。

② 品牌定位：高端时尚品牌。

③ 目标用户：年轻、时尚、追求品质的消费者。

④ 品牌理念：创新、优雅、简约。

⑤ 产品信息：手袋。

设计要求：

① 包装设计要体现品牌的价值观和理念。

② 包装设计要符合目标用户的审美和需求。

③ 包装设计要兼顾功能性和美观性。

（E）示例

参考示例（图 2-20）。

图2-20　Hermes（爱马仕）、Delvaux（德尔沃）和Moynat（摩奈）的包装设计示例

（F）格式

格式要求（图 2-21）：① 输出文件需提供矢量图格式（如 AI 或 SVG 文件），便于后期放大和调整。② 设计文件应包括不同尺寸的包装效果图（如 500 像素 ×500 像素用于电商平台，1080 像素 ×1080 像素用于社交媒体宣传等）。③ 色彩模式应使用 CMYK（用于印刷）和 RGB（用于数字平台）。

图2-21　RASCEF框架生成的产品包装示意图

2.3　设计师的 AI 创作指南

大模型的出现，为设计领域带来了前所未有的机遇。它不仅可以作为设计师的灵感源泉，还可以加速设计流程，提升设计效率，甚至拓展设计的边界和可能性。本节将探讨设计师如何更好地利用大模型进行创作，并通过案例说明如何将不同的 AI 工具结合使用。

2.3.1　激发创意灵感

在设计领域，灵感的匮乏常常成为创意的瓶颈。幸运的是，AI 可以成为设计师的得力助手，帮助其突破思维定式，探索无限创意。在设计过程中，我们常常需要从不同角度思考问题，寻找创新的解决方案。然而，人的思维容易受到经验和习惯的限制，导致创意枯竭。这时，AI 就显得尤为重要。

（1）AI 在激发灵感方面的独特优势

① 生成海量创意素材：AI 能够生成海量的创意素材，如图像、文本、音乐等，为设计师提供源源不断的灵感。例如，设计师可以利用 Midjourney、DALL-E 2 等 AI 图像生成工具，生成各种风格的图像，包括抽象艺术、未来主义、超现实主义等，从中获得启发。

② 快速生成多个方案：AI 可以快速生成多个不同的设计方案，方便设计师进行比较和筛选，并不断迭代优化。例如，设计师可以向 AI 描述一个产品的设计理念，让 AI 生成多个不同的设计方案，并根据自己的喜好和需求进行选择和修改。

③ 融合不同领域和风格：AI 能够将不同领域、不同风格的元素进行融合，创造出全新的设计理念。例如，设计师可以要求 AI 将中国传统元素与现代设计风格相结合，生成具有独特文化韵味的家具设计方案，或者将自然元素与科技元素相结合，设计出具有未来感的建筑。

（2）设计师在实践中需要注意的问题

① 避免过度依赖 AI：AI 生成的创意素材只能作为参考和启发，最终的设计方案还需要设计师进行筛选、判断和完善。设计师的经验、直觉和审美仍然是不可替代的。

② 保持设计的原创性：在使用 AI 生成的创意素材时，要注意避免抄袭和侵权。设计师应该将 AI 生成的素材作为灵感来源，而不是直接照搬照抄。

③ 明确设计目标和用户需求：在进行头脑风暴时，要时刻牢记设计目标和用户需求，避免 AI 生成的创意素材与设计目标脱节。

总之，AI 作为设计中的灵感伙伴，能够为设计师提供强大的支持，帮助其突破创意瓶颈。然而，设计师在利用 AI 的过程中，需要保持独立思考，确保设计的原创性和目标导向。通过合理利用 AI 工具，设计师可以更好地激发创意，创造出更具创新性和吸引力的作品。

案例分析：构想具有未来感的城市交通工具

为了设计一款具有未来感的城市交通工具，我们将通过一系列具体的步骤，利用 AI 工具进行头脑风暴和创意发散。以下是优化后的步骤描述。

启动 Midjourney 软件，输入如“未来感的城市交通工具”“飞行器”“流线型”“科技感”等提示词，并尝试加入“赛博朋克”“蒸汽朋克”“生物科技”等风格关键词，生成一系列创意图像。请注意，在输入提示词的时候可以参考上面提到的框架思路，从产品名称、CMF（颜色、材料、表面处理）、风格等多角度做详细的描述。AI 可以通过建立情绪板、参考板（reference board）、思维导图来帮助我们确定设计的方向，降低与甲方沟通的成本（图 2-22）。

图2-22　AI根据提示词生成图片

接着，打开文心一言，输入“描述一个未来城市的环境和交通状况”，并根据需要添加“人口密度”“环境污染”“交通拥堵”等关键词，以生成关于未来城市交通状况的描述性文字（图 2-23）。这些信息可以启发我们构想产品未来的使用场景，甚至生成构想未来场景的背景图片。

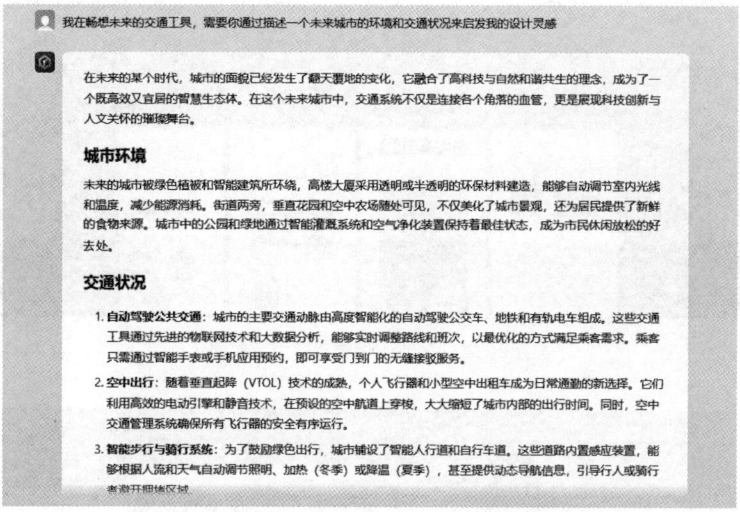

图2-23　文心一言生成未来交通环境的描述

一般我们在前两步就可以得到描述未来交通工具的所有相关词语，这些词语往往有着复杂的内部联系，我们可以通过 Kimi 和 Xmind 的结合进一步将关键词整理成思维导图，理清不同要素之间的联系。具体而言，我们将中意的灵感元素和相关的背景信息统统输入 Kimi。Kimi 会先将输入的关于未来交通工具的文本信息进行分析和归纳，提取出关键概念和主题，例如“交通工具类型”“设计风格”“城市环境”“用户需求”等。

然后，Kimi 会用 Markdown 语法将这些关键信息组织成一个层次结构，并用 #、## 等符号来表示不同的层级。例如，“# 未来城市交通工具设计”表示一级标题，“## 交通工具类型”表示二级标题，“* 飞行汽车”表示列表项。最后，Kimi 会将这个用 Markdown 语法写成的文本输出。我们只需将这段文本复制到 Xmind 中，Xmind 就会自动将其转换成可视化的思维导图，方便我们查看和理解。

2.3.2　加速原型设计

你是否还在为繁琐的原型设计而烦恼？AI 可以成为你的高效助手，帮助你快速生成原型，并进行迭代优化。在传统的设计流程中，原型设计往往是一个耗时费力的过程。设计师需要花费大量时间绘制草图、构建模型、调整细节。而 AI 可以将设计师从这些繁琐的工作中解放出来，让他们专注于更具创造性的工作。

（1）AI 在原型设计中的独特优势

① 快速生成原型：AI 可以根据描述或草图，快速生成 UI 原型、产品外观原型、建筑模

型等。例如，设计师可以使用 Galileo AI 根据文字描述生成 UI 原型（图 2-24），或者使用 GANverse3D 根据草图生成三维模型（图 2-25）。这些工具能够大大缩短从概念到原型的时间。

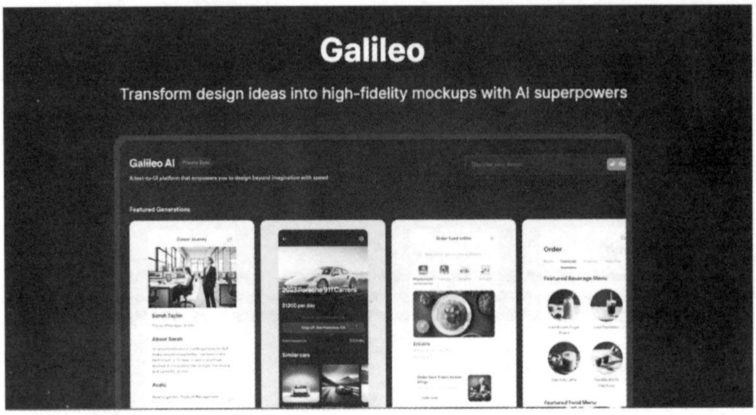

图2-24　Galileo AI生成的用户界面

图2-25　GANverse3D通过汽车照片生成的模型

② 自动化重复性设计任务：AI 可以自动完成一些重复性的设计任务，例如调整尺寸、修改颜色、添加细节等。例如，设计师可以使用 AI 图像处理工具自动完成图片的裁剪、缩放、滤镜等操作，或者使用 AI 建模工具自动生成复杂的几何形状。这不仅节省了时间，还提高了设计的精度和一致性。

③ 提供设计改进建议：AI 可以分析设计方案，并提供改进设计的建议，例如优化用户体验、提升设计效率等。例如，设计师可以使用 AI 分析工具来评估用户界面的易用性和美观性，或者使用 AI 仿真工具来模拟产品的性能和可靠性。这些工具能够帮助设计师在早期发现潜在问题并进行优化。

（2）设计师在实践中需要注意的问题

① 保持设计的主导权：尽管 AI 可以生成高质量的原型，但设计师仍然是设计过程的核

心。AI 的建议和生成的原型应作为参考，最终的设计决策仍需由设计师根据设计目标和用户需求来决定。

② 确保设计的灵活性：AI 生成的原型可能过于标准化，设计师需要在 AI 生成的基础上进行调整和优化，确保设计的灵活性和创新性。

③ 持续学习和适应：AI 工具和技术不断更新，设计师需要持续学习和适应新的工具和方法，以充分利用 AI 的优势，提升设计效率和质量。

总之，AI 作为设计中的高效助手，能够帮助设计师快速生成原型并进行迭代优化。通过合理利用 AI 工具，设计师可以节省大量时间，专注于更具创造性和战略性的设计工作。然而，设计师在利用 AI 的过程中，需要保持设计的主导权，确保设计的灵活性和创新性，并持续学习和适应新的技术。通过这些方法，设计师可以更好地利用 AI，提升设计效率和质量。

案例分析：将未来交通工具草图变成效果图

结合 AI 生成的图像、文本描述以及搜集的设计案例，手绘出几款交通工具的草图。在这一步骤中，尝试将不同元素融合创新，例如将飞行器的流线型设计和生物科技的仿生结构相结合，以创造出独特的设计概念。Stability AI、Scribble Diffusion、Vizcom 等众多工具可以提供将简笔画转化成图片的功能（图 2-26）。

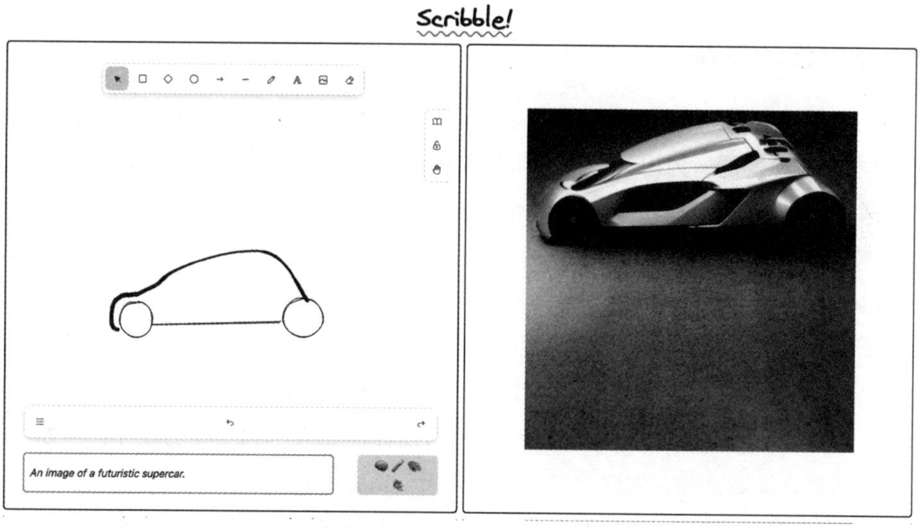

图2-26　Scribble Diffusion只需一张简单的草图即可生成效果图

将手绘草图导入 Adobe Illustrator 或类似的矢量绘图软件（如 Sketch、Affinity Designer）中，进行数字化处理和细节优化。这一步需要运用设计软件的各种工具，例如钢笔工具、形状工具、路径查找器等，将草图转换成精确的矢量图形，并调整线条、颜色、细节等，使设计方案更加清晰和完善。

接着，使用如 Autodesk Fusion 360 等三维建模软件，利用 AI 辅助工具自动生成三维模型，并进行结构优化和材质调整。市面上有很多 AI 辅助建模工具，例如 Kaedim 和上文提到的 GANverse3D，可以将二维图片通过 AI 生成布线合理的 3D 模型，大大提高建模效率

（图 2-27）。也可以利用 AI 工具进行结构优化和材质调整，例如模拟产品的承重能力、分析产品的空气动力学性能、选择合适的材料等，使设计方案更具可行性和实用性。

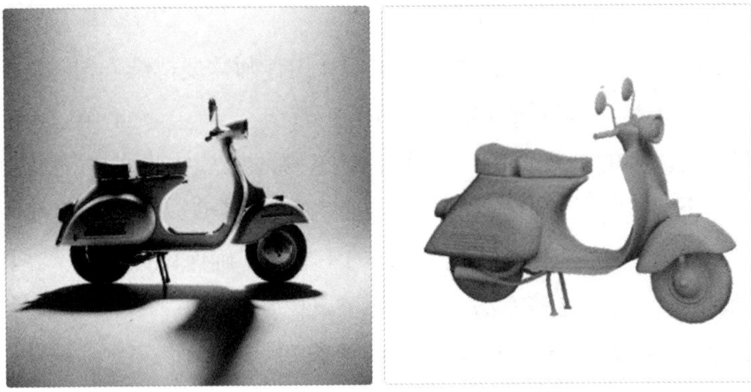

图2–27　Kaedim可以根据图片直接生成3D模型

根据 AI 辅助设计的结果，进行人工调整和完善，确保设计方案既具有未来感又符合实际应用需求。最终，完成一款既美观又实用的未来城市交通工具设计方案。通过这一流程，设计师可以高效地利用 AI 工具生成出色的效果图。

2.3.3　拓展设计边界

AI 不仅可以帮助设计师完成现有的设计任务，还可以拓展设计的边界，探索更多的可能性。AI 技术的快速发展，为设计领域带来了无限的可能。设计师可以利用 AI 突破传统设计的限制，探索新的设计方法和设计理念，创造出更具创新性和个性化的作品。

AI 可以根据用户的需求和偏好，生成个性化的设计方案，例如定制服装、定制家具等。设计师可以利用 AI 分析用户的身体数据和穿着偏好，生成符合用户需求的服装设计方案。AI 还可以根据设计师设定的目标和约束条件，自动生成满足要求的设计方案，例如优化建筑结构、设计轻量化产品等。例如，设计师可以利用 AI 分析建筑的结构和材料特性，生成最优的建筑结构设计方案。此外，AI 可以帮助设计师将设计理念应用到不同的领域，例如将游戏设计理念应用到教育领域，或者将交互设计理念应用到医疗领域。

当然，这种拓展也有一些潜在的问题。在使用 AI 拓展设计边界时，需要注意伦理和社会影响，例如，避免 AI 产生偏见或歧视，保护用户的隐私和数据安全等。同时，要考虑技术可行性，AI 生成的设计方案可能存在技术上的不可行性，需要设计师进行评估和调整。设计师应该将 AI 生成的方案作为参考，而不是最终的结果。还要持续学习新的 AI 工具和技术，AI 技术发展迅速，设计师需要持续学习新的 AI 工具和技术，才能保持竞争力。

案例分析：设计个性化学习平台

我们将通过一个详细的案例来说明如何利用 AI 拓展设计边界，设计一个个性化学习平台。首先，使用 Kimi 生成用户画像。打开 Kimi，输入提示词“请描述不同类型学习者的特点，例如视觉型学习者、听觉型学习者、动觉型学习者等，并分析他们的学习需求和偏好”。

然后，使用 DALL-E 生成学习场景图像。打开 DALL-E，输入提示词“生成一个学习场景的图像，例如图书馆、教室、户外等”，并尝试添加不同的关键词，例如“明亮”“舒适”“科技感”等，生成不同风格的学习场景图像（图 2-28）。

图2–28　DALL–E生成的学习场景图像可以作为设计素材

接着，设计交互方式和学习流程。参考 Duolingo 等优秀学习平台的设计，结合 Kimi 生成的用户画像和 DALL-E 生成的学习场景图像，设计个性化学习平台的交互方式和学习流程。例如，可以根据用户的学习偏好，设计不同的学习路径和学习内容，并使用游戏化的机制来提高学习的趣味性和互动性。

之后，进行用户测试。邀请不同类型的学习者参与用户测试，收集用户反馈，并进行迭代优化。例如，可以邀请视觉型学习者、听觉型学习者、动觉型学习者等不同类型的学习者参与测试，并收集他们对学习平台的界面、功能、内容等方面的反馈。

最后，确定最终设计方案。根据用户反馈，对学习平台的设计方案进行迭代优化，最终完成个性化学习平台的设计。

03 Chapter

第3章

用户研究与需求分析

在前面的章节中我们探讨了智能交互设计的定义、演变、趋势和设计要点，并深入了解了大模型的基本原理、提示词设计以及利用 AI 辅助创作的方法。这些内容为我们理解智能交互设计奠定了基础，也为我们利用 AI 进行设计提供了工具和方法。然而，设计并非凭空想象，而是要以用户为中心，深入理解用户的需求和行为，创造出真正满足用户需求的产品。接下来的章节将带领大家探索智能交互设计流程中的关键环节，包括用户研究、需求分析、概念设计和原型设计。

在智能交互设计中，用户研究是至关重要的第一步。深入理解用户的需求、行为和偏好，才能设计出真正满足用户需求、提升用户体验的智能产品。本章将探讨用户研究的目的、核心原则和常用方法，以及 AI 如何赋能用户研究。

3.1 用户研究的目的与核心原则

在智能交互设计中，用户研究并非简单依靠单一数据渠道的线性活动，而是深入理解用户与智能系统互动方式的循环性和动态性活动。它的目的在于描绘出一幅清晰的用户画像，这幅画像不仅包含用户的基本信息，更重要的是捕捉用户在与智能系统交互过程中的真实需求、潜在目标和动机、习惯行为，以及在使用过程中可能遇到的种种困境和痛点。

在智能交互设计中，用户研究的重要性主要体现在以下方面。

① 发现动态变化的需求：传统交互设计往往针对相对稳定的用户需求进行设计，而智能交互设计则需要应对用户不断变化的需求。例如，设计一个智能推荐系统，用户最初可能偏好某种类型的商品，随着时间的推移并了解更多可能性，他们的兴趣可能发生改变。用户研究能够帮助设计师及时捕捉这些变化，确保系统能够持续满足用户的需求。

② 实现高度个性化："一千个读者就有一千个哈姆雷特"，每个用户都是独一无二的。智能交互系统的一大优势在于能够提供高度个性化的体验。要实现这一点，就必须深入挖掘用户个体之间的差异，例如使用习惯、偏好，甚至情感状态。用户研究正是捕捉用户细分差异、实现个性化的基石。

③ 构建数据驱动系统：智能交互系统的背后是强大的数据驱动模型。这些模型的训练和优化需要高质量的数据支撑。用户研究不仅能够采集用户行为数据，还可以通过定性研究方法，例如深度访谈、焦点小组等，获取更深层次的用户洞察，为系统提供更丰富的数据来源。

在智能交互产品设计中，用户研究是确保产品能够满足用户需求、提升用户体验的关键环节。进行用户研究需要遵循一些核心原则，以保证研究的有效性和可靠性，这些原则不仅适用于传统的产品设计，更在智能交互设计中显得尤为重要（图 3-1）。

图3-1 智能交互设计用户研究的四个原则

① 以用户为中心："以用户为中心"是用户研究的根本原则，也是智能交互设计的核心理念。所有设计决策都应围绕用户的需求、行为习惯和体验展开，而不是基于设计师的个人喜好或技术实现的可能性。正如美国加利福尼亚大学圣地亚哥分校的学者唐·诺曼（Donald Norman）在其经典著作《设计心理学》（*The Design of Everyday Things*）中所指出的："设计应以用户为中心，而不是以技术为中心。"在智能交互系统中，这一原则尤为重要，因为用户与产品的交互不再是简单的操作，而是涉及复杂的感知、反馈和学习过程。例如，在物联网领域，用户与设备的交互需要高度的个性化和适应性。以用户为中心的设计能够显著提升用户对智能产品的接受度和满意度。

② 客观性：在用户研究过程中，客观性是确保研究结果真实和可靠的关键。研究者需要尽量避免个人偏见对研究结果产生影响。例如，在进行用户访谈时，研究者应保持中立，避免使用引导性问题。研究者的主观偏见可能会导致用户反馈的偏差，从而影响设计决策。因此，研究者需要通过科学的方法和严谨的流程来确保数据的客观性。例如，在收集用户反馈时，可以采用多种数据收集方法（如问卷调查、访谈、观察等），并结合定量和定性分析，以减少单一方法带来的偏差。

③ 系统性：用户研究需要采用科学的方法，以确保研究结果的可靠性和有效性。无论是定量研究中的统计分析，还是定性研究中的编码分析，都需要系统化的方法来处理数据。例如，在物联网环境中，用户与设备的交互数据通常是多维度和动态的。系统化的研究方法能够更好地挖掘用户行为模式和需求。在智能交互设计中，研究者可以结合多种研究工具和技术，如眼动追踪、行为分析软件等，以更全面地了解用户的行为和体验。

④ 迭代性：用户研究并非一蹴而就，而是一个持续循环迭代的过程。研究者需要不断收集用户反馈，并根据反馈对设计进行调整和优化。智能交互系统更是如此，需要不断学习和适应用户，才能不断提升用户体验。例如，在智能家居系统中用户的需求和使用习惯可能会随着时间而变化。通过持续的用户研究和迭代设计，产品能够更好地适应用户的动态需求，从而提升用户的满意度和忠诚度。

3.1.1 用户需求挖掘

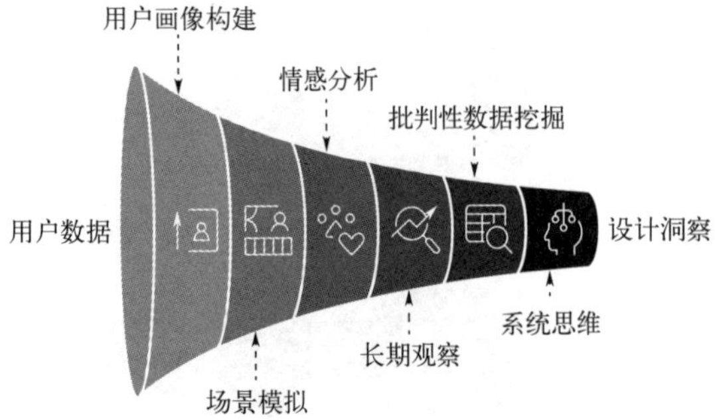

图3-2 用户需求挖掘的要素

在智能交互设计中，用户需求挖掘不仅仅是简单地询问"你想要什么"，更重要的是要深入理解用户行为背后的动机和潜在需求。这需要设计师运用多种方法，并转变传统的思维方式。以下是一些在智能交互设计中重要的用户需求挖掘的考虑要素（图3-2）。

（1）数据驱动的用户画像构建

利用大数据分析用户行为，构建精准的用户画像。

（2）场景模拟

想象用户会在什么情况下使用产品或服务，他们在使用过程中会遇到什么问题，通过用户画像模拟真实使用场景。例如，根据用户清晨起床使用智能音箱控制家居设备、在通勤路上使用导航 App 获取实时路况的情况，设计师可以直观地发现用户在不同情境下的需求。这种方法有助于设计师从用户的角度出发，设身处地地思考问题。举例来说，模拟用户在驾驶场景中使用语音助手导航，设计师会发现语音指令的简洁性和准确性至关重要，从而最大程度地减轻驾驶员的视觉和操作负担。

（3）情感分析

好的设计不仅要满足用户的功能需求，更要关注他们的情感需求。对情感需求的察觉和理解，是 AI 目前难以替代设计师的主要原因。用户在使用产品时是否感到愉悦？是否有成就感？是否感到方便和高效？这些情感体验直接影响用户对产品的满意度和忠诚度。情感分析可以通过观察、问卷调查、面部表情识别等方式进行。例如，设计一款学习 App 时，如果能通过游戏化的方式增加学习的趣味性，就能更好地满足用户追求成就感和愉悦感的情感需求。

（4）长期观察

用户行为是不断变化的，短期观察可能无法捕捉到用户深层次、潜在的需求。因此，设计师需要进行长期的用户观察，持续关注用户在不同设备、不同时间段的行为模式。例如，通过长期跟踪用户在社交媒体上的互动行为，设计师可以发现他们潜在的社交偏好和兴趣，从而为他们推荐更精准的内容或好友。同时，用户行为数据是宝贵的财富，对用户行为日志、应用数据等进行分析，可以揭示用户自身可能未曾意识到的需求。

（5）批判性数据挖掘

大数据时代，设计师能获取海量的用户行为数据，但这并不意味着有了数据就万事大吉。设计师需要运用批判性思维，对数据进行深入分析，挖掘用户潜在需求，并为个性化推荐提供依据。例如，通过分析用户的购买记录，设计师可以发现他们可能感兴趣的相关商品，从而进行精准推荐。同时，也要关注用户反馈，例如用户在应用商店的评价、社交媒体上的评论等，通过对这些反馈进行深入分析，挖掘用户反馈背后的真实需求，而不是仅仅停留在表面。需要强调的是，设计师不能简单地根据数据结果进行设计，而是要结合用户研究的其他方法，理解数据背后的原因。

（6）系统思维

用户需求并非孤立存在，它与产品功能、商业目标、技术可行性等因素相互关联。因此，在挖掘用户需求时，设计师需要运用系统思维，将用户需求放在一个更大的系统中进行考虑。例如，在设计一款智能客服系统时，设计师需要考虑到用户的求助需求、企业的服务成本以及人工智能技术的局限性等因素，才能设计出既能满足用户需求，又能实现商业目标的产品。

将以上这些因素结合考虑，可以更全面、深入地了解用户，为智能交互设计提供坚实的基础。

3.1.2 样本多样性与伦理考量

用户研究的目的是更全面、真实地了解用户，从而做出更合理的设计决策。然而，如果研究中使用的样本存在偏差，那么研究结果就可能失真，导致设计出的产品无法真正满足用户的需求，甚至产生负面影响。因此，在用户研究中，关注样本的多样性并进行伦理考量至关重要。

（1）样本多样性

样本多样性指的是研究中选取的用户样本应该尽可能地涵盖目标用户群体的各种特征，包括但不限于：① 人口统计学特征：年龄、性别、地域、教育程度、收入水平、职业等。例如，如果设计一款面向老年人的智能家居系统，就不能选取年轻用户进行测试。② 技术使用习惯：用户对不同技术产品的熟悉程度、使用频率、偏好等。例如，有些用户可能习惯使用键盘和鼠标进行操作，而有些用户则更倾向于使用触摸屏或语音交互。③ 文化背景：不同文化背景的用户在使用习惯、价值观、审美等方面可能存在差异。例如，在设计面向全球用户的产品时，需要考虑不同文化背景下的用户需求。④ 身体条件：考虑到残障人士等特殊群体的需求，例如视力障碍、听力障碍、肢体障碍等，设计需要考虑无障碍访问和辅助功能。

缺乏样本多样性会导致数据偏差，使得研究结果只反映部分用户的需求，而忽略其他用户的需求。例如，如果只选取高学历或资深用户进行测试，他们可能已经在智能交互方面积累了很多知识，会导致设计出的产品对更广泛的人群而言不够简单和直观。

（2）伦理考量

在智能交互设计中，由于涉及大量用户数据的收集和使用，伦理问题显得尤为突出。需要特别注意以下两点。

① 隐私保护：在收集用户数据时，必须严格遵守相关的隐私保护法规，例如《中华人民共和国个人信息保护法》、欧盟的《通用数据保护条例》（GDPR），确保用户数据的安全和合法使用。具体而言，设计师需要做到：明确告知，在收集数据前必须明确告知用户收集数据的目的、范围和使用方式，并征得用户的同意；最小化收集，只收集必要的数据，避免过度收集用户个人信息；安全存储，采取有效的技术措施，保护用户数据免受泄露、篡改和丢失的风险；数据脱敏，在进行数据分析和研究时，对用户数据进行脱敏处理（例如使用代码或昵称来对应每一位用户），以保护用户隐私；用户控制权，给予用户控制自身数据的权利，例如允许用户访问、修改、删除自己的数据。

② 算法偏见：智能交互系统通常依赖机器学习算法进行驱动。如果训练算法的数据本身就存在偏差，那么算法就可能会学习这些偏差，从而产生偏见，导致不公平或歧视性的结果。例如，如果用于训练人脸识别算法的数据中中东人脸的比例偏低，那么算法在识别中东人脸时的准确率就可能低于其他地区的人。为了避免算法偏见，设计师需要做到：数据审查，对

用于训练算法的数据进行仔细审查，确保数据的多样性和代表性；算法选择，选择合适的算法，并对算法进行调整和优化，以减少偏见的影响；公平性评估，对算法的输出结果进行公平性评估，监测是否存在偏见；人工干预，在必要的情况下进行人工干预，以纠正算法的偏差。

总而言之，在智能交互设计中，设计师需要高度重视样本的多样性和伦理考量，以确保研究结果的可靠性，并最大限度地保护用户权益。

3.2 用户研究的方法

用户研究的方法可大致分为定性研究和定量研究两大类。定性研究旨在深入挖掘用户行为背后的动机、态度和认知过程，而定量研究则通过数据分析，量化用户行为的频率、强度和偏好。在实际应用中，这两种方法通常相辅相成，共同提供更全面、深入的用户洞察。

传统的用户研究方法，如观察、访谈、亲和图等，在设计领域已广泛应用。然而，随着智能交互设计的复杂性不断提升，迫切需要更系统、更深入的研究方法。本节将重点介绍一些适用于智能交互领域的先进研究方法。这些方法结合了定性研究和定量研究的优势，能够更全面地捕捉用户在复杂交互场景下的行为和心理。

值得注意的是，用户研究与产品概念生成之间存在着密切的互动关系。用户研究为产品概念生成提供数据支持，而产品概念生成又会反过来指导后续的用户研究。

3.2.1 情境探询

情境探询（Contextual Inquiry）是一种用户研究方法，由休·拜尔（Hugh Beyer）和凯伦·霍尔茨布拉特（Karen Holtzblatt）在1997年的著作《情境设计：定义以客户为中心的系统》（*Contextual Design: Defining Customer-Centered Systems*）中系统地提出。情境探询方法的出现，是为了帮助设计师更好地理解用户在实际工作环境中的行为和需求，从而设计出更加符合用户实际使用场景的产品和系统。这种方法强调在用户的真实环境中进行观察和访谈，以获取用户行为背后的原因和动机，以及用户与产品或服务的交互细节。

情境探询的主要目的是深入了解用户在实际工作环境中的行为、需求、痛点和工作流程。通过在用户的真实环境中进行观察和访谈，研究者能够观察到用户在使用产品或服务时的具体行为，以及这些行为背后的原因和动机。这种方法有助于揭示用户未被满足的需求，发现产品或服务的改进点，从而为设计决策提供有力支持。情境探询特别适用于复杂的工作环境和系统，能够帮助设计师理解用户在特定情境下的行为模式和需求，为设计出更加符合用户实际使用场景的产品和系统提供依据。情境探询可以参考以下基本流程。

（1）准备阶段

① 确定研究目标：明确希望通过情境探询了解哪些方面的用户信息，如用户对某产品的使用习惯、遇到的问题等。研究目标应具体、明确，以便在后续的研究中能够有针对性地收集数据。

② 选择访谈对象：根据研究目标，筛选出具有代表性的用户群体。可以考虑用户的年龄、性别、职业、使用频率等因素，确保用户能够提供有价值的信息。在招募的初期，研究者可以通过问卷或访谈的方式确保访谈对象符合预设的用户群体特征。例如，如果研究目标是了解医生在使用电子病历系统时的需求和痛点，需要考虑医生所属的科室、从医经验等因素产生的差异性结果。

③ 联系用户并预约时间：向用户介绍情境探询的目的和流程，征得他们的同意，并约定合适的访谈时间和地点。在预约过程中，要向用户说明访谈的时长和需要准备的事项，如提前准备好相关的文件、设备等。为了尽可能收集更加丰富的数据，主张在研究目标的对应语境下开展情境探询。例如，研究电子病历系统的使用时，可以通过情境探询，观察医生和护士在实际诊疗过程中如何操作系统，他们会遇到哪些困惑，以及系统在哪些环节可以提供更好的支持。

④ 准备访谈工具：准备好记录工具，如笔记本、录音笔、相机等，以便在访谈过程中记录用户的行为、语言和环境信息。同时，还可以准备一些辅助工具，如用户任务清单、产品原型等，帮助引导访谈话题。此外，研究者还需要准备好访谈大纲，列出需要询问的问题和观察的重点内容，要注意访谈大纲应具有一定的灵活性，以便根据实际情况进行调整。在涉及一些隐私话题时，研究者可能需要提供知情同意书，让用户了解整个研究流程以及可能需要他们提供的个人数据，明确告知他们有权拒绝回应和随时退出。

（2）访谈阶段

① 开场介绍：再次向用户说明情境探询的目的和流程，让用户感到舒适和放松。可以简单介绍研究团队的背景和访谈的重要意义，消除用户的疑虑。同时，要向用户说明访谈过程中可能会通过录音、拍照等方式进行记录，并征得用户的同意。

② 观察用户行为：在用户自然使用产品的环境中，仔细观察用户的一举一动，注意用户的操作流程、使用习惯、遇到的问题以及解决方法等。同时，观察用户的表情、肢体语言等非语言信息，这些信息往往能够揭示用户的真实感受。例如，观察用户在使用软件时是否频繁地切换界面，是否出现困惑的表情，是否需要多次尝试才能完成某个操作等。

③ 进行访谈：在观察的基础上，与用户进行自然的对话。访谈问题应围绕研究目标展开，要避免过于生硬和具有引导性的问题。可以采用开放式问题，鼓励用户详细描述自己的使用体验和感受，例如，"您在使用这个功能时，感觉最方便的地方是什么？""您在使用过程中遇到过哪些问题，又是怎么解决的呢？"在访谈过程中，要根据用户的回答灵活调整问题，深入挖掘用户的需求和痛点。同时，要注意访谈的节奏和氛围，避免让用户感到压力过大或不耐烦。

④ 记录信息：详细记录访谈过程中的所有信息，包括用户的语言、行为、环境细节等。可以采用速记、录音、拍照等多种方式，确保信息的完整性和准确性。对于一些关键信息，要及时标记和整理，方便后续分析。例如，可以将用户在操作过程中出现的错误、用户的建议和意见等信息进行重点标记。

（3）分析阶段

① 整理访谈记录：将访谈过程中的记录进行整理和归纳，形成完整的访谈报告。对用户

的语言进行逐字逐句分析，提取关键信息和观点。同时，结合观察到的用户行为和环境信息，对用户的使用场景进行详细描述。例如，描述用户在使用某设备时的具体操作步骤、遇到的问题以及解决方法等。

② 识别用户需求和痛点：通过分析访谈数据，识别用户在使用产品或服务过程中的需求和痛点。将用户的需求按照重要性和紧急性进行分类和排序，确定设计改进的重点方向。例如，用户在使用某软件时，经常抱怨某个功能的操作步骤繁琐，表明这是一个需要优化的痛点。

③ 形成设计建议：根据识别出的用户需求和痛点，提出相应的设计建议。设计建议应具体、可行，并能够解决用户的实际问题。同时，要考虑到产品的技术实现和商业目标，确保设计建议在实际操作中具有可实施性。例如，针对用户反映的操作步骤繁琐的问题，可以提出简化操作流程、增加引导提示等设计改进措施。

案例分析：为远程工作人群做情境探询

随着远程工作的普及，越来越多的人需要在家中或其他非办公室环境中完成工作任务。然而，远程工作者在使用办公软件和工具时面临着诸多困难和挑战，如沟通不畅、协作困难、信息管理混乱等。为了更好地满足远程工作者的需求，提升办公软件在远程工作场景中的适用性和用户体验，研究团队决定采用情境探询方法，对远程工作者在使用办公软件和工具时的行为和需求进行深入研究。

（1）准备阶段

① 确定研究目标：研究团队希望通过情境探询了解远程工作者在使用办公软件和工具时的使用习惯、遇到的问题以及对办公软件的需求和期望。

② 选择访谈对象：研究团队选取了15位不同行业的远程工作者作为访谈对象，这些远程工作者具有不同的工作年限、职位和使用办公软件的经验，能够提供多样化的观点和信息。

③ 联系用户并预约时间：研究团队通过在线社区、社交媒体等渠道，联系合适的访谈对象，并与他们预约访谈时间。研究团队向远程工作者详细介绍了情境探询的目的和流程，确保他们能够理解并愿意参与。

④ 准备访谈工具：研究团队准备了笔记本、录音笔、相机等记录工具，用于记录访谈过程中的信息。同时，还准备了一些常见的办公软件，如钉钉、腾讯会议、Zoom等，作为访谈的辅助工具，帮助引导访谈话题。

（2）访谈阶段

① 开场介绍：研究团队成员在访谈开始前，向远程工作者再次说明了情境探询的目的和流程，让他们感到舒适和放松。通过简单的寒暄和介绍，研究团队与远程工作者建立了良好的关系，为后续的访谈打下了基础。

② 观察用户行为：研究团队在远程工作者的家或工作场所进行了情境探询，仔细观察他们使用办公软件和工具时的行为。例如，观察远程工作者如何使用Zoom进行视频会议、如何使用钉钉进行任务管理等。同时，注意远程工作者在操作过程中的表情、肢体语言等非语言信息，这些信息能够揭示他们的真实感受。研究团队发现，一些远程工作者在使用办公软件时显得比较焦虑和不自信，经常需要反复尝试才能完成操作。

③ 进行访谈：在观察的基础上，研究团队与远程工作者进行了自然的对话。访谈问题围绕远程工作者对办公软件的使用体验、遇到的问题、需求和期望展开。例如，“您在使用Zoom进行视频会议时，感觉最方便的地方是什么？”“您在使用钉钉进行任务管理过程中遇到过哪些问题，又是怎么解决的呢？”通过访谈，研究团队了解到远程工作者在使用办公软件时，最关注的是软件的易用性和协作功能。他们希望软件的操作流程简单明了，能够通过简单的操作完成各种任务。同时，他们也非常关心软件的协作功能，希望能够方便地与同事进行沟通和协作。

④ 记录信息：研究团队详细记录了访谈过程中的所有信息，包括远程工作者的语言、行为、环境细节等。采用速记、录音、拍照等多种方式，确保信息的完整性和准确性。对于一些关键信息，如远程工作者对软件操作的困惑点、对功能的需求等，及时标记和整理，方便后续分析。

（3）分析阶段

① 整理访谈记录：研究团队将访谈过程中的记录进行整理和归纳，形成了详细的访谈报告。对远程工作者的语言进行了逐字逐句的分析，提取关键信息和观点。同时，结合观察到的行为和环境信息，对远程工作者使用办公软件和工具的场景进行了详细描述。例如，描述了远程工作者在使用钉钉进行任务管理时的具体操作步骤、遇到的问题以及解决方法等。

② 识别用户需求和痛点：通过分析访谈数据，研究团队识别出远程工作者在使用办公软件和工具过程中的需求和痛点。远程工作者最关注的需求是软件的易用性和协作功能。他们希望软件的操作流程简单明了，能够通过简单的操作完成各种任务。同时，他们也非常关心软件的协作功能，希望能够方便地与同事进行沟通和协作。在痛点方面，远程工作者普遍反映办公软件的协作功能不够强大，例如视频会议软件的稳定性不足、任务管理软件的协作功能不够灵活等。

③ 形成设计建议：根据识别出的用户需求和痛点，研究团队提出了相应的设计建议。在易用性方面，建议办公软件厂商简化软件的操作流程，增加更多的引导提示和帮助文档，帮助远程工作者快速上手。在协作功能方面，建议提高视频会议软件的稳定性，增加更多的协作功能，如实时文档编辑、屏幕共享等。同时，建议任务管理软件增加更多的协作功能，如任务分配、进度跟踪等，方便远程工作者与同事进行沟通和协作。

（4）研究成果

通过情境探询方法，研究团队深入了解了远程工作者在使用办公软件和工具时的需求和挑战。研究结果表明，远程工作者对办公软件的易用性和协作功能有着较高的要求。基于这些发现，研究团队提出了具体的设计建议，为办公软件的设计和优化提供了重要的参考依据。这些研究成果不仅有助于提升办公软件在远程工作场景中的适用性和用户体验，也为相关领域的研究提供了宝贵的经验和启示。

3.2.2 双钻模型

双钻模型是一种结构化的设计思维与流程，由英国设计委员会在2005年提出。该模型适用于各种维度的设计工作，包括 UI/UX 设计、产品设计、服务设计等。双钻模型把设计过程分成 4 个阶段，分别是发现问题、定义问题、构思方案、交付方案。双钻模型通过两次“发散—收敛”的过程，鼓励设计团队在初始阶段广泛探索所有可能性，然后逐步聚焦和精炼解决方案，确保最终方案的高质量（图 3-3）。

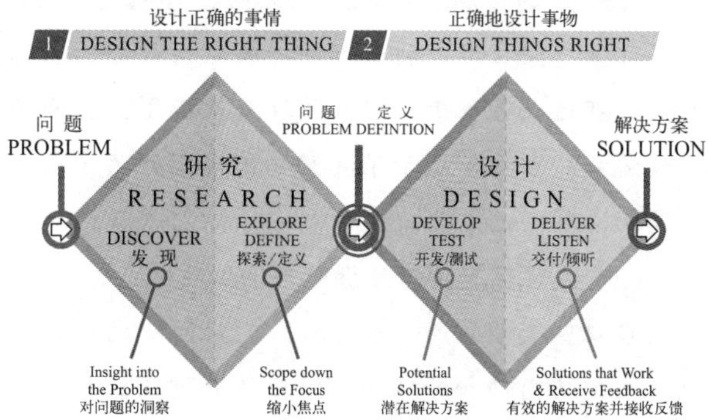

图3-3 双钻模型

双钻模型的主要目的是提供一个结构化的流程，使设计过程更加有序和系统化。此外，该模型还强调以用户为中心设计，确保设计过程始终围绕用户需求展开。双钻模型的使用可以参考以下基本流程。

（1）发现阶段

① 剖析问题：接到问题和需求，先就问题本身进行拆解、分析和思考。

② 整合主题：通过对问题的剖析整理出相关的主题和方向。

③ 一手调研：根据问题的主题和方向，运用实地调研、访谈等方式获得的一手信息和资料。

④ 二手调研：通过网络、书籍等渠道获得的二手信息和资料。

（2）探索 / 定义阶段

在整合阶段，需要对上一个阶段得到的信息、资料以及初步的洞察和发现进行更深入的分析和总结，得到最终结论和行动方向。通过进一步的洞察来确定设计的主题、目标、机会点和策略，以此来指导下一步的行动方向。

（3）开发 / 测试阶段

① 创意产生：团队成员通过头脑风暴会议，提出了多种创意，例如：用户仪表板，提供整合所有健康数据的仪表板；个性化建议模块，基于用户数据和目标提供个性化的健康建议；社交功能，允许用户与朋友和家人分享健康状况的进展。

② 概念设计：将头脑风暴产生的创意转化为具体的设计方案。

③ 原型制作：创建初步的设计方案和原型，进行多轮测试和验证。

④ 用户测试：招募目标用户进行可用性测试，观察他们使用原型的过程，记录他们的操作和反馈。

⑤ 迭代改进：根据测试结果和用户反馈，对设计方案进行迭代和优化。

（4）交付 / 倾听阶段

① 详细设计：制订详细的设计方案，包括界面布局、交互流程等。

② 准备和执行：进行所有必要的准备工作，如预订场地、采购物品、联系餐饮服务等。

③ 测试和验证：在方案实施前进行一次预演或检查，确保所有准备工作就绪。

④ 执行：按照计划实施方案，确保各项安排顺利进行。

⑤ 用户反馈和改进：在方案实施结束后收集用户的反馈，总结经验和改进建议。

案例分析：宜家应用双钻模型探索全面服务设计

宜家希望在澳大利亚市场扩展电商业务，同时提升线下购物体验，实现线上线下的协同效应。在这一过程中，宜家通过双钻模型，从问题发现到方案验证，完成了全面的服务设计优化流程。本案例展示了宜家如何以用户为中心，结合先进技术和服务设计方法，推出“动态购物清单”服务。

（1）发现问题：深度调研与问题挖掘

在双钻模型的第一个阶段，宜家团队的目标是全方位地发现问题，并明确用户的实际需求。他们从内部和外部两个维度展开调研工作。首先，宜家团队深入研究了宜家的年度报告和官网内容，分析了电商业务的现状和战略目标。他们发现，宜家的线上购物服务仅覆盖南澳大利亚和西澳大利亚的部分地区，而偏远地区的用户群体需求尚未被充分挖掘。此外，团队注意到宜家线上平台在布局和功能设计上存在不足，虽然视觉风格与线下门店保持一致，但用户交互体验尚有提升空间。

为了进一步挖掘用户体验的关键问题，团队设计了一张主题地图，并围绕核心问题制订了详细的调研计划。他们通过多种方法开展用户研究，包括问卷调查、深度访谈和实地观察。起初，团队从宜家员工入手，通过访谈获取了第一手用户反馈数据；随后，他们将研究范围扩展到普通顾客，通过现场观察和记录，捕捉顾客购物过程中的真实行为模式。

在调研数据的基础上，团队划分出八种用户原型，并进一步聚焦四种核心用户画像。其中，“婴儿车之家”成为研究的重点，它代表了多子女家庭购物的典型。例如，Chloe 和 Bjorn 一家有三个 10 岁以下的孩子，并且即将迎来第四个孩子。他们在宜家购物时面临诸多挑战，如照顾孩子的压力、店内导航的不便以及购物决策过程中的沟通困难。通过全面的调研和分析，宜家团队发现购物体验是由多个接触点组成的复杂旅程，不同用户的痛点和优先事项各有不同。初步结论表明，家庭购物的主要挑战集中在店铺导航、沟通交流和孩童看护方面（图 3-4）。

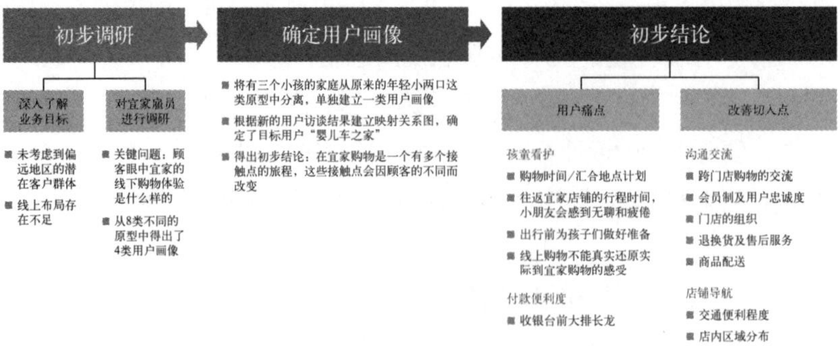

图3-4　发现“婴儿车之家”需要解决的问题为“孩童看护”和“付款等待时间长”

（2）明确问题：聚焦核心设计目标

在问题发现阶段完成后，宜家团队进一步缩小问题范围，并明确设计目标。通过对调研数据的深入分析，他们提出了一个核心设计目标：为顾客家庭提供一种综合机制，帮助他们在购物过程中更高效地完成沟通、导航和时间管理。这一目标为后续的方案生成提供了清晰的方向（图 3-5）。

为了更精准地定义问题，团队选择“韦斯特菲尔德购物中心”作为对标案例，分析其在家庭友好型服务设计方面的成功经验。通过比较，团队发现宜家在家庭购物便捷性、儿童友好设施和信息沟通等方面仍有提升空间。这种对标分析不仅帮助宜家团队聚焦问题，还为后续方案的制订奠定了基础。

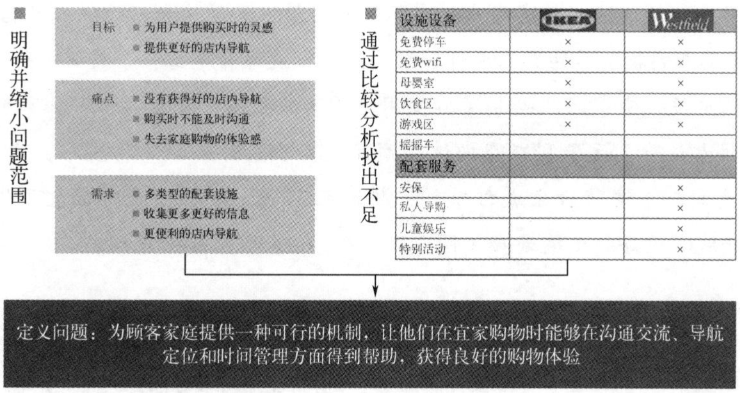

图3-5　进一步明确定义问题

（3）创意生成与方案优选

进入第二阶段后，宜家团队开始进行创意生成，并从多种潜在解决方案中筛选最优方案。团队通过多轮头脑风暴，提出了多个切入点。例如，为家庭顾客设计专属购物路径、提供儿童托管服务、优化线上线下的整合体验，以及开发移动端应用的新功能。这些创意通过便利贴的形式张贴在白板上，团队对每个想法进行讨论和优选。

经过多次头脑风暴和集中讨论，团队最终决定以“动态购物清单”作为核心解决方案。该方案通过手机 App 为顾客提供个性化服务，帮助家庭用户更高效地完成购物。这份动态购物清单允许用户在应用程序中创建商品清单，系统会自动生成购物导航指引，同时支持实时共享，让家庭成员可以协同完成购物决策（图 3-6）。

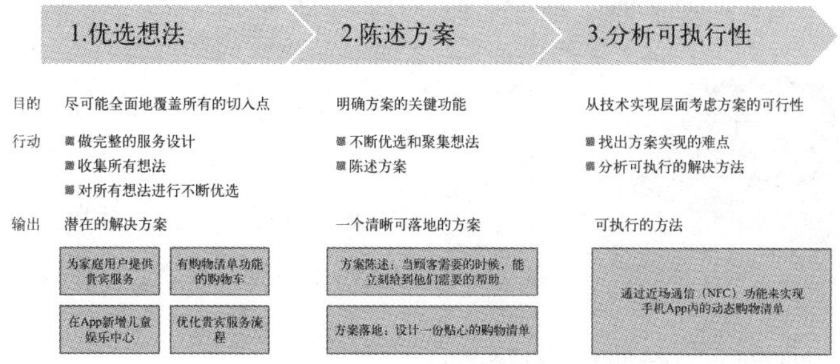

图3-6　优选创意想法，找到最佳解决方案：手机App动态购物清单

在技术实现方面，团队特别采用了近场通信（NFC）技术，确保动态购物清单功能能够无缝整合到现有系统中。NFC技术的使用，避免了对额外通信工具的依赖，同时提升了购物体验的实时性和便捷性。

（4）方案验证与迭代

为了确保设计方案切实可行，宜家团队在最终实施前进行了多轮用户测试和原型迭代。他们从低保真原型开始，通过手绘草图和白板绘制快速验证方案的基本可行性。在初期测试中，团队收集到大量反馈，并不断调整和优化设计细节。

接着，团队利用Sketch制作高保真线框图，并通过InVision工具创建可交互的数字原型。他们邀请典型用户参与测试，观察用户在实际使用场景中的反应和行为。在5轮迭代之后，团队进一步完善了动态购物清单的界面设计和功能细节，最终开发出一个最低可行产品（MVP）。

在方案验证阶段，宜家团队绘制了典型用户购物旅程图。例如，在一个四口之家场景下，丈夫在休息区照看孩子，妻子则在店内选购商品。妻子实时更新购物清单，丈夫通过App查看并确认购买意向，系统随后生成订单并安排商品配送。这种方式既优化了家庭购物体验，也实现了线上和线下服务的无缝连接（图3-7）。

■ 多次迭代后的高保真原型图

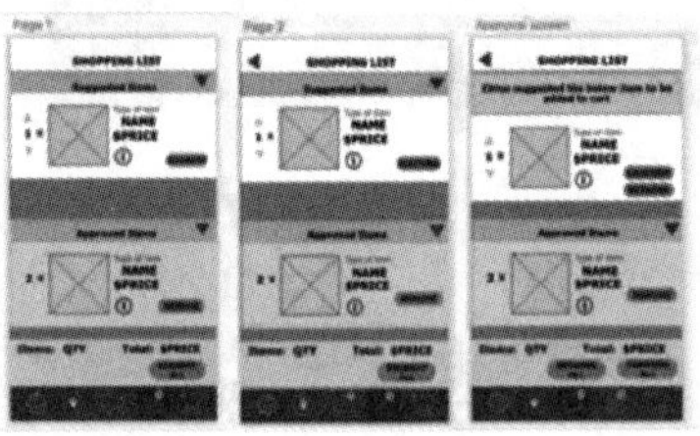

■绘制线框设计图，并进行内部测试
■根据内部测试反馈意见，迭代原型（5次迭代）
■制作高保真线框图，并在InVision平台进行真实用户测试

■ 在新方案下典型的用户购物旅程图

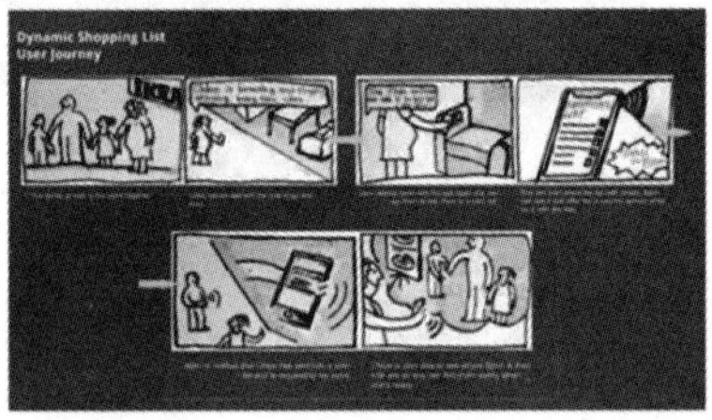

■绘制新方案下的典型的用户购物旅程图
■验证解决方案是否与最初问题匹配

图3-7 迭代原型后进行用户测试，以用户购物旅程图来验证匹配程度

3.2.3 文化探针

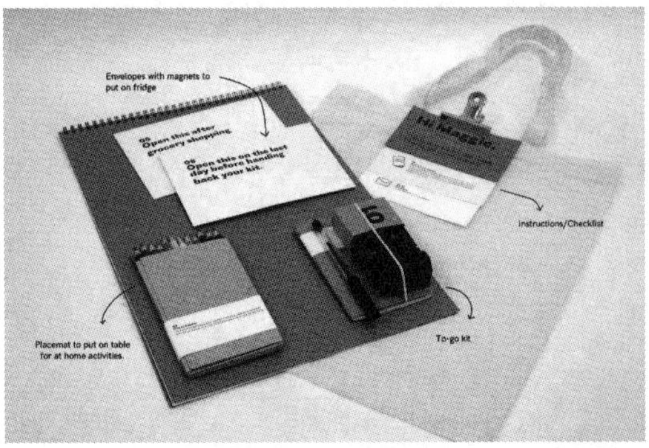

图3-8 设计师Catherine Legros在Medium个人博客中发布的文化探针示例

文化探针（Cultural Probes）是由设计师Bill Gaver、Tony Dunne和Elena Pacenti在1999年首次提出的一种创新性用户研究方法。该方法的设计初衷是让用户主动完成一系列富有创意的任务，收集他们在自然环境中的情感、行为和日常生活数据。文化探针强调开放性、探索性和参与性，特别适合研究用户的隐性需求和生活背景，这些内容往往是传统研究方法难以直接获取的（图3-8）。

文化探针的核心思想是利用一系列非正式、轻松的任务工具（如日记、拍摄任务、涂鸦地图等），帮助用户自发地记录生活中的点滴信息。这种方法强调设计师与用户之间的协作，通过用户提供的个性化数据为设计提供灵感。近年来，文化探针逐渐数字化，并在某些研究中引入了游戏化（Gamification）元素，通过积分、任务奖励、排行榜等机制提升用户的参与度和任务完成率。文化探针方法具有广泛的应用场景，特别是在以下研究领域中表现出独特优势。

① 探索未知需求：适合需要获取灵感的设计项目，尤其是对目标用户群体了解较少的领域。例如，在智能家居的设计中探索用户对隐性交互的期待。

② 激发情感表达：通过开放性任务，用户更容易表达与产品、服务或环境的情感联系。例如，记录使用特定设备时的情绪波动。

③ 多样化用户群体的研究：针对文化背景差异大的用户群体，通过探针任务挖掘他们独特的生活方式和需求。例如，在全球能源使用研究中，探讨不同国家家庭的能源使用习惯。

④ 增强儿童和家庭成员参与：针对需要儿童或多代家庭成员参与的场景，通过有趣的任务设计和游戏化机制吸引他们的关注并激发创意。

文化探针方法的实施通常分为以下五个步骤，每一步骤的细节决定了研究的质量和最终成果。

（1）目标设定与工具包设计

首先，研究团队需要明确研究目标，例如“了解家庭能源使用的行为模式”和“探讨儿童对节能的参与影响”。一旦目标确定，团队开始设计工具包，包括以下要素：物理工具，例如日记本（记录每天的能源使用情况）、一次性相机（拍摄特定场景）、时间表模板（记录每日任务时间）；任务说明，每个任务都需要明确的指引，例如“请拍摄家中最常用的电器，并描述使用原因”和“标记家中最浪费能源的地方”；游戏化设计，如果需要增加趣味性，可以加入积分系统、排行榜等元素，让任务更具吸引力。

（2）分发工具包

工具包设计完成后，分发给目标用户群体。在分发过程中，研究团队需通过面对面讲解或视频说明，确保用户清楚任务目标和使用方法。此外，研究团队应保持与用户的联系，为他们在任务中遇到的问题提供支持。

（3）数据收集

用户在自己的生活环境中完成任务，记录并提交数据。例如，在日记中描述电器的使用频率和情感反馈，用相机拍摄家庭成员互动的场景，在时间表中记录一天中能源使用的高峰时段。

（4）数据分析

收集到的多模态数据（照片、文字、时间表等）需要经过详细的整理和分析。研究团队可以使用视觉化工具（如情感地图、行为模式图）挖掘隐藏需求，同时结合用户的直接反馈，为设计方案提供方向。

（5）反馈与设计迭代

在分析结果的基础上，研究团队开发初步的设计方案，并邀请用户反馈。例如，让用户试用能源管理应用的原型，观察其行为和反应并收集优化建议。

案例分析：文化探针在能源意识研究中的应用

该案例来源于2020年国际人机交互研究期刊（International Journal of Human-Computer Studies）的一篇研究文章，为了探索家庭能源使用行为和儿童参与对节能意识的影响，西班牙巴塞罗那的罗德里格斯（I. Rodríguez）等人的研究团队设计了一个基于文化探针的实验，其中包含传统的非游戏化方法和加入游戏化机制的数字化方法。目标是通过儿童的积极参与，激发家庭成员对节能的关注，并收集行为和情感数据以指导设计方案。

（1）背景与工具包设计

研究的核心目标是了解家庭成员（特别是儿童）如何感知和使用能源，以及如何通过设计干预提高能源节约意识。为此，研究团队设计了两种工具包。

① 非游戏化工具包，包括纸质日记、一张房屋布局图、一张时间表和一次性相机。日记用于记录每天的家庭能源使用情况和情感反馈。房屋布局图用于用户标注各类电器的位置和用途。时间表用于记录一天中不同电器的使用时间。一次性相机用于用户拍摄家中最常用或最浪费能源的电器。

② 游戏化工具包，以数字化应用的形式呈现任务，同时引入游戏化机制，例如积分奖励和任务排行榜。儿童被设定为“能源探员”，需要完成系统中分配的任务。每完成一个任务，用户会获得积分，并与其他家庭进行积分排名（图3-9）。

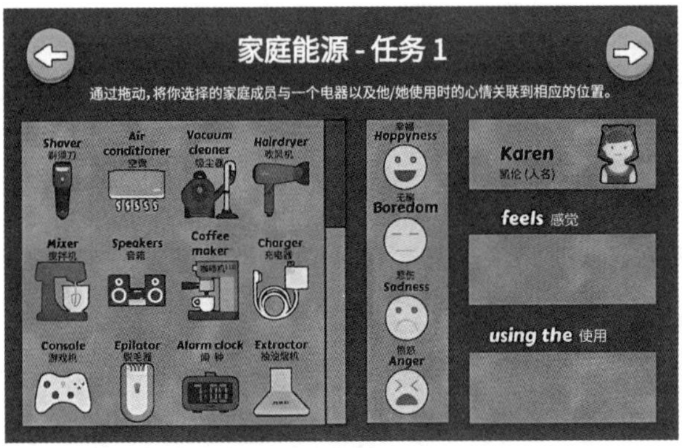

图3-9　为儿童设计的游戏化工具包界面

（2）任务实施与过程

实验对象来自两所学校的学生家庭，其中，一所学校的家庭使用非游戏化工具包，另一所学校的家庭使用游戏化工具包。所有家庭需要在8天内完成探针任务。每个家庭至少有一名儿童作为任务负责人，他们被要求在房屋布局图上标记所有电器的位置和用途，使用日记记录每天主要电器的使用频率，以及与家人讨论节约能源的方法。通过一次性相机或数字应用拍摄电器使用的场景，并标注哪些设备是“高消耗”或“节能”类型。在任务实施过程中，研究团队与参与者保持定期联系，确保任务顺利完成，并解答用户的问题（图3-10）。

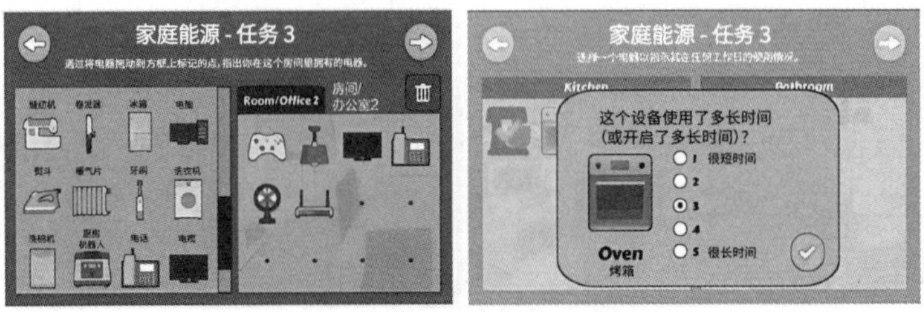

图3-10　日常能源消耗标记界面

(3) 数据收集与分析

研究团队回收了纸质工具包和数字应用数据，重点分析了参与者的行为记录、照片以及反馈内容。数据分析揭示了以下关键洞察。

① 行为模式：儿童普遍对频繁使用的家用电器（如电视、冰箱）表现出高度关注，但对隐藏式高能耗设备（如热水器、中央空调）的认知较低。在家庭讨论中，儿童倾向于提出“减少不必要的电器使用”，而成年人更关注电器的实际功能和情感价值。

② 游戏化效果：游戏化工具包提升了儿童参与任务的积极性，游戏化组完成率略高于非游戏化组。使用游戏化工具包的儿童更容易参与与家人的节能讨论，但成人家庭成员的参与度仍有限，说明设计需进一步增强家庭互动。

(4) 反馈与设计迭代

研究结束后，团队收集了用户的直接反馈，并结合数据分析结果对工具包和任务设计提出改进建议。首先，在未来工具包设计中增加互动性和个性化元素。例如，通过虚拟助手向家庭成员实时反馈能源使用数据，并提出节能建议。其次，优化任务设计，增加对成年人更有吸引力的任务内容，如详细的能源节约模拟场景和成本节约计算。

3.2.4 问卷调查

问卷调查是一种系统化收集用户需求的研究方法，通过精心设计的问题结构，帮助设计团队快速了解用户对产品的期望、使用习惯和痛点。问卷通常以线上或线下的形式进行，具有高效、灵活和规模化的特点。在智能交互设计中，问卷调查特别适用于需求验证、数据采集和用户群体划分。设计师可以利用问卷提取用户对特定功能的优先级反馈，并结合数据分析指导设计优化。例如，UEQ（User Experience Questionnaire，用户体验问卷）是由SAP公司开发的一种标准化问卷工具，用于量化评估用户在使用产品或服务后的主观体验（图3-11）。它包含多个维度，涵盖了实用性和享乐性两个方面。实用性（Pragmatic Quality）包括易用性、效率、易懂性和可靠性；享乐性（Hedonic Quality）则包括吸引度、激励性和新鲜度。

现在请你对该产品进行评价。每行只能选择一个圆圈。

	1	2	3	4	5	6	7		
令人不快的	○	○	○	○	○	○	○	令人愉快的	1
费解的	○	○	○	○	○	○	○	易懂的	2
富创造力的	○	○	○	○	○	○	○	平淡无奇的	3
易学的	○	○	○	○	○	○	○	难学的	4
有价值的	○	○	○	○	○	○	○	低劣的	5
乏味的	○	○	○	○	○	○	○	带劲的	6
无趣的	○	○	○	○	○	○	○	有趣的	7
无法预测的	○	○	○	○	○	○	○	可预测的	8
快的	○	○	○	○	○	○	○	慢的	9

图3-11　用户体验问卷示例

问卷调查的价值在于其结构化和逻辑化的设计，能够帮助设计团队从大量用户中获取一致性强的数据。在实施问卷调查时，设计师需要明确研究目标，确保问卷内容能够精准捕捉用户的真实需求。相比开放式访谈，问卷调查更适合大规模样本的需求分析，同时可以通过定量分析方法揭示用户行为的整体趋势，为后续的设计阶段奠定数据基础。问卷调查的使用可以参考以下步骤。

（1）确定目标与受众

问卷调查的首要任务是明确目标，即设计团队需要了解的问题范围和核心需求。例如，团队可能希望调查用户对智能语音助手具体功能的需求优先级，或者探索用户对现有交互体验的满意度。目标应具体而明确，避免过于宽泛或模糊的研究范围。目标受众的选择需要考虑产品的目标用户群体特征，例如年龄、职业、使用习惯等，以确保调查数据的代表性。

可能出现目标不够明确的问题，导致问卷设计无法准确围绕用户需求展开。这可以通过制订具体的问题列表或研究假设来解决。此外，若目标受众的范围过于狭窄或宽泛，可能导致数据采集出现偏差。对此，团队应根据用户画像对受众特征进行精细化划分，确保研究的科学性和适用性。

（2）设计问卷

问卷设计是整个调查过程的核心，它直接影响数据的质量和分析的深度。问卷通常由多种类型的问题组成，例如，封闭式问题（单选、多选）便于量化分析，而开放式问题则用于收集用户的详细反馈。在智能交互实践领域，问卷调查开始之前一般会参考定性访谈结果或网络数据分析来确定问题。在交互设计研究领域，问卷一般会基于前人在类似话题调查中使用的问卷，或者通过综述方式对相关研究关注的话题做总结。

问题的逻辑性尤为重要，应按照用户思维顺序从简单到复杂逐步展开，避免过早引入抽象或技术性问题。对于复杂问卷，可以设计逻辑跳转功能，根据用户回答动态调整后续问题。

常见的问题是问卷语言表达模糊或过于专业，可能导致用户误解或困惑。团队需对问卷进行多轮测试，确保其易于理解且贴合用户的语言习惯。此外，问题数量过多会引发用户疲劳，导致中途放弃率上升。设计师需将问卷作答时长控制在 5～10 分钟内，并优先保留与研究目标直接相关的问题。

（3）分发问卷

问卷的分发需要选择合适的渠道，以覆盖目标用户群体。例如，可以使用线上工具（如问卷星、Google Forms）或社交媒体平台直接向用户发布问卷。同时，设计团队需通过简短的说明向用户传达问卷的重要性，例如“您的反馈将直接帮助我们优化产品体验”。对于低响应率的问题，团队可以提供适当的激励，如电子优惠券或抽奖机会，提升用户参与意愿。

分发过程中可能面临的挑战包括样本分布不均、目标用户触达不足或问卷形式不便于填写。为此，设计师可以调整样本在不同地区和目标群体的收集比例，并根据目标群体的习惯调整分发渠道，例如通过专业论坛或邮件列表接触专家用户。此外，在移动端优化问卷页面或简化问卷结构，也能显著提高用户的填写意愿。

（4）数据收集与清理

在收集问卷数据后，团队需对原始数据进行清理，确保分析的准确性和可信度。数据清理的重点是识别和删除无效答卷，例如填写时间过短、答案矛盾或缺失过多的问卷。数据还需经过初步检查，以确认数据分布的合理性，避免因问卷设计缺陷导致的偏差。

数据清理中常见的问题是无效答卷比例较高。团队可以在问卷中嵌入校验性问题，例如

“请选择选项 C 以继续”，以剔除随机答题的用户。此外，若发现数据分布过于单一，可以结合定性分析方法对问卷进行改进，例如通过开放式问题补充用户背景信息。

（5）数据分析

数据分析是将问卷结果转化为可操作设计洞察的关键环节。在封闭式问题的分析中，常用方法包括频率分析（了解某功能的使用频率）、交叉分析（比较不同用户群体的需求差异）和线性回归分析（研究变量间的影响关系）。对于更复杂的需求研究，可以使用探索性因素分析（EFA）来识别潜在的需求维度，或使用结构方程模型（SEM）验证假设。

开放式问题的数据分析则侧重提取主题和关键词。设计师可采用编码法对用户回答进行分类，并通过词频统计或语义网络分析总结关键需求。例如，用户对“隐私保护”的高频提及可能暗示需要加强语音助手的隐私保护功能。

分析过程中可能遇到的问题是对复杂数据缺乏处理能力。对此，团队可以通过学习常用统计工具（如 SPSS、Python 的 Pandas 模块）提高数据处理效率。同时，结合数据可视化工具（如 Tableau 或 Matplotlib）清晰地呈现分析结果，为后续的设计决策提供支持。

（6）总结结果与报告

最后，团队需将分析结果整理为清晰易懂的报告，为设计提供明确方向。报告应包括以下部分：关键发现（用户需求和痛点）、可视化数据支持（柱状图、饼图等）以及设计建议。例如，通过数据揭示某一功能的高需求，可以直接指导产品团队优先开发。

常见的问题是报告过于数据化，难以与设计决策直接关联。解决方法是用用户语言描述数据的意义，例如“80% 的用户希望在语音助手中添加情绪识别功能”。此外，团队还需在报告中突出设计的价值和优先级，确保研究结果能被实践转化。

案例分析：问卷调查在智能语音助手需求分析中的应用

某设计团队计划开发一款智能语音助手，旨在为用户提供高效、个性化的家庭管理功能。在开发初期，团队对用户需求尚不明确，特别是功能的优先级、常见痛点和潜在的创新机会。为此，团队设计了一份包含 25 个问题的问卷，面向智能家居用户进行需求收集和验证。

（1）确定目标与受众

团队的目标是了解用户对智能语音助手的功能需求优先级，以及用户在使用中遇到的主要痛点。目标具体化为以下两个问题：哪些功能是用户最常用且最需要的？用户对语音助手的改进建议有哪些？

为确保问卷能够有针对性地收集有效数据，团队将目标受众定义为拥有至少一款智能语音助手的用户，用户年龄段为 18～45 岁。目标受众选择技术熟悉度不同的用户，包括“技术爱好者”和“普通家庭用户”，以便获取多样化的需求反馈。

团队在早期设计会议中明确目标，梳理了可能的目标受众特征。通过已有的用户数据（如社区活跃用户名单）初步筛选出合适的用户画像。确保目标与受众范围对应，避免受众范围过于狭窄或宽泛。

（2）设计问卷

团队设计了一份包含 25 个问题的问卷，其中封闭式问题和开放式问题相结合。问卷分为以下三部分。

① 用户画像：通过问题如“您家的智能设备数量是多少？”和“您对语音助手功能的熟悉程度如何？”了解用户基本信息和技术熟练度。

② 功能需求：设计李克特量表（如 1 表示不重要，5 表示非常重要），让用户为以下功能的重要性评分，包括设备控制、日程提醒、播放音乐等。

③ 痛点与改进：开放式问题让用户描述使用中遇到的问题（如语音识别错误）和希望新增的功能（如情绪识别或更强的隐私保护）。

问卷语言简洁明了，避免使用过多技术术语。同时，团队在设计中加入了逻辑跳转功能。例如，当用户表示对某功能“从未使用”时，后续问题将跳过与该功能相关的详细内容。问卷初稿完成后，团队邀请了 5 位测试用户填写，记录他们的理解过程。根据反馈调整了表述，如将“场景联动”改为更通俗的“多设备同时控制”。此外，团队确保问卷长度适中，通过删除冗余问题将填写时间控制在 8 分钟内。

（3）分发问卷

团队在智能家居用户网络社区和公众号发布问卷，同时在社交平台上通过吸引眼球的图文说明推广问卷。为提高响应率，团队在问卷说明中突出参与的重要性，并提供了激励措施，如填写后可参与抽奖，奖品为智能家居设备的优惠券。此外，通过电子邮件向用户发送个性化邀请，并简要说明参与问卷调查对产品改进的意义。在问卷的开头明确隐私政策，确保用户信任数据处理过程。

（4）数据收集与清理

问卷发布两周后，团队共收集了 500 份答卷，其中有效答卷为 450 份。团队通过筛查发现部分用户回答时间过短或内容矛盾，这些答卷被标记为无效。同时，对开放式问题的回答进行了初步分类，例如将“隐私保护”相关内容归为一类。数据清理时，团队在问卷中设计了校验问题，如“请选择选项 C 继续填写”，以便快速筛选出随意作答的用户。对于明显重复的开放式回答，通过自动化文本分析工具（如 Python 的 NLTK）提取关键词，进行主题归纳。清理后的数据汇总为两部分：量化数据（封闭式问题）和文本数据（开放式问题）。

（5）数据分析

团队使用多种分析方法从数据中提取用户需求洞察。对于封闭式问题，团队采用频率分析，识别最常使用的功能及其优先级。例如，设备控制功能被 80% 的用户认为非常重要，而语音购物功能仅有 15% 的用户使用过。此外，通过探索性因素分析，团队将用户的需求划分为四个潜在维度：设备联动、个性化服务、隐私保护和娱乐体验。

开放式问题的回答通过语义分析工具提取常见主题。例如，用户对隐私保护的关注被频繁提及，具体表现为对离线语音识别和数据加密的需求。团队将这些主题量化，发现 35% 的用户提到隐私问题，25% 的用户希望增加家庭成员个性化识别功能。

量化分析中，团队使用 Python 的 Pandas 库处理数据，Matplotlib 生成柱状图和饼图，直观呈现结果。在开放式问题的主题提取中，采用词频统计和分类编码方法，将高频词语与功能需求建立联系。结合探索性因素分析，团队最终确定功能优化的核心方向。

（6）总结结果与报告

数据分析完成后，团队整理了最终的问卷调查报告。报告分为以下三个部分。

① 关键发现：例如，设备控制和日程提醒为最高优先级功能，而语音购物的需求较低。

② 数据可视化：通过图表展示不同功能的重要性评分、使用频率分布等。

③ 设计建议：例如，新增离线模式，以满足用户的隐私需求，同时优化语音识别技术，提高多用户场景的适配性。

报告通过清晰的图文结合展示核心数据，如功能优先级的柱状图和用户画像的饼图。在设计建议中，结合数据洞察，明确了三项优先改进事项，并附加了详细的实施步骤。报告的内容与设计团队及高层讨论共享，成为后续功能开发的直接依据。

3.2.5 Kano 模型

Kano 模型是一种用户需求分析方法，由日本管理学家狩野纪昭（Noriaki Kano）于 1984 年提出。它通过分析用户对产品功能的反映，揭示不同需求对用户满意度的影响，帮助设计师有效优先化需求开发。Kano 模型将需求分为五类（图 3-12）。

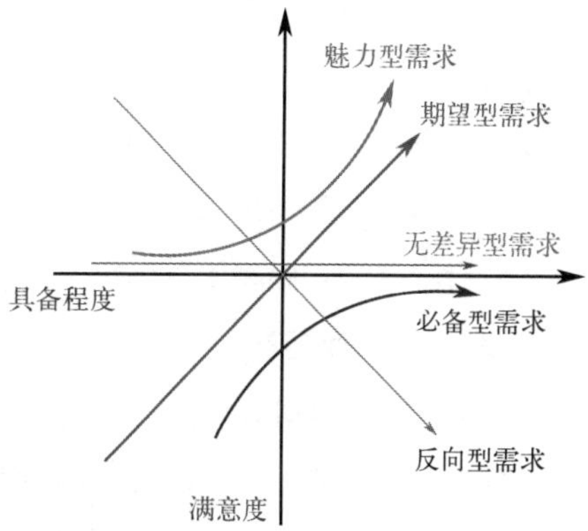

图3-12　Kano模型五类需求的关系

① 魅力型需求（吸引人的品质）：又称兴奋型需求，是超出客户预期的需求。若满足这些需求，会为客户带来惊喜，显著提升客户满意度；若未满足，客户也不会感到不满。魅力型需求通常是隐性的，客户并未主动表达对这些需求的期待。例如，汽车配备高级传感器和四轮转向功能，即使客户未预期，但发现后会感到惊喜。酒店为客户提供免费升房服务或当地特色礼物，尽管这些不在客户预期中，但会显著提升客户体验。

② 期望型需求（一维品质）：又称意愿型需求，与客户满意度呈线性关系——满足得越多，满意度越高；满足得越少，满意度越低。这是客户期望的需求，也是企业在竞争中突出的领域。例如，一瓶牛奶包装上写着“加量 10% 不加价”会让顾客感到满意；如果它只增加了 6%，可能会让顾客觉得被骗。又如，配送速度越快，客户越满意，而配送时间延迟会导致客户不满。

③ 必备型需求（必须具备的品质）：又称基本型需求，是客户认为理所当然的需求。满足这些需求不会显著提升客户满意度，但如果未能满足，会引起客户强烈不满。必备型需求通常被视为基本的、最低限度的需求，客户在与产品或服务互动时会下意识地期望它们存在。例如，刹车系统的可靠性是汽车的基本需求，如果刹车系统表现良好，不会特别增加客户满意度，但如果存在故障将引发客户强烈不满。又如，提供干净的房间是酒店必须满足的需求，

若房间不干净，客户会立刻感到不满。

④ 无差异型需求：这些需求无论存在与否，对客户满意度的影响极小。客户可能对这些需求毫无感知，但企业仍需要付出资源来实现它们。例如，牛奶包装中蜡涂层的厚度可能与纸盒强度有关，但消费者并未察觉其差异；电子产品的充电线长度的微小变化，可能不会显著影响用户体验。

⑤ 反向型需求：这些需求的存在反而会引起客户的不满，而它们的缺失不会导致客户的不满或失望。反向型需求通常与客户的个人偏好或特定的使用场景有关。例如，房东展示精修过的房间照片，但实际场景与照片相差甚远，这种反差可能引起租户不满。又如，智能产品过多的复杂功能和操作步骤可能让用户觉得麻烦，甚至产生反感。

与上述问卷调查法不同的是，Kano 模型通过双向问题（正向和反向问题）区分需求类别，帮助设计团队优化功能开发策略。例如，优先满足基本型需求，增强期望型需求，并创新魅力型需求，以提高用户满意度和产品竞争力。Kano 模型的使用可以参考以下流程。

（1）明确目标与需求范围

在使用 Kano 模型之前，设计团队需要明确分析目标，例如“优化智能语音助手的功能设计”，并划定需求范围。需求范围通常来自用户访谈或市场研究中的初步洞察。例如，团队可能列出以下需求候选项：语音控制、个性化推荐、设备联动、隐私保护等。需要注意的是，需求范围过大可能导致分析结果不集中。解决方法是优先针对一个具体的功能模块或用户群体开展需求分类，以避免数据过于分散。

（2）设计 Kano 问卷

Kano 问卷采用双向问题的形式，即每个需求包括两种问题：正向问题，“如果该功能存在，您会感觉如何？”（选项如很满意、可以接受、无感、有些失望、非常失望）；反向问题，“如果该功能不存在，您会感觉如何？”（选项同上）。

问卷设计时需避免问题描述模糊或功能定义不清。例如，“语音助手能自动推荐内容”需明确说明推荐类型（新闻、音乐等）。问卷应涵盖所有候选需求，并结合逻辑跳转功能避免过多无效问题。正向与反向问题的描述可能导致用户困惑或重复回答。通过用户测试优化问卷表述，确保问题清晰易懂。

（3）分发问卷并收集数据

问卷通常通过线上工具（如问卷星、Google Forms）或定向分发给用户群体。为提高参与率，可设置激励措施（如折扣或抽奖）。在问卷说明中需强调数据的保密性和参与的重要性。在分发阶段需要注意的问题是分发渠道不够广泛导致样本量不足或分布不均。解决方法是结合社交媒体、邮件列表和用户社区多渠道推广，同时监控参与用户的分布结构，适时调整分发策略。

（4）数据分析与需求分类

表 3-1 为 Kano 模型定位对照表，根据产品功能具备度与用户满意度的关系，将产品功

能分为五类特性（魅力属性 A、期望属性 O、必备属性 M、无差异属性 I、反向属性 R）以及一类可疑结果 Q。

表3-1　Kano模型定位对照表

<table>
<tr><th colspan="2" rowspan="2">满意度</th><th colspan="5">不具备某功能</th></tr>
<tr><th>喜欢（5）</th><th>理应如此（4）</th><th>无所谓（3）</th><th>能忍受（2）</th><th>不喜欢（1）</th></tr>
<tr><td rowspan="5">具备某功能</td><td>喜欢（5）</td><td>Q</td><td>A</td><td>A</td><td>A</td><td>O</td></tr>
<tr><td>理应如此（4）</td><td>R</td><td>I</td><td>I</td><td>I</td><td>M</td></tr>
<tr><td>无所谓（3）</td><td>R</td><td>I</td><td>I</td><td>I</td><td>M</td></tr>
<tr><td>能忍受（2）</td><td>R</td><td>I</td><td>I</td><td>I</td><td>M</td></tr>
<tr><td>不喜欢（1）</td><td>R</td><td>R</td><td>R</td><td>R</td><td>Q</td></tr>
</table>

① 魅力属性（A），若不提供此类功能，使用者满意度不会降低，但当提供此类功能时，满意度会极大提升，有时是产品具有竞争力的保证。

② 期望属性（O），若提供此类功能，使用者满意度会提升，反之则降低。

③ 必备属性（M），若提供此类功能，使用者满意度不会明显提升，但不提供此类功能，满意度会大幅降低，是必须被保障的基础需求。

④ 无差异属性（I），即无论提供或不提供此类功能，使用者满意度均不会有明显变化。在条件有限的情况下，可以不优先提供此类功能。

⑤ 反向属性（R），即使用者没有此需求，若提供反而会导致满意度下降。

⑥ 可疑结果（Q），即受访者没有很好地理解某问项或误答。

团队可通过数据分析工具（如 Excel 或 Python）对需求分布进行统计。进一步结合用户画像，分析不同群体的需求类别。例如，技术爱好者可能更关注隐私保护，而普通家庭用户更偏好语音控制。在这个过程中，部分需求分布可能不明显，难以分类。此时可结合定性数据（如用户访谈）补充分析。

（5）总结报告与设计优化

分析完成后，将需求分类结果可视化并汇总为报告。报告需突出以下内容：

① 必备型需求的优先实现，确保基本功能无缺失。

② 期望型需求的优化，增强用户最渴望的功能。

③ 魅力型需求的创新，结合用户反馈提出创意设计。

团队可进一步评估魅力型需求的技术可行性与商业价值，为后续开发提供方向。

案例分析：将 *Kano* 模型应用于膳食计划日历开发

本案例改编自食谱应用 ClipDish 产品经理 Joe Cotellese 在其个人博客上分享的文章《卡诺模型与 ClipDish：一个案例研究》（*Kano Model and ClipDish: A Case Study*）。ClipDish 是一款移动端食谱管理应用，旨在帮助用户收藏、组织和管理来自网络的食谱。在产品优化过程中，开发团队希望通过科学的方法识别用户对功能的需求优先级，从而高效利用资源，提升用户体验。他们选择采用 Kano 模型，以更清晰地理解用户的基本型需求、意愿型需求和兴奋型需求，从而优化功能设计。

（1）用户需求采集

开发团队首先通过多种渠道收集用户需求，包括用户反馈、市场研究以及内部讨论（图 3-13）。用户反馈主要来源于应用商店评论和客户支持邮件，这些反馈帮助团队识别了用户在使用过程中的主要痛点。市场研究则分析了竞争产品的功能特点和行业趋势，进一步明确用户的潜在需求。最后，团队通过头脑风暴讨论，将用户的模糊需求具体化为明确的功能描述，例如“免费体验一个月的功能并向朋友推荐 ClipDish”。

	Backlog item	Value	Effort	Calculation
	Allow editing of the recipe description	5	1	5.00
2	Expose recipes to Spotlight Search	6	3	2.00
3	Add Catalyst specific onboarding flow	7	4	1.75
4	Fail gracefully when someone shares a PDF for another file type that we don't support.	3	2	1.50
5	So that I don't make a mistake in preparation, I can check off items as I make my recipe	9	6	1.50
6	So that I know how much I'm saving in my own currency, I can see the cost per month by purchasing a annual subscription.	3	2	1.50
	Free Trial	10	7	1.43
8	So that I can quickly find recipes by type, my recipes are automatically categorized	7	5	1.40
9	So that I can add my personal recipes, I can create a recipe from scratch	8	6	1.33
10	So that I can find my favorite Italian and Greek dishes, I can filter recipes by cuisine.	7	6	1.17
11	So that I can earn a free month of service, I can tell my friends about ClipDish	10	9	1.11
12	So that I can learn about top recipes, I'm sent an email that lists the most recent clipped recipes.	5	5	1.00
13	Direct access to recipe from other apps.	7	8	0.88
14	So that I can update my app without losing data, I can export and import my recipes	3	7	0.43
15	So that I can find recipes that match my dietary requirements, I can filter by dietary restrictions.	4	10	0.40
16	Allow recipe printing	1	3	0.33
17	Smart Sorting Ingredients	2	10	0.20
18	So that I can expose my recipe sites to my audience, I can create a chef profile	1	8	0.13

图3–13 团队对用户需求的分析和统计

（2）设计 Kano 问卷

Kano 问卷会针对每个功能提出两个问题：一个问题用于评估该功能存在时是否会引起满意度（功能性问题），另一个问题用于了解该功能缺失是否会引起不满（功能失调问题）。图 3-14 的问卷示例基于开发团队总结的待办事项。这种问卷结构允许受访者分别表明他们对每个被包含或排除的特征的满意程度或不满意程度。他们选择的答案将帮助团队根据 Kano 模型对每个特征进行分类：必须、一维、有吸引力、无所谓或相反。

（3）分发问卷并收集数据

问卷通过线上和线下多渠道分发，目标用户主要为 ClipDish 的现有用户和潜在用户。线上问卷通过邮件列表和社交媒体推广，线下问卷则通过社区活动和用户聚会分发。为了提高用户参与度，团队提供了抽奖激励，奖品包括免费会员资格和优惠券。在分发过程中，团队实时监控问卷的填写进度，并针对低响应率的渠道调整策略。例如，通过邮件跟进提醒部分未完成问卷的用户。样本涵盖了不同年龄段和不同使用场景的用户，确保了数据的广泛性和代表性。

（4）数据分析与需求分类

收集完成后，团队对问卷结果进行了系统分析（图 3-14）。

问：以下是产品功能列表，请指出如果 ClipDish 包含这些功能您会有何感受。

特征	我喜欢	我期待	我是中立的	我可以忍受	我不喜欢它
编辑食谱描述					
使食谱可供 Spotlight 搜索					
提供免费试用					
食谱准备清单					
按菜系筛选食谱					
将纸质食谱扫描到应用程序中					
打印菜谱					
智能分类食材					

问：以下是产品功能列表，请指出如果 ClipDish 不包含这些功能您会有何感受。

特征	我喜欢	我期待	我是中立的	我可以忍受	我不喜欢它
编辑食谱描述					
使食谱可供 Spotlight 搜索					
提供免费试用					
食谱准备清单					
按菜系筛选食谱					
将纸质食谱扫描到应用程序中					
打印菜谱					
智能分类食材					

图3-14　问卷示例

必备属性（M）：应用程序的核心机制或基本需求。对于 ClipDish 来说，它可以无缝地从用户最喜欢的网站导入食谱，并且拥有直观的界面，这些都是不可妥协的关键要素。这些基本需求，如果执行得当不会提高用户满意度，但如果做错了可能会导致用户不满。

期望属性（O）：这些功能与用户满意度呈线性关系。对于 ClipDish 来说，提高菜谱解析的速度和准确性至关重要。此外，集成购物清单生成等功能可以让 ClipDish 获得竞争优势，因为用户经常将这些方面与市场上的其他应用程序进行比较。

魅力属性（A）：ClipDish 的独特功能包括创新的膳食计划日历、人工智能副厨师和共享功能。这些功能出乎意料但回报丰厚，创造了令人难忘的用户体验，可以作为强大的营销工具。尽管应用程序中尚未实现所有这些功能，但该模型可以指导团队确定未来功能的优先顺序。

无差异属性（I）：有些功能（如可自定义的应用主题或图标）可能不会对用户决策产生重大影响。虽然它们增加了审美价值，但对用户满意度的影响相对较小。

反向属性（R）：某些功能如果实施，可能会导致用户不满。团队持续关注的一个环节是注册和入门流程。用户从启动应用程序到第一次安排菜谱所需的时间对于用户采纳至关重要。团队的目标是在提供信息和减少用户认知阻力之间取得平衡。

团队使用数据可视化工具生成了需求分类矩阵，并进一步分析了不同用户群体对需求的偏好。例如，家庭用户更关注“购物清单生成”，而年轻用户对“社交分享”的兴趣较大。分类结果为后续的优化策略提供了科学依据。

（5）总结报告与设计优化

根据分析结果，开发团队制定了需求优先级优化策略。首先，团队决定优先确保“食谱自动导入”功能的稳定性和准确性，这是用户的核心需求，也是避免用户不满的关键。其次，在意愿型需求中，团队计划通过技术优化，提升“多设备同步”的速度和“购物清单生成”的直观性与便利性。最后，团队决定以试验形式推出“智能膳食计划”功能，验证用户对这一兴奋型需求的实际接受度。优化策略被整理成详细报告，其中包含分类结果的可视化展示和实施计划的优先级排序。团队还将部分兴奋需求的开发列为后续阶段目标，以在资源允许的情况下进一步提升产品竞争力。

3.3 AI 驱动的用户研究工具

AI 的快速发展为用户研究提供了很多有力工具，本节将介绍一些目前 AI 驱动的用户研究工具。相信在未来，AI 工具会不断地更新和进化，希望通过这个小节的学习能激发同学们的想象力，在用户研究的不同阶段能积极寻找当下有效的工具提升研究效率。

3.3.1 自然语言处理

自然语言处理（NLP）是人工智能的重要分支，旨在让计算机理解、处理并生成人类语言。在用户研究中，NLP 最常用的场景之一是情感分析，通过检测用户评论、反馈或社交媒体帖子中的正面、负面和中性情绪，帮助设计者了解用户对于产品或服务的真实态度。相比只能区分好坏的粗粒度分析，细粒度情感分析能辨别情感的强度和类型，如“非常愉快”或“略有不满”，以及更具体的情感维度（如喜悦、愤怒、悲伤等）。这种对情感维度和类型的细致分析能让设计者更全面地把握用户内心的波动，从而有针对性地改进产品。

在实际应用中，NLP 还可用于观点挖掘和情感时间序列分析。观点挖掘会深入探究用户对于不同产品要素（如功能、设计、价格）的具体看法；而情感时间序列分析则帮助设计者追踪用户对于某个产品或功能的情绪变化趋势，评估更新或营销活动的成效。例如，电商平台可借助 Google Cloud Natural Language API（谷歌云自然语言处理 API）或 IBM Watson 等情感分析工具，从海量评论中快速提取常见抱怨点及潜在需求，再结合用户在发布新版本前后的评价波动，判断产品改版是否达到预期成效（图 3-15）。这些基于 NLP 的研究路径能让设计者在纷繁复杂的用户声音中找到最具价值的见解，快速验证设计方向。

图3-15 IBM Watson实验室内部

3.3.2 行为数据可视化

除了语言文本外，用户在应用、网页或服务中的行为数据同样是宝贵的研究对象。通过分析用户进入页面、停留时长、点击路径等操作日志，设计者可以发现他们在实际使用中的行为模式与痛点。借助 AI 的数据挖掘能力，这些行为信息更易被转化为直观的可视化图表。例如，一些可结合 AI 的热图工具（如 Hotjar）不仅能呈现用户点击集中区，还可对滚动深度或鼠标轨迹进行智能分析，提示产品在界面结构或交互流程上可能存在的障碍（图 3-16）。

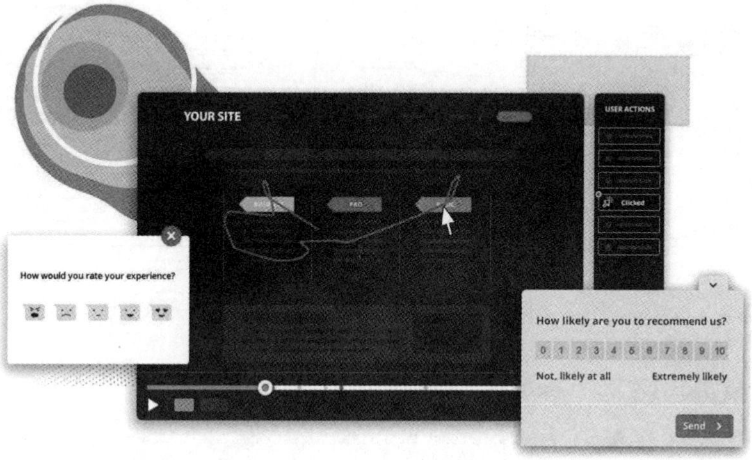

图3-16　Hotjar产品体验洞察平台

在更高层次的应用中，设计者可借助 AI 对海量行为数据进行用户画像构建、异常行为检测以及用户路径分析等。用户画像让设计者了解不同群体在偏好、消费能力等方面的差异，从而精准定位目标人群并优化界面；异常行为检测则可帮助平台发现可疑的刷单或恶意攻击，保障用户安全和生态健康；用户路径分析则聚焦用户从访问到完成目标行为（如购买、提交表单）的完整旅程，识别在何处出现流失或卡顿。以大型电商为例，他们往往使用自研或整合了 AI 功能的分析平台（如 Google Analytics 4 或 Mixpanel），将用户操作习惯与用户评论相结合，为改版与迭代提供更加全面、可靠的决策参考。

3.3.3 其他 AI 驱动的用户研究工具

随着人工智能技术的发展，用户研究不仅仅局限于文本或行为数据，还可以通过多种 AI 工具实现更多元化的研究形式。例如，生成式模型（如 GANs、变分自编码器等）能基于已有数据快速生成新样本，用于模拟不同用户场景或测试环境。对于资源有限的学生或初创团队，这类模型可用来构建虚拟用户数据，帮助其在前期对设计方案进行快速验证。

一些图像生成平台（如 Midjourney、DALL-E）也能辅助视觉创意，为访谈或问卷收集提供更加丰富的素材，从而激发用户更有深度的反馈。

预测模型则从用户历史行为和大规模数据中找出潜在规律，进而推断用户可能的后续行动。例如，电商可以借助 Amazon Forecast（图 3-17）或 Google Analytics（图 3-18）的预测模块，提前估算用户购买倾向并进行库存准备；视频平台或音乐平台也可利用算法来预测用户的观看或收听偏好，从而提供个性化的推荐。对于设计者而言，这些预测结果能减少盲目试错的成本，让产品规划更具针对性。

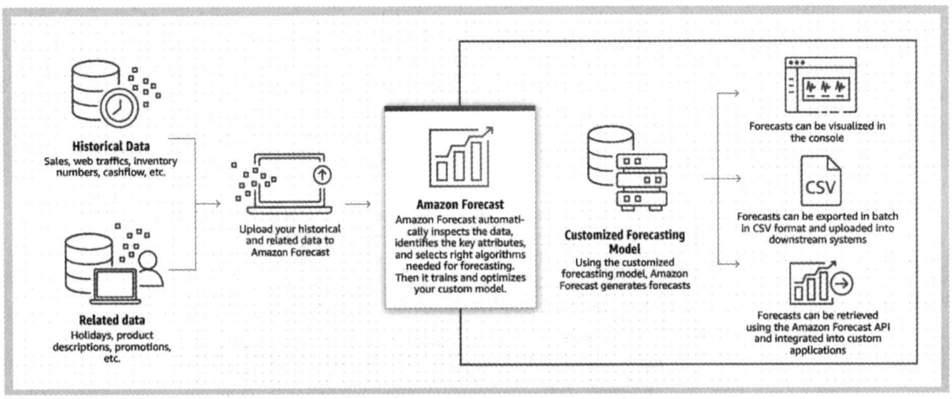

图3-17　Amazon Forecast的使用流程

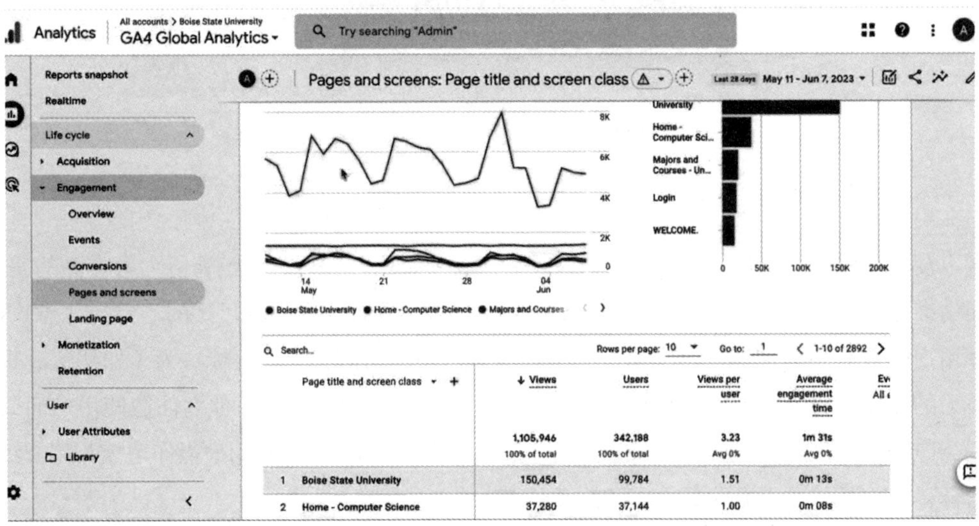

图3-18　Google Analytics界面

而在定性研究中，自动化编码工具如 Otter.ai（图 3-19）、Trint（图 3-20）等可迅速将访谈或焦点小组录音转写为文本，并对关键词和情感进行初步标注；中文场景下，可使用阿里云智能语音转写或讯飞听见等平台来提升识别准确度。设计者还可结合 MonkeyLearn、Hugging Face 提供的模型，对文本进行主题和语义分类，提高后期分析效率。通过与传统研究方法的结合，这些 AI 工具能在节省人力的同时，为用户研究带来更广阔的思路。

然而，研究过程中也应严格关注数据来源的质量、算法偏见及隐私合规等问题，确保分析结果的可靠性和研究本身的专业与伦理要求。只有在技术与人文思维的双重视角下，智能化的用户研究才能真正为设计带来深度洞察与可行启示。

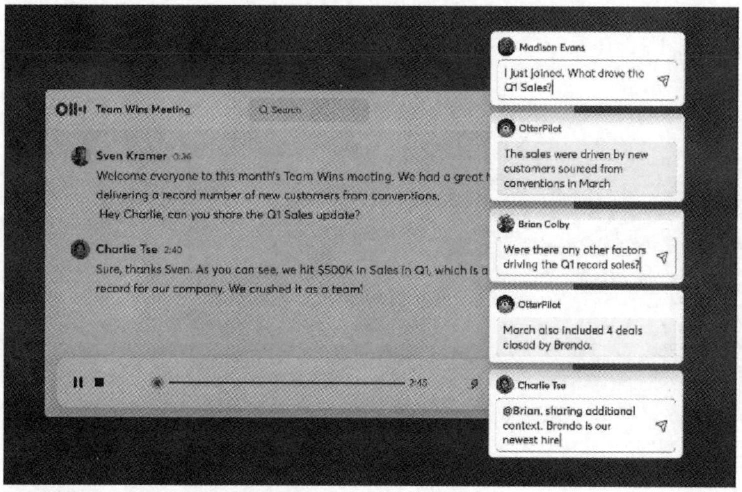

图3-19　Otter.ai界面

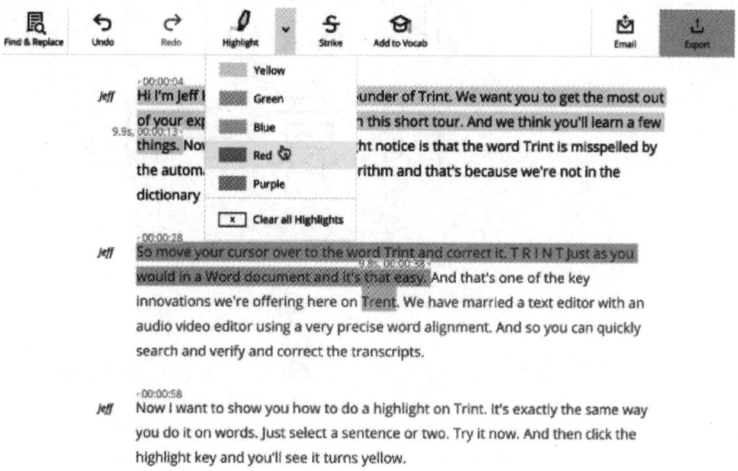

图3-20　Trint编码工具

04 Chapter

第4章

概念设计与创意生成

概念设计是连接用户研究与具体产品实现的桥梁。在智能交互领域，概念设计不仅要关注传统的设计要素，如功能、美学、易用性，还需要充分考虑智能技术的特性，以及由此带来的新的交互方式和用户体验。在本章中，我们将为大家讲述智能交互设计实践中常用的生成性方法，以及支持设计生成活动的 AI 工具。

4.1 概念设计与创意生成的常用方法

概念设计是指在产品开发初期，通过发散性思维和创造性方法，探索多种设计可能性，并从中选出最优方案的过程。智能交互设计概念设计与创意生成需要考虑更多的交互维度，如视觉、听觉、触觉等，以及不同模态之间的协同，因此其设计需求更为复杂。相较于传统设计，智能交互设计概念设计与创意生成往往涉及多模态交互、个性化定制、情感计算等方面，需要设计师具备更强的系统思维和跨学科知识。

本节将介绍一系列适用于智能交互设计概念设计与创意生成的方法，这些方法不仅包括传统设计实践中简单常用的头脑风暴，还引入一些新兴的复合方法。通过这些方法的灵活组合，设计师可以更有效地探索设计空间，并生成符合用户需求、技术可行性以及设计目标的创新方案。

4.1.1 头脑风暴

头脑风暴（Brainstorming）这一方法最早由美国 BBDO（Batten，Bcroton，Durstine and Osborn）广告公司创始人亚历克斯·奥斯本（Alex F. Osborn）在 1938 年提出，后经不断实践与完善，逐渐发展为设计、营销、教育等多领域广泛应用的创意思维工具。头脑风暴强调通过团队协作的方式，在短时间内激发大量创意想法，为后续的设计和决策提供多样化的思路和备选方案。对于智能交互设计而言，头脑风暴不仅能帮助设计师快速发散思维，整合不同专业背景的见解，还能在初期阶段发现潜在的创新点，为后续的原型设计奠定基础。

头脑风暴的主要目的是充分调动团队成员的想象力和协作意识，为设计过程注入更多灵感和可行性思路。通过在一个轻松、自由、不设限的氛围中进行集体讨论，团队可以借助他人的观点进行思维延展，甚至碰撞出远超个人能力所能企及的创意火花。这种方法尤其适用于需要在短时间内快速收集多种解决方案的场景，如探索新功能、优化交互流程、设计用户体验等。

在智能交互设计领域，头脑风暴普遍成为概念设计过程的前期步骤，因此我们为其单独开辟了一个小节进行详细描述。它可以帮助团队更好地理解用户需求，并将这些需求转化为具体的概念雏形。如今，头脑风暴在不同领域已经演化出了很多版本。为了保持这一方法的开放性，以下从准备阶段、头脑风暴阶段和后续分析阶段三个方面，对头脑风暴的流程进行详细介绍。

（1）准备阶段

① 确定目标：在开始头脑风暴之前，需要先明确通过此活动获得哪些方面的创意。例如，为一款智能家居产品设计新功能、探索全新的人机交互形式或优化某个关键流程等。明确的目标有助于团队成员在讨论中更有针对性地提出想法。

② 组成团队：根据目标的需求，尽量邀请来自不同专业背景和不同职业的成员参与，如交互设计师、产品经理、工程师、用户研究员等。多元化的团队构成能够带来更丰富的思维视角。

③ 准备工具：在传统线下头脑风暴中，常用的工具包括便利贴、白板、马克笔等；若是远程协作或线上环境，则可采用 Miro、Mural 等在线协作平台。无论形式如何，目标都是让团队能够快速记录、可视化并分享彼此的想法。

④ 设置氛围：头脑风暴强调轻松和自由。因此在开始前，主持人需要向所有成员解释活动规则和流程，并鼓励他们大胆发言，暂不对想法做任何评判。可以通过播放背景音乐或游戏化破冰环节，让参与者快速进入创造力爆发的状态。

（2）头脑风暴阶段

① 充分发散：在正式进入讨论后，团队成员应遵循“延迟评判、追求数量、鼓励奇思妙想、借题发挥”的核心原则。每个人都可随时提出任何想法，哪怕看似离题或“不切实际”，都应被记录并允许继续延伸。

② 引导式问题：为避免讨论过于发散或偏离主题，主持人可在适当时机提出一些引导式问题，如“若用户在极端环境下使用产品，会遇到什么困难？”“如果我们把这项功能做到极简，会带来哪些好处和问题？”这类问题能帮助团队聚焦用户需求或产品痛点。

③ 实时记录：无论是纸质便利贴还是线上协作工具，都要确保所有想法得到及时且完整的记录。团队成员可以借助关键词、图示、草图等方式标记自己的创意，以便在后续阶段进行分类和筛选。

④ 保持活跃：当讨论陷入瓶颈时，主持人可以尝试引入新的刺激点，如随机选取一个与主题毫不相关的物品或场景，让团队成员想象如何将其与当前设计目标结合，或邀请特定专家做简短分享，从而再次激发灵感。

（3）后续分析阶段

① 整理创意：在头脑风暴结束后，主持人和团队成员需要对所有记录的想法进行整理和归纳。例如，可以按照“功能创新”“成本控制”“可行性高”等维度，给每个创意打标签或归类，以形成一份有层次的创意清单。

② 快速评估：对于初步筛选出的想法，可以从可行性、创新度、用户价值、技术实现难度等方面进行初步评估。如果创意数量庞大，团队可采用投票或打分的方式，让每个成员选择自己认为最具潜力或最契合目标的想法。

③ 明确后续行动：对选出的重点创意进一步制订执行计划，比如在下一阶段进行技术探针或低保真原型试验，或结合用户研究数据进行可用性验证。这样能够让头脑风暴的成果在

后续设计流程中落到实处，而不仅仅停留在概念层面。

案例分析：智能健身助手的功能设计头脑风暴

随着居家健身需求的不断增长，一个初创团队决定开发一款智能健身助手，帮助用户在家中高效完成锻炼计划，并获得专业的实时指导。经过前期的用户访谈和数据分析，团队发现许多初学者都面临相似的难题：运动缺乏持续性、缺少个性化指导、对健康数据和健身进度缺乏可视化概念。

为了进一步提升用户使用体验，团队计划在现有应用中新增一个“个性化激励系统”，希望在保持原有运动监测和数据记录功能的基础上，为用户提供更灵活、有趣的锻炼激励手段。面对多重需求和可能的技术实现路径，团队决定使用头脑风暴法来激发创意、整合方案，让每个成员都能在最短时间内提出并讨论各种想法。下面将从准备阶段、头脑风暴阶段与后续分析阶段三个方面，演示本项目中具体运用头脑风暴法的流程。

（1）准备阶段：明确目标与营造氛围

在正式开展头脑风暴前，项目负责人先向所有成员阐明本次的目标：为智能健身助手增设一个以“个性化激励”为核心的新功能，帮助用户克服惰性、享受运动乐趣并建立长期锻炼习惯。随后，负责人邀请了多位成员参与，包括交互设计师、后端工程师、运动生理学顾问以及负责市场调研的产品经理。为了让思维交流更高效，负责人在会议室里准备了大量便利贴、白板笔和卡片，强调在整个活动中禁止过早批判想法，鼓励所有人尽情发挥想象。此外，还准备了简短的破冰环节，例如让每个人用一句话描述自己最难忘的健身经历，以此放松心态，快速进入创造氛围。

（2）头脑风暴阶段：发散思维与实时记录

进入头脑风暴核心环节后，主持人先重申目标：帮助用户获得更有动力与趣味的健身体验。随后，每位成员在限定的10分钟内各自写下所有想法并贴在白板上，内容可涵盖任何层面，如语音激励陪跑、沉浸式健身对战、AR引导动作纠正或社区打卡积分等。为了让创意持续碰撞，主持人在每位成员分享后，会鼓励他人进行自由联想和补充。例如，当有人提出“通过可穿戴设备采集用户生理指标并实时生成个性化鼓励语”的想法，另一人则补充“若连续达标，还能触发与好友之间的挑战环节，让他们比拼心率恢复水平”。这期间，团队不对想法的可行性做任何评判，而是尽量在每个想法上进行创造性的延伸，确保灵感最大化发散。

（3）后续分析阶段：聚类筛选与形成方案

头脑风暴结束后，团队首先对便利贴进行分组和命名，如社交激励、AI检测反馈、游戏化机制等。接着，团队成员采用简单的投票机制，分别就创意的创新度、技术可行性和用户价值进行打分。结果显示，“实时语音激励＋社交挑战”获得最高评价。对此，团队决定在下一阶段制作低保真原型，譬如在应用界面中加入“自定义语音包”和“好友排行榜”功能，随后进行小规模的用户测试，以验证其具体效果。通过这样的头脑风暴和后续迭代流程，团队不仅在短时间内获取了大量新颖思路，更能以系统化方式迅速筛选和落实核心方案，实现让“个性化激励系统”真正提升用户健身体验的目标。

4.1.2 思辨设计

思辨设计（Speculative Design）是一种通过构建未来或虚构情境来引发深度思考的设计方法，由英国伦敦皇家艺术学院 Tony Dunne 和 Fiona Raby 等人在 20 世纪末提出并持续发展。思辨设计常以挑衅性或超前性的概念原型，引导人们反思当下社会、技术和价值观的潜在走向。与传统解决问题的设计思路不同，思辨设计不一定以可行性或可商业化作为首要目标，而是通过"假设一个可能的未来"，探讨在这种未来场景下，个人、群体乃至社会层面将面临哪些新的机遇、冲突与道德挑战（图 4-1）。

思辨设计的主要目的是引导用户和利益相关者跳脱现实羁绊，直面技术或社会议题在极端或演化状态下可能带来的冲击。例如，当人工智能大规模融入医疗体系时，是否会导致人类对算法诊断的过度依赖？若智慧城市无处不在的监控系统让安全系数大幅提升，又会否牺牲个人隐私？在思辨设计的框架内，这些"尚未来临"的假设反而成为设计师最重要的探讨依据。通过构建夸张甚至不适的未来场景，让人们反思当下技术路径及其价值观基础。

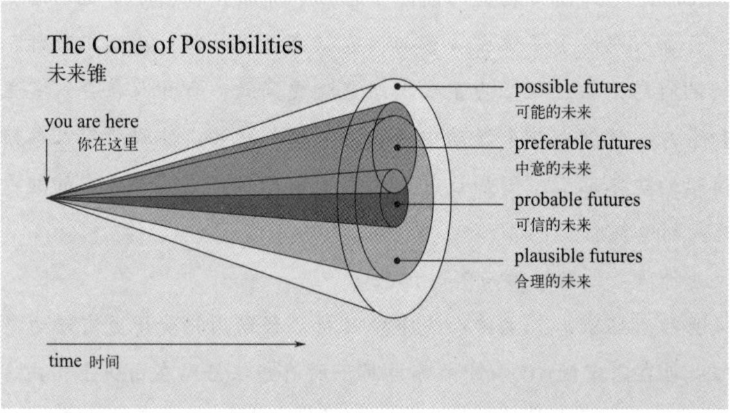

图4-1 思辨设计探索的是"未来锥"中"中意的未来"是什么

在实践层面，思辨设计可与数字化工具或跨学科合作相结合。例如，设计师可使用虚拟现实或增强现实技术构建沉浸式场景，让用户"进入"未来社会，亲历场所、道具、互动方式的变革。也可邀请社会学家、伦理学家和潜在使用者共同参与概念评审，确保对问题的探讨更全面深入。与头脑风暴或技术探针相比，思辨设计更强调"提出问题"而非"解决问题"，注重在设计阶段就提前揭示潜在的社会影响与价值冲突，从而帮助团队在后续产品或系统的开发中做出更具远见和责任感的决策。

思辨设计往往根据研究语境的不同，调整适合的步骤来呈现更加深刻的作品。此外，思辨设计的整个流程可能覆盖多个智能交互设计阶段。然而，近年来研究者和设计师对思辨设计的实践持批判性态度，质疑者担心思辨设计能否为未来的实践提供准确的引导和可操作的方案。我们认为，思辨设计正在研究实践中不断成熟，其舞台已经从展会和博物馆逐渐转移到我们日常的研究中。思辨设计的实践流程如下。

（1）选题与问题聚焦

设计团队先在当下社会或技术领域中找到一个具有争议或不确定性的主题，例如人工智能伦理、基因编辑、城市监控等，然后收集相关文献和行业动向，了解目前的技术水平和可能引发的社会问题。在这个过程中，团队要思考未来可能出现的变化，并将其与已有的研究、用户需求进行初步对比。通过这些信息，团队会逐渐明确思辨设计想要探讨的核心议题，并为后续工作划定一个有针对性的框架。

（2）未来情境构建

明确议题后，团队需要想象一个特定的未来时间点，比如五年后、十年后，甚至更长远。接着，设计者在此时空中假设社会、技术和文化方面出现了哪些变化，比如经济模式的转变、自然环境的压力或全新的人际交往方式。这些假设为设计师描绘出了一个完整的背景，让他们可以更直观地讨论和呈现新技术在其中的角色与影响。

（3）制作概念原型与叙事内容

为了让更多人理解这种对未来的构想，设计团队通常会用视频、图像或界面原型等形式来“还原”未来世界，也会编写故事脚本描述新技术如何改变人们的日常生活。通过这些具体的情境与可视化手段，人们可以更深入地体会到潜在的好处和风险，并与设计者产生更有效的互动。

（4）评估与反思

有了初步的概念原型之后，团队会邀请用户或研究者进行体验与讨论，让他们从不同角度提出看法与疑问。一部分人可能欣赏这种对未来的构想与创新，另一部分人则会质疑其中的道德风险或社会风险。对设计团队来说，这些反馈极具价值，能让团队更好地认识到哪些设想可行，哪些需要进一步修正或更仔细地思考。

（5）归档与传播

设计团队会把整个设计过程、探讨结果以及从用户那里收集到的反馈整理成报告或展示材料，并通过展览、学术会议或网络平台进行分享。思辨设计的成果并不一定提供完美答案，而是让公众和决策者看到新的可能性和潜在问题，并在更广泛的范围内展开讨论。这不仅能推动社会对新技术的认识，也能为后续的研究与发展提供更丰富的思路和参考。

案例分析：通过定制手册思辨共享住宿体验

随着智能家居和物联网技术的快速发展，共享住宿平台如 Airbnb（爱彼迎）正迎来新的发展机遇。目前，Airbnb 中的智能家居技术应用主要集中在基础功能上，如智能门锁和恒温器等。然而，如何利用这些技术创造更独特、更真实的住宿体验，仍是待探索的领域。荷兰埃因霍温的科研团队正在通过定制手册和思辨设计方法，探索智能家居技术在 Airbnb 中的应用。其目标是提升房客的住宿体验，创造更真实的感受，并促进人与技术的和谐共处。例如，定制手册可以帮助房东更好地利用智能家居设备，而思辨设计方法则可以激发创新，探索智能家居技术在共享住宿中的更多可能性。

此外，Airbnb 也在积极探索与智能家居品牌的合作。例如，Airbnb 曾与小米公司合作推出“民宿智能改造计划”，通过为民宿配备智能门锁、智能家电等设备，提升民宿的智能化水平。这种合作不仅为房东提供了升级房源品质的新思路，也为房客带来了更舒适的入住体验。未来，共享住宿行业将更加注重智能化服务和品质提升。通过集成物联网、大数据和人工智能等技术，Airbnb 有望进一步优化用户体验，提供更个性化、智能化的住宿服务。

（1）选题与问题聚焦

研究团队关注的是智能家居技术在 Airbnb 中的应用，以及如何通过这些技术提升房客的住宿体验，并创造更真实的体验。研究发现，虽然智能家居技术越来越普及，但在 Airbnb 中的应用仍然主要集中在提供基础功能方面，例如智能门锁、恒温器等，而如何利用这些技术创造更独特的、真实的体验，仍然是一个有待探索的领域。具体而言，团队希望探索智能交互帮助房东为房客提供“像当地人一样生活”的体验，了解设计传递真实感的潜在维度。

（2）未来情境构建

研究团队并没有明确设定一个未来的时间点，而是将重点放在现有技术和未来趋势的结合上。团队假设，随着人工智能、虚拟现实等技术的发展，智能家居技术将更加普及，人们也将更加依赖技术来获得便利和舒适的体验。例如，人工智能可以根据房客的喜好自动调节室内温度和灯光，虚拟现实可以为房客提供沉浸式的当地文化体验。在这个背景下，Airbnb 房东可以利用智能家居技术为房客提供更个性化、更难忘的住宿体验，使房客更好地融入当地生活。

（3）制作概念原型与叙事内容

为了深入探究智能家居技术在 Airbnb 中的应用，研究团队选择了与房东合作设计的方式，并招募了 7 位 Airbnb 房东，为每位房东的房屋创建了定制的手册。首先，团队通过半结构化访谈和参与式观察，深入了解每位房东希望传递的体验，并用照片记录了 Airbnb 中具有特色的细节。访谈提纲包括以下问题：您希望通过 Airbnb 为房客提供怎样的体验？您认为哪些因素可以提升房客的住宿体验？您认为智能家居技术可以如何应用于您的房屋？在参与式观察过程中，研究人员亲自入住房东的房屋，体验房东提供的服务和设施，并观察房客的行为和反应。

接下来，团队基于每位房东的愿景和房屋的实际情况，生成创意概念，并将这些设计方案以合成图片的形式呈现，直观地展示了智能家居技术如何融入民宿的场景中。在每张合成图片下方，都有对互动形式和过程的详细说明。例如，房东 Dorothea 的民宿吸引了许多年轻夫妇，且桌子上的蜡烛经常被使用（图 4-2）。因此，研究团队提出了“魔法蜡烛”的概念：当房客点燃蜡烛时，房间的灯光会自动调暗，并播放浪漫的音乐，营造出温馨的氛围（图 4-3）。

图4-2 情境探询中民宿现场拍摄的照片

图4-3 科研团队为房东构想的体验

这些方案被发送给每位房东，他们通过评估设计概念与自己希望传递体验的一致性来对方案做筛选。除了筛选，房东还可以补充一些自己民宿场景的照片，以便研究团队更好地理解他们的需求和偏好。被房东选中的方案将被印刷到一个手册中（图 4-4），手册的左侧是设计方案和说明，右侧则是一些引导房东反思的问题，例如这个设计如何提升客人的体验？你认为客人会喜欢这个设计吗？这个设计有哪些潜在的风险或挑战？此外，研究人员还在手册的后半部分预留了一些空白页供房东自行创作，鼓励他们进一步思考和表达他们理想中的民宿体验。

图4-4 房东记录的反馈以及自主创作的创意设计及说明

（4）评估、反思与创作

研究团队将定制的手册分发给参与的房东。房东们有1～4周的时间来仔细思考这些方案，并将自己的想法和思考记录下来。此外，房东们还被鼓励自行创作理想的体验，比如在手册的空白页上绘制他们心目中的智能家居场景，或者写下他们希望通过智能家居技术实现的具体功能。通过这种方式，研究团队收集了房东们详细且富有洞察力的反馈和建议。例如，房东Bram在自行创作的许多方案中体现出他渴望从房客身上获取价值。他希望通过提供服务，不仅能为房客创造美好的住宿体验，还能借此机会了解更精彩的世界。

（5）归档与传播

研究团队与7位房东共同生成了73个设计概念，其中58个被详细地呈现在手册中。通过亲和图法，团队总结出房东希望通过智能交互设计向房客传递的5个主题的真实体验。团队将整个设计过程、探讨结果以及从房东那里收集到的反馈整理成一篇学术论文，并在2023年人机交互学术会议（CHI）上发表，与同行学者进行了深入讨论。此外，研究团队计划将部分设计方案实际应用到Airbnb房屋中，并招募房客参与实验。通过这种方式，团队将测试房客是否能够感受到房东为他们精心准备的真实体验，并收集房客的反馈意见，以进一步完善设计方案。

4.1.3 设计虚构

长期以来，企业和政府的主要决策者往往将未来视为商业模式、工程问题、某种引人入胜的愿景或精明的营销活动，以激起人们对未来产品的期待。然而，我们需要一种替代性的决策框架或思维方式，在考虑解决方案及其风险和影响的同时，融入多学科的观点。设计虚构（Design Fiction）是一种通过故事化叙事和虚构世界观来探讨未来技术与社会影响的方法。这一概念由科幻小说作家布鲁斯·斯特林（Bruce Sterling）提出，旨在通过构建角色、情节与场景，让观众在阅读或观看的过程中对尚未到来的新科技与生活方式产生具象的想象。

与思辨设计注重可见、可交互的概念原型不同，设计虚构更偏向于文本、脚本或短片的呈现形式。它通过“完整故事”让读者体会未来社会的文化、伦理和人际冲突。对于希望深入探索用户态度或社会价值观的设计师而言，设计虚构的优势在于其叙事性与连贯性，能够在相对较短的时间内为观众勾勒出一个复杂且充分“演绎”后的未来样貌，从而促进反思与讨论。

设计虚构与思辨设计的主要差异在于其对叙事逻辑与角色塑造的强调。在思辨设计中，设计师通常通过实体模型或互动装置来呈现未来；而在设计虚构中，故事本身就是最重要的“舞台”。这种方法更倾向于运用文学写作、影像表达或多媒体手段来展现角色与社会制度间的变化，将读者带入一个想象的世界，让读者在情节冲突中自然地思考技术与社会的可能走向。

当然，这并不意味着设计虚构无法结合概念原型。相反，在许多项目中，设计师常常会将虚构世界中的关键物件或界面以概念草图或插画的形式展示，让读者在阅读故事的同时，也能想象这些物件在实际使用中的场景。应用设计虚构可实现以下目标：

① 促进跨部门的创造性协作、对话、批判性思维和协调；

② 通过探索外部性、相邻可能性、边缘情况、意外和未预料到的用途以及假设情景，以新的方式考虑未来的风险和机遇；

③ 探究偏见、未经检验的假设和盲点；

④ 鼓励人们尽可能多地思考新技术、新产品或新服务的所有影响，就像思考它们的应用一样，其中“影响”并不一定意味着“不好”的用例，而是新的想法如何与人类世界、文化、实践和他们固有的行为模式产生互动和影响。

在实践中，设计虚构可以与思辨设计交叉使用，形成一种互补的设计策略。设计者可以先撰写具备故事线的文本或脚本，清晰地勾勒出角色关系与关键冲突点，再制作相应的概念原型或原型界面，为观众提供更加立体和多维度的体验。与思辨设计的直接展示或交互体验不同，设计虚构更侧重让观众先“沉浸”在故事情节中，通过故事的引导，使观众自发地产生联想与批判性思考。也正因为这种叙事性和沉浸感，设计虚构常被用于教育、研究和社会倡导领域。它能够让更多人在相对轻松的阅读或观影过程中，体会到未来技术与社会之间的复杂联动关系。通过故事化的呈现，观众更容易理解技术对社会、文化、伦理等方面的潜在影响，从而激发更广泛的讨论和思考。

无论选择设计虚构还是思辨设计，核心都在于通过超前而形象的构思，帮助大众与专业群体在今天就开始思考明日的机遇与挑战。这两种方法虽然在表现形式和侧重点上有所不同，但都致力于探索未来可能性，推动社会对新兴技术的深入理解和前瞻性思考。

虽然思辨设计和设计虚构都以探索和批判潜在未来为目标，但它们在方法、方法论和应用等方面存在细微差异。思辨设计更多地关注设计本身，通过创造场景和制品来激发思考和讨论。相比之下，设计虚构则更依赖叙事和讲故事，创造出沉浸式且细节丰富的未来世界（表 4-1）。

表4-1 思辨设计与设计虚构的差异

对比项	思辨设计	设计虚构
目的和目标	● 激发对潜在未来的思考和争论 ● 挑战传统设计的规范和期望 ● 探索新兴技术对社会和环境的影响	● 创造身临其境的叙事，鼓励观众思考未来 ● 推测新技术的发展和用途 ● 通过讲故事让人们讨论未来的可能性
方法	● 创建假设场景和制品 ● 利用设计作为批判性思维的工具 ● 参与跨学科领域以获得更广阔的视角	● 精心制作未来场景的详细叙述和故事 ● 设计存在于这些叙述中的“叙事原型” ● 通过讲故事的方式使抽象的概念变得具体且易于理解
使用场景和上下文	● 用于学术研究和教学，探索理论概念 ● 应用于展览和艺术装置，以激发公众讨论 ● 企业利用它进行长期战略规划，并探索新产品和服务的潜在影响	● 用于电影和媒体，真实地描绘未来技术 ● 用于研讨会和教育环境，帮助学生和专业人士批判性地思考未来 ● 用于推测性写作和概念艺术项目
批评与挑战	● 批评者认为它过于抽象或理论化，缺乏实际应用 ● 平衡设计的挑衅性与合理性是一个挑战 ● 确保观众参与并避免对推测性概念的误解可能很困难	● 它对叙事的过度依赖有时会掩盖设计方面 ● 虚构元素可能会导致对所提出的场景的可行性或可取性的误解 ● 以一种既引人入胜又发人深省的方式平衡虚构与现实之间的界限是一个持续的挑战

续表

对比项	思辨设计	设计虚构
影响	● 对设计的教学和实践方式产生了重大影响，尤其是在学术环境中 ● 影响企业对其产品和服务未来的看法 ● 为可持续性、技术伦理和社会变革等关键问题的公开讨论做出了贡献	● 通过创造具体的、可感知的未来场景（无论是乌托邦还是反乌托邦），帮助人们超越当下的限制，更具体地思考科技、社会和文化发展的多种可能性 ● 使得非专业人士能更容易地理解和参与到关于未来的讨论中，从而促进更广泛的社会对话 ● 帮助决策者在实际投入之前，预见并评估不同选择的长期后果，从而做出更明智、更负责任的决策

在当今这个瞬息万变的世界中，这两种方法至关重要。它们以独特的方式接触未知，挑战现有的观念，并开启关于我们想要创造的未来类型的对话。面对前所未有的全球性挑战，思辨设计和设计虚构的作用变得愈发重要，不仅在设计领域发挥作用，还塑造社会话语和影响决策。从根本上说，思辨设计和设计虚构不仅仅是预测或想象未来，还涉及对可能发生之事的批判性探讨。它们鼓励设计师、决策者、学者和公众超越当下的局限，去质疑、去辩论、去梦想我们共同塑造的未来。以下是参考 IDEO 公司提出的四个步骤总结的设计虚构的流程。

（1）选择一个行业并描述其在消费者生活中的作用

首先，需要确定一个具体行业，并说明它在消费者日常生活中的作用或价值。关键是明确用户在这一行业下所要完成的“任务”或“待完成的工作”。换言之，用户选择相关产品或服务，并非只看重它所提供的功能，还希望借此实现某些更深层的目标或诉求。

（2）写一个关于未来的故事，摆脱当下的束缚

接下来，通过聚焦用户真正想要达成的目标（而非当下行业已确立的运作方式），开始构想未来情境中的全新思路。借助技术革新或其他变化（例如用户行为的演化、法律或监管体系的变动），思考当下难以实现的各种可能性。关键在于不断追问“我们希望创造一个怎样的未来图景”，从而把握住真正能为用户和社会带来价值的方向，并提前识别潜在的风险或负面影响。

（3）回顾那些使这一未来成为现实的假设

在绘制出未来图景后，需要反向分析哪些条件必须成立，才能支持这样的场景顺利落地。这些条件可以是技术上的可行性、用户心理与行为的可接受度、商业模式或监管政策的完善程度等。确定“哪些要素必须真实存在”，能帮助团队把所有关键假设清晰地列举出来，并结合现状评估其实现难度。这种方式也可借鉴成功先例：一些前瞻性企业在制订规划时，会将若干基础假设公之于众，明确它们的关键地位。

（4）生成原型

当知道为达成未来愿景需要哪些条件时，就可以利用原型设计来进行验证。通过搭建简单的低保真原型，可以迅速测试这些假设的可行性，并在用户或市场的反馈下不断迭代，逐步提升到更高保真的版本。为了确保早期检验的效率与效果，尽快让原型进入真实或模拟市场场景中是十分必要的。这样能及时发现不足之处，也能更有效地把握进一步投入资源的决

策时机。在这个过程中，“多线并行”和“快速迭代”往往是保持创新灵活性的关键原则。无论是起步阶段的个人创业者还是大型企业内部的创新团队，都可以通过积极的实验和验证让想法在实践中接受检验与磨炼，使愿景最终能够顺利走向现实。

案例分析：米兰大停电（The Milano Blackout）

该案例是某博主在 Medium 博客上分享的米兰理工大学 2019 年设计虚构研讨会的项目，研讨会的目标是提出一种可持续能源和发电方法，帮助米兰市民适应缺乏光、通信、热和其他现在必需的东西的新世界。

研讨会给参与者设定了一个虚构的故事背景，叫作“米兰大停电”。故事中，全球多个城市发生了原因不明的大规模停电，而且无法预测停电会持续多久。米兰就是其中一个受影响的城市。在一个星期天的早晨，一场突如其来的大停电席卷了整个城市，人们不得不开始在没有电力的环境里生活。

（1）确定主题，聚焦用户需求

在研讨会上，24 名学生被分成 6 组，每组 4 人。所有小组首先参与了一项名为“个人故事 / 轶事”的活动。这项活动要求学生们将自己置身于“米兰大停电”的场景中，并写下简短的故事。接下来，小组成员们分享各自的故事，并从中提炼出一些共同的主题。这些主题是指在小组成员的故事中反复出现的共同点，例如停电带来的心理影响、停电对日常生活的影响，以及在停电环境中如何获取信息等。每个小组需要选择一个主题，并从该主题出发，思考如何应对停电带来的挑战。

例如，博主所在的小组选择的主题是“停电对心理健康的影响”。他们发现，小组成员的故事中都不同程度地提到了创伤后应激障碍、失落感、被剥夺感，以及因生活方式改变而产生的压力和痛苦。因此，他们决定聚焦“如何在停电环境中帮助人们维持心理健康”这一挑战。

（2）构建未来场景，探索设计可能性

为了使故事背景更加具体生动，博主的小组虚构了一个名叫阿尔贝托的主角，并重新构想了“米兰大停电”的场景（图 4-5）。他们假设停电已经发生了一年，并想象阿尔贝托在这一年里的生活状态。他们构建了两种截然不同的场景。

反乌托邦场景：阿尔贝托无法克服停电带来的压力，最终选择了自杀。

乌托邦场景：阿尔贝托通过调整生活方式和寻找新的幸福源泉，成功适应了新世界。

图4-5　构建大停电后的场景

（3）提出解决方案，形成设计概念

小组成员首先进行了一场头脑风暴，每个人需要在 5 分钟内提出 3 个解决问题的想法。他们通过“如果……会怎样”这样的假设性问题来引导思考，例如：“如果‘大自然母亲’来拯救阿尔贝托会怎样？”通过这种方式，小组成员能够突破常规思维，提出创新性的想法。

接下来，小组成员们汇总并分析了所有提出的想法，最终将它们整合为一个解决方案：利用鸟类翅膀的运动来产生能量，并帮助人们维持心理健康。为了使这个想法更具可行性，小组成员们进行了案头研究。他们参考了历史和《圣经》故事中利用动物进行通信的案例，这些案例为他们提供了灵感。同时，他们还研究了米兰的环境特点和可用的技术手段，以确保他们的解决方案能够适应当地的实际情况。通过一系列的思考和研究，小组成员不仅提出了一个富有创意的解决方案，还为其实施奠定了坚实的基础。

（4）构建原型

图4-6 原型制作

小组最终产生了三个原型设计，其核心解决方案是利用鸟类翅膀的运动来产生能量。此外，他们发现主角面临的精神挑战部分源于缺乏数字通信方式。因此，小组设计了一种名为“能量发生器鸟”的装置，它不仅可以为人们提供 Wi-Fi 信号以实现通信，还能通过其声道释放特定的阿尔法波，帮助主角进入冥想状态（图 4-6）。能量产生的机制受到了动能手表技术的启发，通过鸟类翅膀的运动驱动微型发电机，将动能转化为电能。而通过微型可穿戴动能适配器生成 Wi-Fi 信号的想法则受到了现有概念 Li-Fi（可见光无线通信）的启发。

在设计过程中，小组对能量产生的定义进行了拓展：除了传统的电力之外，他们还引入了“精神能量”的概念，认为这种能量对于人类的生存同样至关重要。通过这种方式，他们的解决方案不仅解决了物理层面的能量需求，还关注了精神层面的健康和福祉。

最后，小组展示了三个精心设计的原型，以全面呈现他们的解决方案。

首先，他们构建了一座用乐高积木搭建的米兰城市模型。这个模型生动地模拟了在大规模停电后，如何利用新技术维持城市的基本运作。通过可视化的方式，小组展示了技术在城市层面的潜在应用，帮助观众直观地理解方案的实际效果。其次，小组制作了一个实体原型，重点展示了技术背后的关键要素和结构。这个原型聚焦“能量发生器鸟”的核心机制，包括鸟类翅膀运动如何转化为电能，以及如何通过微型动能适配器为 Wi-Fi 信号提供动力。这一部分为观众提供了技术细节的直观展示，增强了方案的可信度。最后，小组制作了一段叙事视频，通过讲述主角阿尔贝托在停电前后的生活对比，总结了情境、问题与应对方案。视频以生动的故事形式展现了技术对个人生活的影响，使观众能够更深刻地感受到方案的情感价值。

在正式提出设计方案之前，小组为主人公阿尔贝托设想了两个极端的未来场景。在反乌托邦的场景中，阿尔贝托无法适应停电后的生活，最终不幸离世；而在乌托邦的场景里，随着有效方案的实施，阿尔贝托成功战胜了压力，重新找回了生活的动力。通过对比这两种截然不同的结局，小组强调在极端条件下，合适的技术与设计对人们的生存与发展至关重要。

4.1.4 AI 协同创作

AI 协同创作（AI Co-Creation）是设计师与人工智能工具携手进行创意和概念生成的创新实践。与传统人工智能仅作为被动分析或预测工具不同，AI在协同创作中扮演“创意助理”的角色，能够根据设计师输入的关键信息，快速生成图像、文本甚至交互方案。对于智能交互设计专业的学生来说，AI 协同创作不仅能够显著降低早期概念发散阶段的人力成本，还能激发超出个人想象力的多样化创意，为设计思路开辟更广阔的可能性。

AI 协同创作的核心在于“人机互补”，设计师凭借其审美和洞察能力，而 AI 则依靠其大规模数据处理能力和高效运算效率，二者结合能够在短时间内尝试并迭代多套方案。例如，在图像生成领域，Midjourney、Stable Diffusion 等工具可以根据简短的文字提示生成不同风格的视觉素材，帮助设计师快速决策界面风格、配色或场景原型。在文本创作方面，GPT 类模型能够辅助设计师编写设计文档、用户故事或初步文案，为概念设计节省大量时间。

然而，在享受 AI 带来的便利时，也必须警惕其局限性和潜在偏见。由于模型训练依赖现有数据，生成结果可能带有刻板印象或虚假信息，因此需要设计师仔细甄别和修正。对于概念设计而言，过度依赖 AI 可能导致创意趋同或与真实用户需求脱节。因此，在协同创作过程中，设计师不仅要善用人机对话技巧，还需结合用户研究与专业判断，将 AI 的大量输出筛选并打磨成真正符合项目目标的概念雏形。

为了更好地将 AI 协同创作融入设计流程，许多设计工具与平台开始内置 AI 功能，例如在 Figma、Miro 中添加文本或图像生成插件，或通过专门的协同设计软件支持自动化提案和多轮反馈。与技术探针或思辨设计等方法相比，AI 协同创作更倾向于即时生成与反复迭代的工作模式，能够在短时间内产生大量备选方案，再逐一评估与改进。对于智能交互设计的学习者而言，灵活运用 AI 工具可以加速概念发散，同时也需保持理性判断，确保设计在创意与实用性之间找到恰当的平衡。

AI 与人共创的模型近几年被很多智能交互设计领域的学者讨论，这里参考了 2021 年国际人机交互会议（HCII 2021）中的一篇高引文章《AI 创造力与人机协同创作模型》（*AI Creativity and the Human-AI Co-creation Model*）提到的模型。

“人机共创模型”是一个循环的过程模型，包括感知、思考、表达、协作、构建和测试 6 个阶段（图 4-7）。

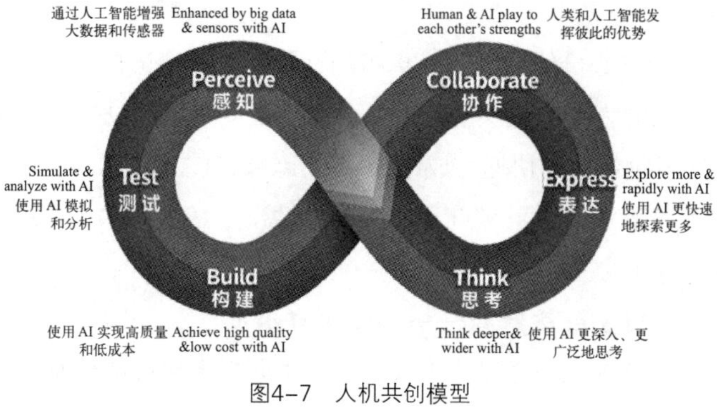

图4-7 人机共创模型

（1）第一阶段：感知

感知阶段是智能交互设计的起点，AI 通过整合大数据和多种传感器技术，极大地增强了人类对环境和信息的感知能力。它不仅能够捕捉和处理传统五感之外的数据，还能将无法直接感知的信息转化为有意义的洞察。这种能力不仅提升了人类的感官体验，还为理性分析提供了更广阔的视角和更有力的支持。借助 AI 的帮助，人类能够更深刻地洞察周围环境以及潜在的变化，从而为后续的交互设计奠定坚实的基础。

案例分析：汽车传感器扩宽驾驶者视野

现代汽车中广泛应用的 AI 传感器，如雷达、摄像头和超声波传感器，为驾驶者提供了更全面的视野和更智能的驾驶体验。例如，停车辅助系统（APS）利用这些传感器实时感知车辆周围的障碍物，并通过视觉和声音反馈提示驾驶者避免碰撞。此外，高级驾驶辅助系统（ADAS）能够检测盲区内的车辆，并主动调整驾驶策略，从而显著提升驾驶的安全性（图 4-8）。

这种感知能力的扩展不仅提升了驾驶的安全性，还让驾驶体验更加智能化。例如，通过融合多种传感器数据，ADAS 系统可以构建精确的环境模型，实现自动紧急制动、车道偏离预警等功能。此外，AI 技术还能够根据驾驶者的习惯和偏好自动调整车内设置，如座椅位置、温度控制和信息娱乐系统，进一步优化驾驶体验。随着技术的不断进步，AI 传感器在汽车领域的应用将更加广泛和深入，为未来的智能驾驶和自动驾驶技术奠定坚实基础。

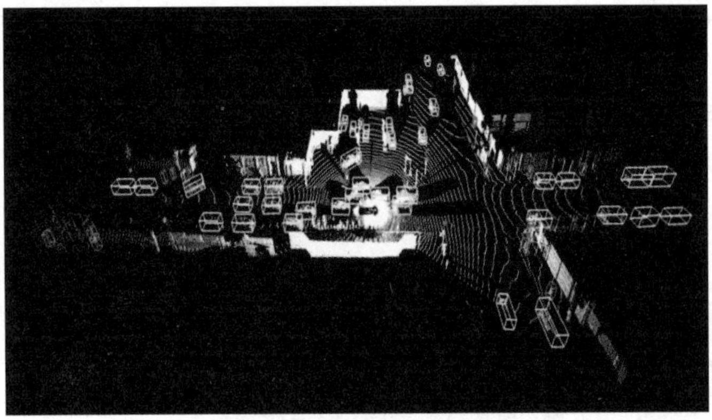

图4-8　汽车搭载的AI传感器感知周围物体

（2）第二阶段：思考

在思考阶段，AI 的核心价值体现在其卓越的计算能力和高效的数据处理能力上。它能够帮助人类突破惯性思维的束缚，提供更深入、更全面的洞察和解决方案。无论是对海量数据的深度分析，还是对新颖策略的快速生成，AI 都能以独特的方式助力我们探索未知领域。借助先进的智能算法和模型，AI 还能够在资源有限的情况下挖掘潜力，帮助我们在复杂问题中找到更高效、更具创新性的答案。

案例分析：预测蛋白质结构 —— AlphaFold

在生命科学领域，AI 的“思考”能力被用来解决长期未解的科学难题。例如，DeepMind

开发的 AlphaFold 是一个专注于预测蛋白质结构的 AI 系统，通过分析氨基酸序列，能够以接近实验精度的准确性推测出蛋白质的三维结构。这一突破不仅极大地提高了蛋白质结构的预测速度，还为科学家提供了更深入理解蛋白质功能和作用机制的工具，从而推动了药物开发和疾病研究的进展。

AlphaFold 的贡献不仅在于其高精度的结构预测能力，还在于其高效整合多学科知识的能力。它通过深度学习技术，将生物化学、物理学和计算机科学相结合，实现了原本需要数十年手工实验才能达到的成果。例如，AlphaFold2 能够在短时间内处理大量蛋白质结构数据，为研究人员提供关键的结构信息，从而加速了从基础研究到临床应用的转化。

AI 在生命科学领域的应用还在不断拓展。例如，中国科学院微生物研究所开发的 Pythia 框架能够快速预测蛋白质突变的稳定性变化，为蛋白质工程和药物设计提供了更高效的支持。这些进展表明，AI 不仅能够解决复杂的科学问题，还能通过其强大的计算和数据处理能力，为生命科学研究带来新的可能性和效率的提升。

案例分析：捉迷藏中的策略与反策略

在游戏设计和策略研究中，AI 的非凡“思考”能力也得到了充分展现。OpenAI 在训练虚拟代理进行捉迷藏游戏时，发现 AI 能够提出人类未曾预见的策略，例如利用游戏中的障碍物创造新路径，甚至反过来破解这些路径（图 4-9）。这种动态的策略生成，展示了 AI 如何在探索过程中不断优化自己的行为，并启发人类开发更加复杂的交互系统。

图4-9　AI利用游戏中的障碍物不断探索新的路径

（3）第三阶段：表达

在表达阶段，创意的具象化是核心目标，而 AI 的融入极大地提升了这一过程的效率与多样性。无论是绘画、设计、写作还是编程，AI 工具通过降低技术门槛，让人们能够专注于创意本身，而不必受限于技术技能的不足。这种赋能使得更多人得以投身创作，并借助智能工具探索个性化的表达路径，从而不断拓展创意的边界。

案例分析：GauGAN 简化绘画创作

英伟达（NVIDIA）的 GauGAN 是一个强大的 AI 绘图工具，它允许用户通过简单的色块涂鸦或文字描述生成高质量的真实感图像。例如，用户可以用颜色块代表天空、河流或树木，AI 会将这些简化的输入转化为逼真的自然景观（图 4-10）。此外，GauGAN2 的最新版本支持将文字描述与草图相结合，实时生成场景，用户只需输入如“山前湖泊”这样的短语，AI 模型就能立即生成对应的图像。

这种工具不仅使绘画技能不足的人能够表达创意，还为设计师、艺术家和建筑师等专业人士提供了快速的可视化工具，帮助他们在设计和原型阶段更高效地探索创意。GauGAN 背后的核心技术是生成对抗网络（GAN），它通过生成器和鉴别器的对抗训练，生成高度逼真的图像。此外，GauGAN2 还支持更高的分辨率和更丰富的绘画材质，进一步提升了图像生成的质量。

图4-10　GauGAN通过涂鸦进行AI创作

案例分析：AI 协助编程创意

GitHub Copilot 是一款强大的 AI 编程工具，能够根据程序员的自然语言描述自动生成代码。例如，开发者输入“创建一个简单的登录界面”，Copilot 不仅会生成相关的代码片段，还会建议如何与后端数据库连接。这种工具大幅降低了编程的技术门槛，使得非专业背景的创作者也能参与到产品开发中。

最近，GitHub Copilot 推出了多项新功能，进一步提升了开发效率。例如，“Vision”功能允许用户上传截图、照片或图表，Copilot 可以基于这些图像生成相应的界面代码和替代文本；“Agent Mode”功能使 Copilot 能够自动识别并修复代码中的错误，甚至可以执行终端命令来完成指定任务。GitHub Copilot 的这些新功能不仅提高了开发效率，还为跨团队协作带来了全新的可能性。例如，营销团队的成员可以通过上传网页截图并标注修改需求，让 Copilot 直接生成相应的代码。这种直观的操作方式减少了传统文字描述可能带来的歧义和沟通成本。

（4）第四阶段：协作

在协作阶段，人类与 AI 各自发挥其独特的优势，共同攻克复杂任务。人类擅长理解复杂的语境和情感，而 AI 则在高效处理大量数据、洞察数据规律并提供建议方面表现出色。通过充分理解双方的长处与局限，设计师和用户能够将最适合的任务分配给 AI，同时将那些需要创造性和直觉判断的部分留给人类。这种协作模式不仅显著提升了工作效率，还推动了创意向新的高度发展。

案例分析：AI 辅助古语言翻译与创作

在语言学研究中，AI 技术已经成为理解古老而复杂的语言结构的重要工具。例如，在翻译古希腊文或梵文时，AI 可以通过分析大量文献来发现词汇和语法模式。然而，由于这些古老语言中存在大量隐喻和上下文依赖性强的表达，人类研究者仍然需要对 AI 的输出进行调整和解释。

在初步理解古文献的基础上，AI 可以进一步根据学到的规律生成新的诗歌作品。例如，复旦大学的侯体健教授指出，AI 能够迅速生成符合格律的诗歌，但其创作是否能反映出深厚的文学内涵和情感连接仍值得探讨。尽管如此，AI 在诗歌创作中的辅助作用已被广泛认可，例如通过调整指令，AI 可以修改作品中的瑕疵并进一步精进作品。此外，AI 在语言学研究中的应用还包括语言演化模拟和方言研究。例如，通过语言模型的训练和生成，研究人员可以模拟语言的演化过程，观察语言在不同语境下的变化。这种技术不仅提高了语言学研究的效率，还为跨学科研究提供了新的可能性。

案例分析：AI 辅助音乐创作

虽然许多人没有接受过专业的音乐训练，但 AI 工具能够将人类简单的旋律构想转化为完整的音乐作品。例如，AIVA（Artificial Intelligence Virtual Artist）是一个强大的 AI 音乐生成平台，能够根据用户哼唱的片段或输入的简单指令，自动生成结构完整的乐曲。它支持超过 250 种不同风格的音乐创作，包括和弦编排、节奏设计和配器，适用于电影、广告、游戏等多种场景。

AIVA 的核心优势在于其高度定制化功能，用户可以上传音频或 MIDI 文件作为参考，调整生成音乐的风格、情感和结构，甚至可以编辑生成的曲目并以多种文件格式下载。这种合作模式不仅让非专业人士能够参与到音乐创作中，还保留了他们的独特想法，降低了音乐创作的门槛。

此外，其他 AI 音乐工具如 Muse AI 也提供了类似的创作模式，通过极简模式、情景模式和大师模式，用户可以根据情感、节奏和风格定制个性化的音乐作品。这些工具的出现，使得音乐创作变得更加民主化，让更多人能够实现自己的音乐创意。

（5）第五阶段与第六阶段：构建与测试

构建与测试是将创意付诸实践并验证成果的关键阶段。在这一过程中，AI 的优势体现在其快速计算和模拟能力，可以显著提升生产质量、优化资源配置并降低成本。AI 能够基于输入的设计目标和约束条件，生成多种创新的解决方案，同时通过虚拟测试、环境预测和调整设计方案的实际表现，使构建和测试过程更加高效和可靠。

例如，在软件测试领域，AI 可以通过自动化测试脚本生成、缺陷预测与定位、性能测试优化等方式，显著提高测试效率和准确性。AI 模型能够模拟不同的用户行为模式，对系统进行压力测试，从而更准确地评估软件的性能表现。此外，AI 还可以通过自然语言处理技术解析测试指令、生成测试报告，进一步提升测试过程的智能化水平。在音乐创作领域，AI 工具如 Brev.ai 是一款强大的免费在线 AI 音乐生成器，用户可以通过简单的文本输入快速创作高质量的音乐。

案例分析：阿里巴巴“鹿班”设计工具

阿里巴巴的“鹿班”设计工具是平面设计领域的典范。它由阿里巴巴智能设计实验室自主研发，基于先进的图像智能生成技术，能够极大地提升设计效率（图 4-11）。设计师和工程师只需输入品牌要求、配色规则和目标受众等基本信息，“鹿班”就能在短时间内生成数千种平面设计方案，涵盖海报、横幅广告、社交媒体素材等多种形式。例如，在 2017 年“双十一”期间，“鹿班”每秒可生成 8000 张海报，一天可制作 4000 万张，累计设计了高达 4 亿张 banner 海报。

“鹿班”的高效创作能力帮助品牌在大型促销活动中快速生成大量视觉素材，大幅降低了人工设计的成本和时间投入。此外，它还支持个性化定制，用户可以根据自己的需求对生成的设计作品进行调整，以满足品牌形象和市场定位的需求。“鹿班”不仅提升了设计效率，还通过智能排版、设计拓展等功能，将顶尖设计师的设计水平数据化，帮助用户轻松完成高质量的设计作品。

图4-11　阿里巴巴“鹿班”设计工具界面

案例分析：建筑和工程设计中的模拟工具

在建筑和工程领域，AI 模拟工具能够根据用户提供的目标（如结构强度、材料用量和预算限制）生成多种设计方案，并对每种方案进行强度、耐久性和安全性的虚拟测试。例如，一位建筑师设计一座桥梁时，输入承重需求和材料选择后，AI 能够生成最佳的设计方案并模拟其在不同环境条件下的表现。例如，人工智能方法在模拟中自动设计多种候选生命形式来执行某些所需的功能，然后使用基于细胞的构建工具包创建可转移的设计，以实现具有预测行为的生命系统（图 4-12）。

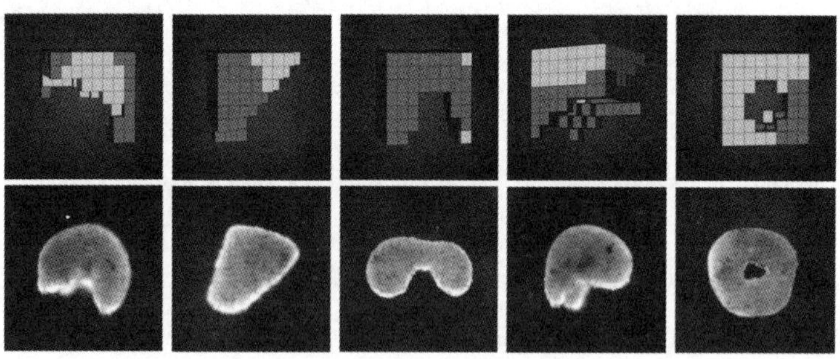
图4-12　人工智能预测不同蛋白质排列所产生的生命形式

4.1.5　协同设计工作坊

协同设计工作坊（Co-creation Workshop）的理念最早可以追溯到 20 世纪 70 年代在斯堪的纳维亚国家兴起的参与式设计（Participatory Design）实践。其核心是让用户、设计师、工程师和其他利益相关者共同参与设计过程，通过讨论、头脑风暴和原型开发，探索创新方案。这种方法强调多方参与、知识共享和快速迭代，使得设计过程能够更好地聚焦用户需求，同时整合不同领域的专业知识。

协同设计工作坊并没有固定的流程，其步骤往往是由研究问题或设计问题引导的，这里为大家分享一个经典流程，设计师和研究者需要在这个基础上增加细节来收获更丰富的结果。

（1）准备阶段

这一阶段的目标是为工作坊的顺利进行奠定基础，包括四个关键步骤。

① 明确目标和主题：需要清晰地定义工作坊的目标，例如探索用户需求、生成新的产品或服务概念、评估现有设计方案以及改进现有产品或服务。目标的明确性将指导整个工作坊的流程设计和活动选择。确定主题时，要确保其足够具体，以便参与者能够集中精力进行讨论和创作。例如，与其笼统地讨论“提高用户体验”，不如聚焦“优化移动支付流程”或“改善老年用户对智能家居产品的交互体验”。

② 招募参与者：参与者的选择对工作坊的成功至关重要。首先要考虑的是参与者的类型，例如目标用户、设计师、开发者、产品经理、市场人员等。不同类型的参与者可以带来不同的视角和经验，有助于产生更全面和创新的解决方案。 其次，要确保参与者具有代表性，能够反映目标用户群体的特征。例如，如果目标用户是年轻的都市白领，那么应该邀请一些符合这个特征的用户参与工作坊。 最后，要向参与者提供清晰的工作坊信息，例如时间、地点、目标、预期成果等，以便他们了解并做好准备。

③ 准备材料和工具：根据工作坊的主题和活动，准备相应的材料和工具。 常用的材料包括白板、便利贴、马克笔、纸张、剪刀、胶水等。工具可能需要用到原型设计软件、用户研究数据、相关产品或服务信息等。为了提高效率，可以提前准备好一些模板，例如用户画像模板、用户旅程地图模板等。

④ 设计工作坊流程：工作坊流程的设计需要考虑时间安排、活动安排和引导方式。首先要规划工作坊的各个环节和时间分配，确保每个环节都有足够的时间。其次要选择合适的活动和方法，例如头脑风暴、角色扮演、原型设计、用户旅程地图、可用性测试等，并设计相应的引导问题和讨论提纲，引导参与者进行深入思考和讨论。此外，还需要设计破冰活动，帮助参与者相互认识并建立信任。破冰活动应该轻松有趣，例如简单的自我介绍、与主题相关的个人经验分享、一些团队建设游戏等。

（2）执行阶段

工作坊的执行阶段是参与者共同协作、创造和解决问题的核心阶段。

① 破冰（0.5～1 小时）：破冰环节的目标是帮助参与者相互认识，营造轻松愉快的氛围，为后续的合作奠定基础。可以选择如下活动。

简单的自我介绍：参与者轮流进行自我介绍，分享自己的姓名、背景、兴趣爱好等。可以设置一些有趣的问题，例如“你最喜欢的产品是什么”“你对本次工作坊的期待是什么”等。

与主题相关的个人经验：邀请参与者分享与工作坊主题相关的个人经验或故事。例如，如果工作坊的主题是“改善公共交通出行体验”，可以邀请参与者分享他们在乘坐公共交通工具时的体验和感受。

一些团队建设游戏：例如“两人三足”“盲人摸象”等，可以促进参与者之间的互动和合作。

图片分享：准备一些与主题相关的图片，让参与者选择一张并解释原因，可以引发讨论和思考。

② 探索（1～2小时）：探索环节的目标是引导参与者深入了解问题，收集信息和观点。可以采用以下方法。

分享用户研究数据：将用户访谈、问卷调查、可用性测试等用户研究数据分享给参与者，帮助他们了解用户的需求、痛点和行为习惯。

进行用户访谈：如果条件允许，可以邀请一些用户参与工作坊，并进行现场访谈，让参与者直接与用户互动，了解他们的真实想法和需求。

使用用户画像和用户故事：利用用户画像和用户故事来描述目标用户的特征、需求和行为，帮助参与者更好地理解用户。

头脑风暴：引导参与者围绕主题进行头脑风暴，尽可能多地提出问题、想法和观点。鼓励参与者自由表达，不要对其进行评判或限制。

竞品分析：分析竞争对手的产品或服务，了解他们的优势和劣势，为参与者提供参考和启发。

③ 构思（1～2小时）：构思环节的目标是鼓励参与者提出创意和解决方案。可以采用以下方法。

头脑风暴：引导参与者针对探索环节发现的问题和机会，进行头脑风暴，提出各种可能的解决方案。

草图绘制：鼓励参与者将自己的想法用草图的形式表达出来，可以帮助他们更好地组织和呈现自己的思路。

卡片分类：将不同的概念、功能或信息写在卡片上，然后让参与者进行分类和排序，可以帮助他们梳理和组织信息，找到潜在的解决方案。

④ 原型设计（1～2小时）：原型设计环节的目标是将创意转化为可视化的原型，以便进行测试和评估。原型可以是纸质原型、低保真原型或高保真原型，具体取决于工作坊的目标和时间限制。一些常用的原型设计工具如下。

纸和笔：最简单的原型设计工具，可以快速地将想法转化为可视化的形式。

便利贴和白板：可以用来制作简单的交互原型。

原型设计软件：例如 Figma、Sketch、Adobe XD 等，可以用来制作高保真原型。

⑤ 测试和评估（1～2小时）：测试和评估环节的目标是邀请用户或参与者对原型进行测试和评估，收集反馈意见。

（3）总结阶段

总结阶段的目标是回顾工作坊的成果，总结关键发现和结论，并制订后续行动计划。

工作坊结束后，需要对整个过程进行总结和回顾，将收集到的数据和反馈进行整理和分析，制作演示文稿或报告，与所有参与者分享（0.5～1小时）。可以采用以下方式。

小组讨论：引导参与者对工作坊进行回顾和总结，分享自己的收获和体会。

成果展示：将工作坊的成果，例如用户研究数据、原型设计、测试结果等进行展示和分享。

报告撰写：将工作坊的关键发现和结论整理成报告，并分享给所有参与者和利益相关者。

在整个工作坊过程中，需要时刻关注参与者的体验，引导他们积极参与，尊重不同的观点和想法，营造开放和包容的氛围。同时，也要注意时间管理，确保每个环节都能有效进行。最重要的是，要将工作坊的成果应用到实际项目中，才能真正发挥协同设计的力量。

案例分析：面向多利益相关者的新零售框架工作坊

随着零售行业的转型，年轻顾客的消费行为正在发生显著变化，但许多零售公司仍依赖传统线下零售的经验来运营新一代的线下零售店。他们面临着系统性地了解顾客、对新技术敏感性不足以及缺乏评估新技术应用能力的实践经验等问题。此外，零售公司常面临资金、人力和时间的多重限制，这使得新技术和研究方法的引入变得困难，许多创新设计无法真正落地实施。

为了解决这些问题，姚远等学者在CHI 2022上发表的文章《建立面向下一代零售的设计共识：数据驱动的设计探索与参与式分析》（*Establishing Design Consensus toward Next-Generation Retail: Data-Enabled Design Exploration and Participatory Analysis*）中，分享了一个多利益相关者参与的协作过程，旨在探索并达成新一代零售设计的共识。研究分为预实验、顾客用户研究和利益相关者研究三个阶段，其中第三阶段的协同设计工作坊是核心部分，目标是基于第二阶段总结的客户购物意图、习惯及商店设计缺陷，提出一致性解决方案或设计建议。

在第三阶段，研究团队邀请了来自零售行业的13位利益相关者参加协作研讨会，包括4名客户、3名零售员工和6名来自零售公司业务部门的代表。团队还对每部分利益相关者的性别组成、职责等信息做了详细披露。例如，他们邀请了3名从事零售的员工，包括2名男性和1名女性，其日常工作涵盖了零售工作的各个方面，如搬运、分类、检查、补充商品、收银等。通过这种多利益相关者参与的协作过程，研究团队能够更好地理解新一代零售设计的需求和挑战，并探索出更具可行性和创新性的解决方案。

步骤一：个人简介和头脑风暴

在工作坊的开始阶段，研究团队向利益相关者详细介绍了研究背景、零售业务的现状以及数字零售领域的创新案例。这些案例展示了先进技术、新颖互动以及优化用户体验的商店实例，旨在激发参与者的灵感，帮助他们突破传统零售思维框架。随后，参与者进入头脑风暴环节，他们被要求在便利贴上写下对“完美商店”的构想，将最重要的需求标注在中心区域，次要需求分布在周围。这一过程有效地启发了利益相关者的创意，为后续的讨论奠定了坚实的基础。

步骤二：数据展示和问答

研究团队向参与者展示了顾客用户研究的关键数据，包括分析结果中的有趣发现、数据异常点以及相关解释。随后，参与者按照身份被分为顾客组、店员组和零售公司业务部门代表组，分别进行第一轮讨论。这种分组方式使利益相关者能够从自身角度审视数据结果，同时为研究团队提供了有价值的反馈。例如，顾客组强调了购物便利性的重要性，而店员组则更关注操作流程的简化和效率的提升。

步骤三：交换意见和讨论设计建议

在第一轮讨论后，参与者被重新分组，确保每组包含顾客、店员和零售公司业务代表。例如，一组可能包括两位顾客、一位店员和两位业务代表。第二轮讨论的重点是让不同背景的利益相关者分享观点，互相理解对方的需求和担忧，并解决潜在的误解。在此基础上，每组共同制订可行的设计建议。

步骤四：愿景价值图总结

工作坊的最后阶段，团队使用亲和图方法，鼓励参与者总结讨论成果并提出未来零售设计的愿景。愿景主要集中在商品、互动、空间和管理四个方面。

商品：参与者普遍希望商品种类更加丰富，价格分类更加清晰，同时提供更多团购和定制化选项。

互动：线上线下体验融合、结账效率提升（如刷脸支付的隐私和安全性）、智能导航等成为讨论焦点。

空间：视觉美学、标识系统清晰度和环境舒适度是参与者关注的重点。

管理：关注线上线下结合的重要性，例如管理信息同步、提前在线订购商品。此外，自动化操作也受到关注，例如使用机器人进行库存补充。

尽管各群体关注点略有不同，但所有参与者对未来商店的整体愿景达成一致，即追求多样化、智能化、便捷化和高效化（图 4-13）。

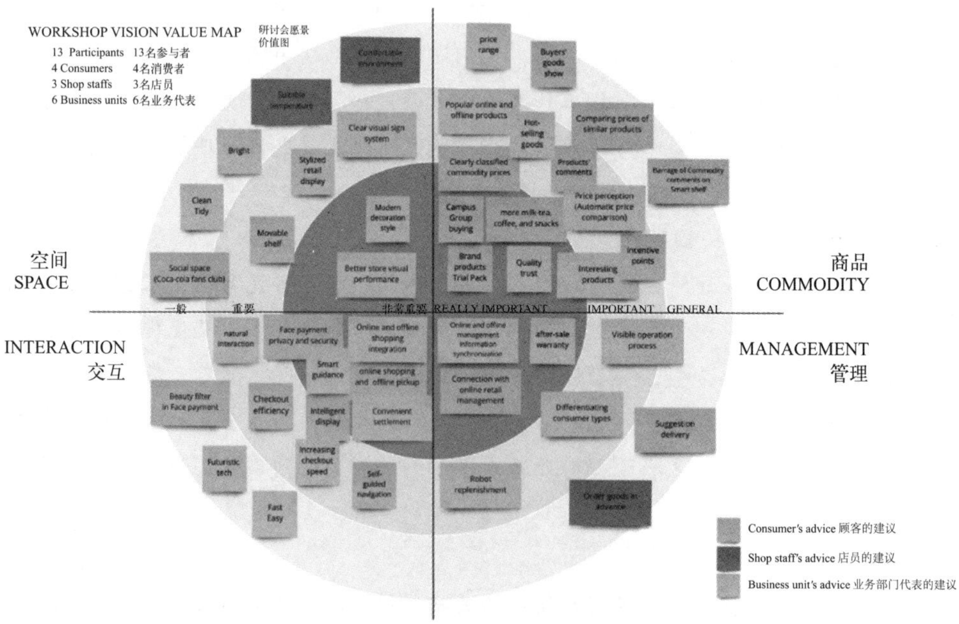

图4-13 愿景价值图：越靠近中心目标，建议越重要

本次协同设计工作坊通过将多方利益相关者聚集在一起，充分利用数据分析和协作讨论，提出了一系列切实可行的设计建议。这一过程不仅展示了多方协作的力量，也为智能零售的未来发展提供了有力参考。学生在实践中可以借鉴这一工作坊模式，结合多方视角和数据分析，探索更具创新性和包容性的设计解决方案。

4.2 AI 辅助概念设计工具

智能交互设计不仅涉及技术与设计的结合，还在探索人类与机器互动的新形式。其重点在于通过整合人工智能、传感器技术、大数据分析等前沿技术，重新定义人与设备、系统和环境的交互方式。这一领域的目标是通过创新设计提高效率、优化用户体验，并赋予技术人性化的价值。

概念设计与创意生成是智能交互设计的关键阶段。它们不仅为后续的设计奠定了基础，还决定了产品或服务的核心价值和用户体验。概念设计是从广泛思路中不断聚焦的过程，这需要设计师投入大量的时间成本。此外，作为设计过程的开端，创意生成的本质在于打破传统的思维限制，探索更具可能性的解决方案。在智能交互设计领域，人工智能的加入为这一阶段注入了全新的活力和无限的可能性。

智能交互设计面临的最大挑战之一是如何在快速发展的技术环境中平衡创新性与可用性。随着技术的普及，用户对交互的期望也逐渐提升，他们希望产品能更加智能、便捷，同时符合个性化需求。例如，智能家居、自动驾驶和语音助手等场景都要求设计师充分考虑多模态交互（Multimodal Interaction）、情感交互（Affective Interaction）以及情境感知设计（Context-aware Design）。

在这一过程中，设计师不仅需要处理复杂的技术参数，还需要关注用户的多样化需求和行为模式。这对传统设计方法提出了巨大的挑战，同时也为创意生成阶段带来了新的思路。AI 辅助设计工具和方法成为设计师应对这些挑战的重要利器，它们通过降低技术门槛、提升创意生成的效率，为设计师提供了前所未有的支持。

人工智能在概念设计与创意生成阶段有以下典型应用。

① 情境化设计：结合传感器和数据分析技术，AI 帮助设计师理解不同用户在特定情境下的需求。例如，在智能家居领域，AI 可以通过分析用户的日常行为，设计出动态适应用户习惯的灯光、温度和声音交互方案。

② 多模态创意探索：智能交互强调多模态的体验，例如语音、触觉、视觉的结合。AI 可以快速模拟不同模态的交互效果，帮助设计师评估哪些组合最符合用户的期望。

③ 情感驱动设计：AI 能够通过情感计算技术捕捉用户的情绪，并将这些数据应用于设计优化。例如，在智能医疗设备的开发中，AI 可根据患者的情绪状态调节界面呈现方式，让交互更加贴心。

接下来将从图像生成与优化、视频创作、界面与交互设计以及数据分析四个类别为大家举例。本节旨在帮助大家拓展对人工智能工具的了解和想象，在人工智能产品快速迭代的时期，鼓励大家实时了解智能工具的最新动态。

4.2.1　图像生成与优化工具

图像生成工具基于生成式人工智能（Generative AI），例如生成对抗网络（GAN）或扩散模型。这些技术通过学习海量的图像数据，理解图像的特征分布和组合规律，能够根据用户的输入（例如文字描述或草图）生成全新的视觉内容。设计师可以利用这些工具快速创建概念草图、场景渲染图或艺术作品，为设计提供视觉化支持。

在使用这类工具时，设计师应特别注意明确创意目标。图像生成工具可以提供多样化的灵感，但生成的结果往往需要后续手动调整才能满足特定需求。此外，这些工具依赖训练数据，因此生成的内容可能存在数据偏差，设计师需要结合自己的专业判断，审视工具输出内容的适用性。

未来这些工具可能被更新或替代，设计师应当关注以下创作思路：首先，保持对新技术的敏感性，随时了解最新的图像生成技术及工具；其次，明确工具的定位，将其视为辅助创意的手段而非核心创意的来源；最后，结合专业技能，将工具生成的初步结果转化为具有深度和实用性的设计。

（1）Midjourney

Midjourney 是一款以生成艺术风格图像见长的 AI 工具（图 4-14）。它能将文字描述转化为风格多样、充满创意的视觉作品。无论是超现实主义的奇幻场景、赛博朋克风格的城市夜景，还是抽象的艺术表达，Midjourney 都能胜任。Midjourney 的优势在于其对艺术风格的深刻理解，能生成具有高度审美价值的图像，这使得它成为艺术家、设计师和创意工作者的首选。此外，Midjourney 的社区氛围活跃，用户可以通过交流和分享作品，不断提升自己的创作水平。

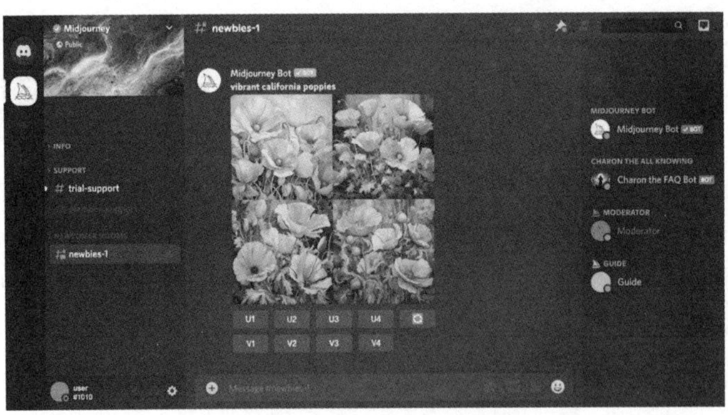

图4-14　Midjourney界面

（2）DALL-E

DALL-E 在图像生成领域同样表现出色，不仅能生成高质量的图像，还能对现有图像进行编辑和扩展（图 4-15）。例如，你可以要求 DALL-E 在一张猫的图片上添加一个皇冠，或者将一张风景照变成油画风格。DALL-E 在处理细节方面表现出色，生成的图像具有很强的真实感。除了艺术创作，DALL-E 还可以应用于产品设计、教育等领域。

图4-15 DALL-E图像生成界面

（3）Stable Diffusion

Stable Diffusion 是一个开源的文本到图像生成模型，它的出现降低了 AI 图像生成的门槛。Stable Diffusion 的优势在于其高度的灵活性和可定制性。用户可以通过调整模型参数，生成各种风格的图像，甚至可以训练自己的模型。此外，Stable Diffusion 的社区非常活跃，用户可以分享模型、插件和教程，共同推动工具的完善。

（4）ComfyUI

ComfyUI 是一款基于节点的图像生成平台，专为对图像生成技术有深入了解的用户设计（图 4-16）。它允许用户通过组合不同的模型和节点，构建高度定制化的图像生成流程。用户可以根据自己的需求，创建出独一无二的图像生成流程，从而实现从简单到复杂的创意想法。ComfyUI 的灵活性和强大的功能使其成为探索创意和优化生成流程的理想工具。

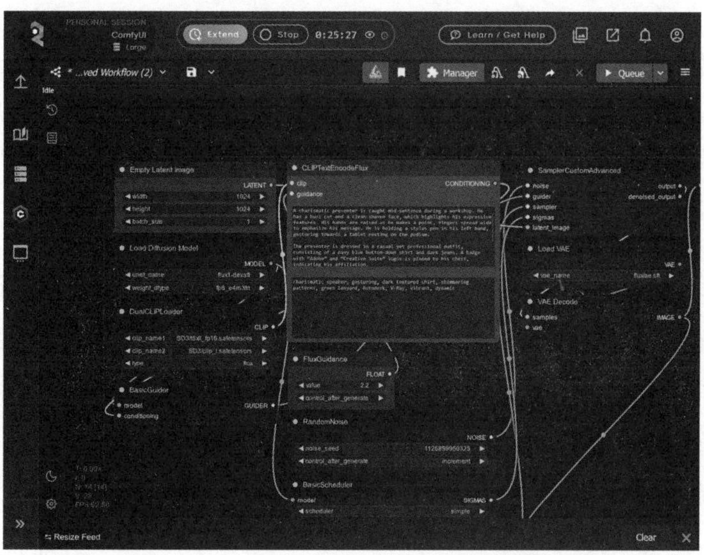

图4-16 ComfyUI通过节点控制，让设计师有了更多微调空间

4.2.2 视频创作工具与视频创作流程

视频创作工具利用深度学习和计算机视觉技术，能够将静态输入（如文字或图像）转化为动态的视觉内容。这些工具擅长快速生成复杂的视频效果，尤其在交互场景演示和动态原型设计中表现出色。视频生成的连贯性通常依赖时间序列建模技术，这使得工具能够生成逻辑流畅且视觉吸引力强的视频内容。

在使用视频创作工具时，设计师应首先明确场景需求，并细化内容和风格。生成视频的过程可能需要分阶段调整和多次迭代，以达到满意的效果。同时，设计师需要注意技术的局限性，例如在高复杂度的交互场景中，生成的视频可能存在细节不足的问题。因此，应将生成的视频视为初步参考，并结合专业编辑工具进行优化。为了在工具快速更新换代的环境中保持适应性，设计师需要培养以下能力。

① 理解视频创作的基本逻辑：掌握动画设计的时间线与节奏控制，确保视频内容的流畅性和吸引力。

② 关注工具的技术特点：了解工具的优势和局限性，评估其在特定项目中的适用性。

③ 善用模块化的工具架构：根据项目需求灵活调整工作流程，提高创作效率和灵活性。

通过这些方法，设计师可以更好地利用视频创作工具，同时保持对新技术的敏感性和适应性，从而在动态设计领域中实现更具创新性和实用性的成果。

本节内容参考了 AI 知识分享博主的视频教程，结合市场上常见的 AI 工具，为大家详细介绍完整的视频创作流程。通过循序渐进的讲解，任何背景的学生都能掌握这些方法并将其应用于自己的创作中，即便未来具体工具有所变化，也能依照此流程找到新的替代工具。

（1）生成脚本与分镜

AI 视频创作的第一步是设计脚本和分镜，这是视频的核心，直接影响内容的连贯性与创意表达。脚本不仅包含情节和对话，还需要描述每个镜头的画面、景别和运镜方式。例如，可以利用 ChatGPT 等大语言模型生成剧本和分镜描述，设计师只需清晰地输入需求，AI 就会输出详细的脚本。例如，输入“为科幻短片生成一个脚本，包括镜头语言、人物动作和场景描述”，AI 将给出具体的场景分镜说明，如“远景展示荒凉的星球表面，随后推镜头至角色脸部，显示出紧张的表情”。这种自动生成的方式不仅降低了创作难度，还可以帮助初学者快速掌握分镜设计的基础。

在实际应用中，设计师可以采用“镜头语言 + 场景描述 + 主体 + 场景布置 + 视觉风格”的提示词公式来指导 AI 的生成。例如，描述一个赛博朋克风格的画面时，可以写作“远景镜头展示雨夜街道，主角撑伞走过，霓虹灯反射在湿润的地面上”。这种公式化的提示词写法能够确保脚本生成的内容精准且具有画面感。

（2）生成分镜头画面

在分镜头画面的生成过程中，需要将文字描述转化为具体的视觉内容。此环节结合开源的 AI 工具，如 Flux 和 ComfyUI，可以高效生成具有一致风格的分镜画面。首先，可以使用 Flux 创建角色表（Character Sheet），定义角色的不同角度、情绪和姿势（图 4-17）。接着，在 Civitai 平台下载 Lora 模型，这些模型能帮助设计师控制画面风格的一致性。通过 ComfyUI 的工作流，将角色表导入系统生成多角度照片，作为训练 Lora 数据集的素材。训练完成后，设计师可以使用该 Lora 模型生成符合脚本需求的高质量画面。

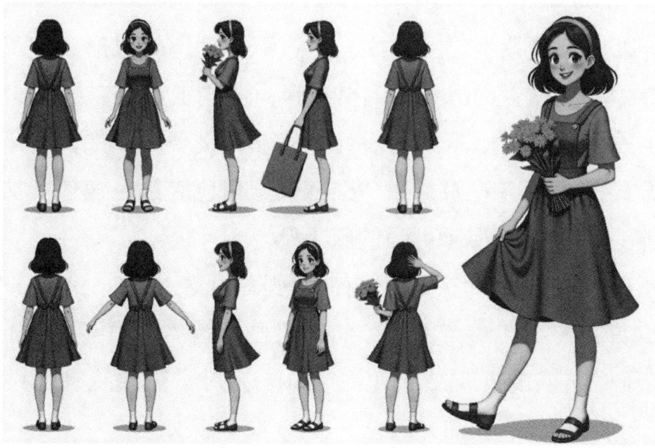

图4-17　Flux角色表

在生成画面时，可以通过编写细致的提示词控制画面效果。例如，可以在提示词中明确镜头景别，如远景、中景、近景、特写等，同时补充环境描述和风格特点。生成的画面质量越高、细节越丰富，后续的稳定性就越高。在操作时，建议学生逐步尝试从简单到复杂的提示词编写，以更好地理解 AI 生成的规律和效果。

（3）扩展画面与提升质量

生成的初始画面往往需要进一步优化，以增强细节并提高视频生成的稳定性。这一步可以借助如 Magnific 和其他图像增强工具，通过放大和细化画面来提升质量。例如，上传图片到 Magnific 后，选择放大倍率和风格增强选项，可以显著改善画面的清晰度和细节层次（图 4-18）。此外，使用 ComfyUI 的图像修复功能，可以对图像中未完善的区域进行局部修复，补充纹理或背景细节。

图4-18　Magnific图像修复界面

对于设计师而言，这一环节是让画面更具视觉吸引力的关键。细致的纹理和精准的构图有助于后续视频的稳定生成。在优化画面时，还可以使用其他工具尝试调整颜色、对比度和光影效果，确保画面整体协调一致。建议学生在这一环节进行多轮调整，确保画面达到最佳效果。

（4）图片生成视频

优化后的画面可以导入视频生成工具中，通过添加动态效果形成连贯的视频内容。可选的工具包括可灵、海螺、Sora、Runway、Pika 等，这些工具各有特点，支持不同风格和复杂度的动态生成。生成视频时，提示词的设计依然非常重要。例如，可以通过“镜头运动方式 + 主体动作”的方式描述动态效果，如“推镜头至角色脸部，角色低头沉思，周围环境逐渐变暗”。这种动态描述能够赋予视频更强的叙事感。

此外，设计师可以使用工具的扩展功能来增强画面表现力。例如，Runway 的 Video-to-Video 转绘功能允许用户上传参考图片，将现有画面转化为不同风格的版本，从而实现像《瞬息全宇宙》中多风格切换的视觉效果（图 4-19）。对于需要复杂运镜的场景，可以使用 Luma 的首尾帧生成功能，实现动态的推、拉、摇、移镜头效果。

图4-19　Runway中的转绘效果

（5）提升视频清晰度

AI 生成视频的清晰度可能不足，特别是在细节和运动流畅性方面。这时可以使用如 Topaz Video Enhance AI 之类的工具进行后期优化（图 4-20）。该工具支持锐化、降噪和补帧功能，能够显著提升画面的视觉质量。例如，通过补帧技术，视频的运动效果会更加平滑，而锐化功能可以让边缘更加清晰。对于具有复杂动态场景的视频，这一工具能够在不增加大量工作量的情况下提升整体观感。

图4-20　Topaz Video Enhance AI可以大幅提升视频的画质

设计师在这一环节还可以尝试调整视频的分辨率和帧率，确保输出的质量符合展示需求。推荐将清晰度优化作为视频生成的最后一步，以便针对成片效果进行全面校正。

4.2.3 界面设计与交互设计工具

界面设计与交互设计工具专注于支持设计师从用户需求出发，构建直观、高效的数字交互界面。这些工具结合了人机交互理论和强大的设计功能，涵盖了从低保真线框图到高保真交互原型的全流程设计。通过提供丰富的模板、灵活的组件库和实时协作功能，这类工具能够帮助设计师高效地创建和优化界面设计，同时验证用户体验的可行性和逻辑性。

在使用这类工具时，设计师需要根据项目阶段选择适合的工具和功能。例如，在概念设计阶段，可以利用低保真线框图工具快速探索不同的设计方案；在详细设计阶段，需要使用支持动态交互和高保真界面的工具来呈现最终设计。此外，这些工具通常支持团队协作，设计师可以在一个共享的工作环境中与其他成员共同调整布局、优化交互，确保设计方案与开发需求保持一致。

即便未来具体工具可能更新换代，掌握以下思路可以帮助设计师在界面设计与交互设计中保持前瞻性：首先，关注用户需求，设计流程始终围绕用户体验展开；其次，结合数据分析和用户测试结果优化界面和交互逻辑；最后，保持对最新设计趋势和工具功能的敏感度，通过不断学习和实践提升设计效率和成果质量。

（1）Figma + Anima 插件

Figma 是一款领先的协作式设计工具，广泛应用于界面设计和团队协作中，而 Anima 插件进一步扩展了 Figma 的功能，使其更适合用于高保真交互原型设计（图 4-21）。借助 Anima 插件，设计师可以将静态界面设计转化为动态的交互原型，同时生成适配前端开发的代码（包括 HTML、CSS 和 React）。这种功能不仅能直观呈现用户体验，还能缩短从设计到开发的周期，从而提高团队的工作效率。Anima 插件还支持实时预览，让设计师在制作过程中随时查看交互效果，为优化设计提供即时反馈。

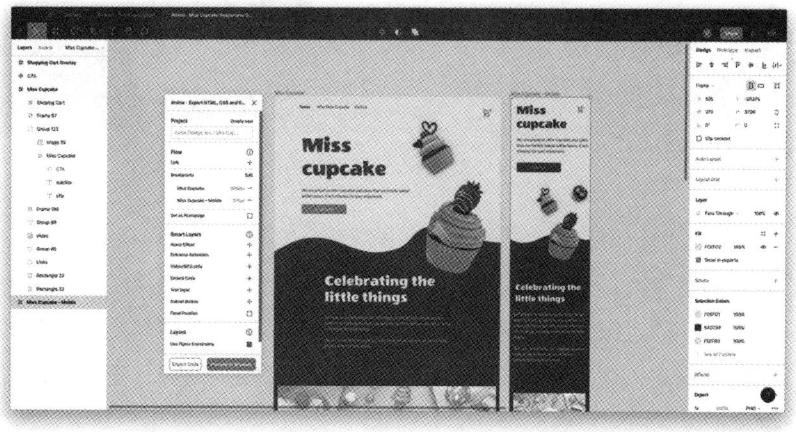

图4-21 Figma的设计界面

对于初学者来说，Anima 插件的核心优势在于其操作的直观性和对开发友好的代码生成功能。在使用过程中，可以通过简单的设置为界面添加动画效果，如按钮悬停、页面切换等，让静态设计更具表现力。同时，生成的代码可以直接交给开发团队使用，避免重新编码带来的时间浪费。虽然 Anima 插件在协作设计中表现出色，但设计师应注意其代码的质量，可能需要开发人员进一步优化。因此，它更适合作为设计阶段的辅助工具，而非完全替代开发流程。对于那些希望提升设计效率并与开发团队无缝衔接的用户来说，“Figma + Anima”是一个强有力的选择。

（2）QoQo

QoQo 是一个功能强大的 Figma 插件，专注于用户研究和用户体验设计。它的主要功能是通过自动化流程帮助设计师快速生成用户角色（Persona）、用户访谈问题和用户旅程地图等（图 4-22）。这些内容对于用户研究阶段至关重要，但往往需要设计师投入大量时间进行整理和编写。使用 QoQo，只需填写基本信息，如目标用户的个人背景和需求，系统就能生成详细的用户角色卡片，包括用户的目标、需求、动机、挫折和机会点。通过这种方式，设计师能够更高效地开展用户研究，并为后续的设计决策提供扎实的依据。

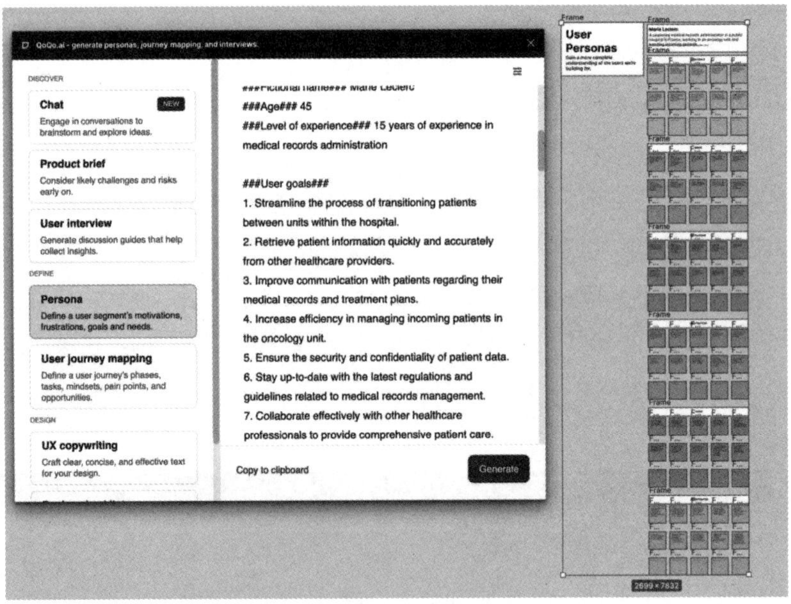

图4-22　QoQo是Figma的插件

QoQo 的优势在于操作简便且结果清晰，非常适合初学者和时间紧迫的项目。然而，生成的内容仅能作为初始参考，设计师需要结合实际的调研结果对其进行优化，以确保准确性和真实性。例如，设计师可以使用 QoQo 创建一个大学毕业生的用户角色，系统会生成该用户的职业目标和日常痛点，这为进一步的访谈和数据收集奠定了基础。设计师还需结合具体行业背景补充更多信息，使角色更加贴合实际需求。总之，QoQo 是用户研究领域的一款高效辅助工具，其价值的发挥需要设计师的批判性思维和实践经验。

（3）Miro Assist

Miro Assist 是广泛应用于协作设计和思维整理的白板工具。该工具通过集成 AI 技术，能够辅助设计团队在用户研究、工作坊和数据分析中快速提取关键信息并形成结构化的输出（图 4-23）。无论是总结用户访谈、组织便签内容，还是从复杂的讨论中提炼主题和趋势，该工具都表现出色。它可以自动生成思维导图、图表或任务清单，并支持实时协作，是设计团队讨论和共创的理想选择。

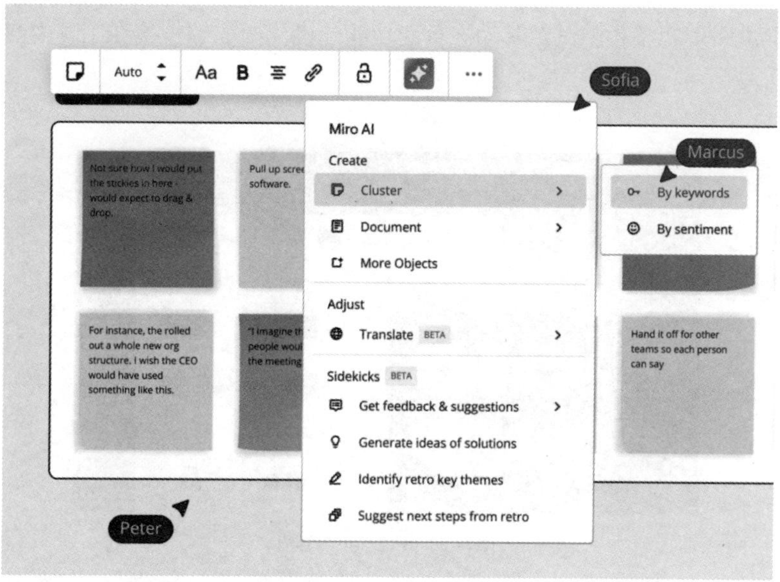

图4-23　Miro Assist界面

对于设计师来说，Miro Assist 的最大价值在于提升协作效率。在用户研究阶段，设计师可以使用它整理大量的访谈记录和观察数据，通过自动化功能快速识别核心问题和改进点。例如，Miro Assist 可以将用户反馈中的关键趋势提取为清晰的图表，让设计师更直观地理解用户需求。在使用时，设计师应结合工具的智能输出与自身的专业判断，确保生成的内容真实反映用户的痛点和期望。虽然 Miro Assist 提供了丰富的功能，但设计师仍需对其结果进行二次审视，以确保输出的科学性和实用性。

（4）Galileo AI

Galileo AI 是一款专注于用户界面设计的生成式 AI 工具，能够通过文本描述快速生成符合需求的界面设计。它的核心优势在于支持多种风格的界面布局生成，并能根据设计师的输入调整配色、排版和组件布局。例如，只需输入“一个科技风格的登录页面，包括输入框、登录按钮和背景图片”，Galileo AI 就能生成一组符合描述的设计方案，供设计师选择和调整。

对于初学者来说，Galileo AI 的简洁操作特别友好，可以帮助他们快速入门界面设计。同时，这款工具也适合时间紧迫的项目，为设计师提供灵感或初步解决方案。然而，Galileo AI 的生成结果通常较为基础，需要设计师进一步优化以满足复杂的功能需求。在实践中，设计师可以将 Galileo AI 的输出作为灵感起点，结合用户需求和品牌风格的考量，调整界面细节并优化功能表现。使用时，设计师应注意保持对生成结果的批判性思维，避免完全依赖工具输出。

(5) Framer AI

Framer AI 是 Framer 平台的一部分，将生成式 AI 与高保真交互原型功能结合在一起，支持通过简单的文本输入生成动态页面和交互组件（图 4-24）。这种能力特别适合快速概念验证和动态原型设计。例如，设计师描述一个页面的功能和布局，Framer AI 会生成初步的动态原型，供进一步调整和测试。其动态页面功能让设计师能够直接在工具中演示交互效果，而无需额外编程。

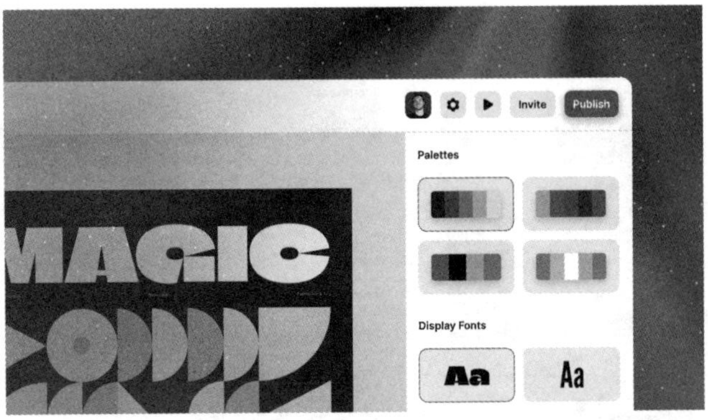

图4-24 Framer AI界面

在设计复杂交互流程时，Framer AI 能够显著提高效率，同时帮助设计师节省时间和精力。对于没有编程背景的学生来说，这款工具降低了高保真原型设计的技术门槛，使他们能够更专注于设计本身。然而，在实际应用中，Framer AI 的生成内容可能无法完全满足所有项目需求，需要结合设计师的专业技能进行细致调整。在使用 Framer AI 时，建议用户从简单的交互设计入手，通过逐步调整和完善实现更复杂的设计目标。这种渐进式学习方法能够帮助设计师更好地理解工具的潜力，并将其最大化应用于实际项目。

4.2.4 工业设计与产品设计工具

产品设计工具通过数字化手段支持设计师从概念阶段到最终模型的完整创作过程。这些工具结合了 2D 和 3D 设计技术，广泛应用于用户界面设计、工业设计和物理产品原型开发。其核心原理在于通过参数化建模、材质渲染和交互验证，帮助设计师快速构建和优化设计方案，并为后续的制造流程提供技术支持。

在使用产品设计工具时，设计师需要结合项目阶段和需求选择适合的工具。例如，在概念阶段，可以选择支持草图和低保真建模的工具进行快速迭代；在细节优化阶段，则需要借助高精度的 3D 建模工具进行精细化处理。此外，设计师应注重结合用户反馈，通过工具的实时更新和版本控制功能，确保设计方案与用户需求保持一致。

具体的产品设计工具会随着技术的发展不断更新，设计师应掌握以下思路以应对变化：首先，熟悉工具的核心功能和局限性，明确其在设计流程中的最佳应用场景；其次，结合多种工具实现工作流优化，例如将 2D 和 3D 工具整合以提升效率；最后，关注工具与实际制造工艺的兼容性，将数字设计无缝衔接到生产环节。

前面的小节中提到了 Midjourney 等提供整体产品图片效果的工具，本节列举一些当前的 3D 模型生成 AI 工具。

（1）Vizcom

Vizcom 是一款结合 AI 重绘和 2D 到 3D 转换的智能设计工具，适合工业设计和概念创作（图 4-25）。用户可以通过手绘线稿与 AI 交互，一边调整一边生成满意的效果图。同时，Vizcom 支持节点编辑的工作流模式，用户能够通过节点精确控制参考图的融合权重，使生成结果更加贴合需求。这种灵活的操作方式让设计师可以在创作过程中不断优化细节，为概念设计提供了高效的解决方案。

图4-25　Vizcom界面

Vizcom 的最大优势是其高度互动性和灵活性。设计师不仅可以通过 AI 自动生成效果图，还可以手动调整生成参数，以确保输出结果符合创意意图。此外，2D 到 3D 的转换功能让设计师能够在短时间内创建立体模型，适合需要快速验证概念的设计项目。节点工作流的支持进一步提升了操作的精确度，为设计师提供了更大的设计自由。

尽管 Vizcom 提供了强大的功能，但对初学者来说，节点编辑的学习曲线可能较高。此外，生成效果的质量在一定程度上依赖输入线稿的清晰度和准确性。建议初学者在使用前熟练掌握线稿绘制技巧，并通过不断尝试优化节点设置以获得更优的结果。

（2）Arti

Arti 是一款专注于快速生成产品效果图的 AI 工具，以其高速度、高可控性和简单操作著称（图 4-26）。用户只需输入产品的英文关键词，结合简单的草图轮廓，即可生成高质量的设计效果图。相比其他工具，Arti 的优势在于快速响应和精准生成，适合概念设计和初步视觉呈现。

Arti 的生成速度非常快，每张图通常可以在两分钟内完成。工具的高度可控性使其生成的图像能完全按照输入草图的轮廓进行调整。此外，操作非常简便，用户只需输入少量关键词即可获得理想效果，不需要复杂的描述。这种简化的操作模式非常适合设计师在快速迭代中使用。

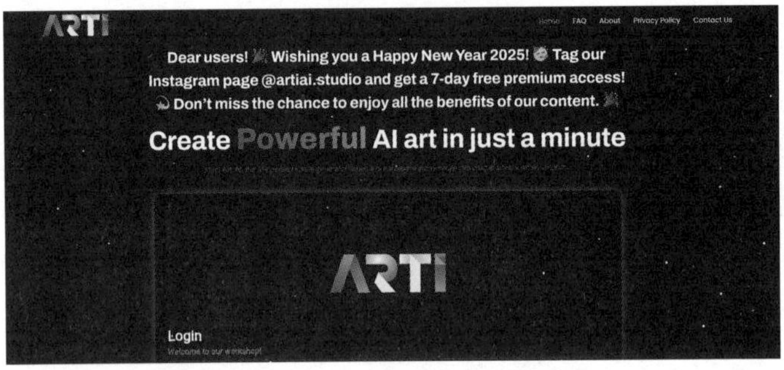

图4-26　Arti界面

Arti 暂时只支持英文关键词，这可能给非英语用户造成一定障碍。此外，工具对输入草图的要求较高，线稿必须清晰无杂边，否则会影响生成效果。建议用户在使用前通过 Photoshop 等工具对线稿进行预处理，以确保生成结果的质量。对于复杂产品设计，用户可以结合其他工具进一步优化 Arti 的输出结果。

（3）Luma AI

Luma AI 是一款以 3D 扫描和重建为核心的工具，支持通过智能手机摄像头捕捉物体或场景，将其生成高质量的 3D 模型（图 4-27）。Luma AI 的应用场景广泛，涵盖了产品设计、游戏开发、虚拟现实和增强现实等领域。其低门槛的操作方式让设计师无需昂贵的设备即可轻松进行 3D 建模。

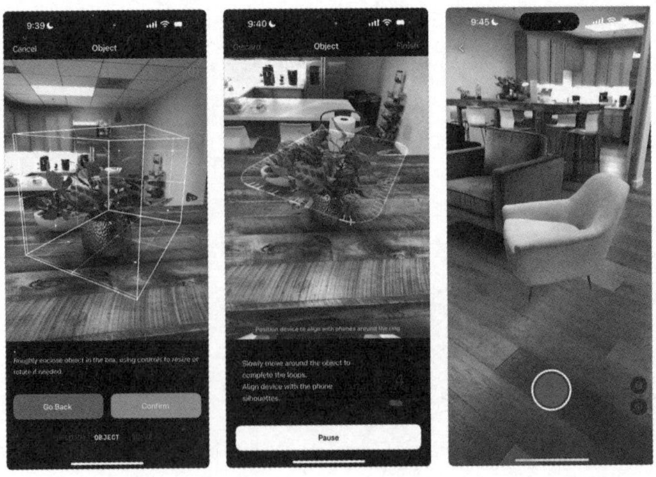

图4-27　Luma AI界面

Luma AI 的主要优势是其便捷性和兼容性。只需一部智能手机，用户即可扫描物体并生成精细的 3D 模型，省去了传统建模工具的繁琐流程。此外，该工具能够直接输出兼容多种平台的文件格式，为设计师在后续开发中提供了更大的灵活性。对于需要快速创建真实场景或物体模型的用户来说，Luma AI 是一个高效的选择。

尽管 Luma AI 使用简单，但对扫描环境的光线和背景的要求较高。如果环境光线不足或背景过于复杂，可能会影响生成模型的质量。建议用户在扫描前确保良好的光线条件，并选择简洁的背景以减少干扰。虽然 Luma AI 的输出结果适用于多种场景，但在高精度需求下，可能需要结合传统建模工具进行细节优化。

（4）Tripo

Tripo 是一款专为简化 3D 建模流程而设计的 AI 工具，适合快速创建三维场景和模型（图 4-28）。该工具通过内置的 AI 算法，支持用户通过输入简单的文本描述生成复杂的 3D 场景，或者上传草图转化为三维模型。Tripo 对于需要快速生成设计提案或可视化方案的用户来说非常实用。

图4-28　Tripo界面

Tripo 提供了快速生成 3D 模型的功能，特别适合早期概念设计阶段。其文本输入生成功能，允许用户通过简单的语言描述快速创建场景或物体，大大降低了传统建模的门槛。此外，该工具支持导出多种格式文件，方便设计师在其他软件中进行进一步处理。

Tripo 的生成效果依赖输入描述的清晰度和具体性，缺乏建模经验的初学者可能需要较多尝试才能掌握。建议用户在使用前参考平台的提示语库，以优化生成效果。在复杂项目中，用户可以将 Tripo 的输出结果作为基础模型，并结合其他建模工具进行细化。

（5）Unique3D

Unique3D 是一款基于 AI 的多功能 3D 设计工具，适合产品原型设计、场景构建和虚拟展示等应用场景（图 4-29）。该工具提供丰富的模型模板和材质库，用户可以快速组合、调整模型，并生成具有高视觉表现力的设计效果。

Unique3D 的最大优势在于其直观的操作界面和高质量的预设模板。用户可以在短时间内完成复杂的场景搭建或模型制作，而无需具备专业的建模知识。其材质库涵盖多种风格，能够满足不同设计需求。此外，Unique3D 支持实时渲染，帮助用户快速预览设计效果。

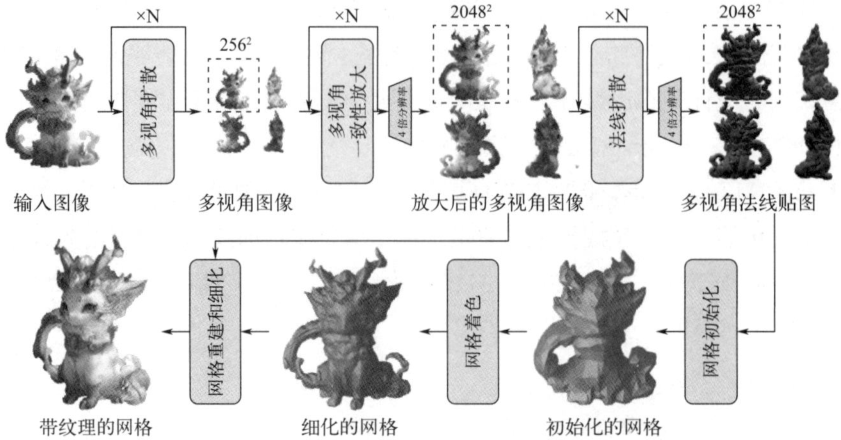

图4-29　Unique3D界面

Unique3D 的功能多样性可能导致初学者在使用时感到不知所措。建议初学者从简单的模板入手，逐步学习高级功能。此外，对于需要高度自定义的设计项目，Unique3D 的预设模板可能无法完全满足需求，设计师可以将其作为基础，结合其他工具进一步优化输出结果。

05 Chapter

第5章

面向健康的智能交互设计

在数字化时代，智能交互设计在健康领域的广泛应用，成为提升人类健康水平与生活质量的重要手段。本章将探讨面向健康的智能交互设计，涵盖发展趋势、设计原则，以及不同方向的应用案例。

在设计原则上，面向健康的智能交互设计强调以人为本、预防优先、安全性、数据驱动和适应性等关键原则，通过优化用户体验、保护隐私及提供个性化动态健康管理方案，有效提升了健康干预的成功率。

在介绍完设计原则后，本章进一步探讨健康设计的具体方向：健康生活方式设计通过行为改变促进健康目标的实现；生物反馈可视化的交互设计通过可视化生理数据，帮助用户管理压力和健康状态；健康可穿戴设备的智能交互设计则重点解决续航、舒适度、数据隐私等问题，展示设备在运动管理和健康监测中的创新实践；专业体育运动中的传感器技术，为不同项目的运动员提供重要支持；最后扩展到小众疾病与艺术疗愈领域。在讨论五个具体方向后还提供了设计案例，通过儿童疫苗接种场所设施再设计等实践案例，帮助读者将理论转化为创新解决方案。本章旨在全面梳理健康设计领域的趋势与方法，通过实际案例深化读者对智能交互设计的理解。

5.1 健康设计领域及发展趋势

在健康与医疗领域，技术应用正不断拓展至传统医疗无法覆盖的领域，填补了健康管理中的诸多空白。

5.1.1 全球健康应用下载趋势与科技巨头的医疗创新

根据 Statista 公司的统计数据，2024 年 1 月与 2023 年 12 月相比，全球智能手机健康应用的下载量出现了显著增长。其中，热量管理应用的下载量增加了约 160%，健康应用的整体安装量增长了 50%，而睡眠应用的下载量则上升了 15%。这一趋势反映了人们越来越倾向于通过数字化手段来监控和管理自身健康，借此降低医疗成本并提升健康水平。例如，在谷歌应用商店，血糖监测应用下载量居首，其次是男性减肥应用，再次是健康与健身应用。这些应用的广泛使用显示出公众对健康管理的数字化依赖度不断提升。

科技公司在医疗保健领域的创新举措同样引人注目。苹果公司通过整合 iPhone 上的数据与不同医疗机构的健康记录，为用户提供了一个全面的健康管理平台。用户可以查看过敏史、用药信息，甚至通过分析屏幕使用时间和社交互动变化来推测心理健康状况，帮助用户及时采取措施。谷歌公司也在健康管理领域展开了积极探索。其 Google Fit 应用通过与其他健康设备和应用的集成，为用户提供全面的健康数据管理服务。此外，谷歌母公司 Alphabet 旗下的医疗健康子公司 Verily 专注于生命科学和医疗领域的创新研究，正在开发智能隐形眼镜以监测糖尿病患者眼泪中的血糖水平，展现了技术在医疗监测中的潜力，如图 5-1。

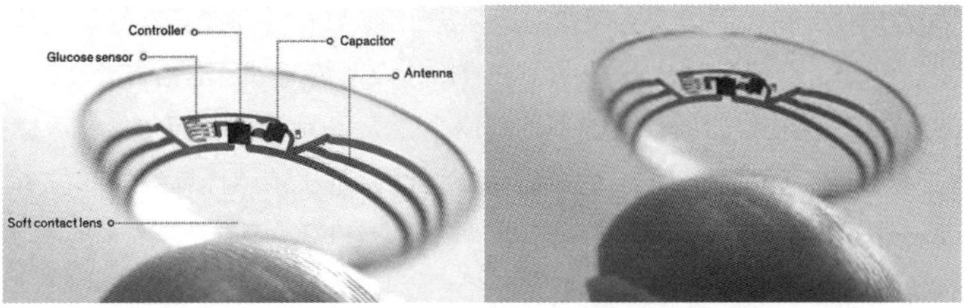

图5-1 Verily的智能隐形眼镜

在睡眠健康领域，技术同样发挥了重要作用。例如，睡眠追踪设备能够识别不正常的睡眠模式并提醒用户进行调整。Android 系统上的 Urbandroid 睡眠追踪应用通过监测用户的睡眠周期、心率和运动模式，优化唤醒时间，从而有效提升睡眠质量。现代医疗设备通过监测个人的生活方式并记录健康数据，使个体能够更加主动地管理健康。技术的进步不仅简化了这一过程，还使健康数据的跟踪与分析更加普及和便捷。通过各种应用程序，用户可以实时追踪饮食、运动、睡眠等关键健康指标，从而在日常生活中做出更为健康的决策。

5.1.2 人工智能在医疗保健中的应用

人工智能正以前所未有的深度重塑医疗保健行业，其价值不仅体现在流程优化和效率提升上，更在疾病预测、精准诊疗和医疗公平性等维度开辟了革命性路径。根据埃森哲（Accenture）咨询与技术服务公司的预测，到 2026 年，AI 将推动全球医疗行业成本降低超过 1500 亿美元，并成为临床决策支持系统的核心支柱。AI 技术的应用场景已从单一辅助工具演变为覆盖诊疗全周期的生态系统，其潜力与挑战并存的特点也引发了对伦理与监管的深度思考。

（1）核心应用场景与技术突破

① 外科手术革命：从精准操作到智能协作。手术机器人是 AI 在临床领域最成熟的落地场景之一。以达·芬奇机器人外科手术系统（图 5-2）为例，其通过 3D 视觉增强和震颤过滤技术，将复杂手术的精度提升至亚毫米级别。最新一代机器人进一步整合了实时多模态数据（如术中病理影像、患者生命体征），甚至能通过机器学习预测术中风险。《柳叶刀》（The Lancet）期刊的研究显示，AI 辅助的腹腔镜手术可将并发症发生率降低 21%，术后恢复周期缩短 30%。

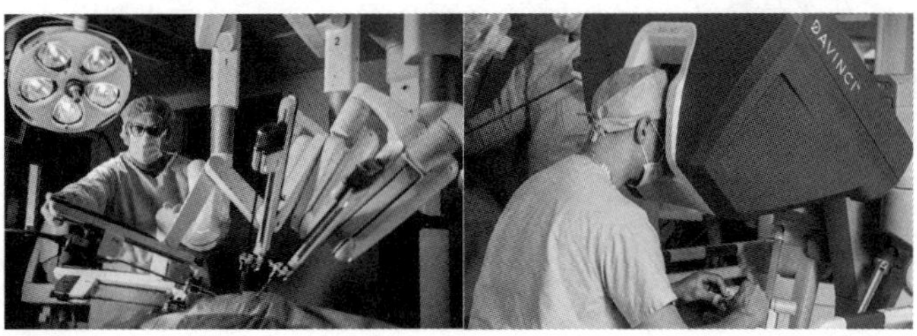

图5-2 达·芬奇机器人外科手术系统

② 虚拟医疗助手：重构医患交互模式。虚拟护士和 AI 问诊系统正在缓解全球医疗资源分布不均的痛点。例如，英国 Babylon Health 的 AI 分诊系统通过自然语言处理技术，在 10 分钟内完成 80% 常见病的初级诊断，准确率达 95% 以上。更前沿的应用包括：可穿戴设备结合 AI 的慢性病管理系统，如糖尿病患者的血糖动态预测；基于情感计算的抑郁症 AI 筛查工具，通过语音语义分析识别自杀倾向。这类技术使“家庭 - 社区 - 医院”三级诊疗体系成为可能，美国梅奥诊所的远程监护项目已将非紧急住院需求减少了 42%。

③ 医学影像分析的范式转移：AI 在影像识别领域的突破彻底改变了传统工作流程：谷歌 DeepMind 的视网膜扫描 AI 可检测 50 种眼疾，诊断时间从数周压缩至 30 秒（图 5-3）；斯坦福大学开发的算法对肺癌 CT 影像的识别灵敏度达 94%，超越多数放射科医生的水平。

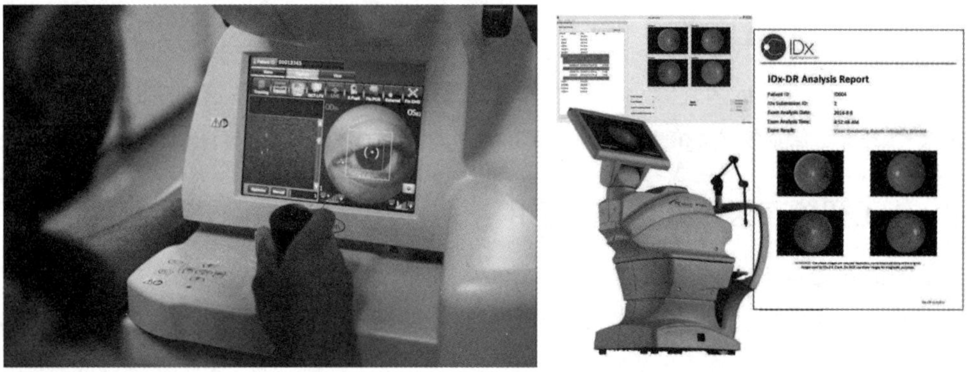

图5-3 谷歌DeepMind的视网膜扫描

值得关注的是“无监督学习”技术的应用。2023 年 MIT 团队开发的 AI 仅需千例标注数据即可完成乳腺癌病理切片分析，突破了传统深度学习对大数据标注的依赖。

④ 个性化医疗：从基因组学到动态治疗方案。结合多组学数据与实时生理监测，AI 正在实现真正的精准医疗。例如：IBM Watson for Oncology 人工智能癌症治疗辅助系统为癌症患者提供基于 2.5 万篇医学文献的动态治疗建议；新加坡国立大学开发的 AI 模型通过代谢组学数据，可提前 3 年预测阿尔茨海默病的进展路径。

（2）挑战与伦理前沿

尽管前景广阔，AI 医疗仍面临多重瓶颈。首先是数据孤岛与隐私悖论：医疗数据的敏感性导致跨机构共享困难，联邦学习技术虽可实现“数据不动模型动”，但各国隐私法规的差异仍制约全球化应用。其次是算法偏见与责任界定：麻省理工学院（MIT）研究显示，胸透诊断 AI 对黑人患者的误诊率高出白人患者 15%，揭示训练数据代表性不足的风险。最后是监管框架滞后：动态算法迭代与传统审批流程的矛盾日益凸显。

（3）未来趋势：人机共生的医疗生态

下一代 AI 医疗将呈现三大趋势：

① 多模态融合：整合文本、影像、基因组、传感器等多维度数据，构建患者数字孪生体。

② 因果推理突破：从相关性分析转向因果模型，如微软开发的 DoWhy 框架已在心脏病干预策略优化中验证价值。

③ 嵌入式 AI：微型化芯片与手术机器人结合，实现“边缘智能”实时决策（如美敦力智能起搏器可动态调节心率）。

总之，医疗 AI 的发展终局并非替代医生，而是通过增强临床智能（Augmented Clinical Intelligence）重构医疗价值链。当算法能够处理 80% 的标准化工作，医护人员得以将精力聚焦情感照护、复杂决策和医疗创新，这或许才是技术革命的人文本质。

5.1.3 可穿戴设备在健康管理中的作用

（1）技术演进与功能扩展

可穿戴设备的健康监测能力已从基础生物计量迈向多模态数据融合。以 Apple Watch Series 8 为例，其搭载的体温传感器与心率变异性（HRV）监测相结合，可建立女性生殖健康预测模型，误差率控制在 ±0.1℃以内。三星 Galaxy Watch 5 Pro 通过多波长光电传感器实现无创血糖趋势分析，其生物电阻抗分析仪可测量体脂率和骨骼肌质量。

（2）医疗级设备突破

美国食品药品监督管理局（FDA）认证的医疗级穿戴设备正在改变慢性病管理范式：Dexcom G7 连续血糖监测系统每 5 分钟自动记录血糖值，通过机器学习预测未来 1 小时血糖趋势（图 5-4）；BioIntelliSense 的 BioSticker 贴片式可穿戴传感器单次贴附可连续监测 20 项生命体征 30 天，住院患者再入院率降低 23%（图 5-5）；孕产监护设备 Bloomlife 通过肌电传感器监测宫缩频率和强度，预测早产风险的准确率达 89%。

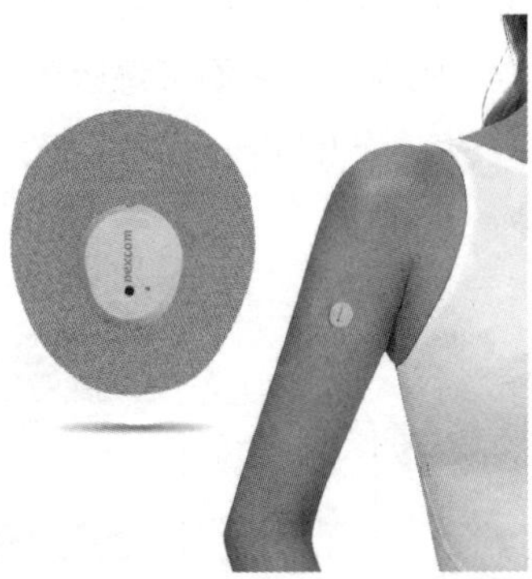

图 5-4 Dexcom G7连续血糖监测系统

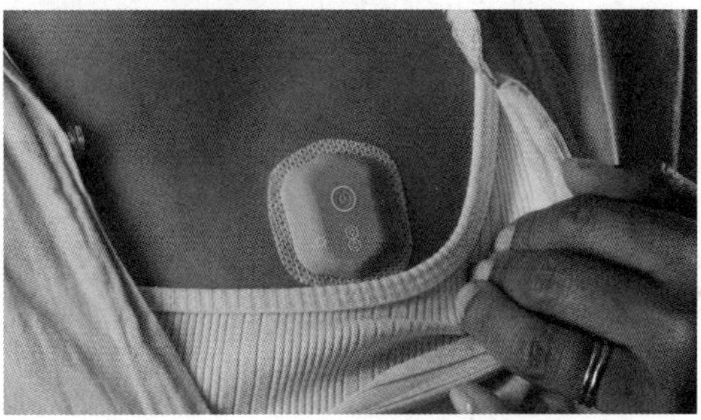

图5-5 BioSticker贴片式可穿戴传感器

（3）公共卫生与流行病防控

智能口罩的发展已进入功能集成阶段。AirPOP 口罩内置 PM2.5 传感器和 Halo 呼吸流量监测模块，其静电驻极滤芯的颗粒物捕获效率达 99.6%。实验性设备如剑桥大学研发的智能口罩，集成了 RT-PCR 微流控芯片，可在 30 分钟内完成呼吸道病原体检测，灵敏度相当于实验室标准的 92%（图 5-6）。

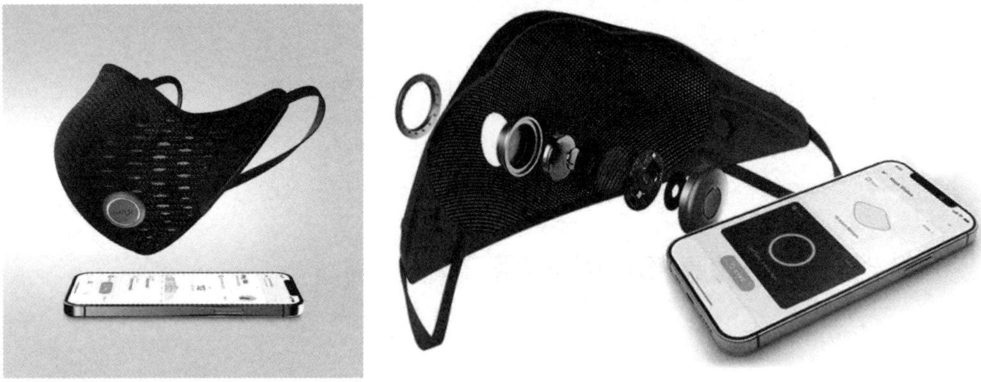

图5-6　为户外运动的人设计的AirPOP智能口罩

（4）特殊人群关怀

阿尔茨海默病监测：Embrace2 智能手表通过皮肤电活动监测应激反应，癫痫发作检测灵敏度达 94%。儿童发育评估：Sparrow 儿童手表融合运动轨迹分析和语音识别技术，孤独症筛查准确率提升至 82%。老年跌倒预防：TCL 移动式毫米波雷达实现非接触式步态分析，跌倒预测准确率较传统算法提升 37%。

（5）挑战与未来趋势

当前发展面临三重悖论：首先是数据精度与穿戴舒适性，增加传感器密度导致设备体积增大；其次是算法透明度，深度学习模型的黑箱特性影响医疗可信度；最后是隐私安全边界，欧盟《通用数据保护条例》（GDPR）要求健康数据本地化处理，与云端分析需求存在冲突。

2024 年慕尼黑电子展揭示了未来的三大方向：首先是柔性电子皮肤，东京大学研发的 0.1mm 厚的电子文身可持续监测肌钙蛋白；其次是能量自供给，压电纤维织物可将运动动能转化为设备电能（转换效率达 18%）；最后是数字疗法集成，Pear Therapeutics 开发的 Somryst 已实现通过智能手环实施认知行为疗法。

5.2　健康设计原则

在健康设计领域，之前章节所讲的智能交互设计原则依然适用，但针对健康设计的特殊性，细化了以下几个设计原则（图 5-7）。

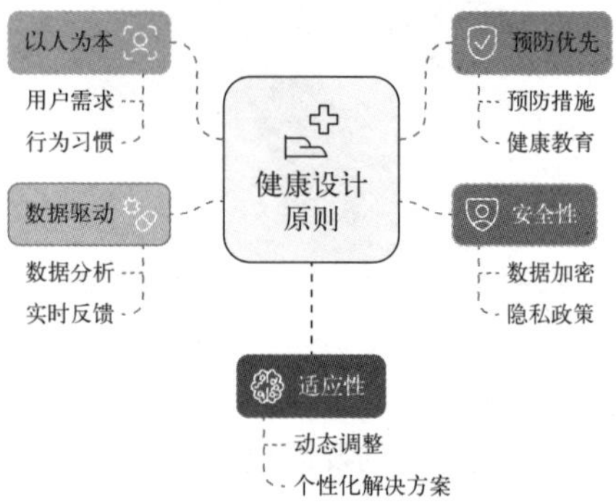

图5-7　健康设计原则

5.2.1　以人为本设计原则

以人为本（Human-Centered）的设计原则确保

健康解决方案是基于用户的实际需求和行为习惯定制的。这不仅优化了用户体验，还显著提高了健康干预措施的成功率。例如，健康应用程序的设计可通过分析用户健康数据和行为模式，提供个性化的建议，取代“一刀切”的方法。这种定制化服务帮助用户设定实际可行的健康目标，增强了他们长期坚持的可能性。

以人为本的设计原则在用户调研、可用性测试、参与式设计等阶段都有体现。

① 用户调研：在设计初期，通过调研与访谈了解目标用户的需求、挑战和期望，包括健康目标、生活方式和技术使用习惯等。

② 可用性测试：在设计的每个阶段进行用户测试，收集反馈并持续迭代，以确保界面的直观性、功能的易用性和操作的便捷性。

③ 参与式设计：通过用户体验工作坊或共创设计会议，邀请用户参与设计过程，以确保设计更贴合实际需求，提高接受度和满意度。

案例分析：Philips Hue 智能照明系统

① Philips Hue 的光线调节：根据用户作息和健康需求进行调整。设计师在调研中发现，光线的亮度和色温对生物节律有直接影响。冷光（蓝光）可提高警觉性，暖光（黄光）有助于放松并准备入睡。用户可能因生活节奏不规律或工作压力大而影响睡眠质量和日常活动效率。因此，设计团队开发了“自适应光线调节”功能，Philips Hue 系统会根据用户的作息时间自动调整光线。例如，早晨系统提高光线亮度和色温，模拟自然光，帮助用户清醒；晚上系统则切换至暖光模式，模拟日落效果，促进放松，改善睡眠质量。

② Philips Hue 的场景设置：为不同活动定制光线。用户需求分析显示，不同活动如阅读、用餐、工作或娱乐需要不同的光线环境。因此，设计师为 Philips Hue 提供了多种预设场景模式，如工作模式、阅读模式和影院模式。用户可根据需求选择合适的模式，光线会自动调整至最佳状态。此外，用户还可通过应用程序或语音助手自定义场景，为晚餐设置柔和的灯光，或为晨间运动设置明亮的光线。

③ 交互操作的易用性：简便控制提升用户体验。用户希望系统操作直观易用，尤其是技术不熟练的用户。为此，Philips Hue 系统提供了多种便捷的控制方式（图 5-8）。手机应用控制：提供直观的用户界面，允许用户轻松调节光线亮度和色温，并支持定时和远程控制。语音助手集成：兼容 Amazon Alexa 和 Google Assistant 等主流语音助手，用户可通过语音控制光线设置。智能联动：系统可与其他智能家居设备联动，如与智能门锁和安防系统集成，根据事件或需求自动调整光线。

Philips Hue 智能照明系统通过以下几方面体现了“以人为本”的设计理念：首先满足个性化需求，根据用户作息时间和健康需求调整光线，提升睡眠质量和警觉性。其次提供多样化体验，通过可定制的光线场景设置，满足不同活动需求，提高生活质量。再次简化用户操作，通过手机应用和语音助手控制，确保系统使用便捷、高效。这一设计不仅提升了用户的健康体验，还使智能家居系统更加贴近用户的实际需求，充分践行了以人为本的设计理念。

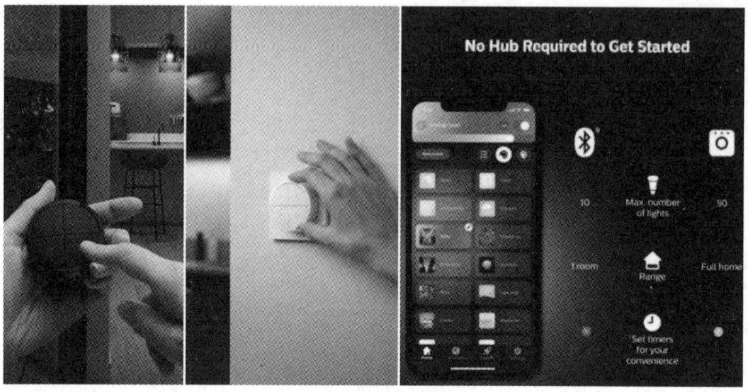

图5-8　Philips Hue的交互方式

5.2.2　预防优先设计原则

在健康设计领域，预防优先（Prevention First）的设计原则强调，通过预防性措施和健康教育，帮助用户在疾病发生之前就采取积极的行动。这一原则的核心在于通过早期的干预手段减少潜在的健康问题，提升生活质量，并降低医疗资源的消耗。相比于依赖治疗手段来应对健康问题，预防优先的设计原则具有显著的经济效益和社会效益。

预防性健康措施包括健康教育、早期筛查以及行为干预等。例如，健康教育平台如WebMD和Mayo Clinic，通过提供丰富的健康信息和资源，帮助用户建立科学的健康观念，从而推动健康管理（图5-9）。与此同时，技术的进步使得个性化预防建议成为可能，用户可以根据个人健康数据制订科学的健康计划，从而预防疾病的发生。

图5-9　健康教育平台Mayo Clinic

预防优先的设计原则体现了健康设计的前瞻性，主要体现在以下三个方面。

① 健康教育：通过健康教育，公众能够更好地理解健康管理和疾病预防的重要性。有效的健康教育不仅能够普及健康知识，还能促使公众采取健康的生活方式，预防慢性疾病。例如，通过提供关于运动、营养和心理健康的建议，公众可以更有效地控制体重、改善饮食结构并维持身心健康。

② 早期筛查：预防性健康设计的另一个关键方面是早期筛查技术的应用。通过体检和使

用自主检测设备，用户可以及早发现潜在的健康问题，从而在问题严重化之前采取适当的措施。血压监测、血糖测试等简单的筛查手段，能够显著降低与慢性病相关的风险，并为医生和用户提供及时的诊疗参考。

③ 行为干预：预防优先的第三个重要方面是通过设计干预策略，促使用户改变不健康的生活习惯。此类行为干预不仅通过奖励机制和社交支持网络来鼓励健康的行为，还能够通过技术手段提供个性化的反馈和建议，帮助用户长期坚持健康的生活方式。例如，健康应用通过追踪用户的活动数据，提供实时反馈和激励机制，帮助用户更有效地管理体重、改善饮食习惯和增加日常活动。

案例分析:Withings Body+ 智能体重秤

Withings Body+ 智能体重秤是预防优先设计原则的典型案例，它通过健康监测、数据分析和健康提醒等功能，帮助用户在日常生活中实现健康管理（图 5-10）。

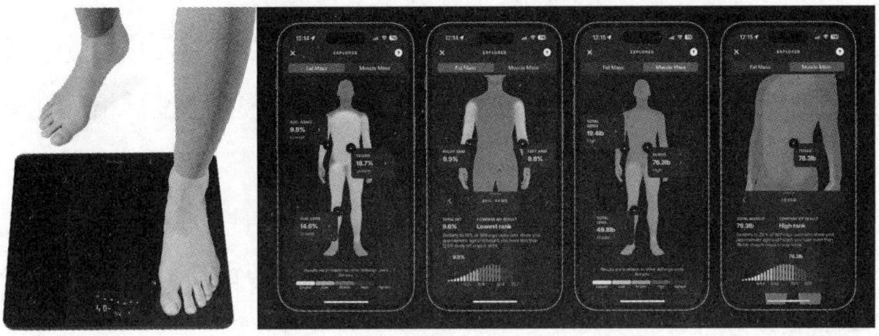

图5-10　Withings Body+智能体重秤

① 长期健康监测：该体重秤通过持续跟踪用户的体重、体脂率、肌肉质量和水分含量等身体数据，为用户提供完整的健康数据记录。通过这种长期监测，用户可以及时发现身体变化的异常迹象，提前采取预防性措施。例如，如果用户的体脂率持续上升，系统会提醒用户进行饮食或运动方面的调整，从而降低相关的健康风险。

② 数据分析与个性化建议：该体重秤不仅提供数据监测功能，还通过数据同步和分析功能帮助用户理解体重和身体成分的变化趋势。系统基于算法预测未来的健康趋势，并为用户提供个性化的健康建议，诸如饮食调整和运动计划。这种基于数据驱动的个性化建议，使得用户能够更科学地管理健康状态，并预防潜在的健康问题。

③ 健康提醒与行动支持：健康提醒功能能够在用户的体重或身体成分发生异常时发出警告，帮助用户在问题恶化之前采取预防措施。用户还可以设置个人健康目标，系统会根据这些目标生成定制化的提醒和建议。例如，如果用户的体重超过预设的阈值，系统会提醒用户调整饮食或增加运动量，防止进一步的健康问题。

Withings Body+ 智能体重秤的设计通过长期健康监测、数据分析和健康提醒，体现了预防优先的设计原则。这一产品不仅帮助用户通过持续的身体监测来提前发现健康问题，还通过个性化的健康建议和提醒机制，鼓励用户采取积极的预防措施，从而提升整体健康水平。预防优先的设计理念使健康管理更加主动和高效，为个人和公共健康系统提供了价值。

5.2.3 安全性设计原则

安全性（Safety and Security）是健康设计中的核心原则之一，旨在确保用户的个人健康数据和隐私得到有效保护，防止数据泄露和不当使用。同时，设计还应关注用户的物理安全，避免设备在使用过程中对用户造成潜在伤害。智能健康设备通常集成了高强度的数据加密技术，以保护用户信息安全，并且提供了详细的隐私政策和用户指南，确保用户知晓如何安全使用设备和保护个人数据。

在健康设计中，安全性设计原则主要包含以下几个方面。

① 数据保护：设计应采用先进的加密技术和安全措施，确保用户的健康数据得到有效保护，特别是在处理敏感信息时。例如，健康数据的存储和传输必须符合诸如《通用数据保护条例》（GDPR）和《健康保险流通与责任法案》（HIPAA）等国际数据保护法规，确保用户信息不会被未经授权的第三方访问或滥用。

② 物理安全：健康设备的材料选择和结构设计应确保用户的使用安全，避免任何可能引发的伤害。产品的物理设计不仅要符合人体工程学原则，还需通过严格的测试，以确保长期使用的安全性。

③ 安全培训：设备制造商应为用户提供充分的安全使用培训和信息，帮助用户了解如何正确操作设备，并如何保护个人隐私。通过清晰的用户指南和教育资源，用户可以在日常使用中有效规避潜在的安全问题。

案例分析：PillDrill 智能药丸提醒器

PillDrill 智能药丸提醒器是一款专为药物管理而设计的设备，旨在帮助用户按时服药并跟踪药物的使用情况（图 5-11）。其设计在多个方面高度重视安全性，通过严密的监控、安全锁定和用户识别等功能来保障药物管理的准确性和安全性。

① 药物监控：PillDrill 通过精确的药物监控功能，减少了因忘记或错误服药而导致的健康风险。设备内置的传感器能够记录每次服药的时间和药物种类，为用户提供准确的药物使用记录。与此同时，PillDrill 通过声音、振动和视觉信号等多种方式提供服药提醒，确保用户按时服药，减少错误发生的可能性。

② 安全锁定：PillDrill 的药丸容器配备了安全锁定机制，防止儿童误用药物或未经授权的人员接触药物。药丸容器只有在用户输入正确的密码或通过身份验证后才可打开，从而显著降低了误用药物的风险。此外，容器的防篡改设计增加了药物存储的安全性，防止未经授权的访问或药物盗取，确保药物管理过程中的物理安全。

③ 用户识别：PillDrill 支持多用户管理系统，记录每个用户的服药历史，并允许为每个用户设定独立的服药提醒。详细的服药记录不仅帮助用户自身跟踪药物使用情况，还为医疗服务提供者提供了评估和调整治疗方案的依据。这种多用户设置对于家庭环境尤为重要，能够有效避免药物混用的风险，确保每位用户的药物管理都能得到安全、准确的处理。

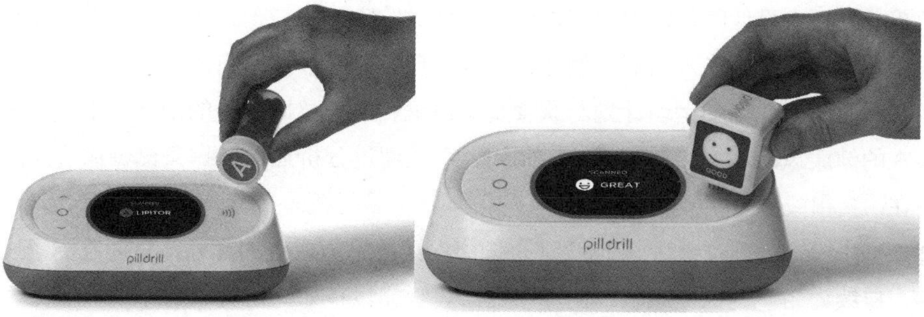

图5-11　PillDrill智能药丸提醒器

PillDrill智能药丸提醒器通过药物监控、安全锁定和用户识别三大功能，有效贯彻了安全性设计原则。在药物监控方面，设备通过精确记录和提醒功能降低了服药错误的风险。在安全锁定方面，容器的设计确保了药物的安全存储，防止儿童误用和药物盗取。在用户识别方面，系统支持多用户设置和详细的服药记录，确保药物管理的个性化和安全性。这些设计措施不仅提升了用户药物管理的安全性，还为日常健康管理提供了可靠的支持，确保用户在使用过程中能够获得全面的保护。

5.2.4　数据驱动设计原则

在健康设计领域，数据驱动（Data Driven）设计原则已成为推动个性化健康管理和实时反馈的重要手段。其核心体现在数据分析与实时反馈两大方面，旨在通过收集、分析用户健康数据，提供有针对性的健康建议和干预措施，提升用户健康管理的精确度和有效性（图5-12）。

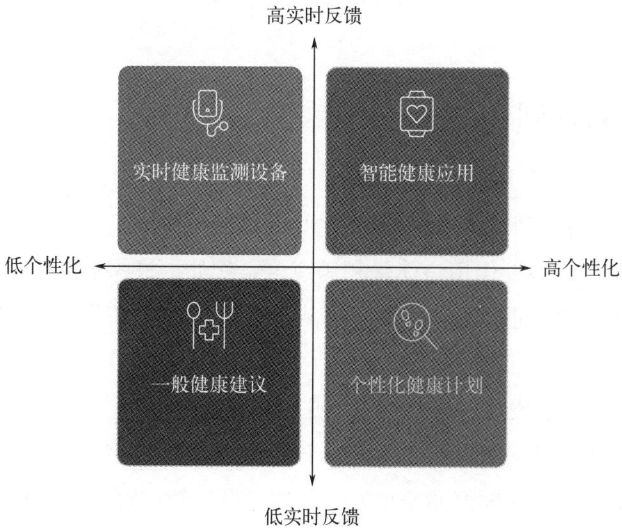

图5-12　健康管理中的数据驱动设计

① 数据分析与个性化建议：数据分析是数据驱动设计原则中的关键，通过对大量健康数

据的收集与处理，设计师可以为用户提供个性化的健康建议与干预措施。个性化建议能够涵盖饮食、运动、睡眠等多个领域。例如，智能健身应用可根据用户的体重、体脂率、运动记录等数据，生成个性化的运动计划与饮食调整建议。这种数据驱动的个性化干预，还可用于识别潜在的健康风险，提供预防措施。例如，系统通过分析血糖数据预测糖尿病风险，并建议用户在饮食和锻炼上做出相应调整。

② 实时反馈与动态调整：实时反馈是健康设计中不可或缺的部分，它通过健康设备和应用程序，持续为用户提供健康状况的即时更新。智能设备如体重秤或心率监测器能够实时将数据反馈给用户，帮助其做出及时调整。此外，动态反馈系统还可以在检测到异常时，如心率异常，及时向用户发出警报，提示其采取进一步的行动或寻求医疗帮助。

③ 健康管理中的动态调整：系统应根据用户的最新健康数据，及时调整建议和计划。例如，当用户的体重持续上升时，系统应自动更新其饮食和运动计划。通过整合用户的反馈，系统可进一步优化建议的内容与形式，确保健康计划与用户的实际需求保持一致。

④ 数据集成与多源综合分析：实现数据驱动设计的一个重要步骤是数据的多源整合。现代健康管理系统通常会从多个渠道收集数据，包括智能设备、医疗记录和用户自我报告等。通过对这些数据的集成与分析，系统可以为用户提供更全面的健康图景。例如，结合体重、饮食记录和运动数据，系统可以揭示用户整体的健康趋势，并提出综合性的健康建议。多源数据的整合，不仅能提供更深入的健康分析，还能更好地支持个性化和动态化的健康管理。

简言之，数据驱动设计原则的应用大大提升了健康管理的个性化、实时性和灵活性。通过数据分析，用户可以获得基于其具体健康状况的个性化建议；实时反馈则确保用户随时了解其健康状态，做出及时调整；而数据的多源集成与动态调整则确保健康管理建议的全面性与适应性。这些设计方法共同作用，使现代健康管理系统更加智能、灵活，以满足用户不断变化的健康需求。

5.2.5 适应性设计原则

适应性（Adaptability）设计原则在健康管理领域尤为关键，其核心在于为个体提供灵活、动态的解决方案，能够根据用户不断变化的需求进行调整。这种设计理念旨在提升健康管理的个性化和灵活性，最大化用户体验和满意度。例如，许多健康追踪应用不仅提供个性化的健康建议，还允许用户根据自身的健康状况和目标进行动态调整，使其更适应不断变化的生活方式和需求。

在健康设计中，适应性设计原则包括以下几个方面。

首先，个性化设置是适应性设计的核心。设计应提供高度灵活的个性化配置，允许用户根据个人的健康状况、需求和偏好调整功能。例如，健康管理程序应让用户设定自己的目标，并通过可视化数据跟踪进展，定制其健康管理计划。

其次，模块化设计也是实现适应性的有效手段。模块化设计允许系统根据用户需求进行扩展或缩减，从而确保设计的可适应性。例如，健康应用可以通过不同的插件或附加功能扩展其功能，以适应用户的需求变化，这种设计增强了系统的灵活性和可扩展性。

最后，用户反馈是保持设计适应性的关键。通过持续收集和分析用户反馈，设计师能够洞察用户在使用过程中遇到的问题和需求变化，并据此对产品进行优化和迭代，从而持续满足用户的需求。

案例分析：飞利浦 SmartSleep 睡眠和唤醒灯

飞利浦SmartSleep睡眠和唤醒灯是一款通过先进技术提升用户睡眠质量的设备（图5-13）。其设计充分体现了适应性原则，通过实时监测和动态调整，为用户提供个性化的睡眠管理解决方案。从以下几方面分析该产品的适应性设计。

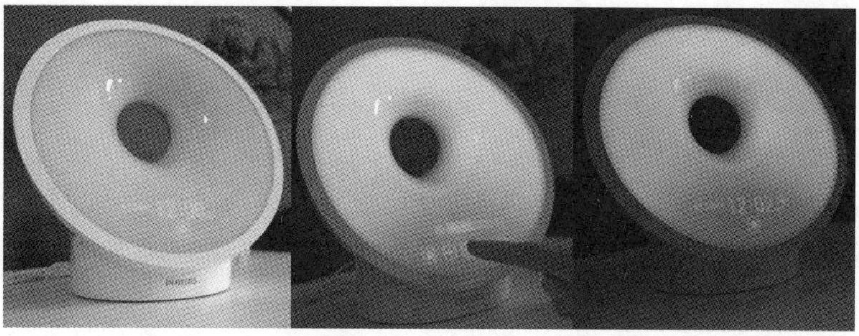

图5-13　飞利浦SmartSleep睡眠和唤醒灯

① 选取醒来时的声音或音乐：在大自然的声音、环境音乐或最喜爱的当地调频广播电台中醒来。在设定的唤醒时间，选择的声音将轻柔播放，并在几分钟内逐渐将音量增加到预设的水平。从睡眠到清醒的过渡是温和的，最终会让用户完全清醒。还可以将移动设备或平板电脑连接到 AUX 端口，将灯变成扬声器。

② 选择适合的亮度级别：对光的敏感度因人而异，多种灯光设置可让用户选择最适合的强度级别。一般来说，当亮度设置为更高的光强度时，一个人完全清醒可用更少的时间。

③ 智能触摸显示屏便于设备控制：无缝集成的多级触摸显示屏让用户可以直观、快速地设置所选参数。只需用手靠近显示屏，轻触按钮即可控制灯光，自动将显示器的亮度调整到房间的光线水平。

④ 模拟自然日出：睡眠和唤醒灯在闹钟时间之前逐渐增加。在 30 分钟的过程中，灯光从柔和的红色开始，逐渐增加到橙色，直到房间充满明亮的黄色光。这会在身体仍处于睡眠状态时产生自然的醒来刺激。当光线充满房间时，自然声音或调频收音机将完善起床体验，让用户为新的一天做好准备。

⑤ 光引导呼吸：受呼吸和放松练习的启发，光引导放松功能旨在帮助用户从一天的活动中减压并放松身心，从而帮助入睡。日落模拟程序通过逐渐减少光线和可选声音到设定的持续时间来为身体做好睡眠准备，帮助用户在入睡前放松。

飞利浦 SmartSleep 睡眠和唤醒灯通过对睡眠模式的分析、环境调整建议和定制化的舒适体验，全面体现了适应性设计原则。其能够根据用户的实时数据不断调整建议，通过环境优化和舒适度调整，持续适应用户的健康需求。这种高度灵活、个性化的设计为用户带来了显著的睡眠质量提升，完美诠释了适应性设计的价值。

5.3 方向一：健康生活方式设计

介绍完五个健康领域的设计原则，接下来讨论智能设计可以介入健康领域的几个具体方向。面向健康的智能交互设计，大致可以分为以下几个方面：健康生活方式设计、劝导设计、生物反馈可视化的交互设计、健康可穿戴设备的智能交互设计、专业体育运动中的传感器技术等。

5.3.1 健康生活方式设计概述

研究者 Ryan Chen 指出，当今的医疗服务模式以应对突发疾病为主，重点集中于生物医学问题，这种方式被称为“片段化和反应性医疗”。这种模式往往在疾病发生后采取治疗措施，而不是在疾病出现前采取预防手段。随着医学理念的转变，“健康”的概念不再仅限于无病状态，而是涵盖了更全面的健康观，涉及身体、心理、社会和环境等多个层面，以提升整体的生活质量和福祉。

在传统的医疗模式下，临床医疗产品设计倾向于偶发性和反应性，主要解决生物医学问题。虽然 88% 的医生承认，患者的健康状况受到社会和环境因素的显著影响，但患者在治疗过程中通常是被动的角色，依赖医生的专业判断。然而，未来的医疗产品设计将逐渐转向主动性和预防性策略。这一新范式旨在通过日常生活中的多方面监测和干预，如追踪步数、生物标志物及冥想时长，帮助人们更好地维护健康（图 5-14）。

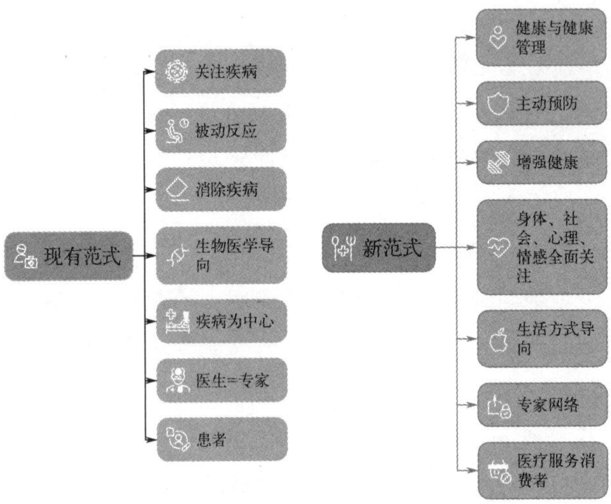

图5-14 当前聚焦“疾病”的范式和新的聚焦“健康和幸福感”的范式

笔者之前看到的消费者调查显示，心理健康和“感觉良好”已成为公众对健康最为看重的两个要素，甚至超过了单纯的无病状态。用户希望医疗产品具备以人为本的设计，能够帮助他们实现个人健康目标。这种以健康为中心的设计理念不仅为消费科技公司提供了新的市场机会，还推动了传统医疗行业的创新。例如，以睡眠科技为代表的市场从几乎不存在，迅速发展到 2023 年美国市场规模已达到 1019 亿美元。

5.3.2 设计案例分析

Urgonight EEG 头带由法国 URGO 集团推出，利用神经反馈技术，通过每天佩戴 20 分钟、每周 3 次的方式帮助用户生成促进自然睡眠的脑电波。该设备将睡眠诊所的先进技术引入日常生活，使用户能够自主调控大脑活动，优化睡眠质量。这种非侵入性的解决方案不仅提升了用户的睡眠质量，还提供了方便易行的健康管理途径，赢得了 2019 年国际消费类电子产品展览会（CES）可穿戴设备类的创新奖（图 5-15）。

Bose 推出的 Sleepbuds 噪声遮蔽睡眠耳塞，则利用其音频技术阻挡环境噪声，为用户创造一个安静的睡眠环境。与 Urgonight EEG 头带不同，这款耳塞通过物理隔音技术帮助用户获得深度睡眠，而非通过改变大脑活动（图 5-16）。两款设备的不同设计策略为用户提供了多种选择，以满足不同的健康需求。

图5-15 Urgonight EEG头带

图5-16 Bose的Sleepbuds遮噪睡眠耳塞

这些科技产品的成功不仅证明了市场对健康管理的需求，也表明人们希望通过技术主动控制和改善自身的健康状况。未来，随着技术的不断进步，类似的创新产品将更广泛地进入人们的日常生活，帮助人们更有效地管理健康，实现更高的生活质量。

展望 2030 年，健康行业将从以患者为中心的医疗系统转向以消费者为主导的健康与保健模式。新进入者的增多将带来更具竞争力的市场和更广泛的选择，降低成本并实现医疗服务的普及。消费者将拥有更多自主选择权，能够根据个人需求、价值观和健康目标设计个性化的护理方案。

一个典型的“超级健康”个体将在智能化家庭中管理自己的健康：通过语音助手启用的智能镜子可进行皮肤评估，台面设备则检测心率、体温等生理指标。这些设备将与个人的健康目标和日程计划同步，帮助制订当天的饮食和锻炼方案。

再来看一个学生随堂作业案例（瞿千城设计，李存指导）。这是一个促进冥想的设计，旨在通过视觉互动手段提升用户的冥想体验。设计的核心理念是借助天花板上动态变化的涟漪反射，模拟水面波动的平静与韵律，营造出一个沉浸式的冥想环境。使用者在静心冥想时，仿佛置身于自然水景之中，感受到视觉上的柔和引导和内心的宁静，进而更容易集中注意力并进入冥想状态。这种将数字技术与冥想体验相结合的创新模式，展示了交互设计在调节心理状态、促进情绪平衡方面的巨大潜力，为未来更多关注心理健康和生活质量的设计实践提供了思路和方法（图 5-17）。

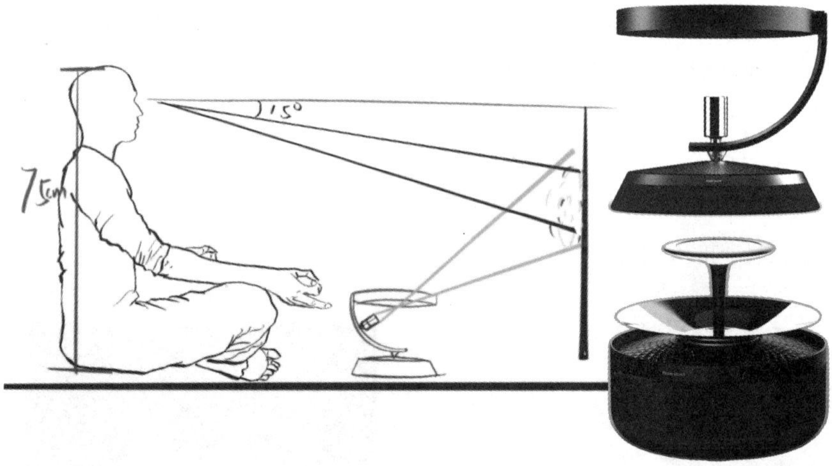

图5-17　促进冥想的设计

如今，健康生活方式与习惯的演变有如下趋势。

① 冥想与正念：冥想和正念练习被广泛证实能够缓解压力、焦虑和抑郁。如今，越来越多的应用程序和在线课程为用户提供简便的冥想练习，帮助人们在繁忙的生活中找到内心的平静。

② 运动与健身：健身趋势持续演变，涵盖了高强度间歇训练（HIIT）、瑜伽、普拉提等多样化的运动方式。许多现代健身设备和应用，如 Peloton 和 Zwift，提供个性化的锻炼计划和在线课程，帮助用户在家中实现高效健身。

③ 可持续生活方式：随着环保意识的增强，越来越多的人采用可持续的生活方式，如减少塑料使用、选择环保产品和节约能源。这不仅有助于环境保护，也对个人健康有积极影响。例如，减少有害化学物质的暴露可以降低健康风险。

5.3.3　面向健康生活方式的劝导设计

（1）劝导设计的定义

在设计领域，促进健康生活方式常用的方法是采用劝导设计，以此来促使人们改变行为。人类每天会面对大量决策。据估算，我们每天可能做出超过 35000 个决定。虽然这个数字可能略显夸张，但不可否认的是，决策过程常常让人感到焦虑。运用劝导设计可以有效减轻用户的焦虑，同时优化用户体验。劝导设计的核心是通过理解人类行为和心理机制，影响和引导决策。

劝导设计（Persuasive Design）也称为说服设计，旨在通过产品或服务的特性来积极引导用户行为。该设计理论深植于心理学和社会学原理，跨越多个行业领域，如电子商务优化、企业管理以及公共卫生项目设计。劝导设计的目标是通过深入理解行为背后的驱动因素，促使用户采取特定的行为，增加用户对产品或服务的依赖。

例如，Carolina Fuentes 设计的 EmoTree（图 5-18），有八片叶子，代表用户选择的八个最亲密的社交联系人。这棵树将连接到一组服务（例如 Facebook、消息、通话记录），以衡量用户与其联系人的沟通频率。每片叶子将被染成三种颜色之一：绿色，代表健康的沟通；黄色，代表互动减少；橙色，代表偶尔沟通。作为一种装饰性设备，EmoTree 采用树的隐喻，并通过树叶的颜色来表示沟通的频率。树叶可以改变颜色，当沟通频率减少时，它们会枯萎并变成棕色。EmoTree 的主要目的是作为一个展示工具，以提高个人对与亲密社交联系人（例如家人和朋友）沟通频率的意识。

图5-18　EmoTree

（2）劝导设计的组成部分

劝导设计是一种综合了信息传达和行为影响的艺术，涉及多个相互作用的要素。

① 源头（Source）：源头即说服者，通常是设计师、企业或营销团队。他们通过设计的产品或服务影响用户行为。源头的可信度、专业性以及社会地位都会影响说服力。

② 目标（Goal）：说服的目标是希望用户采取的具体行为或改变。这可以是促使购买、改变生活习惯或支持某项社会运动。成功的设计必须围绕这个目标制定有效的策略。

③ 媒介（Medium）：媒介指传达信息的渠道，可能是社交媒体、广告、应用程序等。在数字化时代，社交媒体、博客、论坛等成为说服的重要渠道。选择合适的媒介至关重要。

④ 受众（Audience）：受众是信息的接收者。理解受众的心理特征和文化背景有助于制定有效的说服策略。反馈机制同样重要，因为它可以帮助调整策略以达到更好的效果。

通过这些核心要素，设计师可以开发出个性化的策略，增强用户对产品或服务的长期参与度。

5.3.4 劝导设计原则

（1）常见的劝导设计原则

劝导设计的原则广泛适用于多个领域，如产品设计、市场营销和用户体验等。常见的劝导设计原则如下。

① 互惠性：人们在接受某些有价值的事物后，通常会产生回馈的心理倾向。这一原则常用于免费试用或赠品促销等营销手段中，以激发消费者购买欲望。

② 承诺与一致性：一旦用户对某个选择做出承诺，他们倾向于保持一致。设计微交互（如注册后的任务），可以增加用户的参与度。

③ 社会证明：当用户看到其他人采取某种行为时，他们往往会效仿。客户评价和社群互动是其常见的应用场景。

④ 权威：展示专家推荐评价或证书可以增加说服力。用户往往更信赖权威机构的建议。

⑤ 喜好：当用户认为某个产品或品牌与他们的价值观一致时，他们更容易接受该产品。

⑥ 稀缺性：限时或限量的产品通常更具吸引力，会促使用户尽快行动。

⑦ 框架效应：信息的呈现方式会影响用户的选择。设计应采用有利于推动决策的方式。

⑧ 显著性：重要元素需要在设计中突出，以确保用户容易识别并采取行动。

这些原则可以帮助设计师和营销人员创造更具吸引力的产品和体验，促使用户采取期望的行为。

（2）Fogg 行为模型

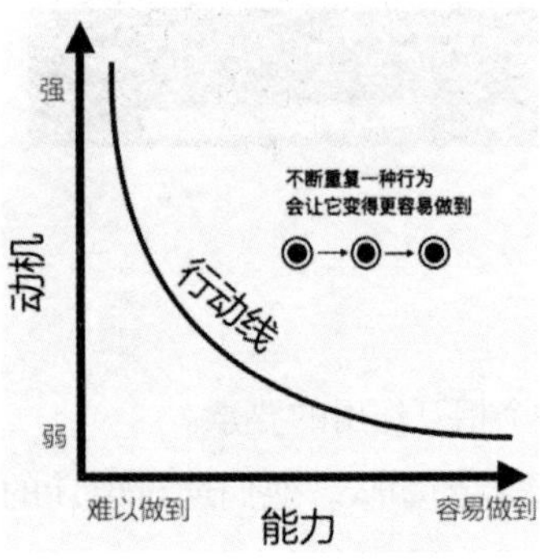

图5-19 Fogg行为模型

斯坦福大学的 B.J.Fogg 提出的 Fogg 行为模型（FBM）是劝导设计中的重要理论框架（图 5-19）。

FBM 将行为分解为三个关键要素：动机（Motivation）、能力（Ability）和触发因素（Trigger）。要促使行为转化，必须同时具备以下条件：用户必须有足够的动机，愿意采取行动；用户必须具备执行该行为的能力；在合适的时机，需要有一个触发因素来引导行为。例如，在减肥的例子中，动机可能是为了在即将到来的同学会上展示更好的形象；能力体现为简单易行的运动计划；触发因素可能是手机应用的每日提醒。这三者结合，使得行为更容易被执行。

① 动机：包括直接动机（如愉悦或痛苦）、间接动机（如希望或恐惧）、社交动机（如归属感）。设计师需要理解用户的具体动机，从而调整设计策略。

② 能力：代表执行行为的难易程度。降低执行成本，如简化用户界面、减少步骤、提供直观的指导，能够显著提高行为转化率。

③ 触发因素：是促使行为发生的关键。可以通过视觉提示、通知或奖励机制来激发用户的行动。但触发的时机和形式需要精准，以避免用户反感。

（3）其他劝导设计的理论和模型

除了 Fogg 行为模型，还有其他一些劝导设计的理论和模型，为我们提供了一个多维的框架，能够创造更有说服力的设计和干预措施，从而有效地改变用户的行为。这些理论和模型的应用非常广泛，包括市场营销、公共卫生、教育以及环境保护等众多领域。

罗伯特·B. 西奥迪尼（Robert B.Cialdini）在其著作《影响力》中提出了六个关键心理原则，揭示了人类行为的内在动机。这些原则包括互惠、承诺与一致、社会认同、权威、稀缺和喜欢，广泛应用于激励和说服相关领域。

丹尼尔·卡尼曼（Daniel Kahneman）在《思考，快与慢》中强调人类思维分为两种模式：系统 1 是快速、直觉和情绪化的，而系统 2 则是缓慢、有逻辑和深思熟虑的。这一理论为理解决策行为提供了基础。

理查德·E. 佩蒂（Richard E.Petty）和约翰·T. 卡乔波（John T.Cacioppo）开发的详尽可能性模型（ELM）则进一步阐释了人们处理说服信息的两条途径：中心途径和外围途径。该模型在许多领域的劝导设计中得到了广泛应用，与之相关的还有专注于健康促进的劝导健康模型，强调信息的接收与处理如何改变态度和行为。

用户体验（UX）设计原则同样是重要的设计框架，其核心在于提升产品、服务或系统的易用性、可访问性和用户的愉快体验。Nielsen 的十大可用性启发式原则为这一领域提供了广泛认可的指导。结合认知心理学、用户体验设计和行为经济学的行为设计理论进一步扩展了这一领域，旨在设计出能够促进特定行为的系统，尤其是在数字环境中。

计划行为理论由伊塞克·艾奇森（Icek Ajzen）提出，指出行为受态度、社会规范和行为控制感的共同影响。这一理论强调了态度对行为的驱动作用、社会规范对行为的约束力以及个体对自身行为控制能力的感知在决策过程中的关键作用。以上理论和模型共同为理解和优化用户行为设计提供了坚实的理论支持。

5.4 方向二：生物反馈可视化的交互设计

5.4.1 生物反馈概述

当我们向朋友挥手致意，或抬起膝盖上下楼梯时，这些动作都在我们的掌控之中。然而，有些身体功能，如心率的快慢、皮肤温度的升降以及血压的高低，却是由神经系统在不知不觉中调控的。我们不会刻意让心跳加速，它在特定情境下自然发生，如紧张、兴奋或运动时。

有一种技术可以帮助我们更加精准地调控这些通常不受意识直接控制的功能。这种技术被称为生物反馈（Biofeedback），它是一种疗法，广泛应用于多种疾病的预防和治疗，包括偏头痛、慢性疼痛、尿失禁和高血压等。生物反馈技术让我们能够观察并理解自身生理反应，进而通过调整心态和行为来优化生理状态，实现更为自主的健康管理。

生物反馈又称生物回授。它在不同的场合具有不同的含义，既可以指有机体内发生的一种过程，又可以表示一种方法，还可以表示一种特殊的治疗手段。生物反馈是借助精密的专门工具，去探查和放大人体固有的生理变化过程所产生的各种信息，通过显示系统，将此种信息转变为易于患者理解的信号或读数，在医务人员的指导下进行训练，使患者学会利用发自自身经过处理的信号，有意识地控制体内各种生理、病理过程，促进机能恢复，从而达到治疗疾病的目的（图 5-20）。

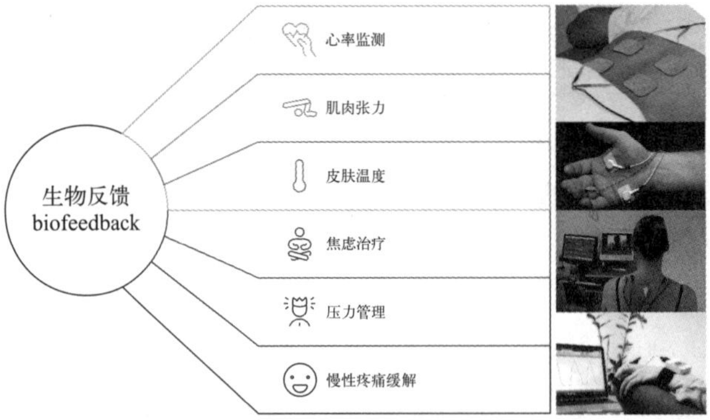

图5-20 生物反馈的功能

当你感受到疼痛或压力时，你的身体会发生一系列生理反应。例如，心率可能会加速，呼吸会变得急促，肌肉会紧绷起来。生物反馈技术可以帮助你通过对身体进行微调，来缓解疼痛和减轻紧张感。如通过放松肌肉，可以有效降低心率和呼吸频率，从而改善整体的不适感。生物反馈技术不仅教会你一种新的身体控制方法，还可以作为一种技能来提升你的健康水平，甚至简化日常活动。

案例分析：苹果手表的呼吸调整功能

苹果手表的呼吸调整功能就是一个典型的生物反馈应用案例。通过该功能，用户可以获得关于自己生理状态的实时反馈，并在此基础上进行调整，以改善健康状况和放松身心。苹果手表的呼吸调整功能结合了心率监测与呼吸引导，为用户提供了一种简单而有效的方式来进行自我调节（图 5-21）。

图5-21 苹果手表的呼吸调整功能

① 心率监测：苹果手表内置的光学心率传感器实时监测用户的心率变化。心率变化的频

率和幅度可以反映用户的压力水平和放松状态。

② 呼吸指导：在检测到用户心率升高或其他生理压力信号后，手表会建议用户进行深呼吸练习。手表上的“呼吸”应用会引导用户通过振动或屏幕显示的节奏进行缓慢、深长的呼吸。

③ 反馈与调整：在进行呼吸练习时，用户可以通过监测心率变化，实时了解自身的放松效果。借助生物反馈技术，用户能够逐渐掌握在日常生活中自主调节呼吸的技巧，从而更有效地管理压力和焦虑。

生物反馈技术在苹果手表中的应用，不仅帮助用户识别自己的压力状态，还通过呼吸训练逐步改善用户的心理和生理健康。这种基于实时数据的自我调节方法被认为是一种有效的非药物干预手段，适合在日常生活中使用。

5.4.2 生物反馈的类型和设备

（1）生物反馈的类型

生物反馈技术通过多种类型的监测和反馈手段，帮助用户了解自身生理状态并加以改善。例如，呼吸生物反馈通过将传感器带置于腹部和胸部，监测呼吸频率和模式。患者可以通过调整呼吸改善身体状态，从而感到更加舒适。脑电波生物反馈则使用头皮垫监测脑电波，反映放松、清醒和睡眠等精神状态。通过训练，用户可以观察脑电波的变化并进行调整，以改善健康状况。心率生物反馈通过心电图连接垫置于胸部、下躯干或手腕，测量心率及其变化模式。用户在放松时心率会降低，有助于改善整体健康状况。肌肉活动生物反馈利用肌电图仪传感器检测肌肉的收紧程度，帮助患者了解肌肉紧张情况并采取放松措施。

此外，汗腺活动生物反馈通过测量手指、手掌或手腕的汗腺活动水平，帮助用户识别自身的紧张状态，并提示其采取必要的放松措施。温度生物反馈则通过在手指或脚趾贴上传感器，监测皮肤血流量的变化。压力往往会导致体温下降，因此较低的读数提醒用户放松。随着放松程度的增加，手指和脚趾的温度也会升高。这些生物反馈类型在健康管理和心理调节方面具有重要意义。

（2）生物反馈的设备

生物反馈培训现已广泛应用于物理治疗诊所、医疗中心和医院等场所。同时，随着技术的不断进步，越来越多的生物反馈设备和程序已面向家庭用户销售，为用户提供更为便捷和个性化的健康管理方式。

一种常见的生物反馈设备是通过交互式计算机程序或移动设备实现的。这类设备能够精确测量身体的物理变化，如心率和皮肤电活动，通常是通过贴在手指或耳朵上的传感器来完成的。测量数据随后会传输至计算机进行分析和展示。利用计算机生成的图像和提示，这些设备能够帮助用户有效地控制紧张情绪。它们可以指导用户管理呼吸节奏、放松肌肉，并培养积极应对压力的思维模式。研究表明，使用这类生物反馈设备对于应对压力、促进情绪稳定具有显著效果（图 5-22）。

另一种生物反馈治疗方法采用相对体量较大的头戴式设备或者腰部佩戴的测量板，该设备在冥想过程中跟踪大脑活动。通过声音反馈，用户可以了解大脑何时处于平静状态，何时较为活跃。这种实时反馈有助于用户学会更好地控制自己的压力反应。每次使用时，相关数据都会被存储在计算机或移动设备上，方便用户长期追踪自己的进步（图 5-23）。

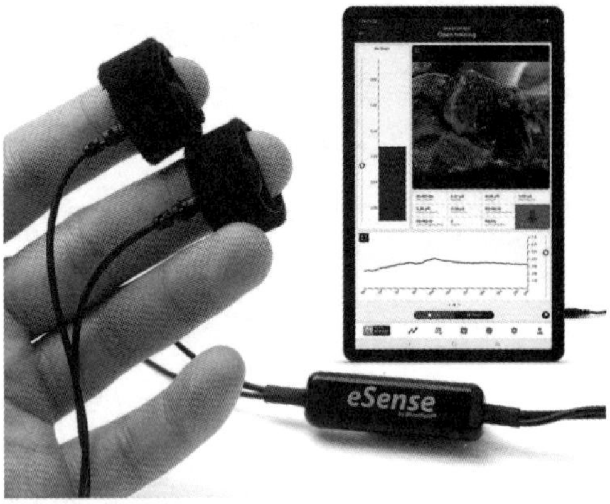

图5-22　Mindfield eSense生物反馈训练工具

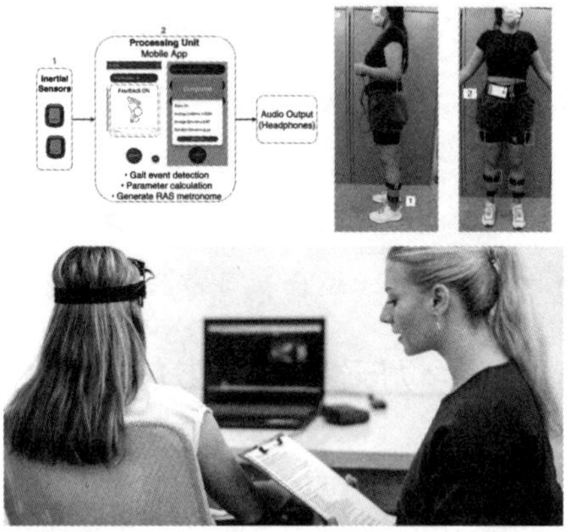

图5-23　头戴式设备和腰部佩戴的测量板

值得一提的是，美国食品药品监督管理局（FDA）已经批准了一种名为 Resperate 的生物反馈机器。这款便携式电子设备通过引导用户进行缓慢的深呼吸来减轻压力和降低血压，为家庭健康管理提供了一种新的有效手段。

5.4.3　设计领域的生物反馈：压力管理

当前，生物反馈在设计领域发挥最大作用的是压力管理。压力，这一复杂的生理心理反应，常常在我们面对挑战或威胁时显现。无论是应对紧迫的工作截止日期，还是遭遇突如其来的事故，我们的身体都会立即进入应激状态。这种应激反应的核心是我们的“压力系统”，它包括杏仁核、下丘脑以及自主神经系统，共同调控着我们的腺体和器官。根据乔治・P. 克罗索斯（George P. Chrousos）和菲利普・W. 戈尔德（Philip W.Gold）于 1992 年的研究，大脑一旦侦测到压力源，便会启动应激机制。这一机制由下丘脑协调，激活自主神经系统中的交感神经部分，进而促使肾上腺释放肾上腺素等激素。这些激素会加速心跳、增强呼吸、紧绷肌肉并导致出汗。这种本能反应让我们能迅速应对潜在的生命威胁，寻求安全庇护。

然而，尽管急性应激反应有时是必要的，甚至是生存所必需的，但长期持续的压力状态，如长期工作压力，却可能带来负面影响。在这种情况下，自主神经系统中的副交感神经，原本应抑制压力反应，却可能无法有效激活。这种持续的状态会导致自主神经系统失衡，降低我们的压力应对能力。长期压力不仅可能影响工作效率，还可能引发一系列健康问题，包括焦虑、抑郁、免疫功能障碍、心脏病、高血压和糖尿病。

生物反馈技术作为压力管理与放松训练中的关键工具，赋予了个体调节生理活动的能力，其主要目的在于维持或恢复自主神经的平衡状态。典型的生物反馈系统由四个核心组件构建而成，包括生物传感单元、数据传输单元、数据处理单元以及反馈单元。此系统依靠生物传感器实时捕捉个体的生理活动，并通过外部视听显示器将相关信息即时展现给用户。利用生物反馈技术，用户能够提升对自身内部状态的感知能力，并掌握自我调节的技能，从而实现对特定生理功能的精准调控，进而促进身心健康。在临床实践中，生物反馈技术常常作为认知行为疗法的有益补充或特定干预手段。

案例分析：Reflect 智能针织球体

由设计师诺嘉·萨皮尔（Noga Sapir）设计的 Reflect 是一组智能针织球体，通过结合设计与技术，在人与物体之间建立互动与对话。这些球体运用了生物反馈技术，能够检测到用户的压力迹象，并协助用户通过放松训练缓解焦虑情绪。如前所述，生物反馈技术是一种通过告知用户其生理参数，帮助用户通过自我调节，进而改善健康状况或心理状态的技术。与传统疗法不同，Reflect 采用便携式设计，摆脱了传统生物反馈系统中的电极和屏幕的限制，使用户可以随时随地体验减压训练（图 5-24）。

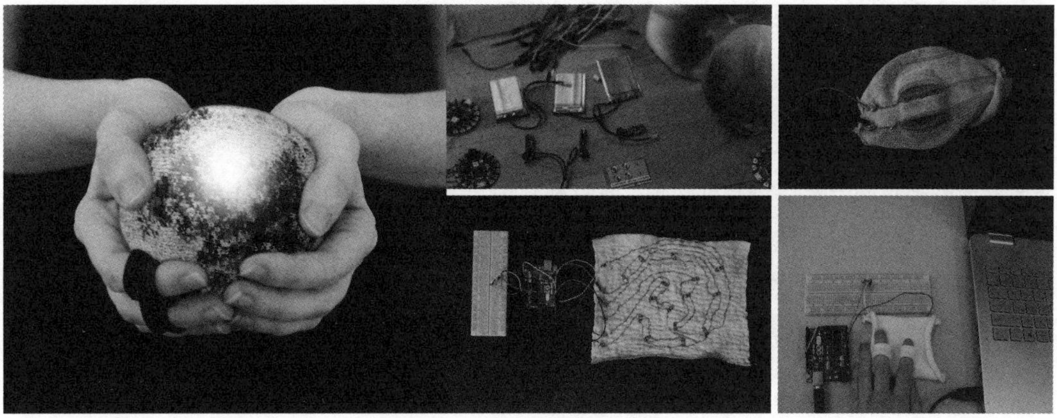

图5-24　Reflect智能针织球体

这些球体由导电纱线编织而成，内置微型控制器，通过检测皮肤电导率（GSR 或 EDA）来测量用户的压力水平。这一参数常用于反映心理压力的变化。球体通过调节光的强度来反馈用户的压力状态，用户越放松，球体的光线就越明亮。

球体的外壳采用了环保的 Tencel 纱线，这种纱线来自木浆，经过环保工艺处理。纱线被手工染成蓝色调，并编织成柔软且耐用的面料，展现出独特的图案风格。嵌入球体中的 LED 灯发出柔和的脉动光，营造出宁静的氛围，增强了用户与球体之间的亲密互动体验。

案例分析：HeartPlotter——生物数据的绘图可视化

HeartPlotter 是一个将手绘图引入交互设计与可视化领域的项目。由荷兰埃因霍温理工大学工业设计系的于滨等人开发。

HeartPlotter 通过收集用户的心跳数据，并将其映射到笔的动作中，实现实时的心率变化展示。设备的机械动作和声音同步展示心率的波动，最终通过笔在纸上绘制一幅体现整体 HRV（心率变异性）的图像（图 5-25）。

图5-25　HeartPlotter设计

在试点研究中，研究团队探讨了三种数据与可视化的基本映射方式，通过控制笔的速度、路径和落笔时间，呈现出心率数据的动态变化。研究结果表明，笔的速度能够准确反映心率的实时变化，笔的路径则影响可视化效果和绘图的美感。这项研究展示了笔式绘图仪在信息显示与交互设计中的潜在应用价值和局限性。

案例分析：Alvio 儿童游戏呼吸训练器

研究表明，哮喘患者在监测病情并进行肺部锻炼时，对药物的依赖性可能降低多达 86%。然而，传统的哮喘治疗设备不仅无法追踪数据或提供肺部训练，还缺乏吸引力，尤其是对于儿童。美国 QoL 公司的 Alvio 是一款创新的外周呼吸训练器，通过将呼吸作为输入方式来控制定制的移动视频游戏，帮助用户在游戏中改善肺功能。

Alvio 通过蓝牙连接到移动设备，将用户的呼吸数据转化为游戏的输入。用户在吸气和呼气时控制游戏角色的动作，游戏设计则围绕如何帮助儿童加强肺功能展开。Alvio 不仅追踪用户的训练进展，还在病情变化时及时通知家长。由于游戏的娱乐性，孩子们更愿意持续使用该设备，从而在不知不觉中提高了肺功能（图 5-26）。

图5-26　Alvio儿童游戏呼吸训练器使用场景

这一设备将生物反馈技术应用于哮喘患者的康复训练，鼓励用户通过深呼吸和规律的呼吸模式改善肺部健康。生物反馈技术的核心在于通过提供用户实时生理数据反馈，使其能够主动调控身体功能，从而改善健康状况。Alvio 的创新之处在于它将这一医疗技术与互动娱乐相结合，为哮喘患者提供了一种有趣且有效的肺部康复工具。

5.5 方向三：健康可穿戴设备的智能交互设计

5.5.1 健康可穿戴设备概述

随着技术的进步，可穿戴设备正迅速融入我们的日常生活，成为不可或缺的一部分。Nike+、Apple Watch、小米手环等各种产品，让用户可以方便地获取个人健康数据，实现运动管理，甚至操控智能家居。这一领域的生态系统在健康监测、智能家居以及移动支付等方面不断扩展和深化，展现出多样化的应用场景与发展潜力。

尽管可穿戴设备在逐渐普及，其未来的发展方向和市场接受度仍面临诸多挑战。这些挑战涉及技术、设计和市场等多个方面。例如，如何将更先进的技术无缝集成到产品中？如何设计出既美观又实用的设备？如何在保障用户隐私的前提下提供个性化服务？如何以合理的价格吸引更多消费者？这些问题都制约着可穿戴技术的进一步推广，需要产业界共同探讨并提出解决方案。

（1）可穿戴设备的挑战

当前，可穿戴设备在数据处理和应用层面仍有很大提升空间，面临的主要挑战包括以下几个方面。

① 电池续航能力：对于 24 小时实时监控的设备，电池续航是关键。未来需要开发高效电池技术，优化设备的能源管理算法，以延长设备的使用时间。

② 舒适度与设计：舒适的佩戴体验和时尚的外观是吸引用户的关键因素。设计不仅要关注功能性，还应兼顾用户的穿戴舒适度，使其在日常穿搭中也显得自然且具有美感。

③ 互操作性与兼容性：可穿戴设备需要与其他设备、应用程序和平台无缝协作。行业标准化的构建对于提升用户体验至关重要，从而实现设备间的高效协同。

④ 数据收集与分析的精准性：目前可穿戴设备在生理参数（如心率、血压）的测量上，其精确度尚未达到医疗级标准，这对健康决策的准确性产生了影响。设备不仅需要采集高质量的数据，还应具备有效分析这些数据的能力，提供有意义的健康建议。例如，仅报告步数信息不足以全面反映健康状况，用户更需要结合运动量、饮食和睡眠模式的个性化洞察。

⑤ 数据隐私与安全：随着可穿戴设备广泛采集用户的生理和健康数据，如何确保数据隐私和安全成为核心问题。数据泄露或滥用不仅会影响用户的信任，还可能带来法律与道德风险。因此，制定并实施有效的安全机制，确保用户能够管理自己的数据至关重要。

⑥ 数据通信和共享：设备之间的无缝数据共享和同步仍存在技术瓶颈。如何在保证数据格式兼容和网络通信稳定的前提下，提供一致的用户体验，是亟待解决的一个难题。

（2）可穿戴设备的应用前景

展望未来，不同种类的可穿戴设备将能够协同工作，提供更加智能化、个性化的服务。例如，当你进行户外运动时，设备可以实时记录你的运动数据，并通过分析提醒你补充营养。回到家后，冰箱已经根据你的饮食习惯准备好食材，并自动更新购物清单。这些数据还可以在线分享给你的健康管理者，以便进行远程健康监控与关怀。这种场景展示了可穿戴设备在个人健康管理和智能生活中的广泛应用前景。

目前，多数可穿戴设备专注于身体健康和运动管理，心理健康与情绪监测也是未来值得深入探索的领域。社交互动在生活中扮演了重要角色，然而当前的许多设备更多满足的是用户的虚荣心，如通过步数挑战激励用户运动，这并非长久之计。许多用户因为过度关注排名而忽略了身体的真实需求，甚至无法享受运动的过程。因此，未来的可穿戴设备设计应兼顾竞争性与情感需求，构建人与人之间更加深层次的情感联系。

案例分析：MOVEit 与健康可穿戴设备的个性化应用

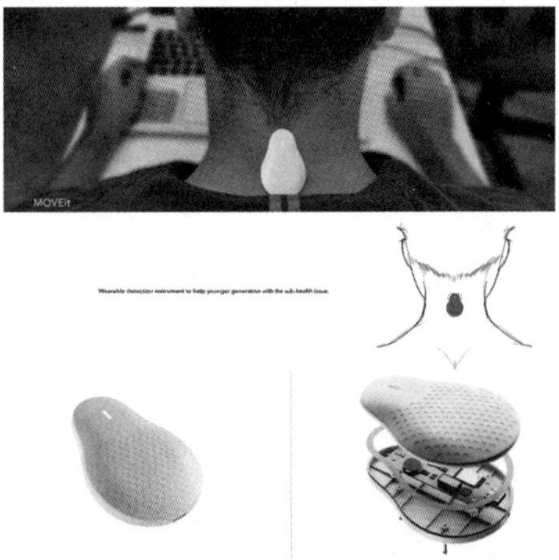

图5-27　MOVEit可穿戴设备

印度设计师施洛克·米什拉（Sshlok Mishrra）设计的 MOVEit 是一款可穿戴设备，专为解决年轻一代的亚健康问题而设计。它可以检测佩戴者的姿势并提醒其纠正不良姿势，帮助改善身体健康。这类设备在提高用户身体健康水平的同时，也为进一步探讨可穿戴设备如何结合个性化需求提供了思路（图 5-27）。

健康可穿戴技术的另一个方向是为特殊人群提供服务。例如，有专门针对手腕损伤患者设计的设备，帮助他们恢复腕部功能；对于婴幼儿，则有为监控健康状况设计的可穿戴设备。这类针对性设计展示了可穿戴设备在特定人群中的广泛应用前景。

5.5.2　设计案例分析

（1）Raphael 可穿戴康复手套

韩国的 Neofect 公司在康复技术领域开发了一款名为 Raphael 的智能康复手套，这款手套专为手部和手腕损伤的患者设计。这款智能手套通过先进的传感器技术，利用蓝牙连接，实时监控和跟踪患者的康复进展。手套轻便，能够根据不同患者的需求进行个性化调整，使其佩戴更加舒适。手套内部的传感器可以精确记录手腕和手指的屈曲动作、前臂旋转等康复训练中的关键细节（图 5-28）。Raphael 康复手套与 Neofect 的移动应用程序紧密集成，提供了一系列富有娱乐性的康复游戏，帮助患者在轻松的氛围中完成康复训练。例如，患者可以通过模拟倒酒或飞镖游戏来锻炼手部的灵活性和力量。此类游戏化的康复训练不仅提高了患者的积极性，也有效减少了康复过程中的枯燥感。

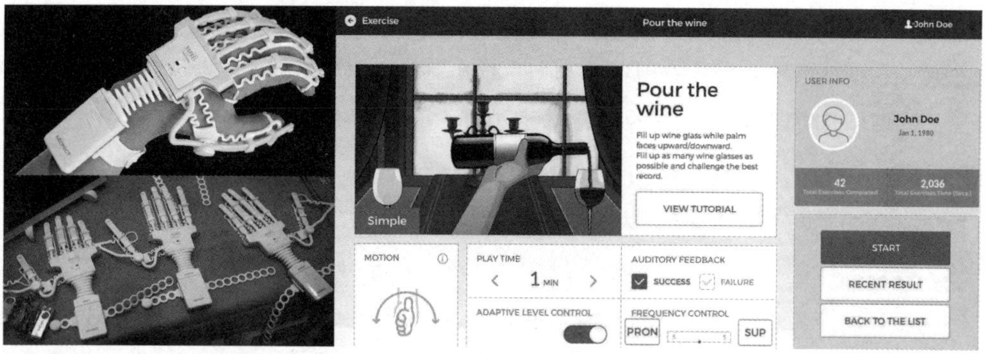

图5-28　Raphael智能康复手套

在更严重的病情中，如中风后手部功能丧失，Raphael 康复手套的应用尤为重要。它通过一系列额外的虚拟训练项目，例如钓鱼、绘画和放风筝等，进一步激励患者完成康复疗程。传统中风康复往往伴随着高昂的医疗费用，患者通常需支付数千美元的住院或康复治疗费用，在这一过程中未必能顺利完成康复。Raphael 康复手套则为患者提供了一种经济高效的解决方案，用户仅需支付每月 99 美元的租赁费用，便可在家中持续使用这款设备直至完全康复。

（2）Owlet 婴儿监测袜

美国 Owlet 公司开发了一款名为 Owlet 智能袜子的可穿戴设备，为简单易用的婴儿监测袜。该设备内置可拆卸的电子元件，采用了脉搏血氧计技术，这是一种广泛应用于医院中的安全可靠的医学技术，主要用于测量婴儿的血氧饱和度和心率。Owlet 公司通过技术创新，将这一传统的医疗设备进行了大幅度的微型化，缩小至原体积的百分之一，同时保持了无线、可穿戴、便捷等特点（图 5-29）。

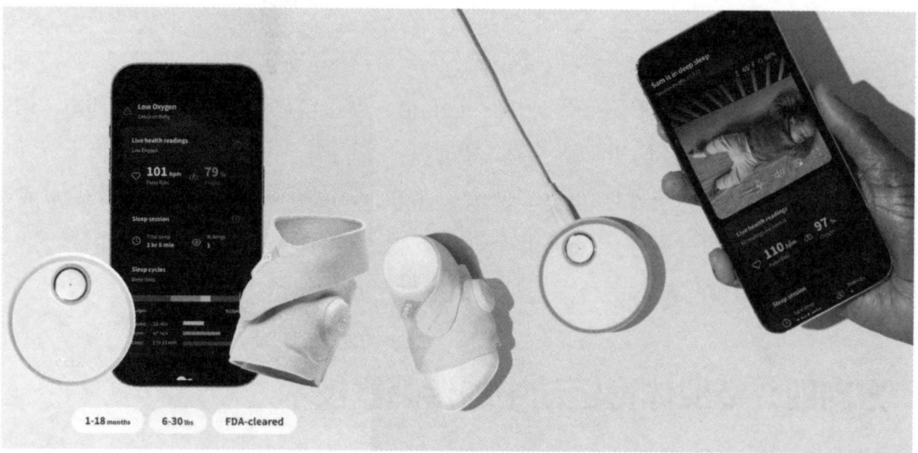

图5-29　Owlet婴儿监测袜

Owlet 设计的初衷并不是一款简单记录健身数据的设备，而是专为新手父母提供一个直观、简洁的工具，帮助他们实时了解新生儿的健康状况。这款监测袜能够无线传输婴儿的生命体征数据至专用的智能手机应用程序中，应用程序界面直观地显示婴儿的关键健康数据，包括血氧含量和心率，并提供个性化的健康建议、设置指导以及故障排除等信息。除了简单的数据展示，Owlet 还通过其应用程序为用户提供了健康教育和相关工具，帮助父母理解和信任监测数据。它尝试将复杂的医院级监测技术简化，使其更易于家庭使用。

（3）生物特征珠宝：个性化设计与技术融合

日本设计师松井秀明（Hideaki Matsui）设计的生物特征珠宝（Biometric Jewelry）是一个将人体生物特征与珠宝设计相结合的项目。该设计通过获取用户的生理数据（如手腕周长、体温、心跳等）来生成独特的三维珠宝形态，使每一件珠宝都能与佩戴者的身体特征完美契合（图 5-30）。

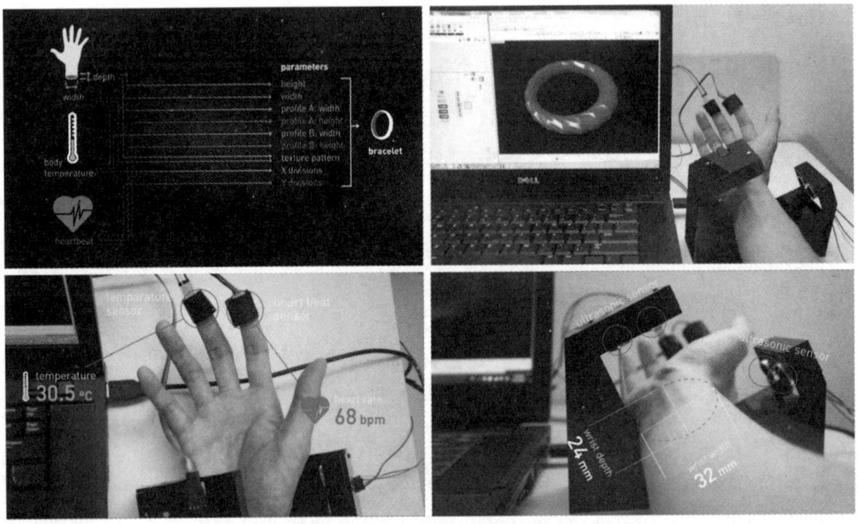

图5-30　生物特征珠宝

这一项目采用了先进的三维生成设计技术，将个性化与功能性融入珠宝艺术。设计过程使用了多种专业软件，包括用于交互设计的 Arduino、用于精确三维建模的 Rhino、用于参数化设计的 Grasshopper，以及用于增强互动与视觉效果的 Firefly 和 LunchBox。

这种设计理念不仅提升了珠宝的美学价值，还通过科技的介入，使每一件珠宝成为佩戴者个人故事的具象化表达，彰显出独特的个性化魅力。这种创新方法为珠宝设计行业带来了全新的可能性，也为科技与艺术融合的设计实践提供了新的视角。

5.6　方向四：专业体育运动中的传感器技术

5.6.1　专业体育运动中的传感器技术概述

在运动领域，尤其是专业体育运动领域，智能技术的应用已经成为提升运动员表现的关键手段，在国际赛事如奥运会中表现尤为突出。可穿戴传感器技术能够精确测量运动员一系列的物理参数，如速度、加速度、运动角度，以及心率、呼吸频率和体温等生理参数。这些数据帮助运动员深入分析训练和营养计划的每个细节，从而显著提升竞技表现。体育运动中的传感器技术包括雷达技术、全息显示技术和各种先进传感器系统等，为不同项目的运动员提供了重要支持。

（1）雷达技术助力铅球训练

雷达技术最早用于军事领域，如今已广泛应用于民用领域，例如汽车行业的碰撞预警系统。在 2016 年里约奥运会上，雷达技术首次展示了其在体育训练中的创新应用，尤其是在铅球训练中。通过雷达技术，运动员可以精确分析铅球的飞行轨迹，从而优化投掷时的速度、角度和飞行距离。

TrackMan Athletics 是一款 3D 多普勒雷达系统，能够精确捕捉铅球投掷的距离、释放角度、高度和速度（图 5-31）。其自动视频捕捉功能可以以每秒 80 帧的速度记录每一次投掷，使教练和运动员能够立即回顾投掷细节。该系统的非侵入式设计及其在无线设备上的即时反馈功能，使运动员和教练能够高效地优化训练方案。

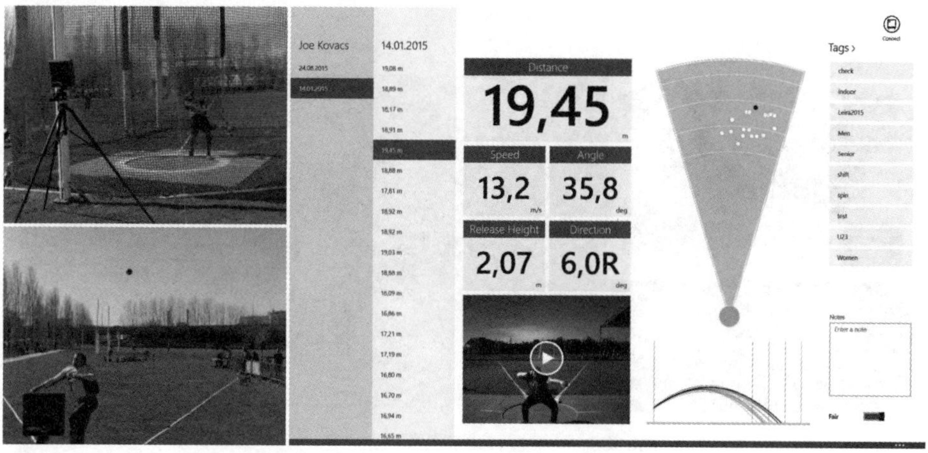

图5-31　TrackMan Athletics在铅球训练中的应用

（2）全息显示技术在高山滑雪中的应用

如今汽车的抬头显示已经能够在挡风玻璃上呈现地图、导航说明和危险警告等信息，使驾驶者更直观、迅速地掌握驾驶环境和路况，提升了驾驶的安全性和便捷性。高山滑雪是对技巧与策略要求极高的运动，全息显示技术为滑雪运动员提供了显著优势。

全息护目镜是该技术的典型应用之一，通过模拟滑雪赛道的虚拟现实场景，帮助运动员精准规划滑雪路线并提升滑雪表现（图 5-32）。全息护目镜不仅提升了运动员的赛道可视化能力，还具有康复功能。对于受伤的滑雪运动员，护目镜上的频闪灯光能引导大脑重新建立与受伤部位的神经连接，加速康复过程。此外，全息显示技术还能模拟比赛中的复杂场景，如对手的表现或天气变化，帮助运动员在制定最佳策略时更具前瞻性。

图5-32　全息护目镜在高山滑雪中的应用

（3）传感器技术在花样滑冰中的应用

花样滑冰是一项极具挑战性的运动，尤其是完成四周跳时对稳定性要求极高。传感器技术的引入为运动员的训练提供了全新的解决方案。通过在运动员的四肢上布置加速度计和陀螺仪，这些微型传感器能够同时捕获来自多个方向的运动数据，并提供详尽的力量分析（图5-33）。

图5-33　传感器技术在花样滑冰中的应用

当前的技术尚不能实现数据的实时传输，蓝牙技术的工作距离限制了传感器在大型溜冰场中的应用，而 Wi-Fi 虽然可以支持更长距离，但电量消耗过大。现有的解决方案是让传感器记录数据，运动员完成动作后再将数据上传至设备进行分析。这些数据结合摄像机、3D 成像相机和激光雷达技术，可以进一步精确计算运动员的飞行时间和四肢动作，为训练提供更全面的指导。

5.6.2　设计案例分析

改变家庭训练模式的 Nova 攀岩墙：居家健身的趋势越来越明显，然而许多现有的家庭训练设备并未完全适应家庭环境的美学和功能需求。Nova 攀岩墙是为家庭设计的全新攀岩训练设备，它不仅兼具实用性，还具备装饰效果，打破了传统家用健身设备的刻板形象（图5-34）。

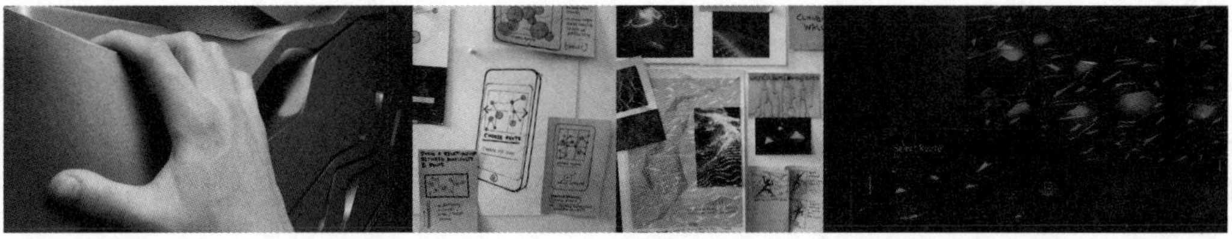

图5-34　Nova攀岩墙设计

Nova 攀岩墙由一系列设计精美的面板组成，取代了传统攀岩墙上色彩斑斓的握点，使其在不使用时也能充当家中的装饰品。墙体内部的传感器能够实时追踪用户的攀爬表现，通过智能手机应用程序，用户可以选择不同的攀爬路线，并获得个性化的训练计划。智能灯光系统则为用户提供灵活的攀岩路径指示，增强互动体验。设计师不仅在技术上进行了创新，还注重美学和空间的融合，使 Nova 攀岩墙成为兼具艺术性和功能性的居家健身设备。Nova 攀岩墙体现了家庭健身设备设计的未来趋势，即将科技、艺术和日常生活紧密结合，满足家庭用户的多元需求。

专业体育运动中传感器技术的应用为运动员训练和比赛提供了强有力的技术支持，从雷达技术在铅球训练中的应用，到全息显示技术对高山滑雪运动员的帮助，再到花样滑冰中的多传感器融合技术，传感器技术在体育领域的作用日益重要。同时，居家健身设备的设计也在技术和美学之间寻求平衡。未来，随着技术的不断进步，这些创新应用将进一步提升运动员和普通用户的运动体验。

5.7　其他方向：小众疾病与艺术疗愈

5.7.1　聚焦小众疾病的探索性医疗设计

在设计领域，尤其是非医疗背景的设计专业学生，可以针对相对小众的疾病进行探索性研究，从而更具创新性。这不仅能避免与传统医疗设计中的高度饱和领域直接竞争，还能为未被充分关注的疾病提供新的设计解决方案，推动社会对这些病症的重视和研究。例如，设计师可以通过结合用户需求、技术发展与设计创新，提出具有实际应用价值的产品或服务，为患者和护理人员带来改善（图 5-35）。

图5-35　小众疾病创新实践的优点与挑战

案例分析：Scritch 瘙痒测量系统

以异位性皮炎为例，日本设计师松井秀彰（Hideaki Matsui）设计的 Scritch 瘙痒测量系统就是针对这种小众疾病的创新性设计。异位性皮炎是一种慢性炎症性皮肤病，其特点是极度瘙痒，发病率在现代生活方式的影响下显著上升。Scritch 的设计着眼于这一疾病特有的“抓痒—瘙痒”恶性循环，通过实时数据采集与模式识别技术，帮助患者追踪自身瘙痒的触发因素，如环境、饮食或压力水平，进而分析治疗效果。

Scritch 的多维度应用场景展示了其设计的广泛影响。首先，患者能够通过它深入了解自己的病情变化，并通过系统分析其与生活方式的关系。这不仅帮助患者更好地自我管理病情，还能为医生提供客观、连续的数据支持，以便制订更为精准的治疗方案（图 5-36）。

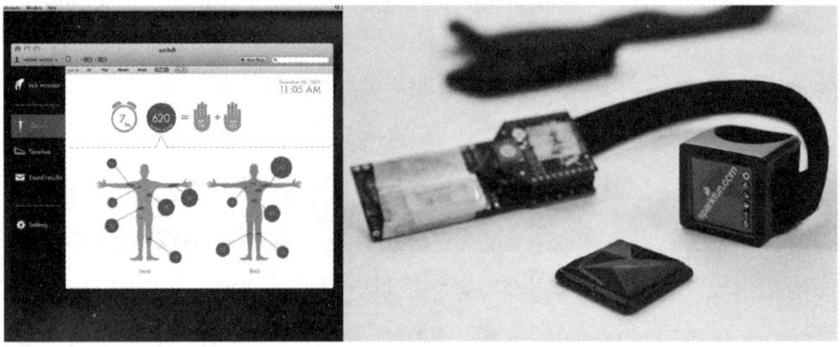

图5-36　Scritch的界面和原型

此外，Scritch 还为家庭成员提供了一种新的沟通方式，尤其对那些不善表达病情的患者（如儿童）来说，这种设计尤为重要。智能家居系统的整合功能使得 Scritch 能够自动调节室内环境，进一步帮助患者缓解症状。设计师在此过程中充分利用了技术与材料的优势，Scritch 原型使用了 3D 打印、ArduinoFio 和 Xbee 等先进硬件，通过腕带收集患者的抓痒数据，展示了精准的技术实施与用户体验的深度融合（图 5-37）。

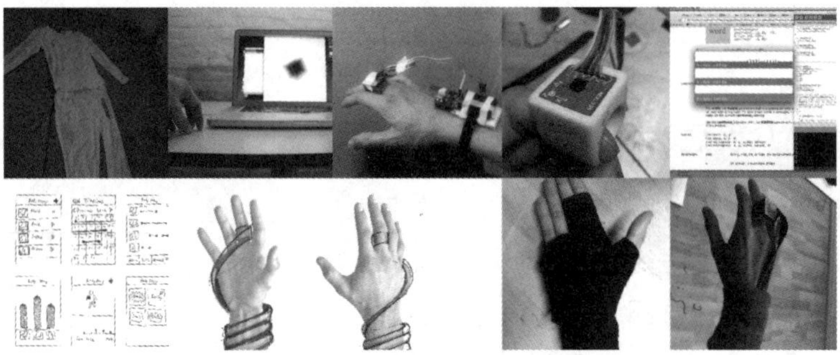

图5-37　Scritch的设计和测试过程

从以上案例可以看出，对于设计专业学生来说，研究相对小众的疾病，如异位性皮炎、罕见遗传病或特定的慢性病，不仅能拓宽设计视野，还能为设计提供创新性思路。这类疾病往往被医疗和护理领域忽视，因此通过设计来解决相关痛点具有高度创新潜力，既能提升患者的生活质量，也能为整个医疗设计行业注入新的研究动力。

5.7.2　艺术疗愈与智能交互设计

随着设计领域逐渐涉足心理健康领域，艺术疗愈与智能交互设计正在成为新兴的创新方向。设计不仅仅服务于生理健康，也能通过智能技术、情感体验和人性化关怀，帮助用户改善心理状态。通过整合智能交互设计与心理健康干预手段，设计师能够为用户创造更深层次的情感连接和心理支持。心理健康领域有许多机会，设计师可以通过独特的交互设计手段，为一些未被广泛关注的心理健康问题提出解决方案。

心理健康问题在现代社会中已成为普遍现象，伴随着科技的发展，心理健康技术（Mental Health Technology）为这一问题带来了多种新的解决方案。像 Calm、Headspace 和 Talkspace 这样的应用程序，通过提供冥想指导、心理咨询、情绪跟踪等服务，帮助用户管理压力、焦虑和其他心理健康问题。这些应用程序的成功不仅体现在它们的技术实现，还依赖智能设计中的情感敏感性，通过简单的用户界面与人性化的功能提升了用户的使用体验。

除此之外，虚拟现实（VR）技术也逐渐应用于心理健康治疗领域。例如，VR 疗法通过沉浸式体验帮助患者应对和克服创伤后应激障碍（PTSD）、恐惧症和焦虑症等心理障碍。VR 在创造逼真的情境和逐步引导用户应对恐惧方面具有独特优势，使用户能够安全地面对挑战，逐渐重建心理健康（图 5-38）。

图5-38　使用虚拟现实技术治疗PTSD

案例分析：Encuro 积木

Encuro 积木通过分解和可视化心理健康问题，帮助用户与他人沟通其情绪状态。抑郁症作为全球最严重的心理健康问题之一，影响着全球 5.7% 的成年人。许多抑郁症患者常常独自忍受痛苦，难以主动寻求帮助。Encuro 积木通过视觉化和物理化的交互手段，帮助用户以非语言方式表达内心的困境（图 5-39）。

图5-39　Encuro积木

用户可以将不同大小的积木用于代表不同程度的问题，并通过 NFC 技术将情绪标签附加到积木上。朋友和家人可以扫描积木，了解用户的问题，并共同参与解决。当问题被解决时，相应的积木被移除，用户能看到问题的“山”逐渐缩小，进而获得心理上的轻松和成就感。

艺术疗愈与智能交互设计为心理健康领域带来了新的创新机遇。设计师通过整合科技、艺术和情感体验，能够在心理健康管理中发挥越来越重要的作用。设计专业的学生尽管没有医学背景，但通过针对特定的心理健康问题进行探索性研究，能够为用户提供创新、实用的智能解决方案。这不仅是对心理健康问题的独特回应，也为设计领域带来了新的突破与发展方向。

5.8 课程案例一：面向儿童疫苗接种场所的设施再设计

本案例来自大二专题设计，学生为龙姿羽、章悦冬、吴俊辉、邓婉茜，由李存指导并在原作业基础上进行了修改和提升。

5.8.1 设计调研

（1）观察法调研

调研首先采用了观察法，包括应用 POEMS（People、Object、Environments、Messages、Services，人、物体、环境、信息、服务）、POSTA（People、Object、Settings、Time、Activity，人、物体、场景、时间、活动）和 AEIOU（Activity、Environments、Interaction、Object、User，活动、环境、互动、对象、用户）等观察框架，全面记录疫苗接种场所的使用情景。

（2）访谈法调研

在访谈环节，研究团队通过对不同群体的深度访谈，深入了解用户需求与使用痛点（图 5-40）。受访者包括多位家长和孩子，提供了丰富的实际反馈。

第一位受访者是一位带着 2 岁孩子的奶奶。她提到，孩子虽然会在打针时哭闹，但不会特意使用玩具来转移注意力，只是用食物哄哄。她对社区医院的儿童游乐设施持保留态度，主要担心卫生问题，认为医院是疾病传播的场所。另一位受访者是一位爷爷，他表示孩子在打针时会哭，但通过语言交流可以安抚孩子。他认为，如果能有转移孩子注意力的设施会有吸引力，但同样担忧设施卫生，因为孩子过去曾因细菌感染而生病。另一位受访者带着 5 岁的孙子来访，认为社区医院的等待时间较长，尤其在人流量大的区域，缺乏娱乐设施让孩子显得更加焦躁。如果设施能够兼顾卫生与互动性，她愿意与孩子一起使用。

此外，访谈还包括几位儿童的直接反馈。5 岁的壮壮表示，在医院等待时会觉得无聊，通常通过看父母的手机解闷。虽然一些社区医院配备了游乐设施，但大多数情况下家长只是站在旁边看着，设施也缺乏吸引家长共同参与的设计。而 9 岁的 Lucy 回忆起小时候打疫苗的经历，指出设施通常过于单调，比如只播放大人感兴趣的节目。她希望有更多能够让孩子与家长互动的设施。

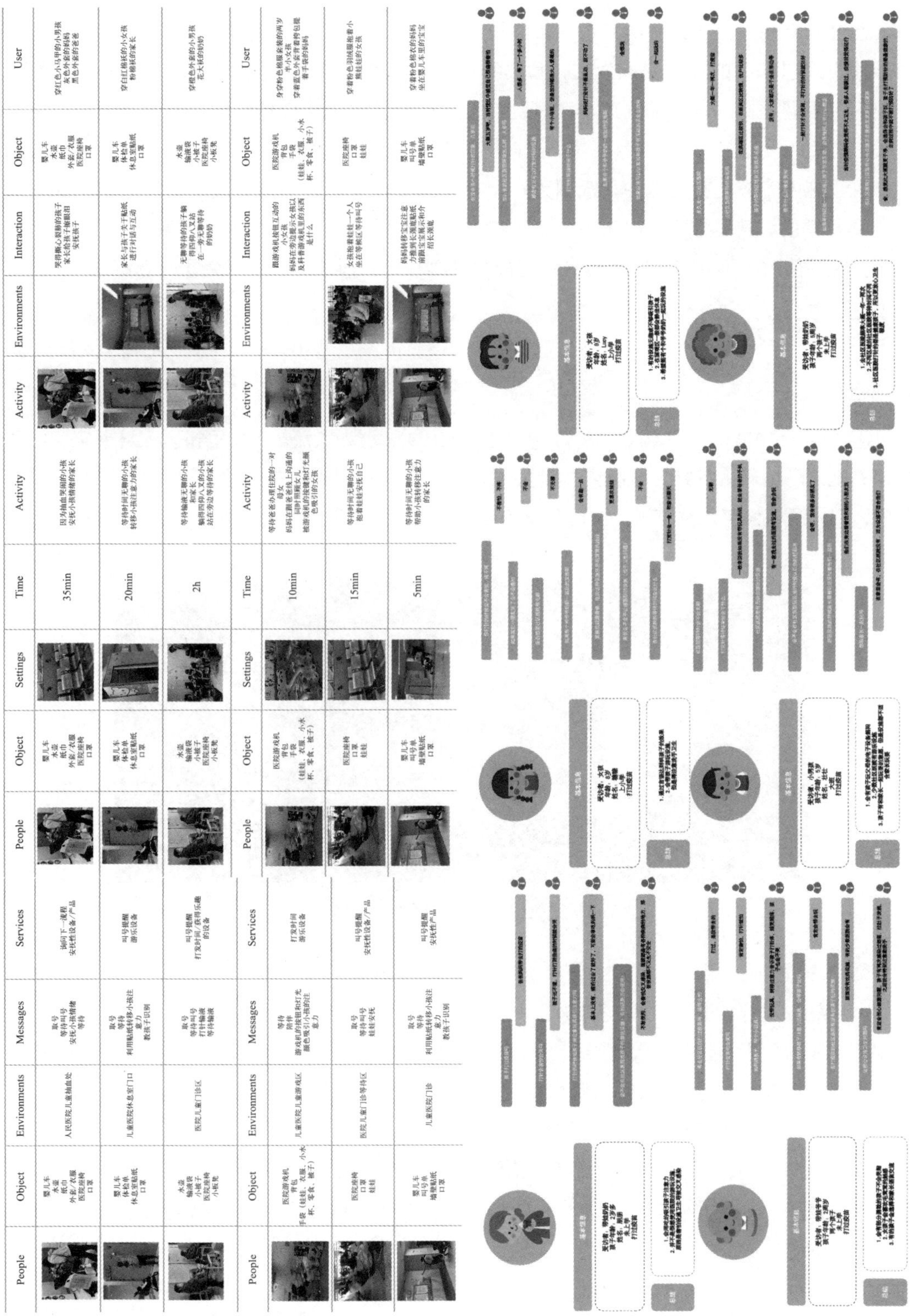

图5-40　观察法和访谈法调研过程

（3）调研总结

通过分析观察法和访谈法的数据，可以总结出以下几点关键洞察：孩子在打针时的注意力转移方式以家长的及时安抚为主，食物和语言安抚较为常见，而玩具或设施的使用较少，主要因卫生问题被闲置；部分孩子在医院等待期间会依赖电子设备解闷，而现有游乐设施对家长参与度不高，缺乏互动设计；有孩子表示希望在医院中能有与家长共同参与的活动或设施，且设施内容应更有趣味性和吸引力；家长普遍关注设施的卫生状况，卫生与安全成为选择的重要考量。其他方面洞察包括：受访者去社区医院的频率大概一年一两次；不同区域的社区医院等待时间不同；社区医院打针的都是健康孩子，所以更放心卫生状况等。

5.8.2 环境分析

（1）当地儿童医院

① 整体环境特征：当地儿童医院的环境特征主要表现为人流量大、等待区人群聚集、活动频繁、整体环境较为拥挤。医院内人群类型复杂，存在病毒携带的风险，卫生状况相对较差。此外，部分区域设有儿童游乐设备，但设备类型较为老旧，难以吸引儿童持续使用（图 5-41）。

图5-41　当地儿童医院和社区卫生服务中心

② 人群特征：儿童医院的主要服务对象为病患及其家属，其中儿童为主要群体，多为2～3 名家庭成员陪同。此外，还有医护人员穿梭其中。由于人群类型复杂，许多病患家庭对医院环境较为陌生，且部分人可能携带病毒，这增加了疾病传播的潜在风险。

③ 研究空间与时间：研究场所集中在大型儿童医院的综合病区，研究时间为下午 3～6 点，此时间段为门诊高峰期，环境更加嘈杂拥挤。

④ 行为与需求：家长的主要任务是诊治儿童身体问题、安抚儿童情绪，并在等待过程中关注儿童的安全。而儿童则主要关注身体恢复、注意力转移以缓解不适和情绪紧张，并试图打发漫长的等待时间。

⑤ 环境痛点：在儿童医院环境中，来往人群普遍具有较强的目的性，许多家长处于赶时间的状态，儿童因身体不适而活动性不强。此外，医院内人流量大，卫生环境复杂，病毒传播风险高，家长对设施卫生情况普遍持强烈担忧态度。

（2）当地社区卫生服务中心

① 整体环境特征：社区卫生服务中心的环境相较于儿童医院更为整齐有序，来往人流量较为分散，分区明确且不混乱。装修风格更加符合儿童的喜好，卫生环境良好，整体氛围轻松，具有较强的亲和力。

② 人群特征：服务对象主要为接种疫苗的儿童及其家长，多为 1～2 名家长陪同。与儿童医院不同，接种疫苗的儿童通常身体健康、精力充沛，家长也没有强烈的紧张情绪，整体氛围轻松愉悦。此外，社区卫生服务中心的医护人员能够提供更具针对性的服务。

③ 研究空间与时间：社区卫生服务中心的研究时间集中在上午 10～12 点，这一时段内人流相对均衡，环境更适宜儿童活动。

④ 行为与需求：家长的主要任务是陪伴儿童完成疫苗接种，安抚其情绪并观察后续反应。儿童则需要缓解对注射的紧张情绪，转移注意力以打发等待时间。

⑤ 环境优点：与大型儿童医院相比，社区卫生服务中心的人群针对性更强，环境更加整洁，卫生状况良好。由于儿童身体健康且没有病症，病毒传播风险较低，家长的情绪也相对平稳。环境整体设计更加注重关怀与舒适性，为儿童提供了更加友好的体验。

（3）环境分析总结

通过对当地儿童医院与社区卫生服务中心的对比分析，可以发现两者在服务对象、环境氛围及场景痛点上存在显著差异。儿童医院由于人流密集、环境复杂，更易引发家长的卫生担忧，并导致儿童和家长在使用设施时存在心理障碍。而社区卫生服务中心则卫生条件优越、氛围轻松，能够为儿童和家长提供更加舒适的服务体验。上述分析为公共设施的设计优化提供了明确的方向，即针对不同环境需求设计相应的智能化、卫生友好型设施，同时注重情绪安抚和注意力转移功能，以更好地满足目标人群的需求（图 5-42）。

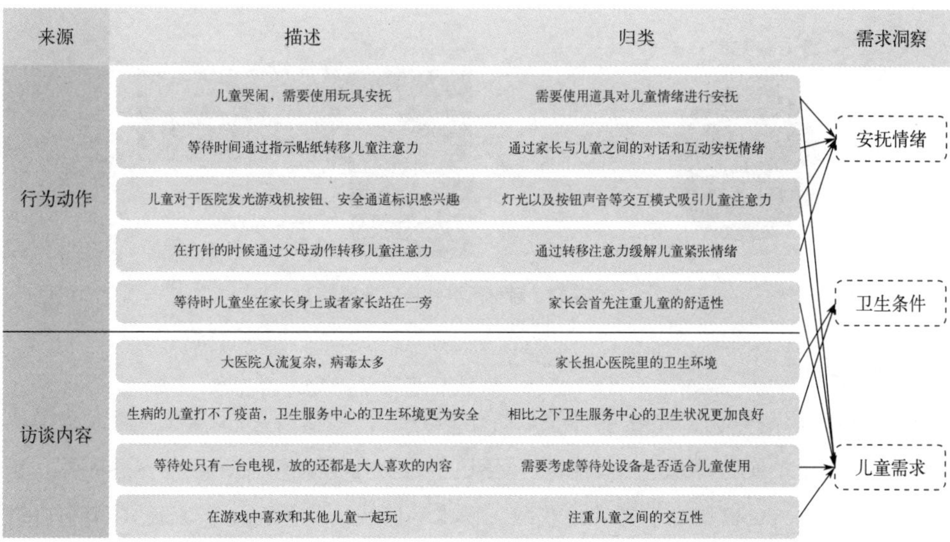

图5-42　调研总结

5.8.3 产品原型制作

（1）产品定义

本产品以代际交互体验为核心，面向 1～6 岁儿童在社区诊所疫苗等待区的使用场景，旨在通过益智类互动设计改善儿童疫苗接种过程中等待的无聊感与紧张情绪，同时促进家长与儿童之间的互动。

（2）基本功能描述

① 拍照取号功能：在传统取号方式基础上，创新引入拍立得形式，将家长与儿童的合影打印在挂号取号单上。该设计不仅记录了时间、地点及疫苗接种次数，还捕捉了家长与儿童的温馨瞬间，为就医流程增添情感价值和趣味性。

② 积木转盘互动：通过旋转转盘的互动方式，使儿童获取积木的流程更加趣味化。家长与儿童分别旋转两个转盘，当颜色匹配时，积木会从储存模块中掉落。这一流程不仅增加了积木获取的乐趣，还增强了家长与儿童之间的互动感，为等待过程营造了轻松的氛围。

③ 积木墙创作：设置一面儿童可自由拼搭积木的积木墙，鼓励儿童与家长共同利用积木进行创意拼搭。在此过程中，儿童可以培养创造力与逻辑思维能力，而家长也能享受到寓教于乐的互动体验，进一步强化亲子关系。

（3）目标用户和场景

① 主要用户：1～6 岁接种疫苗的儿童（学龄前阶段）。

② 次要用户：儿童的家长，作为陪伴与引导者参与互动活动。

③ 潜在用户：社区诊所其他人员，可能作为产品的管理者或观察者。

④ 目标场景：社区诊所疫苗接种区域，特点为人流分散、秩序良好、卫生环境优越，儿童充满活力，儿童关怀性较高（图 5-43）。

图5-43 目标人群和目标场景

（4）产品架构设计

如图 5-44，产品分为三个主要模块。打卡取号区：包含打印机模块、摄像头模块及开关按键模块，用于拍照打印取号单。积木掉落区：由大小旋转轮盘、颜色光感应器、积木储存与掉落模块组成，负责积木的趣味化获取。积木墙模块：作为儿童与家长共同创作的区域，提供积木拼搭的平面支持。

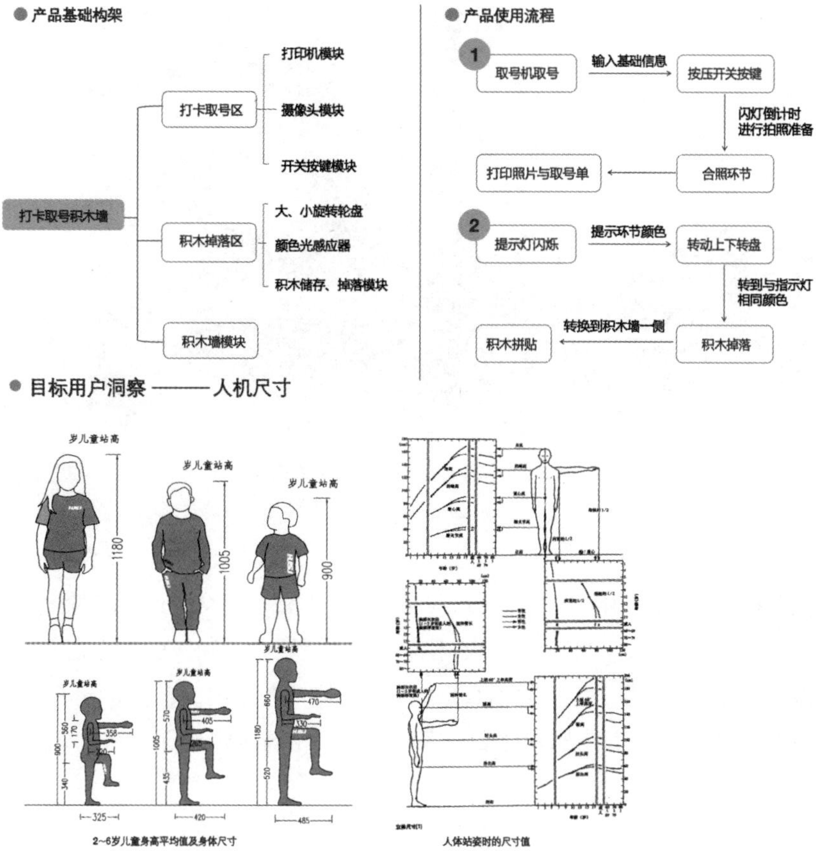

图5-44　产品的基本构架、使用流程和人机尺寸

本产品通过拍照取号、积木转盘互动及积木墙创作三个核心功能模块，构建了一种创新性和趣味性的代际互动模式，不仅改善了社区诊所的候诊体验，还为儿童及其家长提供了寓教于乐的互动契机（图 5-45、图 5-46）。

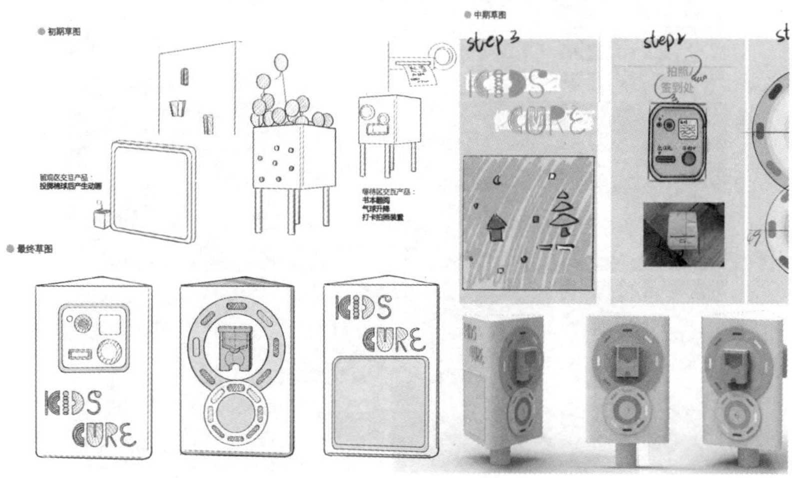

图5-45　产品原型的初期、中期和最终草图

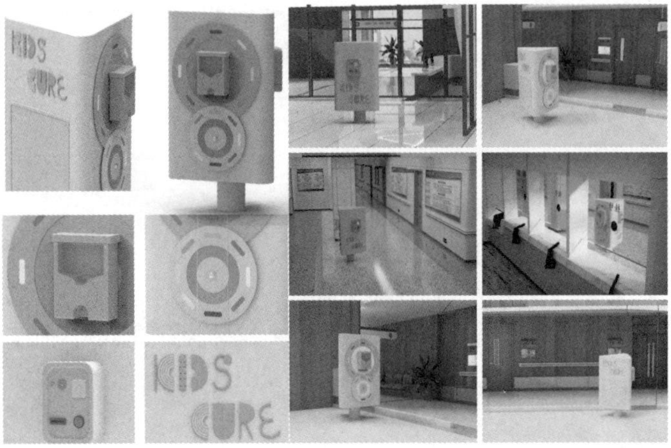

图5-46　产品的使用场景渲染图

（5）制作流程

转盘与积木掉落模块的制作：使用激光雕刻制作积木盒；结合 Arduino 舵机的组装连接，完成电路连接与电路板固定；安装并固定积木掉落模块至墙面，确保操作稳定性。

拍照与签到模块的制作：固定微型打印机，并将其与电路按键连接；精心设计外壳，采用圆角处理以提升产品的安全性与美观度，同时通过粘贴与固定确保模块的坚固性与耐用性（图 5-47、图 5-48）。

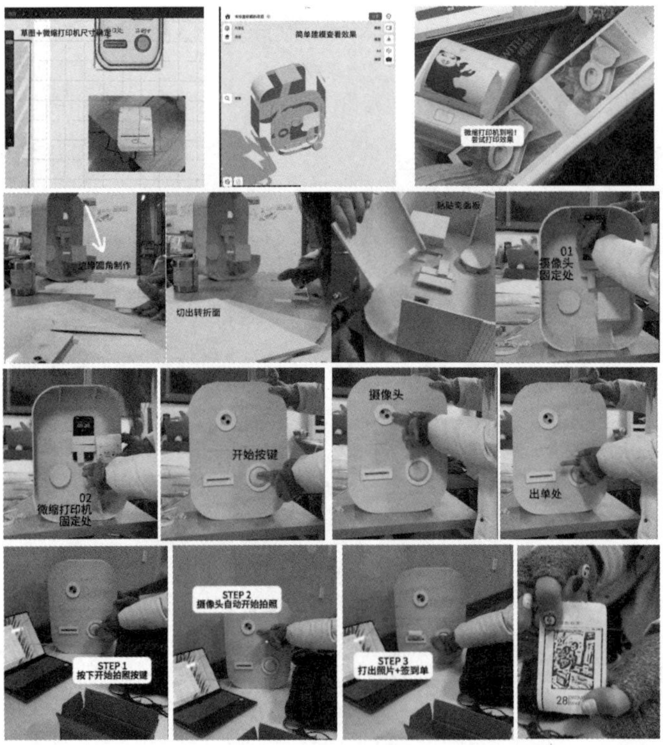

图5-47　拍照与签到模块的内部结构和制作过程

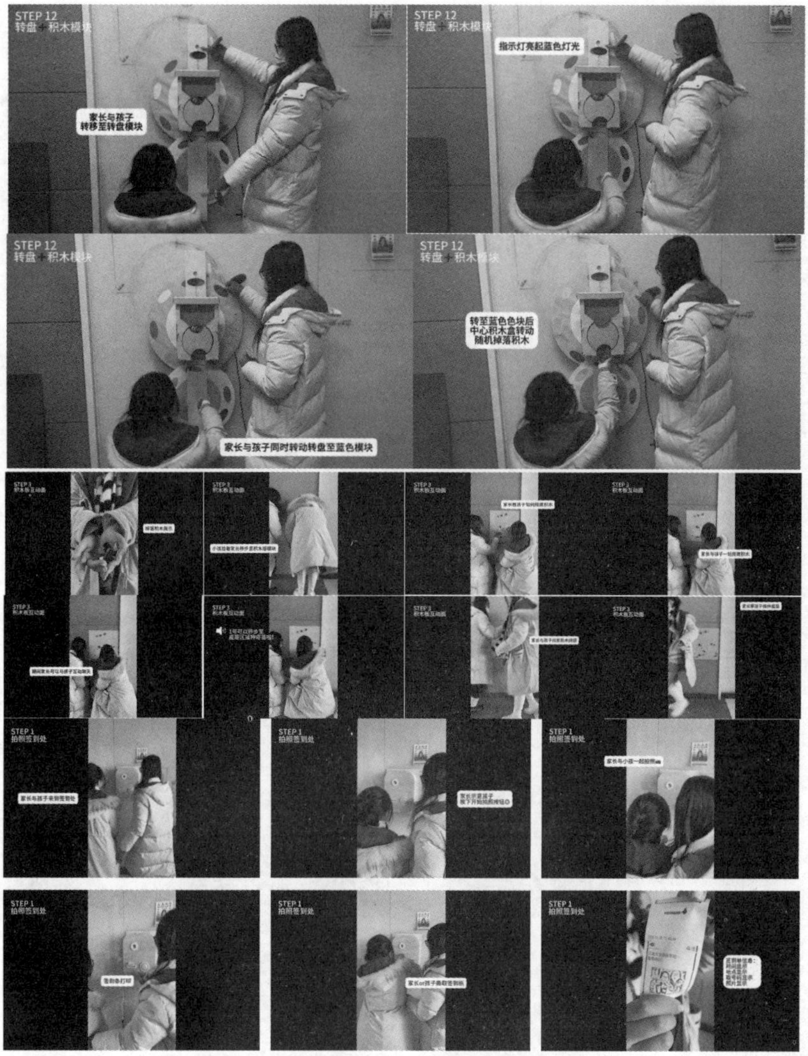

图5-48　产品使用流程

5.8.4 产品测试

产品测试的过程如图 5-49～图 5-51 所示。

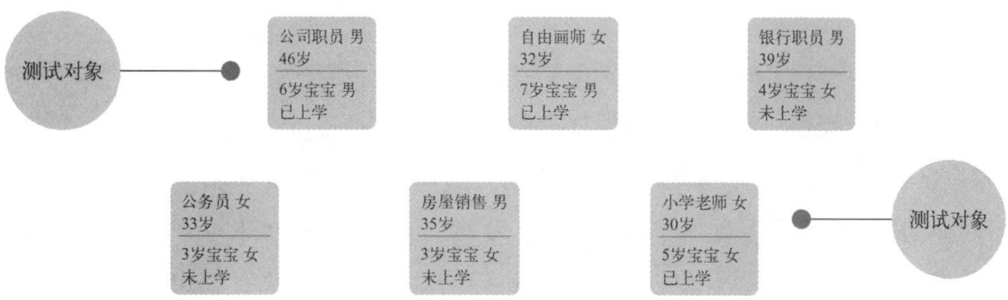

图5-49　产品测试对象

图5-50　产品测试场景

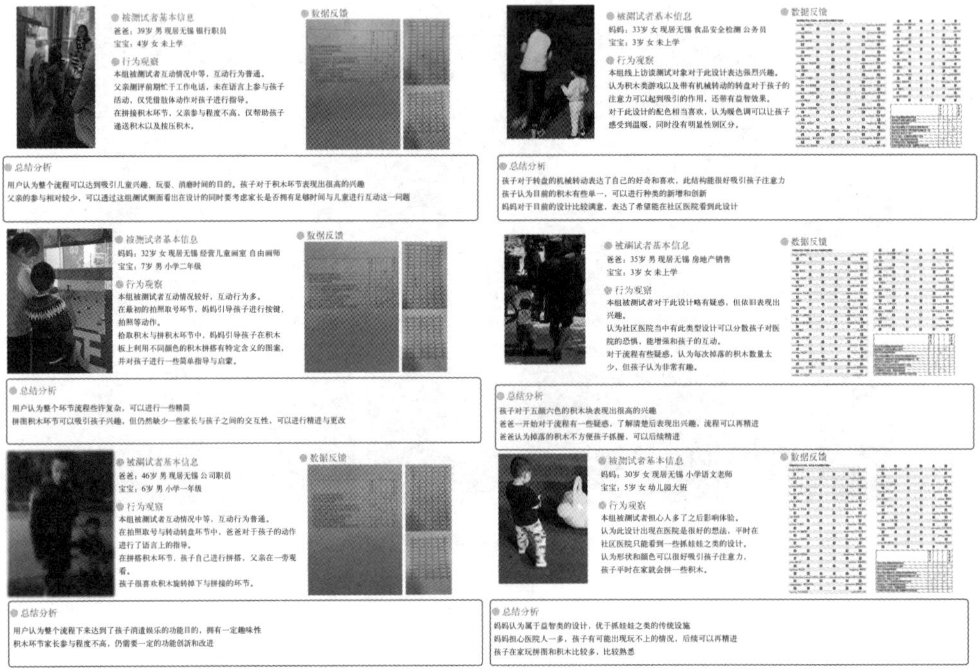

图5-51　产品测试过程

（1）访谈问题

基础信息：为深入了解测试对象的背景信息，包括使用频次、年龄段以及与儿童的交互关系，设计了以下问题：您是否曾经带孩子去社区医院接种疫苗？您的年龄是？您的职业是（企业单位、事业单位、个体创业或待业在家）？您的月收入大概是多少？

针对性问题：在获取基础信息的基础上，为进一步分析测试对象对产品的接受度、使用体验及改进意见，设计了以下深入问题：① 如果在社区医院取号处有这样一款产品，您是否愿意使用它？为什么？② 您认为该产品能否有效促进家长和孩子之间的互动？请说明原因。

③ 您觉得该产品的操作流程是否清晰、简单易懂？是否能够一目了然地理解其正确操作方式？④ 您认为该产品在操作过程中是否存在困难？如果有，您认为最困难的部分是什么？⑤ 您觉得该产品的造型设计是否足够吸引人？⑥ 相较于传统产品，您认为该产品是否具有创新性？是否为您带来了不同以往的新颖体验？⑦ 整体来看，您是否感到该产品的使用流程令人愉悦？它是否给您带来特别的情感体验，或者没有明显变化？

设计意图：访谈问题的设计旨在系统性地收集测试对象的基础信息，同时通过针对性提问深入挖掘用户对于产品创新性、互动性、可操作性及情感体验的评价。基础信息为后续研究提供了人口学和社会经济背景支持，而针对性问题则有助于明确产品在实际使用中的优势与改进方向，为优化设计和后续研发提供关键数据支撑。

（2）测试对象记录

测试对象 1：该组测试对象包括一名 7 岁的小学二年级男孩和其 32 岁的母亲，母亲是自由画师并经营儿童画室。行为观察显示，母亲积极引导孩子完成按键拍照和积木拼搭等操作，指导孩子用不同颜色的积木拼搭有意义的图案，而孩子因性格稍显害羞，需要母亲的陪伴才愿意参与。访谈中，家长认为产品能够缓解医院的冷漠感，为孩子创造轻松愉快的就医体验，拍照环节能促进亲子互动并留下纪念，并对产品的教育价值表达了认可。同时家长指出，整体流程略显复杂，拼搭环节虽然能够吸引孩子，但亲子交互不足，需要进一步优化。希望通过精简流程提升用户体验，减少积木掉落与拼搭的复杂性。

测试对象 2：该组测试对象为一名 4 岁的未入学女孩和其 39 岁的父亲，父亲为银行职员。测试中，孩子主动参与拼搭积木，表现出浓厚兴趣，而父亲的参与度不高，忙于打电话，偶尔通过肢体动作指导孩子。家长的低参与度暴露出设计需要进一步考量家长互动的现实可能性及便利性。访谈中，家长认为该产品能够吸引孩子的注意力，有效缓解其对医院的恐惧感，并消磨时间。家长建议增加积木种类，进一步提升吸引力，并提出此产品在低成本情况下具备盈利的潜力。孩子则明确表示喜欢积木环节，认为这是吸引自己去医院的重要因素。

测试对象 3：该组测试对象为一名 6 岁的小学一年级男孩及其 46 岁的父亲，父亲为公司职员。观察显示，孩子特别喜欢积木旋转掉落与拼接环节，父亲则通过语言对孩子进行指导，但未主动参与实际操作。访谈中，家长认可产品在缓解孩子紧张情绪、增进亲子关系方面的积极作用，并支持将该产品引入社区医院。家长认为产品颜色柔和，造型有趣，可中和医院冷色调的氛围。孩子也表达了对转盘和社交功能的喜爱，但建议加强积木的多样性和创新性。

测试对象 4：该组测试对象为一名 6 岁的男孩和其 46 岁的父亲。观察显示，孩子喜欢积木掉落与拼接环节，但父亲参与较少，仅在语言上提供指导。家长认为产品具有娱乐功能，但建议在功能上增加创新性以提升吸引力。孩子特别喜欢机械互动部分，家长建议优化积木抓握设计以提升操作便利性。

测试对象 5：该组测试通过线上访谈完成，测试对象为一名 3 岁的女童和其 33 岁的母亲，母亲为公务员。访谈中，母亲高度评价产品的配色及益智性，认为其能够吸引孩子并促进注意力集中，同时避免性别刻板印象。孩子对转盘的机械转动表现出强烈的兴趣，建议增加积木种类以提供更多玩法。母亲总体对产品表示满意，并期待在社区医院实际应用。

测试对象 6：该组测试对象为一名 3 岁的女童及其 35 岁的父亲，父亲从事房地产销售工作。观察显示，父亲起初对流程存在疑惑，但在了解后产生了兴趣，孩子对多彩积木块表现出浓厚兴趣。家长认为产品能够分散孩子对医院的恐惧，但建议流程说明更加清晰，并提升积木抓握的便利性以改善体验。

测试对象 7：该组测试对象包括一名 5 岁的幼儿园大班女孩和其 30 岁的母亲，母亲为小学语文老师。家长认为产品具有益智性，能够吸引孩子，但对于医院人多可能导致孩子无法参与表达了担忧。总体来看，家长对产品优于传统抓娃娃机的创新性表示肯定，建议后续进一步考虑高使用密度情况下的操作优化。

（3）测试结果

测试结果表明，大多数家长对产品的接受程度较高，尤其在吸引儿童注意力、缓解医院紧张氛围及促进亲子互动方面具有显著效果。然而，测试也反映出家长参与度不均、流程复杂性较高及积木种类单一等问题，这些为后续优化设计提供了重要方向（图 5-52）。

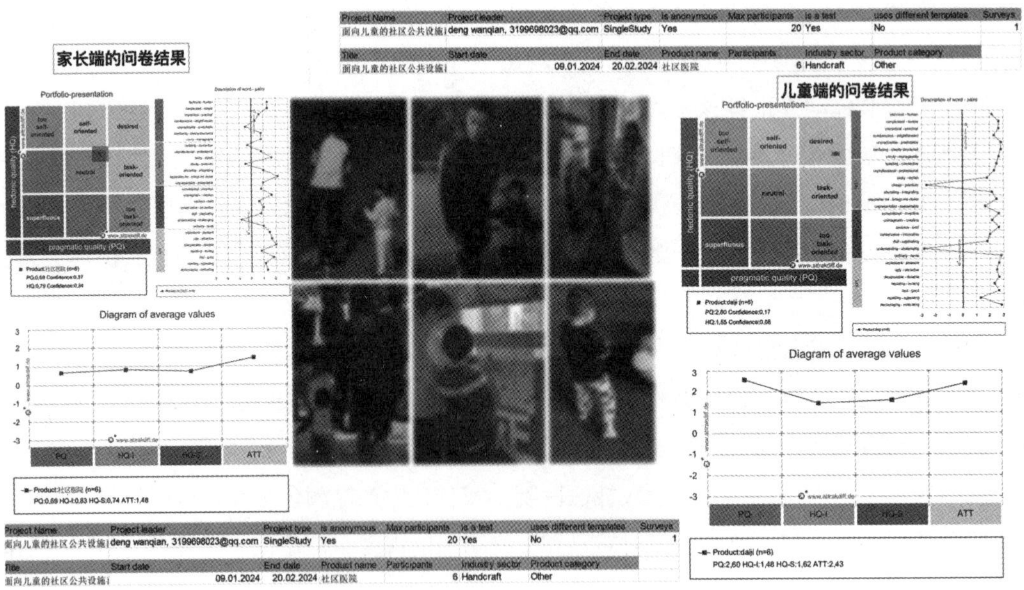

图5-52　测试结果

5.8.5　案例总结

该产品展现出多项优势，特别是将合照功能与取号时间巧妙结合，不仅能够高效记录疫苗接种时间，还为家长和孩子在不同时间段的互动留下珍贵影像，增强了参与过程的情感价值。此外，拼图模块的设计充分考虑到目标儿童的认知发展水平，其交互方式贴合儿童的兴趣点和行为习惯，能够有效吸引儿童的注意力，为医疗环境中孩子的娱乐和消遣提供了一个温暖且充满趣味的体验。

产品中仍存在一些问题需要进一步优化。首先，拼图游戏的内容主要聚焦儿童，对家长的吸引力不足，限制了亲子之间更深层次的互动。家长更多处于辅助或观察角色，未能积极融入互动中，削弱了产品在增强亲子关系方面的潜力。其次，现有的游戏方式虽然操作简单，但趣味性和创新性不足，未能充分激发用户的探索欲望和互动动力。此外，尽管产品的操作方法相对直观，但整体使用流程稍显复杂，在真实环境中应用可能面临一定的可操作性挑战。因此，未来改进方向可以集中于以下几点：通过增加内容层次感和趣味性，吸引家长主动参与互动；优化游戏方式，使其更加具有创意和吸引力；精简操作流程，提高用户体验的流畅性和便捷性。

5.9 课程案例二：基于 Arduino 和 Processing 的智能健康设备设计

本案例来自大二交互设计基础课程，学生为栾旭、黄恺琳、王志俊，由李存指导并在原作业基础上进行了修改和完善。

在现代社会，生活压力的加剧、经济条件的限制以及无休无止的精神内耗，正日益影响人们的生活质量。人们往往缺乏足够的动力和条件对身体状况进行及时监测，导致隐性健康问题未能得到有效解决。基于这一社会现象，本案例选用 Arduino 和 Processing 技术开发了一种便捷高效且富有趣味性的街头快速体检设备。该设备旨在帮助用户利用生活中的碎片时间掌握自身健康状况，同时通过与他人的互动生成“健康之花”，以一种寓教于乐的方式促使用户关注健康，并改善生活状态。

5.9.1 用户研究过程

（1）调研目标、人群、方法

① 调研目标：本研究旨在通过调研了解用户对于自身生命体征监测及人体健康数据监测的兴趣与看法，探索用户对健康智能产品的接受程度及实际需求，为后续产品设计提供数据支持和理论依据。

② 调研人群：研究选定了两个核心用户群体。18～24 岁的大学生群体：该群体正处于身体健康管理习惯形成的关键时期，作息不规律现象较为普遍。25～35 岁的青年群体：该群体面临事业与生活的双重压力，健康关注度逐渐提升但管理方式有限。

调研采用线上问卷和线下访谈结合的方式，其中线上问卷共收集有效样本 40 份，线下深度访谈覆盖 12 人（图 5-53）。

研究目标一：基本信息

1.您的年龄是：

2.您的职业是：

3.您的居住情况是：

研究目标二：作息习惯

1.您的作息习惯健康吗？

2.您的饮食习惯如何？

研究目标三：健康情况及产品使用

1.您是否对自己的健康情况满意？

2.您日常是否希望或需要能够随时了解自己的身体各项数据信息？

3.是否使用过智能健康交互产品或检测产品，如体脂BMI计算平台、健康手环、血压仪等？对现在使用的产品是否满意？

4.对于智能健康交互产品的购买预算大约为？

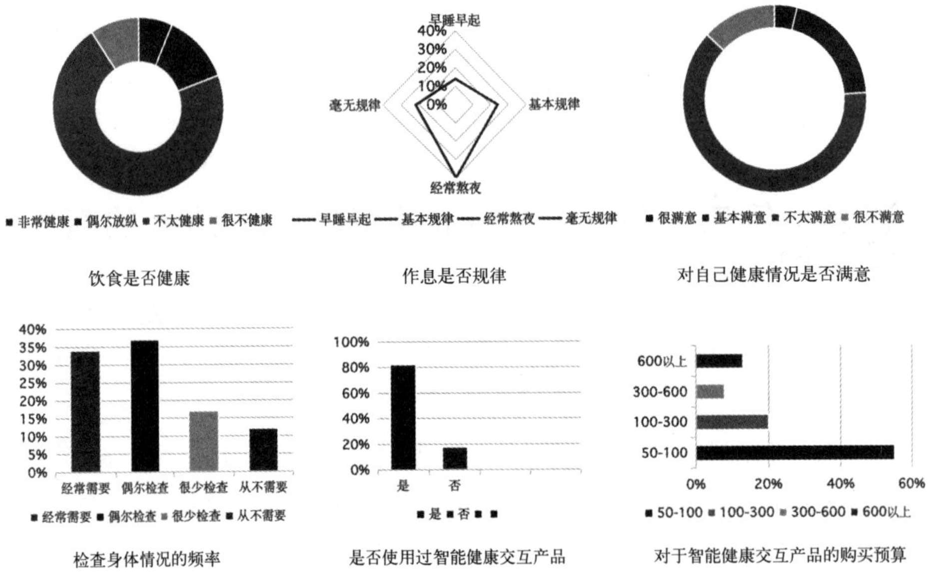

图5-53　线上问卷与调研结果

③ 调研方法：本次调研结合了定性分析与定量分析的方式。定性分析：采用访谈法、观察法、案例分析法及用户跟踪法，深入挖掘用户的潜在需求和态度（图 5-54）。定量分析：通过线上问卷调查，收集用户健康管理行为及智能医疗产品使用习惯的数据。

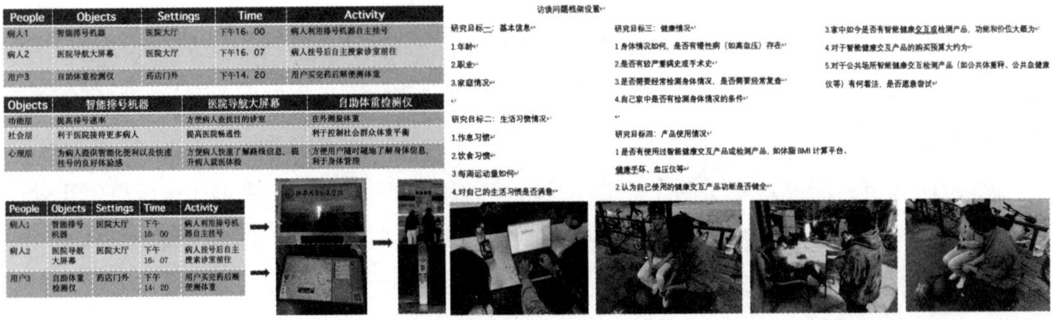

图5-54　观察法分析框架（左）和用户访谈过程（右）

（2）调研结果

① 健康状态与生活方式：多数受访者表示其作息与饮食习惯不够健康，身体状况不佳，对当前生活状态感到不满意。这种不健康的生活方式进一步导致受访者对于自身健康状况的焦虑，却缺乏前往医院进行详细检查的动力。

② 健康检查习惯：部分受访者定期体检，但更多人认为去医院检查过程繁琐，导致他们对自身健康状况的了解不足。这种现象容易造成健康隐患的延误处理，如疾病晚期发现或慢性病频发，表明大众需要一种更加便捷的身体检测方式。

③ 智能医疗交互产品使用体验：绝大部分受访者使用过常见的智能医疗交互产品，如测温仪、血压仪等。然而，这些产品功能单一，测量精确度有限，无法提供对整体健康状态的综合评估。这导致许多受访者对智能医疗产品的实际效用持保留态度，认为这些产品的性价比不高。

④ 预算与购买意愿：调查显示，大部分受访者的智能医疗产品预算集中在 50～100 元之间，低预算限制了家庭对功能全面的检测仪器的配置需求。这进一步凸显了设计经济实惠且功能多样的公共智能健康管理产品的必要性。

⑤ 公共智能医疗交互产品兴趣度：在访谈中，受访者普遍对新型公共智能医疗交互产品表现出浓厚兴趣，尝试意愿高。这表明此类产品在潜在用户中具有较强的吸引力，为后续的设计研发提供了良好的市场基础。

本次调研明确了目标用户的核心需求和痛点。调研结果表明，受访者希望产品在便捷性、趣味性和功能全面性上进行改进，同时对价格具有较高的敏感度。基于这些发现，后续设计需重点关注优化交互体验、提高功能集成度，并在控制成本的同时增强产品吸引力，从而满足受访者对公共智能健康管理产品的期待。

5.9.2 国内医疗检测产品现状

（1）产品市场需求和技术发展趋势

① 产品外形与市场需求：目前国内医疗检测产品的发展尚处于初级阶段，产品外形设计多集中于大中型设备，这类设备主要应用于企业、社区和医院的公共场景中。现有市场中的自助医疗检测设备多为单一体检项目的设备，例如血压监测仪、血氧检测仪等。这种倾向表明，中国幅员辽阔、地区经济发展不均衡的现状决定了大中型医疗检测设备在公共健康领域仍具有广阔的市场前景和研发价值。进一步推动此类设备的发展，不仅能够满足多层次的健康需求，还具有显著的社会和经济意义。

② 技术发展趋势：随着健康科技的不断进步，完全个性化的医疗检测设备即“个人健康监测伴侣”被认为是未来的重要发展方向。然而，由于当前技术、成本以及普及程度的限制，这一目标的全面实现尚需时日。在此背景下，公共社区型医疗检测设备的研发更加契合我国国情。目前，国内医疗检测设备已广泛采用红外测温、超声波体征测量、血氧无创传感、物联网数据处理等技术。然而，大多数产品的设计更注重功能性和技术性，却缺乏趣味性与交

互性，难以吸引广泛用户，尤其是在用户体验感和交互设计方面仍有较大提升空间。

（2）市场案例分析

① 多合一预防性健康监测设备：预防性健康监测设备通过监测关键生命体征（如血压、体温、心率、呼吸频率、葡萄糖、总胆固醇和尿酸等），为用户提供综合的健康状况评估。例如，Island 智能健康设备不仅能够采集并追踪生命体征数据，还将数据传送至云端，由人工智能进行分析（图 5-55）。其主要特点包括：滑动显示屏操作简单，适合老年用户，避免复杂的设置步骤；配备隐私摄像头传感器，在与家人互动的同时自动采集健康数据；使健康跟踪和日常互动无缝结合，推动健康管理的常态化。

② HUAWEI HiLink 精准智能健康手环：该产品定位于智能健康监测的家庭伴侣，通过六大功能模块实现全方位健康监测（图 5-56）。24 小时自动 / 手动双模式检测；血压与血氧双重监测；提供心电图监测和科学睡眠记录；借助 AI 生成健康分析报告，为用户提供个性化健康建议。

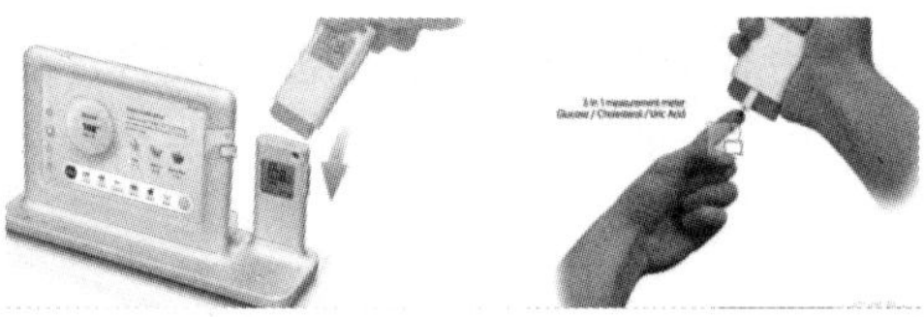

图5-55　Island智能健康设备

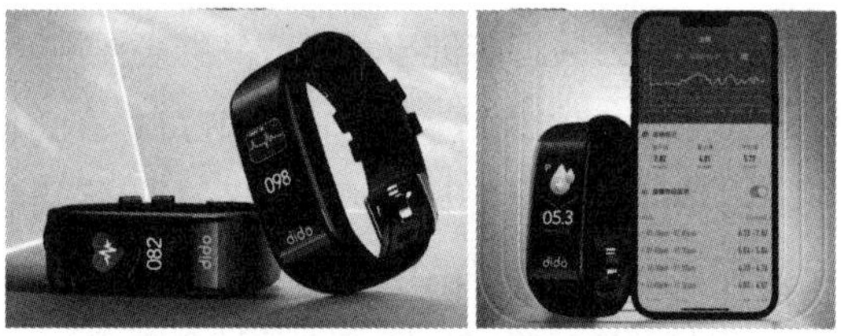

图5-56　HUAWEI HiLink精准智能健康手环

这些案例表明，国内智能健康产品正逐渐向高精度、多功能、便携化方向发展。

（3）智能健康设备的未来趋势

① 精确化：技术的不断进步使健康监测设备的精度逐渐向医疗级靠拢，家用智能健康设备如血压计、血糖仪、体温计的可靠性将进一步提高。

② 便捷性：操作界面更加友好，传统仪器的设计理念被引入，使学习成本降低，尤其是老年用户能够轻松适应。

③ 功能多样化：设备将涵盖更多检测功能，用户在家中即可完成血常规、尿常规等常见健康检查，同时健康大数据服务将更加专业和全面。

④ 高集成性：未来设备将集成多种传感器，实现对多项生命体征的同时检测，从而提高效率和改善用户体验。

⑤ 交互体验优化：更加注重人机交互设计，使智能健康设备更贴合用户需求，进一步提升使用的趣味性与便利性。

（4）市场痛点与设计改进方向

当前智能健康设备市场面临诸多痛点。首先，精准性问题突出，现阶段大部分设备的检测精度仅能满足基础预防需求，难以达到医疗级别，限制了其在专业医疗场景中的应用。其次，价格与质量差异大，设备价格跨度大，功能和质量参差不齐，消费者选择困难，市场上缺乏统一的质量标准和价格指导。再次，安全性与隐私性不足，用户对数据泄露和设备使用安全的担忧依然是阻碍其购买的重要因素。此外，趣味性与交互性弱，测试方式单调，结果呈现缺乏吸引力，难以激发用户的长期使用兴趣。然后，使用场景较为单一，多数设备仅应用于医院体检场景，普及程度有限，难以满足日常健康监测需求。最后，操作流程复杂，现有设备缺乏合理的功能分区和导视设计，导致用户在使用时感到混乱且效率低下。

为了解决这些痛点，设计改进方向应从多个方面入手。技术优化是关键，通过提升设备的检测精度，采用更先进的传感器技术和数据处理算法，提高检测结果的准确性和可靠性。功能整合也至关重要，优化设备的功能设计，减少不必要的功能冗余，增加实用性强的功能，通过合理的功能分区和模块化设计，提高设备的易用性和操作效率。交互设计方面，增强设备的趣味性和交互性，设计更具吸引力的用户界面和测试流程，通过游戏化元素、可视化数据呈现和个性化反馈，提高用户的使用兴趣和参与度。隐私保护同样不可忽视，通过加强数据加密和制定用户隐私政策，确保用户数据的安全性和保密性。通过这些改进，优化用户使用体验，并引入更多智能化、个性化的服务，推动医疗健康监测设备更广泛地应用与普及。

5.9.3 产品原型制作

（1）产品功能定义

本产品在颜色传感器、手势传感器的基础上将情绪数据可视化，通过颜色识别使用者不同种类的情绪（如蓝色代表忧郁、橙色代表开朗等），并将其转化为相应的艺术花朵动效，积极情绪的使用者将对消极情绪使用者的花朵动效有着巨大影响，会使消极情绪所产生的花朵动效逐渐转变为积极的、灿烂的动效；同时，产品参与者越多，改变越大、效果越好。本产品主要创新点在于情绪数据可视化和多人同时测试的数据多变性，注重当代人的情绪心理健康，鼓励人们敢于将自身消极、低落的情绪表达出来，接受他人帮助；同时鼓励有着良好情绪的人用自身力量感染他人、协助低落情绪之人调整情绪，提高社会群众的幸福水平，促进社会和谐安定发展（图 5-57）。

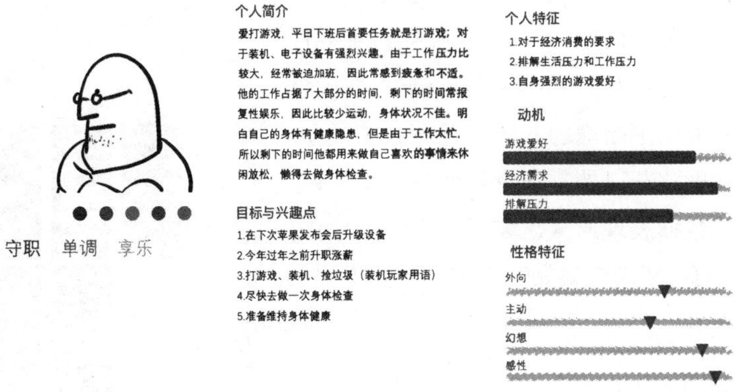

图5-57 用户角色模型

视觉方面主要使用 Processing 对数据进行可视化处理，或加入 3D 动画，将健康信息转化为抽象艺术化的花的生长、植物的脉络、树叶的凋零等动效（图 5-58）。

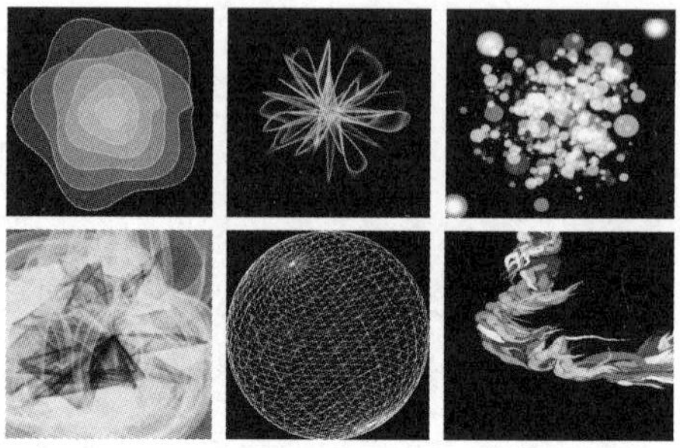

图5-58　视觉设计方向

（2）产品基本功能结构框图

① 产品检测获得使用者身体数据，如体温、心率、肺活量等（选择其一）。

② 检测过程中加入心率测试、体温测试、超声波距离识别等交互模式。

③ 数据经过艺术化处理后，将植物、花朵的生长过程呈现在 OLED 显示屏上。

④ 其他模块用于丰富可视化数据或增添交互体验感（选做）。

⑤ 信息可视形式多样化，如 PC 端显示、手机端显示、手机蓝牙操控等。原型主要采用 Arduino 和 Processing 编程（图 5-59）。

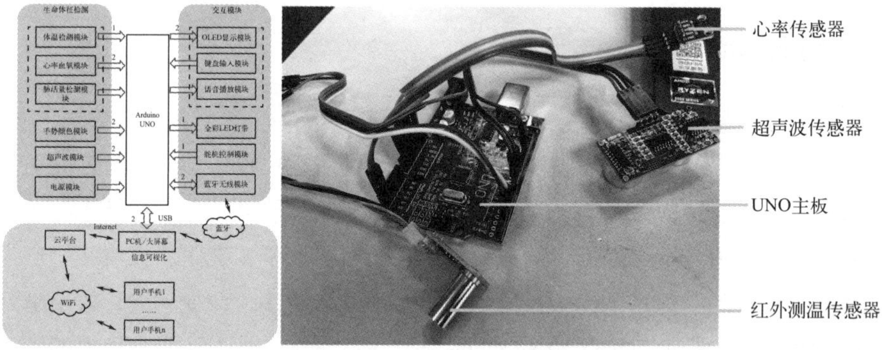

图5-59　产品结构框图

（3）视觉端效果展示

视觉端以格线化的球状花造型为主，通过颜色的变化来表示体温情况。绿色为正常体温，橙色为略高温，红色为高温，蓝色为低温。以球状花转速的变化来表示平均心率；以球状花的大小来表示测试者距离远近。随着测试者数量不断增加，球状花背景中的星点会不断增加。除球状花以外，还有其他各种形式的花朵表现形式以及数据表现形式，如雷达图、心率图等。低保真和高保真手机端效果如图 5-60 所示。

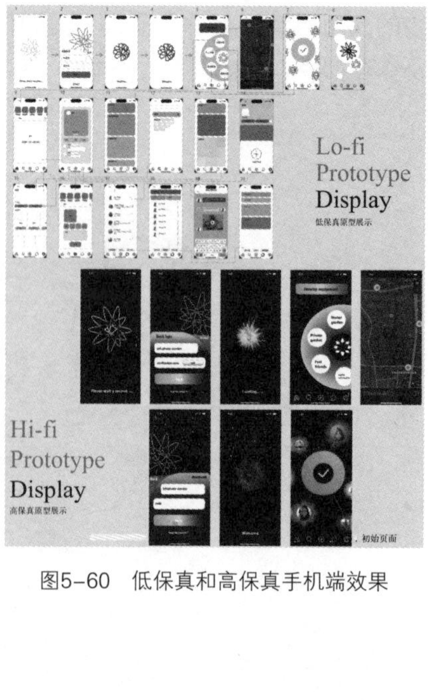

图5-60　低保真和高保真手机端效果

（4）原型草模

产品意向板如图 5-61 所示。①造型：现代主义较为冷峻的工业设计风格，线条锐利干脆，造型简练。

②色彩：以黑、白、灰为主，紫色、暗黄色为辅的金属色。③材质：以磨砂、镜面为主的金属材质辅以半透明、发光的玻璃材质。产品渲染效果图如图 5-62 所示。

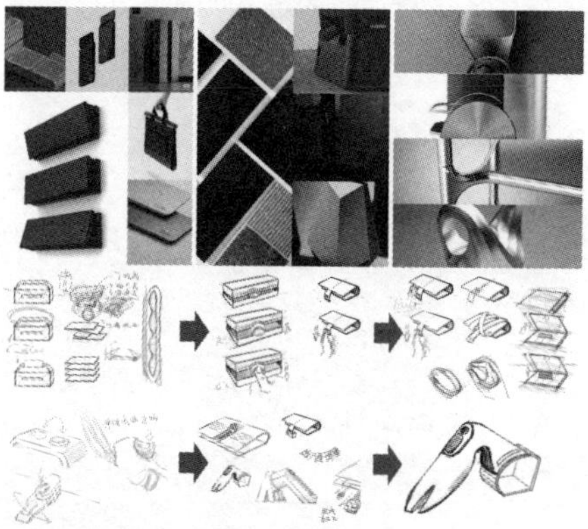

图5-61　产品意向板和草图推演

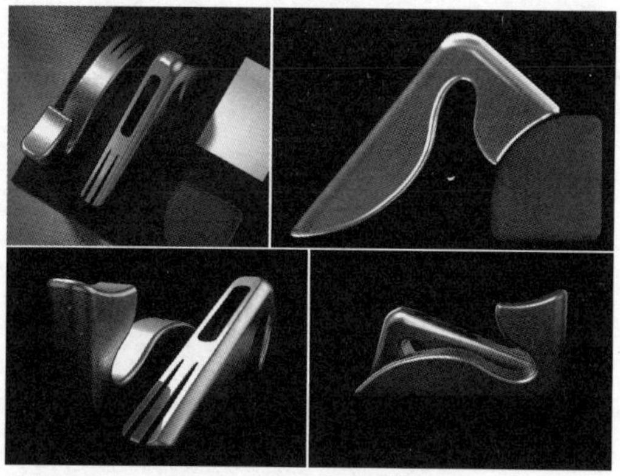

图5-62　产品渲染效果图

原型草模制作，采用泡沫塑料、纸板等，主要目的是验证原型的人机关系，如图 5-63 所示，原型的故事板如图 5-64 所示。

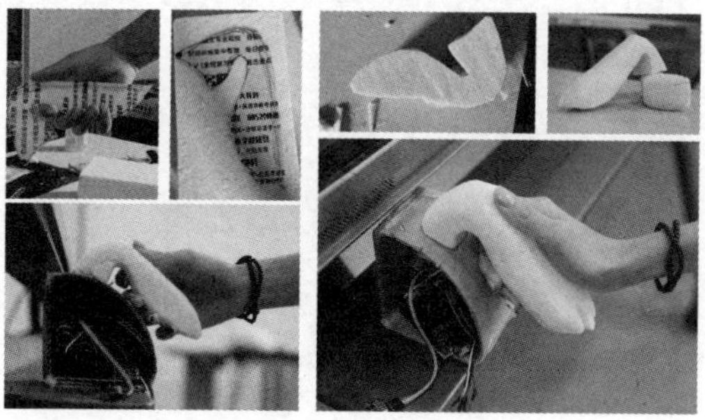

图5-63　产品原型草模

图5-64　故事板

5.9.4 案例总结

本产品基于 Arduino 与 Processing 技术，创新设计了一款便捷高效的街头体检装置，通过健康数据检测与情绪可视化结合，利用花朵动效直观反映用户的身体状况和情绪变化。针对现代人生活压力大、健康管理意识薄弱的现状，设计团队通过线上问卷与深度访谈调研，明确了大学生及青年群体对智能健康监测产品的真实需求与痛点。现有设备往往功能单一、操作繁琐，亟需集成化、交互性更强的新型产品。产品中采用颜色、手势传感器，将生理数据艺术化呈现，并通过多人互动激发积极情绪，提升用户体验与社交效果。原型测试验证了该方案的可行性，不仅满足了便捷检测的要求，更为公共健康管理提供了新思路。未来产品将在技术精度、功能集成与隐私保护等方面持续优化，助力健康生活方式的普及。

06 Chapter

第6章

面向弱势群体的智能交互设计

本章深入探讨了面向弱势群体的智能交互设计，诸如老年人、残障人士、儿童等群体。这些人群因特殊需求和面临的挑战，更易受到生理、经济和社会方面的影响。本章首先讨论了面向弱势群体设计的原则，主要包括两个原则：以同理心为基础和交互的灵活性。以同理心为基础的设计要求通过用户参与的方式，深入理解弱势群体的需求与生活场景。交互的灵活性则要求设计提供多种交互模式，适应用户的不同能力和偏好，提升使用体验和包容性。

其次讨论了三个代表性的弱势群体智能交互设计方向。适老化设计的核心目标是通过无障碍设计、智能家居技术等手段，帮助老年人实现更独立、安全、舒适的生活；面向残障人士的智能交互设计需充分理解各类用户的独特需求和限制，从而制定相应的设计策略；面向儿童的智能交互设计需综合考虑安全性、教育意义、趣味性和用户体验等多个方面。

最后的课程案例，案例一为基于音乐交互的儿童可穿戴产品设计，旨在通过智能技术与音乐的结合，为儿童提供趣味性强、互动性高的学习体验。案例二为面向异地亲子的娱乐性交互产品设计，通过创新的多感官交互方式，增强父母与孩子之间的情感联系。

6.1 弱势群体的定义和类型

讨论面向弱势群体的智能交互设计之前，我们首先了解一下“弱势群体”具体指哪些人。

弱势人群指因生理机能衰退或社会资源匮乏导致生存发展能力不足的群体。根据我国实际情况，一般包括六类人群：① 低收入群体，比如城市下岗职工、失业人员，农村贫困人口；② 特殊生理群体，如残障人士、孤寡老人、未成年孤儿；③ 社会流动群体，如未纳入社保体系的农民工、非正规就业者；④ 权益保障薄弱群体，如家庭暴力受害者、劳动争议中的劳动者；⑤ 突发事件受害者，如自然灾害受灾群众、重大事故影响者；⑥ 特殊法律主体，如诉讼能力偏弱者、无民事行为能力人。

弱势群体由于其特殊需求和面临的挑战，更容易受到社会、经济和健康等方面的影响和压力。因此，设计适合弱势群体的产品时，必须全面考虑他们的独特需求和生活环境，以确保产品的包容性和可用性。

本节讨论的弱势群体主要包括老年人、残障人士和儿童等。事实上，面向弱势群体的智能交互设计可以进一步扩展到更多特定的人群。在老年人、残障人士和儿童之外，还包括以下几类特殊群体。

① 孕妇：孕妇在怀孕期间有着独特的健康与安全需求，智能产品可以通过提供营养监控、健康追踪和预产期提醒等功能，帮助她们更好地管理自身和胎儿的健康。

② 无家可归者：针对无家可归者，智能产品可以集中于提供更容易获取的信息服务和资源分配平台，帮助他们找到临时住所、就业机会和必要的医疗服务。

③ 非传统工作时间的工作者：如夜班工作者等，他们的生活作息与常规社会节奏不同，常面临健康与社交挑战。智能产品可以提供与他们作息匹配的健康管理、安全监测和社交连接功能，改善其生活状态。

④ 学习障碍和发育障碍者：例如患有阿斯伯格综合征或读写障碍的人群，他们在教育和日常生活中常遇到困难，智能产品可以为他们提供个性化的学习工具和社交辅助，帮助他们更好地融入社会。

面向这些特定人群的智能交互设计，除了要注重技术的实用性与创新性外，更关键的是通过深入的用户研究，全面理解用户的需求和限制，从而实现真正的包容性设计。设计应致力于提升弱势群体的自主性、便利性与生活质量。

面向弱势群体的智能交互设计是一个广泛而重要的领域，它涵盖了多个不同的人群，除了本书重点关注的老年人、残障人士和儿童外，还包括经济条件较差的人群、文化水平较低的人群、居住在偏远地区的人群、有特殊文化或语言需求的人群、临时性弱势状态的人群以及有精神健康问题的人群。

对于经济条件较差的人群，智能交互设计应致力于以较低成本提供教育资源和健康监测等服务，让他们能够享受到高质量的生活体验。

针对文化水平较低的人群，设计应简化文字信息的使用，转而采用图形、图标或语音指导，使设计更加直观易懂。

居住在偏远地区的人群因地理位置偏远而难以享受到城市中的服务和资源，设计时可以考虑利用智能技术来改善他们的生活质量。例如，通过远程教育让他们接受高质量的教育，通过健康监测确保他们的身体健康。

有特殊文化或语言需求的人群也是设计时需要特别关注的对象。产品应支持多语言，并尊重文化差异，以确保不同文化背景的用户都能轻松使用。

临时性弱势状态的人群，如暂时生病或受伤的人，在特定时间内可能需要特殊的照顾或辅助。设计时应考虑产品的可调节性和个性化功能，以满足他们的临时需求。

对于有精神健康问题的人群，如抑郁、焦虑的人，可以设计专门的应用程序和设备来提供心理健康支持和干预，帮助他们走出困境，重获生活的快乐。

在设计这些智能交互产品时，设计师应始终关注弱势群体的特定需求和限制，确保产品的易用性、可访问性和包容性。这不仅能够提升他们的生活质量，也体现了设计师对社会公平和包容性的追求。

6.2 面向弱势群体设计的原则

面向弱势群体设计的原则主要包括两个方面：一是以同理心为基础——体验共创。设计应以同理心为基础，通过用户参与的体验共创方式，深入理解弱势群体的需求与生活场景。通过访谈、观察和研讨等手段，让用户分享其独特经验，赋予其主动权，确保设计更具真实感和社会价值。二是交互的灵活性——多模式适配。针对弱势群体的多样化需求，设计需提供灵活的交互模式，如感官多样化、操作模式切换、自适应调整和辅助工具兼容。通过支持多种输入方式、动态调整界面与环境适配，设计不仅提升使用体验，还增强了包容性与普适性。

6.2.1 以同理心为基础

针对弱势群体，设计原则的第一点就是建立同理心。这不仅是为了理解他们的需求，更是为了深刻感受到他们所面临的挑战和痛点。通过同理心的建立，设计师能够更深入地洞察用户的实际情况，从而创造出真正符合用户需求的产品和服务。为了实现同理心这一目标，建议采用体验共创原则，也就是让用户参与设计，让目标人群参与到设计和开发的全过程，确保产品能更好地满足他们的实际需要。这一原则贯穿于需求分析、原型设计等整个设计和开发过程（图 6-1）。在产品开发的过程中，围绕弱势群体用户的需求，设计流程通常划分为多个阶段，每个阶段都强调与用户的深度互动与协作。

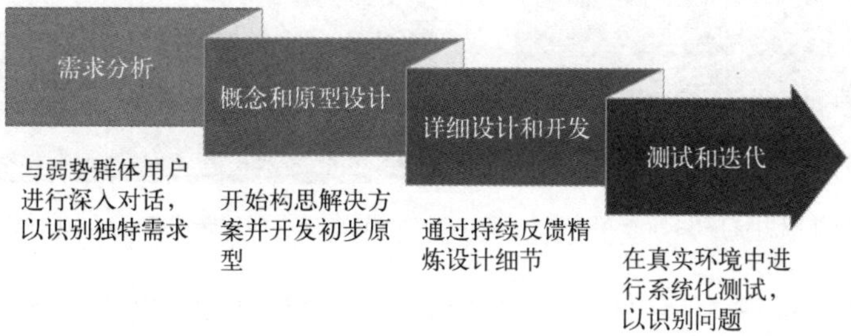

图6-1　以弱势群体为中心的产品开发过程

在需求分析阶段，开发团队通过用户访谈、工作坊和焦点小组讨论等方式，与弱势群体用户进行深入对话。这一阶段的目标是识别用户的独特需求，收集他们对现有技术解决方案的使用体验、存在的问题，以及对未来产品功能与服务的期望。通过深入了解用户的生活场景与面临的挑战，为后续设计奠定坚实基础。

在概念和原型设计阶段，开发团队基于需求分析的成果，开始构思解决方案并开发初步原型。此时，弱势群体用户被邀请参与评审会议，围绕设计概念提供反馈，帮助团队确认设计方向是否符合用户的真实需求。在这一过程中，用户也会评价原型的可用性和无障碍性，为后续的产品优化提供关键指导意见。

在详细设计和开发阶段，开发团队持续与用户保持沟通，确保设计细节和实现方式能够真实反映用户的需求和偏好。对于较复杂的功能，通过实时共享设计图、原型演示以及远程联合测试等方法，用户可以即时提供反馈。这种紧密的互动使产品开发更加快捷，最大限度地提升用户体验。

在测试和迭代阶段，用户的参与更加重要。开发团队通过组织系统化的使用性测试，尤其是在用户真实使用环境下的测试，揭示产品设计中的问题。用户的评价帮助验证产品的无障碍性和使用效率，并指导开发团队进行针对性的迭代改进。在这一过程中，用户的反馈不仅有助于提高产品的实际使用价值，还能确保产品能够有效应对日常生活中的挑战。

举例来说，语音导航应用程序 Seeing AI 是一款针对视障用户的导航应用，设计团队在用户访谈与实地观察阶段，直接与弱势群体交流并观察他们的日常生活，以获取第一手的用户体验数据。设计团队与视障人士一起出行，观察他们如何使用现有的导航工具，并倾听他们在使用过程中的反馈。最终，设计团队开发出语音导航应用程序 Seeing AI，该应用程序能通过语音描述周围环境，极大地方便了视障用户的出行（图 6-2）。此外，设计团队可采用协同设计工作坊的形式，邀请目标人群参加，通过同理心工作坊和角色扮演活动，设计团队可以更直接地体验用户的感受。这种方法可以有效地增强团队对用户需求和情感的理解（图 6-3）。

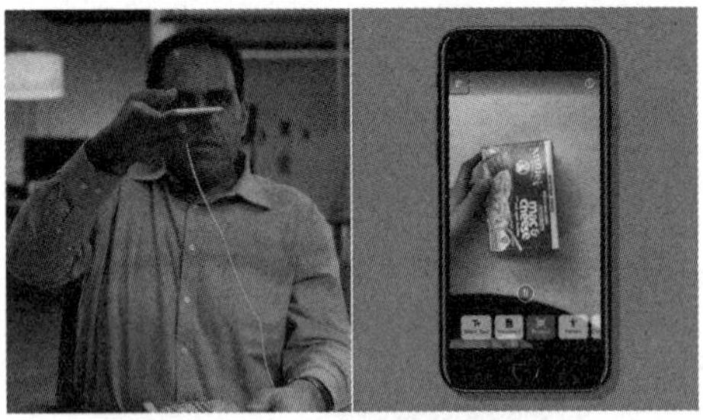

图6-2　语音导航应用程序Seeing AI

图6-3　荷兰蒂尔堡老年人的包容性设计工作坊

总结一下，同理心需要用户持续地参与和反馈，在设计和开发的各个阶段持续与弱势群体用户互动，收集他们的反馈，不断优化和改进产品。培养团队的同理心文化，确保每个团队成员在设计过程中都能以用户的需求和感受为中心。通过这些方法，设计师可以在产品设计中真正建立起对弱势群体的同理心，从而创造出更具包容性和实用性的产品，真正改善弱势群体的生活质量。

6.2.2　交互的灵活性

面向弱势群体的设计需要综合考虑不同用户的多样化需求，而“交互的灵活性”正是确保包容性和可达性的重要原则之一。设计师应提供多种交互模式，例如语音命令、键盘快捷键和触摸手势，适应用户的不同能力和偏好，从而使产品更具灵活性，提升使用体验与可达性。灵活的交互模式不仅仅是多样性设计，更是一种多模态的技术整合，包括触觉、听觉、视觉等，全面提升感官障碍群体的用户体验。在多模态交互设计中，触觉反馈可以帮助听力受损者接收通知，视觉提示则为视力障碍用户提供重要信息。进一步扩展的多模态设计，还可以利用气味和温度变化等感官体验，为有特定需求的用户创造更加个性化的互动场景。这种多样化的设计不仅为残障用户提供了全新的技术使用方式，也提高了他们的独立性和生活质量（图 6-4）。

图6-4　面向弱势群体的多模态交互

Eye Conductor 眼动追踪系统是安德烈亚斯·雷夫斯加德（Andreas Refsgaard）设计的音乐界面，专为身体残障人士设计，通过眼动追踪和面部表情识别，让他们能够自由地演奏音乐。此系统将眼球运动和面部动作转化为音乐指令，让用户通过艺术表达自己，极具包容性。Eye Conductor 允许残障人士个性化设置交互的灵敏度，从而根据个人能力灵活调整。这种设计为残障用户提供了通过音乐创作表达自我的机会，鼓励他们掌握新的技能，展现了艺术疗愈的潜力（图 6-5）。

图6-5　Eye Conductor眼动追踪系统

除了传统的多模态交互，AI 和机器学习技术的引入为智能产品提供了自适应能力。例如，智能设备通过学习用户的偏好和行为模式，提供个性化的交互体验；自然语言处理技术则为有沟通障碍的用户提供更加流畅的交流方式。苹果的辅助触控（Assistive Touch）功能和谷歌的实时语音转录工具（Live Transcribe）则是这方面的成功应用案例。辅助触控为行动不便的用户设计了多种虚拟按钮操作，用户可以根据需要调整其布局和功能，从而增强设备的使用便捷性；实时语音转录工具帮助听力障碍者将对话即时转换为文字，进一步提升了他们的社交参与度和信息获取能力（图 6-6）。

图6-6　苹果的辅助触控功能

简言之，面向弱势群体的灵活交互设计不只是技术上的挑战，更是一种社会责任。设计师必须深入理解用户需求，通过创新技术与个性化设计，为所有用户提供平等的机会，使他们享受科技的便利与乐趣。

6.3 适老化设计

6.3.1 适老化设计的趋势和挑战

（1）适老化设计的趋势

全球正在快速进入老龄化社会，这一趋势正在深刻影响人类社会的各个方面。联合国的数据显示，到 2050 年，全球 65 岁及以上人口预计将增至 15 亿，占总人口的 16%。在东亚和东南亚地区，预计同年老年人口将达到 5.73 亿，占总人口的 24.5%。此外，全球预期寿命从 2000 年的 67 岁增至 2019 年的 73 岁，预计到 2050 年将进一步提升至 77 岁。这一发展趋势导致高龄人口（80 岁及以上）的显著增长，预计到 2050 年，高龄人口将达到 4.26 亿。

在这种背景下，适老化设计（Age-friendly Design）显得尤为重要。适老化设计的核心目标是通过无障碍设计、智能家居技术等手段，帮助老年人实现更独立、安全、舒适的生活。例如，防滑地面、扶手以及安全报警系统可以有效降低老年人跌倒、受伤的风险，保障其安全。此外，适老化设计应涵盖公共设施和交通工具，确保老年人可以无障碍地参与社会生活，减少他们的孤独感和社会隔离。医疗设施和护理设备的适老化设计，如操作简便的医疗设备和远程医疗系统，也能为老年人提供更好的护理体验。

欧盟的主动辅助生活（Active Assisted Living，AAL）计划是一个针对老龄化社会的创新典范。该计划旨在利用信息通信技术提高老年人的生活质量，并通过创新解决方案促使老年人能够在家庭、社区和工作场所中更好地生活。这不仅推动了健康老龄化领域的技术发展，还创造了有利于中小企业参与的创新环境，帮助开拓健康老龄化产品的市场（图 6-7）。

图6-7　欧盟AAL的研究项目

（2）老年人使用智能产品面临的挑战

尽管智能产品已广泛应用于各类用户群体，但老年人在使用智能产品时仍面临显著的困难，主要体现在以下几个方面（图 6-8）。

① 技术焦虑：许多老年人对智能设备的使用感到焦虑，研究者海曼（I. E. Hyman）指出，

虽然老年人有意愿学习使用新技术，但往往感到智能设备与其日常生活脱节。因此，他们担心误操作或损坏设备。

② 生理与认知限制：随着年龄的增长，老年人的生理和认知能力下降，会影响他们的技术接受度。瓦莱（M.Valle）等人的研究表明，老年人在与智能设备交互时可能因认知退化而感到困惑或沮丧，进一步降低了他们的技术使用意愿。

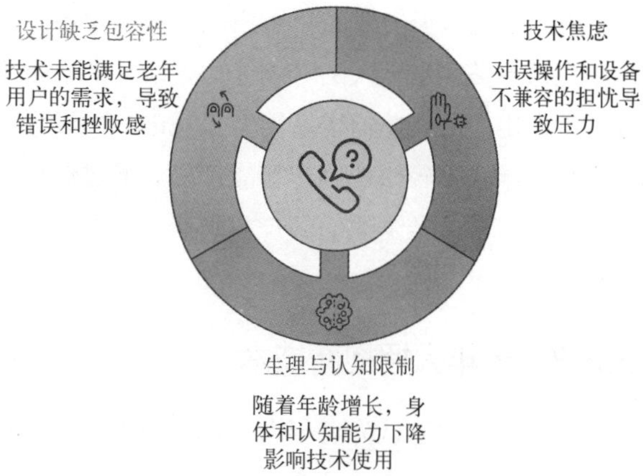

图6-8 老年人使用智能产品的挑战

③ 设计缺乏包容性：当前大多数技术设计并未充分考虑老年用户的需求，尤其是在触控界面设计中，视觉导向和缺乏物理反馈的问题尤为明显。齐亚特（M. Ziat）指出，缺少物理反馈的触摸界面使老年人在使用时容易出错，导致挫败感。

6.3.2 适老化设计的原则和实体交互

面对老年人在使用智能产品时的困难，适老化设计必须遵循以下原则。

① 考虑身体与认知能力：设计应充分考虑老年人的身体局限性，例如手部操作不灵活或视力下降。提供大尺寸按钮和控件可以帮助他们更轻松地操作设备，减少误操作。

② 简洁易用的界面：由于老年人可能需要更多时间来理解屏幕信息，设计应避免使用复杂的菜单和繁琐的操作步骤，界面应使用简洁明了的语言，使老年人更快理解和操作。

③ 明确的反馈机制：老年人需要更多的确认机制来确保操作的成功。例如，系统应在用户按下按钮或拖动滑块时提供视觉、听觉等多种形式的反馈，以增强用户的操作信心。

④ 借助已知的模型：老年人有丰富的生活经验，设计中可以借助他们熟悉的物理对象和概念。例如，采用与老年人熟悉的日常物品相关的操作方式，可以帮助他们更好地理解和适应新技术。

在适老化设计中，实体交互（Tangible Interaction）是一种更自然、更易为老年人接受的交互方式。与触控界面相比，实体交互能够让用户通过物理接触设备增强自信心。这种交互形式不仅提升了老年人的用户体验，还在提升用户的参与感方面具有独特优势（图 6-9）。

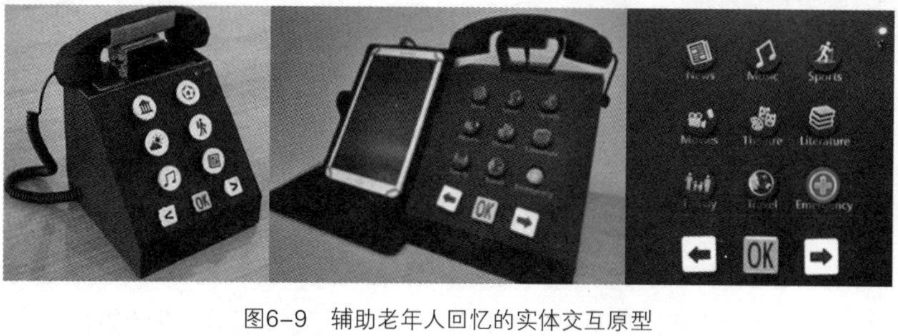

图6-9 辅助老年人回忆的实体交互原型

设计师应从摒弃对老年用户的刻板印象出发，真正把他们视为重要的目标用户群体。设计中应重点关注老年人的身体能力，设计的设备不必追求极致的微型化，而是要注重操作的舒适性和用户的情感需求。简洁直观的界面设计，以及在设备中广泛引入语音控制功能，能够帮助老年人更轻松地操作智能产品。通过这些适老化设计原则，设计师能够更好地满足老年用户的需求，减少他们的技术障碍，提高他们的生活质量，推动更加包容的老龄化社会的实现。

6.3.3 老年人拥抱新技术

尽管人们普遍认为老年人与现代技术之间存在代沟，但这一偏见正逐渐被打破。越来越多的研究表明，老年人不仅愿意尝试新技术，还积极寻求能够满足其独特需求的解决方案。与年轻人相比，老年人对技术的期望不同，他们更关注技术能否解决实际问题、是否易于理解和操作。正因如此，设计师需要深入了解老年人的需求，开发出适合他们的产品和服务。

然而，当前技术设计常常忽视这一群体的需求，导致老年人在面对科技时感到不适。这种设计缺失使设计师错失了利用技术提升老年人生活质量的机会，特别是在健康管理、行动辅助以及社会互动等方面。技术具有显著改善这些方面的潜力，关键在于如何让技术真正为老年人所用。

（1）大屏触控技术

触摸屏技术已经成为我们日常生活的一部分，但其在满足老年人需求方面的潜力还远未被充分发掘。尤其是平板电脑，已经成为许多老年人的忠实伙伴。平板电脑相较于手机，不仅拥有更大的屏幕，能够显示更清晰的文字和图像，还能提供更大的触控区域，方便老年人输入文字或进行手势操作。对老年人而言，这些改进极大地提升了使用体验，尤其是在视力和手部灵活性下降的情况下。此外，平板电脑的多功能性（如上网、视频通话、娱乐等）也能够满足老年人的多方面需求（图 6-10）。

图6-10 大屏触控在老年人群的应用

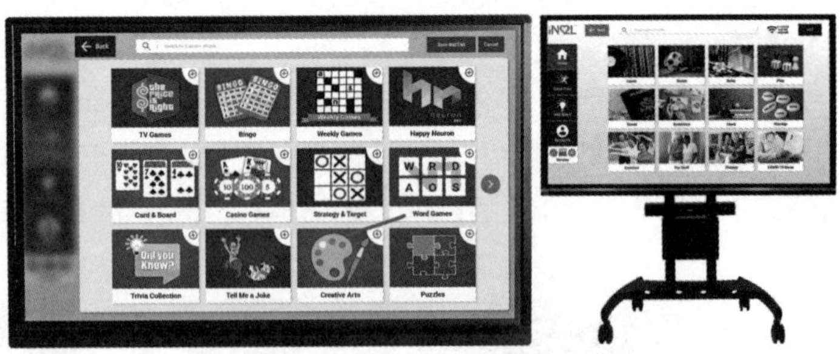

图6-11 大屏触控iN2L系统

iN2L（It’s Never 2 Late）公司专注于为辅助生活和退休社区设计“参与系统”。iN2L 系统采用了超大触摸屏，尺寸可达 70 英寸（1 英寸等于 2.54 厘米），旨在让老年人更轻松地阅读屏幕上的内容并进行操作。无论是文字、图标还是按钮，iN2L 系统都通过优化设计，使其对视力和动作能力下降的用户更加友好（图 6-11）。系统的界面设计简洁直观，运用了大图标和简易的菜单结构，老年人无需复杂操作即可访问系统内丰富的应用和内容，包括通信、互动游戏、照片相册和健康信息等。这些量身定制的服务，不仅满足了老年人的实际需求，还通过技术手段提升了他们的生活质量和社会参与度。

（2）虚拟现实技术

虚拟现实（VR）技术不仅应用于娱乐领域，它在老年人群体中的应用潜力也正逐步被挖掘。对于因健康状况限制而无法自由出行的老年人，VR 技术为他们提供了前所未有的虚拟探索和社交机会。借助 VR 技术，老年人能够“穿越”到世界各地，体验虚拟旅行，或与远在他乡的亲友互动，克服地理障碍，重建社交联系。

VR 技术还在心理治疗、学习和娱乐方面展现了强大的潜力。例如，通过“虚拟旅行”功能，老年人可以参观世界各地的博物馆和自然景观，或者在虚拟环境中学习新技能，甚至与志趣相投的人建立联系。此外，VR 技术在治疗焦虑、抑郁等心理问题时也表现出显著效果，通过创建放松的虚拟环境，老年人能够舒缓情绪，并通过虚拟社交环境提高其社交技能。

Rendever 公司通过 VR 技术为老年人提供身临其境的互动体验。Rendever 的定制化 VR 系统允许老年人以虚拟形式“游览”博物馆、城市风光和自然景致，通常以小组活动形式进行，增加了老年人的社交互动机会，帮助他们建立社区归属感。Rendever 还提供了一项“回忆疗法”服务，通过 VR 技术帮助老年人重返曾经对他们意义重大的地方，唤醒他们深藏的美好回忆。此外，远在异地的家人可以上传视频，让老年人在 VR 环境中感受到家人的关怀与爱意，极大地缓解了老年人的孤独感，丰富了他们的生活体验（图 6-12）。

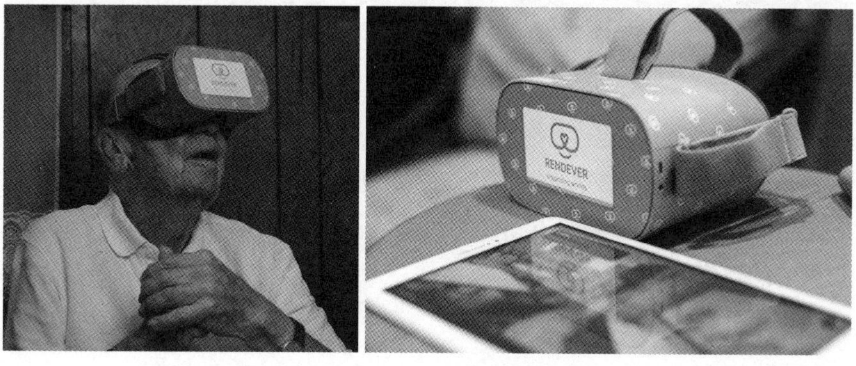

图6-12　Rendever的定制化VR系统

案例表明，老年人不仅愿意接受新技术，还能够从中获益。关键在于技术设计是否充分考虑了他们的需求，并以合适的方式为他们提供服务。无论是大屏触控还是虚拟现实，这些技术都有巨大的潜力帮助老年人提升生活质量，重建与社会的联系。

（3）语音交互技术

在当今科技环境下，语音助手如小爱同学、天猫精灵以及国外的 Alexa 等，已经成为日常生活中的重要助手。对于老年用户而言，语音交互设备的出现不仅深受欢迎，而且在某些场景中已成为他们生活中不可或缺的一部分。随着年龄的增长，老年人的肢体灵活性和视力逐渐下降，而语言表达能力通常能够较长时间保持稳定。因此，语音助手成为老年人及有身体限制的人士能够轻松接受和使用的技术工具。通过简单的语音指令，用户即可获取所需信息或服务，而无需复杂的手动操作，体现了极高的效率与实用性。

虽然语音助手的操作相对简单，但老年用户在初次接触时可能需要一些时间来适应特定的指令或提问方式。适应过程通常非常短暂，一旦熟悉语音交互，老年用户就会发现它比传统的点击和滑动操作更加自然、直观。语音交互技术为老年人及行动不便的群体提供了极大的便利，帮助他们轻松地控制各种智能设备，提高了日常生活的自主性。

语音助手集成于智能家居系统中，尤其对老年人具有重要意义。例如，随着年龄增长，像开关灯或调节室温这样简单的任务可能变得困难，这不仅带来生活上的不便，也容易引发情绪困扰。通过语音控制，老年人能够轻松掌控生活环境，提升生活品质（图 6-13）。

图6-13　老年人与语音交互技术

此外，语音助手在缓解老年人的孤独感和孤立感方面也发挥了显著作用。尽管现代科技大大便利了远程沟通，但日常交流仍然不可替代，尤其对心理健康的影响深远。语音助手作为“虚拟伴侣”，在用户需要时提供互动，哪怕是回答一些日常琐事，都能在一定程度上缓解孤独感，提供情感慰藉。

（4）机器学习技术

近年来，机器学习作为人工智能的核心技术，得到了广泛应用和关注。从自动驾驶汽车的精准操控到自然语言处理的深度理解，人工智能展示出了强大的潜力。在改善老年人体验方面，机器学习同样发挥了重要作用。老年人往往希望设备具备与传统单一用途设备相似的易用性，而非需要耗费大量时间去学习复杂的设置。

传统上，老年人习惯使用简单明了的设备来完成任务，如拨动号码盘拨打电话、调节收音机频道等。由于他们成长于单一用途设备的时代，现代设备的复杂功能常常令他们感到困惑。针对这一挑战，机器学习技术提供了一种智能化的解决方案。通过收集和分析用户的使用习惯，设备能够自我调整并优化，以更好地适应用户行为和偏好。这样，设备不仅能够减轻老年用户的操作负担，还能显著提升他们的使用体验。

例如，Widex 的 EVOKE 助听器系列运用了先进的机器学习算法，使设备随着时间推移，逐渐了解佩戴者的听力习惯，无论身处何种环境，都能提供最适宜的音量和音质。该助听器的自适应能力不仅带来了卓越的音质体验，还有效提升了老年用户的日常生活质量（图 6-14）。

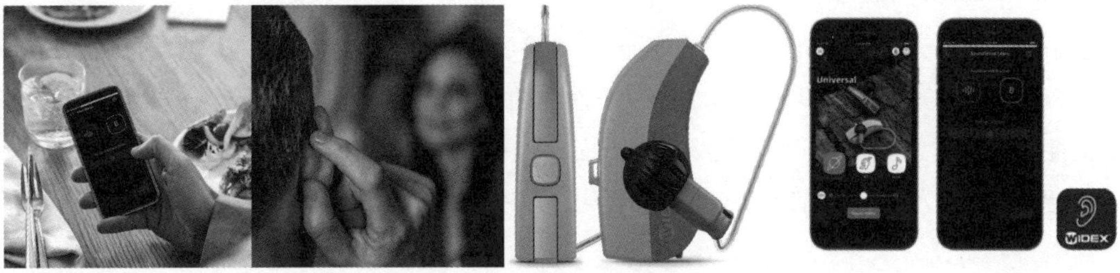

图6-14　Widex的EVOKE助听器

又如，Nest 恒温器通过学习用户的日常作息和温度偏好，能够自动调节室内温度。这使得用户无需频繁手动调整，设备即可根据其需求提供精准的服务。这种智能功能不仅方便了用户，更减少了设备使用中的复杂操作。

这些自适应技术对所有用户都有显著好处，对老年人来说其价值更为突出。自适应设备能够简化操作流程，减少操作困难，避免挫败感，并为老年人提供更加舒适和愉悦的用户体验。

6.3.4　设计案例分析

（1）Remind：针对阿尔茨海默病患者的音乐系统

Remind 是一套针对阿尔茨海默病患者及其家庭的个性化音乐系统，旨在通过声音唤起患者的记忆。全球约有 4000 万人患有阿尔茨海默病，而个性化音乐可以帮助这些患者回忆起他们是谁。Remind 系统由患者佩戴的音乐设备和家庭成员使用的移动应用组成。该设备通过音乐和声音“提醒”用户，帮助他们在忘记面孔时，借助声音记忆触发情感共鸣，并在患者独处时提供心理慰藉（图 6-15）。

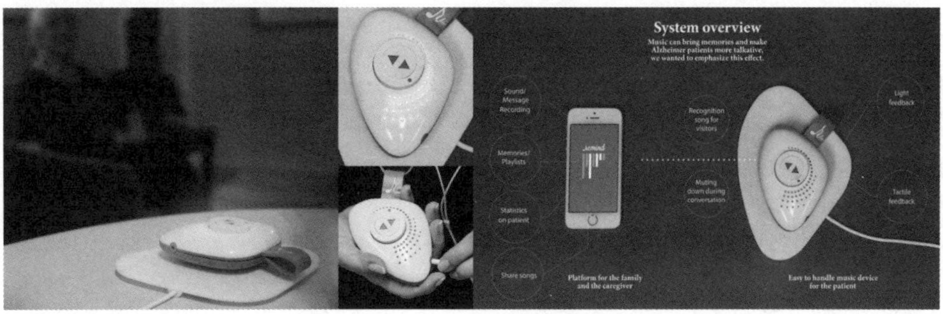

图6-15　Remind音乐系统

设计团队利用 Arduino 技术开发了一款替代传统听觉反馈的设备，通过多样的振动模式和精心设计的声音反馈，增强了用户体验。设备的设计结合了简洁的界面、温暖的木质材质和便捷的充电方式，使其兼具美观与实用性。此外，设计团队还进行了用户测试，以验证该设计能否通过振动反馈提升患者的整体体验。

（2）Vita 交互式声音枕头

Vita 是一款为失智老年人设计的创新声音播放器，由埃因霍温理工大学的马滕·霍本（Maarten Houben）等人设计，旨在通过个性化的声音刺激改善失智老年人的生活质量。该设备通过触摸纺织垫播放声音片段，简便直观的操作使其适用于不同阶段的失智老年人。Vita 能够让护理人员为患者定制个性化声音集，以唤起老年人的记忆和情感反应（图 6-16）。

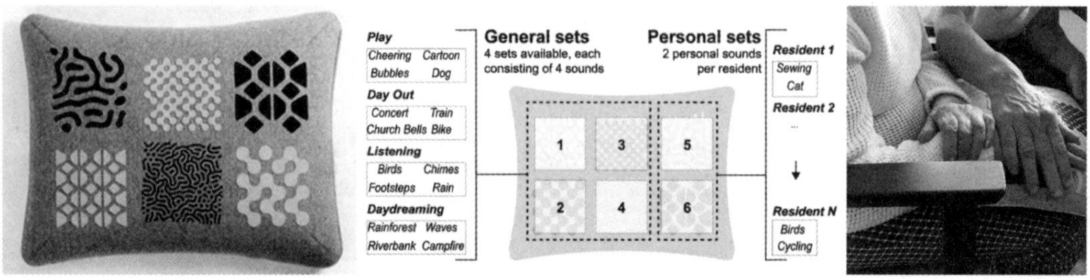

图6-16 Vita交互式声音枕头

该设备还进行了长达 4 周的现场研究，观察了 19 名失智老年人对于在护理家中播放的一系列日常声音的反应，以及这些反应在护理环境中的作用。结果表明，Vita 的声音刺激增加了护理过程中的互动性，促进了有意义的对话，增强了失智老年人之间的情感联结。设计师通过实地研究发现，Vita 不仅能提升失智老年人的生活质量，还为护理人员提供了一个有效的护理工具，进一步丰富了老年护理中的互动维度。

6.4 面向残障人士的智能交互设计

在智能交互设计中，不仅需要考虑视障和听障用户，还应充分关注广泛的残障人群，了解并照顾到这些群体的特殊需求，是创建普遍无障碍产品的关键。设计的包容性不仅仅是为了满足某一类用户的需求，而是要尽可能地让每个人，无论其能力如何，都能够使用产品。这种设计理念既能够为残障用户提供便利，也提升了所有用户的使用体验，真正实现了“普适性设计”。

6.4.1 不同的残障类型和设计需求

（1）残障人士的类型

在设计针对不同残障群体的产品时，需要充分理解各类用户的独特需求和限制，从而制定相应的设计策略（图 6-17）。

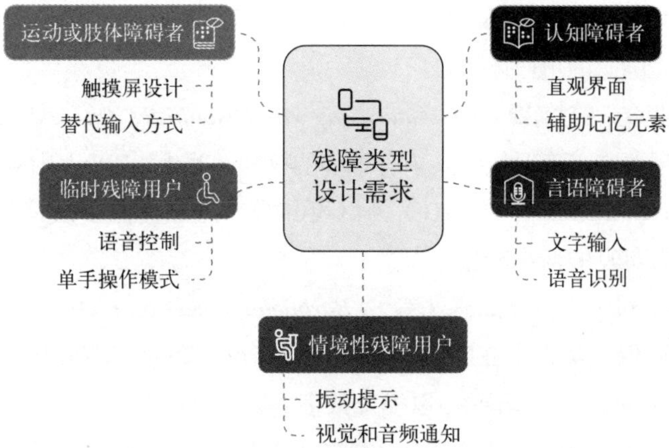

图6-17 不同的残障类型和设计需求

运动或肢体障碍者包括手臂活动受限、握力不足或无法精细操作手指的用户，设计上需要减少与产品交互时的物理努力。例如，可以提供更大的触摸屏幕、更灵敏的按键响应或者辅助设备，如眼动仪和语音控制系统，作为替代的输入方式。

认知障碍者的需求更集中于界面的直观性和功能的易用性。这类用户可能包括学习障碍、记忆问题、注意力缺陷、智力障碍以及伴随年龄增长出现的认知衰退的用户。设计需着重于简单明了的导航、明确的指示和视觉提示，例如通过颜色和图标来区分功能区域，提供辅助记忆的设计元素，以帮助用户轻松完成任务。

针对言语障碍者，他们可能在沟通时遇到困难，例如无法通过标准方式发声或清楚表达需求。为此，设计应支持其他形式的输入和交流方式，例如文字输入、基于图标的交互系统或手语翻译工具。同时，语音识别与转换功能也可以为他们提供便利，例如将文本转为语音或反之，从而帮助他们实现更高效的沟通。

临时残障用户则是另一类需要特别关注的群体，例如因骨折导致手臂暂时无法活动或刚接受眼部手术的用户。在这一情况下，设计需提供临时替代方案，例如语音控制模式、单手操作模式或自动化操作功能，从而减少对肢体的依赖，确保用户在恢复期间能够顺利使用产品。

情境性残障用户在某些特定情境下可能失去对某种感官的有效使用，例如驾驶时无法注视屏幕，或在嘈杂环境中无法听见通知音。设计应提供多模态反馈机制，例如振动提示、视觉和音频通知的组合，从而确保用户在各种环境中都能顺利获取信息。

通过有针对性地满足上述不同类型用户的需求，设计师可以创造出更包容、更易于使用的产品，从而为各类用户提供优质的使用体验。

（2）无障碍设计标准和规范

智能交互产品的设计需严格遵循各地的无障碍设计标准和规范，这也是确保产品符合全球无障碍要求的基础。不同国家和地区的无障碍标准在本质上是相通的，它们为设计师提供了重要的指导依据。

① 中国：我国的《建筑与市政工程无障碍通用规范》（GB 55019—2021）提供了对建筑

环境、信息通信技术和服务的全面指导。该规范要求设计应满足不同能力人士的需求，确保在各类场景中提供无障碍的用户体验。

② 美国：《美国残疾人法案》（*The Americans with Disabilities Act*，ADA）详细规定了公共设施和服务的无障碍要求，确保残疾人享有平等的权利。此外，《Web内容无障碍指南》（*Web Content Accessibility Guidelines*，WCAG）为网页和数字产品提供了具体的无障碍设计指导，帮助开发者创建人人可及的网络产品。

③ 欧盟：欧盟通过《欧盟无障碍法案》（*European Accessibility Act*，EAA）统一成员国的无障碍设计要求，确保残障人士在欧盟范围内都能获得平等的产品与服务。和美国类似，欧盟也采用了《Web内容无障碍指南》，以提升数字环境的包容性。

这些国家和地区的规范构建了一个全球性的无障碍设计框架，推动了包容性设计的发展，使得各类产品能够更好地服务于多样化的用户群体。

6.4.2 设计案例分析

（1）OVE：为视力障碍的父母设计的奶瓶制备站

全球约有2.53亿人面临视力障碍，其中包括3600万盲人。视力障碍不仅影响日常生活的各个方面，还给家庭责任，特别是照顾婴儿带来了额外的挑战。例如，准备奶瓶喂哺婴儿这一任务对于视力障碍的父母来说尤为困难。此任务不仅要求操作精准，还需要对温度、奶瓶清洁和奶嘴选择有准确的判断，而这些操作都对视力有较高的要求。

市场上几乎没有专门针对视力障碍父母的产品，尽管一些辅助技术可以帮助视力障碍者完成日常任务，但在婴儿护理领域，专用的设计产品依然非常稀缺。设计师必须探索创新的智能技术和人性化设计，以填补这一市场空白，为视障父母提供更强大的支持。

在此背景下，设计师昆贾西（Kunjasic）提出了OVE婴儿奶瓶制备站，专为帮助视力障碍的父母独立完成准备奶瓶喂哺的过程而设计（图6-18）。该产品通过亮光、听觉反馈和触觉反馈等多感官信息引导父母，帮助他们准确地倒入适量的配方奶粉并将奶瓶加热至合适的温度。设计的核心问题是：如何通过声音引导视障父母完成奶瓶准备过程，并让他们在育儿过程中更加独立。

图6-18 OVE婴儿奶瓶制备站

设计师的解决方案围绕着多感官反馈，特别是声音反馈，同时辅以光线，确保在整个过程中为视障用户提供明确且易于理解的操作指导。挑战不仅包括奶瓶的准备，倒入正确的配方量、清洁奶瓶以及找到所需的部件也是设计中需要克服的难点。在用户研究阶段，设计师对用户进行了多次访谈，受访者普遍表示，在没有外界帮助的情况下很难独立准备奶瓶喂哺婴儿（图 6-19）。

图6-19　产品使用流程（左）和原型制作（右）

为了应对这些挑战，该设计基于多感官设计方法，精确调整与产品的每一次交互。设计包含以下几方面：视觉，通过使用明亮的灯光，帮助用户定位和操作奶瓶；听觉，利用声音反馈引导父母完成每个步骤；触觉，提供触觉反馈，使用户在操作过程中获得确认与指引。

设计语言注重为用户提供愉悦的触觉体验。设计师不仅为视力障碍者设计这款产品，还希望它能惠及更广泛的用户群体。这是一种包容性设计，虽然是为部分人群开发的，但可能为所有人带来便利。产品不仅适用于视障人士，对听障人士或健全人也同样友好。通过多次原型测试，OVE 奶瓶制备站证明了其设计的有效性。通过多感官设计，该产品帮助视障父母更加独立地完成婴儿护理任务，提升了他们的生活质量与自信心。这一创新设计展示了多感官反馈在智能交互设计中的巨大潜力，尤其是在包容性设计领域。

（2）BlindMaps：帮助盲人和视障人士独立导航

BlindMaps 是一项专门为视障人士和盲人设计的辅助工具，旨在帮助他们在城市环境中实现独立导航（图 6-20）。对于视力正常的人来说，城市中行走的过程可能是直接而简单的。然而，当视觉不再是一个可靠的环境感知手段时，导航的复杂度会急剧增加。BlindMaps 关注的核心问题是：如何使视障人士能够自由探索并导航未知的城市环境，以提高他们的独立性和生活质量。

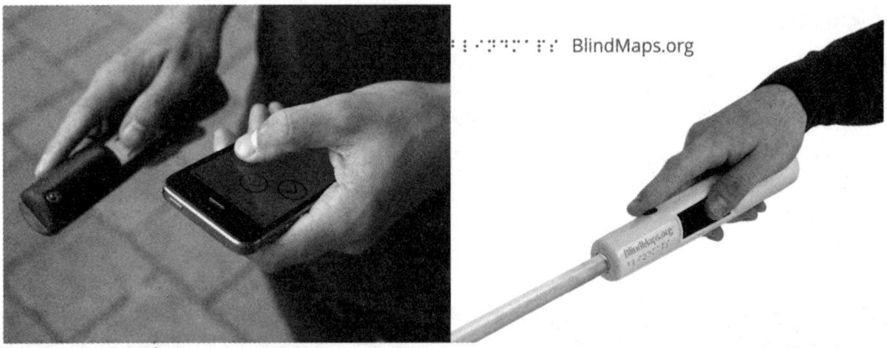

图6-20　BlindMaps导航辅助工具

研究方法：BlindMaps 采用开放且模块化的硬件与软件架构，以适应视障人士在独立探索陌生环境时面临的多种导航挑战和情境。该项目专注于开发实用的界面解决方案，使盲人和视障人士能够充分利用智能手机的功能，与城市环境进行有效的连接与互动，从而满足他们的多样化导航需求。此外，设计团队还希望通过这一工具，引发关于未来城市基础设施的开放讨论，以确保所设计的界面在不同环境中能够灵活运作，达到广泛适用的目的（图 6-21）。

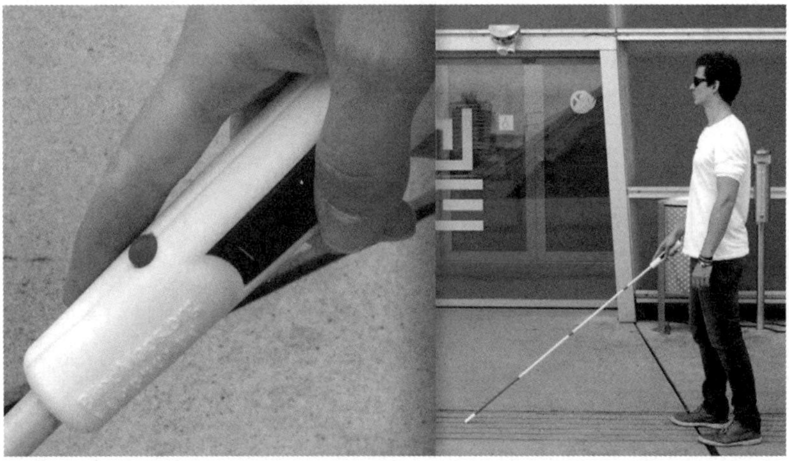

图6-21　BlindMaps使用场景

原型设计：BlindMaps 的设计团队基于主要开放硬件和软件技术，构建了一系列简单且低成本的原型。这些原型为蓝牙触觉界面，集成于白手杖的握把中，能够与用户的手机及城市基础设施中的 iBeacon 连接。这种设计允许通过蓝牙低能耗技术（如 iBeacon）与智能手机及信标互动，同时便于全球制造商对原型进行重建、改进与修改。通过采用这样的开放设计思路，BlindMaps 力求在保障产品功能性的同时，降低开发和生产成本。

迭代过程：最初的 BlindMaps 概念为视障人士提供了一种轻松导航和探索新路线的途径。用户通过语音输入来搜索路径，而界面则采用触觉敏感的技术，拥有一个类似盲文的凸起屏幕。该屏幕上的针脚能够动态移动和调整，实时展示导航路径。然而，在后续的设计过程中，团队意识到使用白手杖的用户需要的是一种能够无缝集成到白手杖握把的解决方案（图6-22）。

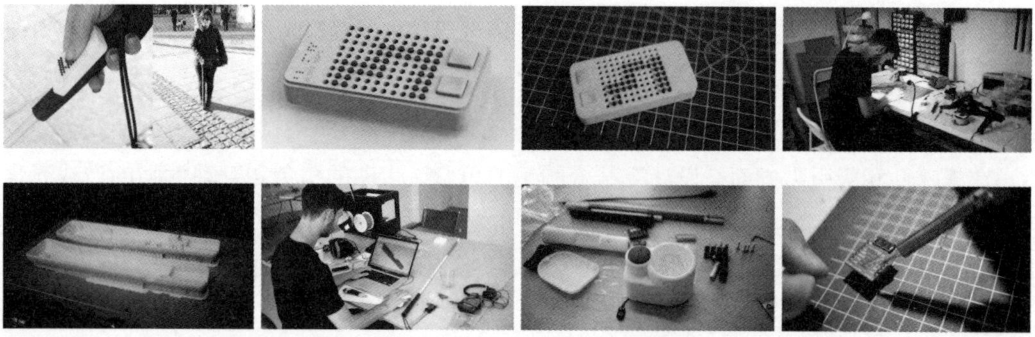

图6-22 BlindMaps原型制作过程

在这一迭代过程中，设计团队制作了非功能性的原型进行用户测试。他们从测试中获取了大量反馈，意识到动态针脚的复杂性不仅给用户带来了操作上的困难，也增加了构建的挑战。因此，设计师决定不再专注于那些需要多年开发和巨额资金投入才能实现的未来派解决方案，而是转向利用现有的成熟技术进行低成本的迭代开发。通过这种策略，BlindMaps 转变为一个更加现实的项目，能够在不久的将来以经济实惠的产品形式推向市场，为全球的盲人和视障人士提供服务。

综上所述，BlindMaps 不仅是一种技术产品，更是社会责任的体现。它强调了通过设计促进包容性的重要性，使每一位用户都能在日常生活中享有平等的导航机会。这一项目展示了设计师通过创新思维和以用户为中心的设计理念，有效应对社会中存在的挑战，推动了无障碍设计的发展。

6.5 面向儿童的智能交互设计

在为儿童设计智能交互产品时，设计师需要综合考虑安全性、教育意义、趣味性和用户体验等多个方面，以确保产品不仅能吸引儿童的注意力，还能在使用过程中促进其健康成长和学习发展。

6.5.1 面向儿童的智能交互设计原则

安全性是儿童智能交互设计的首要考虑因素。设计师必须确保产品在物理和数字两个层面上的绝对安全。在物理安全性方面，所有产品和配件所用材料必须无毒且对儿童的皮肤和健康无害。此外，产品设计应光滑无锐边，以防止刮伤儿童娇嫩的肌肤。所有小零件应牢牢固定，避免因误吞而引起窒息的危险。此外，玩具应具备一定的耐用性，能够承受撞击或咬嚼，以确保在剧烈使用下不会破裂或产生锋利的碎片。在数字安全性方面，产品设计必须考虑网络安全，保护儿童免受不当内容的影响。儿童个人数据的收集和处理需符合相关隐私法规，确保所有数据传输过程安全、加密。

智能产品还应具备教育意义。设计者可以通过游戏化学习、互动故事和挑战任务，使产品不仅吸引儿童的注意力，还能够在游戏中促进技能和知识的发展。尤其是结合STEAM（科学、技术、工程、艺术和数学）教育理念，通过玩具和游戏引入这些领域的基本概念，从而激发儿童的学习兴趣。此外，利用虚拟现实（VR）和增强现实（AR）技术为儿童创造身临其境的学习体验，可以显著提高学习效果。

在趣味性和吸引力方面，设计应结合鲜艳的色彩、生动的角色和互动性强的游戏元素，以激发儿童的探索欲和想象力。能够持续吸引儿童注意力的产品更可能在长期使用中保持吸引力。

在用户体验方面，产品的界面和操作应简洁直观，适应儿童的认知水平和操作能力。设计师需对儿童的心理和行为模式有深刻理解，以确保即使在没有成人指导的情况下，儿童也能轻松上手。此外，提升用户界面的友好性可以通过设计生动的动画和明确的视觉反馈来实现，这样可以引导儿童操作，增加产品的互动性与趣味性。同时，考虑到儿童的阅读能力有限，设计声音提示和语音交互功能也能帮助他们更好地理解如何使用产品。

年龄适宜性与发展阶段的对应也很重要。应建立内容分级系统，为产品的内容设置明确的年龄标识，确保儿童接触到适合其年龄的内容。同时，设计还需考虑不同年龄段儿童的认知能力发展里程碑。例如，使用简单图形和鲜艳颜色可以更好地吸引幼儿，而涉及复杂逻辑和策略的游戏则更适合学龄前儿童。

此外，增设家长控制功能也是设计的重要考量。家长可以设定使用时间限制，以防止儿童过度使用产品而影响健康。同时，提供家长监控和内容筛选功能，可以确保儿童的互动经历既安全又富有建设性。增强互动性和参与感，可以提升儿童的学习体验，角色扮演和故事叙述的设计与儿童的生活相关，增强身临其境的体验，提升他们的参与度。设置成就和奖励系统，鼓励儿童在学习过程中取得进步，也能有效提高他们的学习动力（图6-23）。

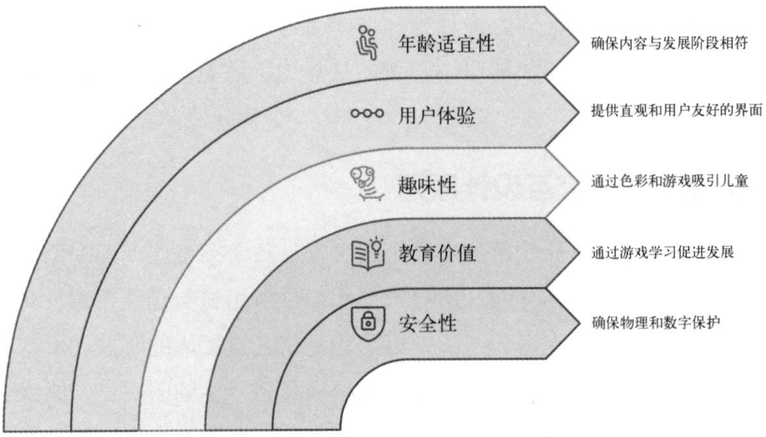

图6-23 设计原则

综上所述，面向儿童的智能交互设计必须综合考虑多个因素，确保产品的安全性、教育价值和用户体验，从而帮助儿童学习和成长，促进他们对世界的探索和理解。

6.5.2 面向儿童的智能交互设计趋势

游戏在儿童成长过程中扮演着多重至关重要的角色。它不仅是儿童寻找乐趣的方式，更是促进身体、情感、社交与认知全面发展的关键因素。通过游戏，儿童得以在自由探索中滋养想象力，开拓自我与世界之间的无限可能。

现代科技的飞速发展已深刻改变了游戏的形态与意义。智能手机、平板电脑和视频游戏的普及，使得屏幕设备成为儿童日常生活中不可或缺的一部分。技术为游戏提供了丰富的平台与可能性，但也引发了关于儿童长时间接触屏幕可能对身体健康、心理发展和社交技能造成影响的担忧。这一现象促使家长和教育工作者重新审视学术教育与未来职业发展的重要性，进而在儿童的日常生活中引入更多的指导与预设课程。家庭作业、课外兴趣班和学科辅导等活动占据了儿童大部分的闲暇时间，传统的户外游戏与自由玩耍的机会因此被压缩。

乐高公司发布的《玩乐报告》(*LEGO Play Well Report*) 为我们提供了全球视角，揭示了儿童在学习中面临的压力。在这样的背景下，重新审视和理解游戏在儿童成长过程中的位置与价值显得尤为重要，这对于他们的全面健康发展具有深远的影响。

案例分析：小人物 Apptivity 农场玩具

美国费雪（Fisher-Price）玩具公司的小人物 Apptivity 农场玩具的设计灵感源自设计师对儿童同时体验应用程序和玩具的观察。儿童并不将世界划分为“数字”与“物理”，而是无缝切换，融合这两者。因此，设计师对经典的农场玩具进行创新，使其更符合儿童的自然玩耍天性。小人物 Apptivity 农场玩具展现了全新的互动层次，应用程序与玩具的完美融合为儿童提供独特的游戏体验。应用程序创造了一个丰富多彩的活动世界，而具备导电功能的玩具则为探索这一世界提供了一种创新的、具体的方式（图 6-24）。

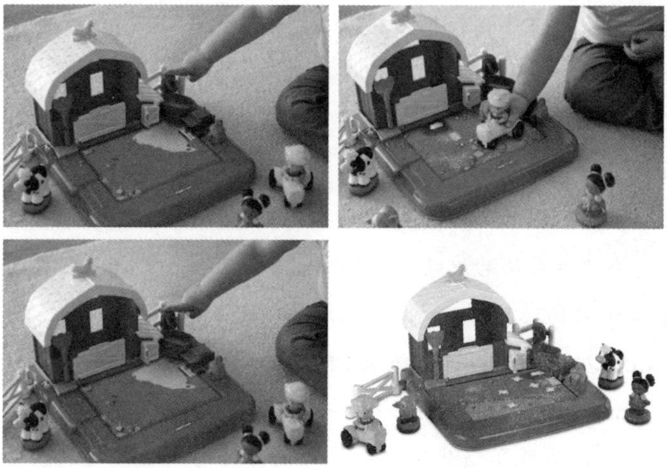

图6-24 有配套应用程序的费雪品牌小人物Apptivity农场玩具套装

具体而言，小人物 Apptivity 农场玩具套装与 iPad 互动，儿童只需将 iPad 放入保护套中，即可连接数据，随后他们便可以将 iPad 视为农场的土地，自由安装应用程序，并配合使用小车、牛、马等玩具，体验身临其境的游戏。这一设计不仅锻炼了儿童的协调能力，也使他们能够在不同情境中进行角色扮演。

设计师的意图在于创造一种互动体验，以激励儿童运用想象力，而非取代其想象力。玩具的设计保持开放性，建立在儿童熟悉的主题上，允许他们自由探索，而没有固定的玩法。因此，该玩具变化多端，取决于儿童的想象力。

在考虑不同年龄阶段儿童的发展需求时，小人物 Apptivity 农场玩具套装提供了多样化的互动体验。针对 18 个月大的儿童，设计师创建了一个易于探索因果关系的环境；对于两岁儿童，则增设了模拟日常活动如喂食和洗澡的情境；而对沉浸于想象游戏的学前儿童，则设计了不定向的游戏提示和小型互动活动。随着儿童的成长，玩具的体验也随之丰富与发展（图 6-25）。

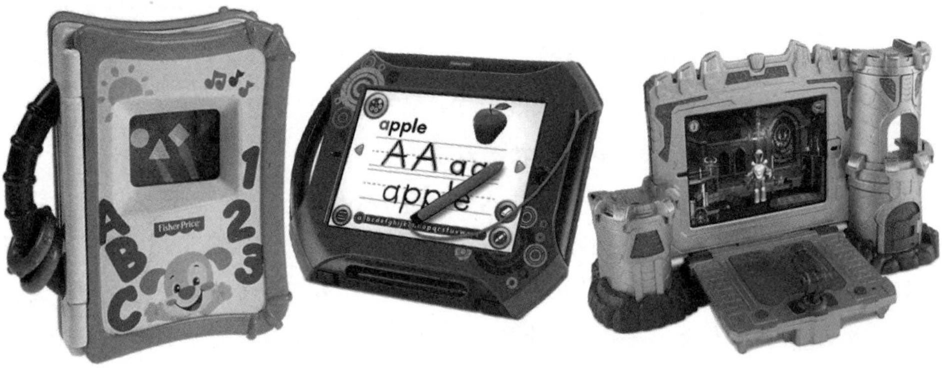

图6-25 玩具的系列化

设计师还特别关注儿童开始展现的幽默感以及对惊喜的喜爱，因此在玩具中嵌入了多种意外发现的小惊喜。游戏的直观性使儿童能够迅速体验到成就感。小人物 Apptivity 农场玩具不仅是一种应用程序与玩具的结合，也可以单独作为应用程序或纯粹的玩具使用，既适合亲子共玩，也便于儿童独立操作。

在开发过程中，设计师在家庭中多次测试玩具，以评估其影响。家长反馈显示，实体与数字互动的结合显著提升了儿童的娱乐体验。儿童将游戏延伸至产品之外，积极引入其他玩具参与农场游戏，并在离开农场后继续角色扮演，甚至有孩子开始对种植自家花园产生兴趣。这表明小人物 Apptivity 农场玩具在互动方面的扩展超出了初期的预期。

案例：LEGO Life of George 互动游戏

LEGO Life of George（乔治的乐高生活）是乐高公司推出的一款创新游戏，巧妙地结合了实体玩具与应用程序，展现了当代玩具设计的前沿理念。这款游戏由两个主要部分构成：一是各种形状的实体乐高积木，二是用于展示任务并记录玩家搭建过程的 App（图 6-26）。

图6-26　LEGO Life of George互动游戏

游戏的玩法设计极具互动性。首先打开 App，进入游戏界面并读取搭建样板。接着依据样板要求，使用乐高积木进行相应的搭建。当玩家完成指定造型后，便可通过 App 拍照，系统将识别作品的完成度，并根据搭建所耗时间给予相应的积分。这种设计不仅激发了儿童的挑战欲望，还通过计时机制增强了儿童的参与感和投入度。相较于仅在屏幕上滑动手指的传统游戏形式，LEGO Life of George 的互动模式以现实世界的操作为基础，使虚拟与实体的结合显著提升了玩具的可玩性，并为儿童的成长和发展提供了积极的助力（图 6-27）。

图6-27　LEGO Life of George使用场景

LEGO Life of George 的概念与设计为玩具行业展示了实体玩具与数字技术融合的新方向，反映了在探索实体与数字游戏之间无缝过渡方面的努力，为未来的玩具设计提供了创新思路。

6.5.3　STEM 教育

STEM 是Science（科学）、Technology（技术）、Engineering（工程）和Mathematics（数学）四个学科的首字母缩写。这一术语通常用于描述这四个领域的教育与学术整合，强调它们在解决现实问题时的相互关联性与相互支持。科学领域涵盖对自然世界和宇宙的研究，包括物理、化学、生物学、地质学和天文学等学科；技术则涉及利用工具和机器来扩展人类的能力，如计算机科学、信息技术和机器人技术等；工程应用科学和数学原理，致力于设计、建造和维护各种结构、系统或工程，包括土木工程、机械工程和电子工程等；数学则研究数字、形状、图案及数据，以及它们之间的关系与结构，涵盖代数、几何、统计学和微积分等内容。

STEM 教育的核心目标是培养学生的批判性思维、问题解决能力、创新和创造力，这些技能在应对未来挑战和在技术驱动的世界中取得成功方面至关重要。此外，STEM 教育与 STEAM 教育密切相关，后者在原有的基础上增加了艺术（Art）元素，强调创造力和设计思维在科学与工程实践中的重要性。

在全球 STEM 教育热潮的推动下，玩具市场迎来了前所未有的变革。众多玩具品牌纷纷积极参与，推出了一系列旨在提升儿童科学素养与创新能力的 STEM 产品，培养儿童的问题解决能力，促进其全面发展，并激发他们的创新思维与应变能力。最近，STEM 俱乐部还扩展了产品线，除了 STEM 玩具外，还增加了限量的艺术品和手工艺品，旨在培养儿童的创造力，激发儿童的想象力，并推动其创新思维。在未来的劳动力市场中，这些素质将愈发重要。这项服务不仅为家长提供了支持儿童全面发展的有力工具，也展现了对教育资源不断增长的需求与关注的深刻洞察（图 6-28）。

图6-28　STEM教育

（1）户外探索和冒险

随着 80 后、90 后父母育儿观念的转变，越来越多的家长开始重视户外游戏与探索活动。这些父母摒弃了以往“强控孩子”的育儿理念，转而鼓励儿童在安全的前提下自主做出决策、承担风险，积极参与户外活动。这种教育哲学催生了一种全新的游乐场设计理念，如今这种理念在全球范围内得到广泛应用。这些游乐场采用突破性的“冒险游乐场”设计，提供更为开放和不拘一格的游玩空间。游乐场通常以废品堆积地的形式出现，配备轮胎、木块、绳索等材料，以及锤子和钉子等工具，供儿童创造性地使用。在这样的游乐场中，儿童获得了更多自主权，可以自由建造或拆除自己选择的物体与结构。

例如，美国的非营利组织 play 处于倡导儿童自主游戏权利的前沿。他们与社区合作，建立独特的社区游乐场，并在游戏工作者的指导下鼓励儿童进行探索、实验和自由游戏。这不仅是对游戏的重新定义，更是对 21 世纪儿童发展与教育方式的重新构想。在快节奏、高科技的时代背景下，该组织强调儿童身体与心智发展的完美结合（图 6-29）。

图6-29　美国的非营利组织play鼓励儿童自主游戏

又如，奥兰多海洋世界的芝麻街乐园为儿童提供了 12 个独特的互动机会，让他们探索这个标志性社区。在这里，传统主题公园的游玩模式被颠覆：不仅不禁止儿童触摸各种物品，反而鼓励他们这样做，所有设计均以儿童为中心。芝麻街乐园的互动装置设计充分考虑了儿童以多样方式探索世界的特性。漫步于这个街区，儿童可以通过触觉探索、创造性思维、自我表达、合唱以及与芝麻街角色互动等多种方式参与其中。这些互动体验融入了社区环境，使探索成为一种自然的乐趣（图 6-30）。

图6-30　奥兰多海洋世界的芝麻街乐园

所有互动设施均精心布置于儿童的视线高度，并能够轻易触及，旨在赋予儿童主导一天冒险活动的能力。设计遵循《美国残疾人法案》（ADA），关注儿童的身高、触及范围及行动辅助性，以促进包容性游戏体验。设计的关键在于，即使在没有成人指导的情况下，儿童也能轻松理解如何启动并使用各种设施。对于尚未掌握阅读技能的儿童，指引需通过展示操作步骤而非文字描述来传达信息。设计团队创造了一套包含易理解符号的图形化指导语言，并引入了全新的芝麻街“指示性怪物”，指导儿童如何开始游戏。这些指示牌经过充分的游戏测试，以确保每一个体验对儿童而言都是直观的。

为增强儿童的主动能力，设计师在海洋世界公园升级了一款受欢迎的玩具，让儿童能够亲自施展魔法。这款新型的埃尔莫互动发光泡泡棒不仅是儿童的娱乐工具，更是在特定地点激活特色内容和惊喜变化的媒介。这些小小的互动瞬间塑造了一个合作游戏的独特空间，使游玩体验既充满社区共享的氛围，又不失个性化的特色。

（2）软技能培养

近年来，家长和教育工作者逐渐意识到，除了 STEM 等“硬技能”外，诸如沟通能力、同理心、人际交往能力、情感成熟度、解决问题能力和责任感等“软技能”，在儿童的全面发展和未来职业生涯中扮演着至关重要的角色。随着对个体综合素质的日益关注，软技能的重要性在教育和职场中都得到了广泛认可（图 6-31）。

图6-31　软技能

不仅家庭对软技能的培养日益重视，企业界也愈发看重新员工的软技能。超过七成的 CEO 表示，软技能在商业运营中扮演的角色往往比硬技能更为关键。这一趋势表明，在未来几年内，企业对软技能的需求和重视程度将显著提升。软技能不仅有助于个人在职场中的适应和合作，更是推动组织创新、团队协作和企业文化构建的基础。

尽管软技能在学校课程中的直接体现相对较少，但已有一些前沿研究和实践探索了如何在学校环境中有效传授和培养这些关键能力。例如，伦敦经济学院对“健康思维”课程的评估为此提供了有力佐证。该课程旨在提升中学生的软技能，改善他们的心理健康和行为表现，同时有可能影响他们的职业期望。这一为期 4 年的试验涵盖了 34 所英国中学，课程内容包括建设抗逆力、合理使用社交媒体、关注心理健康、发展健康的人际关系及理解父母责任等。这种综合性的教育策略不仅有助于学生在学业上取得成功，更为其将来在社会和职场中的人际互动奠定了坚实的基础。

由此可见，教育系统对软技能的重视转变，勾勒出了一幅更加全面的教育蓝图。在这幅蓝图中，科学知识与个体综合素质并重，孩子们从小就被教导理解和尊重他人，鼓励发展团队合作与领导力，并在面对复杂问题时学会管理情绪。这种全人教育模式不再局限于专业知识的传授，而是通过培养广泛的社会能力和促进个人成长，助力学生的全面发展。

（3）新一代儿童创作者的崛起

随着数字化时代的深入，关于儿童屏幕使用时间的争论依然激烈。一方面，许多家长担心过长的屏幕使用时间可能对儿童健康和发展产生一系列负面影响，如视力受损、睡眠障碍、注意力分散以及社交技能退化。另一方面，数字化教育资源的迅猛发展让屏幕逐渐成为儿童学习和创新的重要工具。教育软件、编程游戏及互动应用程序为儿童提供了广阔的知识世界与创意空间。

如何在屏幕使用与教育功能之间找到平衡，是现代家长和教育者面临的重要挑战。需要在避免儿童过度沉迷于屏幕的同时，充分利用其作为学习工具的潜力，促进知识获取与创新能力的发展。一个引人注目的现象是，新一代具有创造力和创新意识的“儿童创作者”正在崭露头角。他们自幼接受“共同设计”和“快速定制”的理念，利用普及的技术和服务创造自己的数字世界，展示了令人惊叹的潜力。

以 Toybox 3D 打印机为例，这款设备是儿童的理想创作工具。儿童通过配套应用，能够即时打印出玩具，打破了传统 3D 设计需要成人协助或具有专业技能的门槛。这种技术让儿童进入了一个充满创造可能的空间，不仅可以打印预设的模型，还能在“创作者空间”中运用简单的设计工具，制作个性化作品。Toybox 3D 打印机为儿童提供了自主设计、动手实践的机会，激发了他们的创造力与独立性（图 6-32）。

图6-32　Toybox 3D打印机

这种技术的普及预示着未来的教育将更加注重创新和设计思维的培养。借助这些工具，下一代的设计师、工程师和创作者将不仅学会使用技术，更重要的是，他们将通过技术实现自我表达、改变世界并解决问题。这些年轻的创作者是未来创新经济的核心力量，今天的家长和教育者也正为他们的崛起奠定坚实的基础。

（4）针对特殊儿童的设计

设计师肩负着关注特殊群体的社会责任，尤其是需要更多关怀的特殊儿童群体，例如孤独症儿童。这些儿童常常面临与外界沟通和社交互动的挑战，因此，设计应更加注重提升他们的互动体验和社会交往能力。

乔布·扬斯维杰（Job Jansweijer）设计的社交游戏 KonneKt，是针对医院中孤立儿童的创新互动游戏。KonneKt 通过吸盘组件，将隔离儿童与他人之间的玻璃墙转变为互动游戏的画布。这些形状多样的组件可以轻松附着在玻璃墙上，使儿童在透明屏障上进行互动。通过这些组件，儿童不仅能够玩诸如井字棋和国际象棋等经典游戏，还能与玻璃另一侧的伙伴共同创造新游戏，从而打破孤立状态，促进社交联系。

KonneKt 的设计展现了模块化的灵活性，适用于多种类型的游戏，能够满足不同儿童的互动需求。其开发过程中，设计师与荷兰多家医院及住院儿童进行了深入合作。为了更好地理解这些儿童的需求，设计团队采用了一种独特的调研方法——通过游戏开展访谈。这种游戏化的访谈包括信封中包含的问题和任务的互动活动，例如让儿童用贴纸制作病房平面图，并标出他们最喜欢和不喜欢的区域。在这一过程中，设计师一边观察儿童的操作，一边与其交流，以获取深层次的需求洞察（图 6-33）。

图6-33 KonneKt的设计

研究发现，孤立儿童因缺乏社交接触而面临较大的挑战。尤其是孤独症儿童，社交互动的缺乏可能严重影响其正常发展。这些儿童在与人沟通时常表现出较高的依赖性和难以适应变化的特征。因此，设计师通过多轮头脑风暴与测试，最终决定开发一款能够在儿童病房玻璃上使用的游戏。这款游戏的设计需要满足不同类型儿童的游戏偏好，涵盖了“探险者”“游戏者”和“修补匠”等不同角色。经过多次迭代和用户反馈的优化，KonneKt 成为一个综合解决方案，不仅为医院儿童提供了娱乐方式，还大幅提升了他们的社交体验。

为特殊儿童设计的关键在于“同理心”的运用，设计师需充分理解他们的情感需求和社交困境，并提供能有效解决这些问题的创新方案。KonneKt 以其交互性和模块化的设计，能够有效促进孤立儿童的社交互动，使其在封闭环境中也能享受到更丰富的互动体验。这种以人为本的设计理念，不仅能够提升特殊儿童的幸福感与自信心，更能帮助他们逐步融入社会。

6.5.4 设计案例分析

（1）Toot：提升儿童的音乐、语言技能

随着技术与教育领域的深度融合，智能交互设计在儿童教育中的应用成为一大趋势。Toot 互动发声玩具专为 3～6 岁的儿童设计，旨在培养他们的听觉、音乐及语言能力。这一项目由 Federico Lameri 开发，基于 Arduino Leonardo 进行原型设计，充分展示了科技与教育的深度结合（图 6-34）。

图6-34　Toot互动发声玩具

Toot 由 8 个立方体扬声器组成，赋予了儿童自由创作的空间。每个扬声器都可以录制儿童的声音，之后通过摇晃的方式播放，仿佛声音被封存在小盒子中。更有趣的是，儿童可以将录制好的扬声器依次排列在 Mr.Toot 的后面，通过轻敲它的头部，触发按既定顺序播放声音的互动体验。这种多样化的交互模式，不仅激发了儿童的创造力，还培养了他们的逻辑思维能力。

此外，Toot 还配备了一款移动应用程序，进一步拓展了儿童与玩具的互动方式。应用程序中设计了一系列练习，旨在帮助儿童学会聆听、理解和分类声音及旋律。值得注意的是，这些练习在音乐家和教育学者的指导下开发，部分内容受到蒙特梭利教学法中感官活动的启发。这种融合听觉教育、音乐体验和语言学习的设计，使 Toot 不仅仅是一个玩具，更是一个促进儿童感官发育与创造力发展的综合教育工具。

（2）Knotty：自由游戏与创造力的交融

设计师丹尼尔·科普恩（Daniel Coppen）在设计 Knotty 时，认识到儿童玩耍的本质是自由、探索性和迭代的过程，是他们发现新意义和培养创新能力的关键途径。然而，现代社会中，家长们愈发重视有结构的活动和学术成就，忽视了自由游戏的重要性，这种趋势导致青少年心理健康问题日益增多。设计师坚信，自由引导的游戏具有不可替代的价值，并认为技术有能力提升这种体验。然而，市场上的许多 STEAM 玩具要么操作过于复杂，要么玩法过于封闭，无法为儿童提供真正的创意自由。

为了打破这一局限，设计师设计了 Knotty，一个适合 4 岁及以上儿童使用的简洁直观的

工具（图 6-35）。Knotty 通过开放式的游戏方式激发孩子们的创造力，让他们能够以新颖的方式探索和应用技术。Knotty 由 6 种输入和输出模块组成，模块间的连接简单且自然，孩子们可以使用特制的绳索将输入模块与输出模块打结，从而创造出各种有趣的功能组合。输入模块包括按钮、摇动传感器和声音传感器，而输出模块则包含 LED 灯、电机和蜂鸣器。通过这种模块化设计，孩子们可以轻松制作出如魔法棒或声音触发射线枪这样的创意作品。这种无屏幕、物理形式的编码体验，不仅让技术学习变得直观，还鼓励孩子们通过动手操作来进行探索与迭代。

Knotty 还具备高度的可拓展性，能够与其他材料相结合。孩子们可以在模块上贴纸，使用魔术贴将其固定到瓶子上，或将其戴在手腕上，变成一个可穿戴设备。这种设计为孩子们提供了更多的个性化选择和创作空间，增强了他们的自主性与参与感。

图6-35　Knotty的原型设计

Knotty 的主要材质为坚固且适合 CNC（数控机床）加工的桃花心木，确保了玩具的耐用性与美观。每个迭代版本的原型大多为手工制作，主体部分通过 CNC 机器切割，并经过手工打磨，确保了产品的精细外观。为了实现模块之间的“魔法绳结”连接，电子元件通过化学蚀刻工艺手工制作的 PCB（印刷电路板）安装在紧凑的模块内，极大优化了空间利用率。Knotty 的魔法绳索采用 kumihimo 编织技术精心编织而成，进一步提升了其独特性和美感。

简单总结下，Toot 与 Knotty 两个案例展示了智能交互设计如何通过有趣且具有教育意义的方式，推动儿童创造力、听觉能力和技术应用能力的发展。这类设计不仅强调了科技与教育的融合，更为儿童提供了在自由探索中学习和成长的机会。通过这些创新的玩具，儿童能够在无形中提升自身技能，为未来的学习和生活打下坚实的基础。这些设计案例也为未来的儿童智能交互设计提供了启示，表明了技术能够在自由游戏与教育中发挥重要作用。

（3）Pigzbe：儿童货币未来教育的智能存钱钱包

Pigzbe 是一款为 6 岁及以上儿童设计的智能存钱钱包，它结合了区块链技术的前沿特性和实体教育工具的优势。这个半实体半数字的存钱工具，由 Wollo 这种专为家庭设计的友好型加密货币驱动。Pigzbe 尝试教给儿童 21 世纪金融的基本原则，还使家庭能够构建起一个全球性的微型融资网络。通过 Wollo 的支持，Pigzbe 体验（代币 + 应用程序 + 硬件）被设计成取代传统存钱罐中存放的实物货币，提供一种适合现代全球化家庭的数字替代方案。同时，它保留了通过动手游戏学习所具有的所有重要实践优势（图 6-36）。

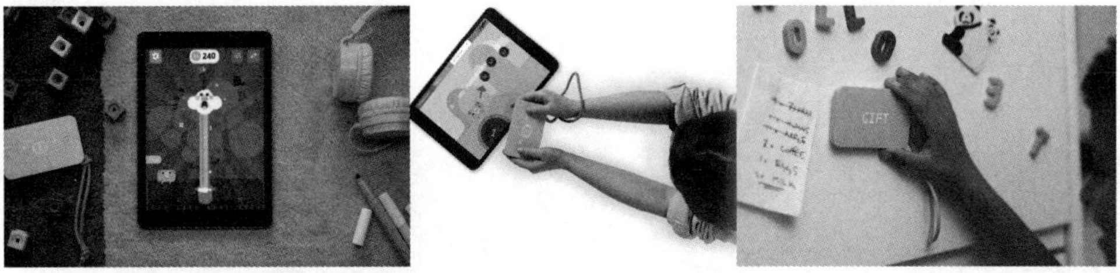

图6-36 Pigzbe智能存钱钱包原型设计

设计师尝试重新定义存钱罐的概念，将其转变为一种存钱钱包，为儿童和家庭提供了一种全新的金融学习和管理方式。这种转变不仅让儿童能够在实践中学习金融知识，也让家庭成员能够在全球范围内进行更灵活的金融活动（图 6-37）。

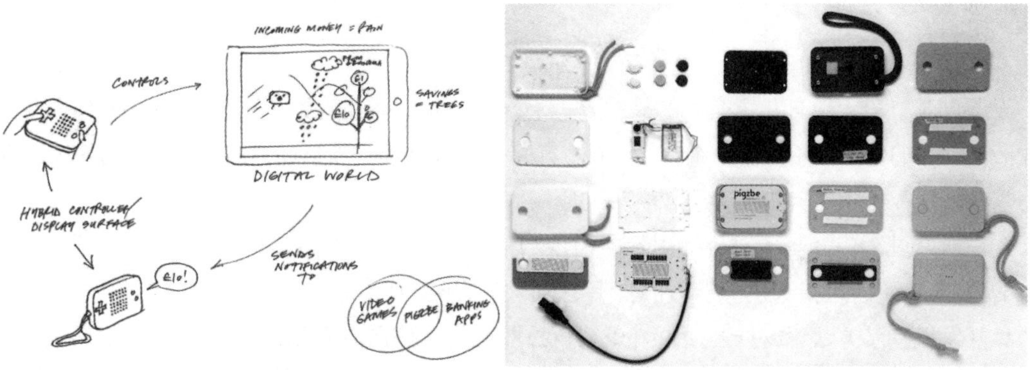

图6-37 设计草图和原型构成

6.6 课程案例一：基于音乐交互的儿童可穿戴产品设计

本案例是基于音乐交互的儿童可穿戴产品设计，由陈相儒设计，李存指导并进行修改和完善。

6.6.1 设计概述

在音乐对儿童全面发展的重要性日益凸显的背景下，传统的学习方式在激发兴趣和提升效果方面存在一定局限。随着信息技术的发展，儿童产品逐步智能化，物联网技术的应用推动了数字功能与儿童产品的深度融合，使其更加互动化和趣味化，改变了市场格局。

对于 3～6 岁的学龄前儿童，市场上的产品越来越注重益智启蒙与感官能力的培养，尤其是音乐教育类产品，不仅为儿童提供了娱乐，还在无形中促进了儿童全面发展，深受家长青睐。本研究聚焦儿童可穿戴音乐交互产品设计，旨在通过智能技术与音乐的结合，为儿童提供趣味性强、互动性强的学习体验。该设计既迎合了儿童对音乐的兴趣，也为他们创造了更高效的学习方式（图 6-38）。

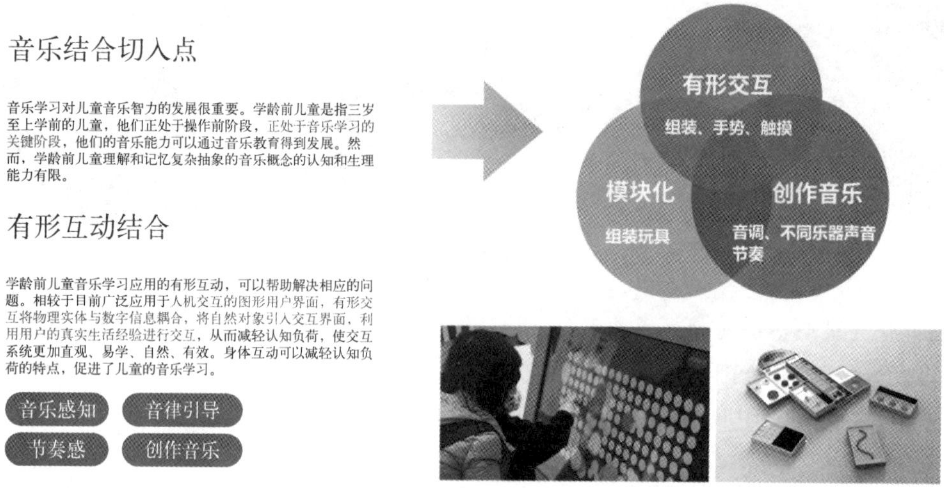

图6-38　产品概念和思路

通过对市场上现有儿童交互产品的分类与技术分析，本研究探讨了多种互动技术的应用，评估了产品的优势与不足，并结合 3～6 岁儿童的生理和心理发展特点，深入分析了音乐交互的核心理念，特别是奥尔夫音乐教学法的应用。

在研究过程中，基于对目标用户的访谈与需求分析，制定了设计策略，并开发了一款创新的可穿戴音乐交互产品。这一研究不仅拓展了音乐交互产品设计的理论与实践，还为未来产品开发提供了方法论支持。通过音乐与科技的融合，该产品为儿童音乐教育注入了新活力，提供了多样化、趣味性的音乐启蒙途径，有助于儿童的全面发展。

（1）设计背景

本研究在国家和社会日益重视学龄前儿童教育的背景下，旨在通过智能音乐交互可穿戴设备的开发，探索适合 3～6 岁儿童的音乐教育创新方法。近年来，随着家长对教育的重视和投资意愿的增强，学前教育市场尤其是音乐教育领域发展迅速。音乐教育在素质教育中的核心作用愈发明显，但许多家长仍采用传统教学方式，未能充分激发儿童的音乐兴趣和潜能。

儿童具有天然的“联觉”能力，能够将音乐与视觉联系起来。因此，在音乐教育中，结合视觉元素，采用游戏化和互动的教学方式，可以更好地激发儿童的参与感，使他们在感知和互动中主动体验音乐。苏霍姆林斯基曾指出，儿童的精神发展离不开音乐、游戏、幻想与创造的环境。结合这一理念，本研究通过智能音乐交互产品设计，突破了传统教育模式的局限。

随着“互联网 +”的推动和技术的迅速发展，儿童音乐产品的互动性与智能化程度日益提高。人工智能、手势识别、动作捕捉等互动技术的应用，不仅提升了产品功能，还通过多感官体验促进了儿童认知与社交技能的发展。本研究开发的智能音乐交互可穿戴设备正是基于这一技术趋势，旨在通过音乐与肢体互动提高学习趣味性和效果，帮助儿童更深入地理解音乐的节奏和韵律。

本研究重点分析了3～6岁儿童的认知发展特点，明确了适合这一年龄段儿童的设计原则，如通过物理交互提升手部协调能力和艺术感知力。通过对互动技术的深入探讨，研究总结了儿童音乐交互产品设计的核心原则，特别是在智能交互、情感体验和音乐感知力提升方面，提供了新的设计思路。

在国际领域，针对儿童音乐交互与可穿戴设备的研究相对成熟，国外学者已经构建了完整的理论体系，如杰姆佩尔（Gemperle）提出的可穿戴设备设计原则，以及伦敦玛丽女王大学开发的Polymetro协作互动音乐系统等。这些研究为本研究提供了重要的理论支持和参考。

（2）竞品分析

国内在儿童音乐交互产品的研究方面虽起步较晚，但近年来取得了一定进展。例如，袁博和郜红合对学龄前儿童音乐玩具的研究提出了创新设计思路，程宽设计的Prism智能玩具实现了音乐与儿童互动的即时反馈。这些研究逐步推动了国内儿童音乐交互产品设计的发展，但在促进儿童自主互动和多感官结合方面，仍有提升空间（图6-39）。

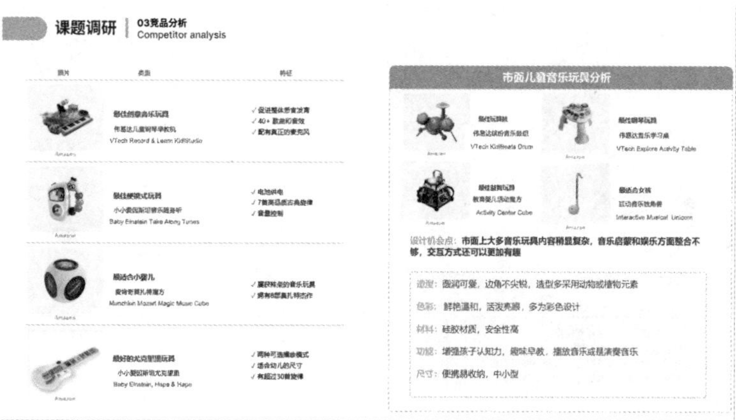

图6-39　竞品分析

综上所述，本研究通过开发智能音乐交互可穿戴设备，结合技术驱动的音乐互动设计，为儿童音乐教育提供了新的思路。未来，随着数字技术与教育设计的进一步融合，儿童教育产品将展现出更广阔的发展潜力，为教育市场带来更多创新与机遇。

6.6.2　用户研究过程

儿童音乐启蒙的黄金期为3.5～4.5岁，此时儿童处于前运算阶段，具备音画联觉的特点，能够将音乐与图像关联，并对音乐有天然的感知力。这一阶段，儿童尚未接受正式的音乐培训，因此，设计针对该年龄段的音乐产品时，重点在于通过感官互动和简单易懂的操作方式激发他们的音乐潜力。

用户体验地图对儿童端和家长端均进行分析（图6-40）。基于用户体验地图，对儿童和家长的体验流程进行分析。

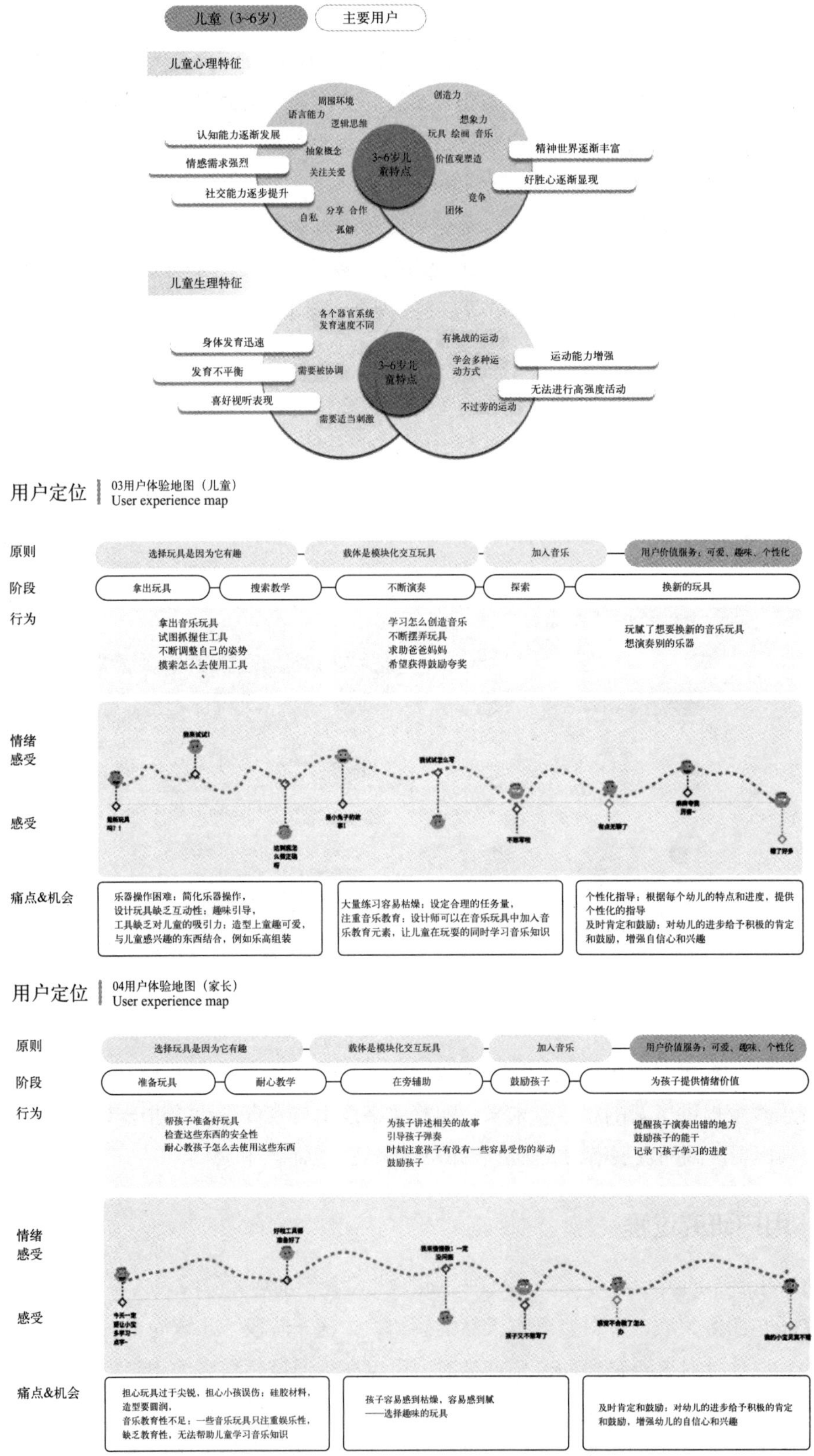

图6-40　儿童端心理和生理特征分析（上）与用户体验地图（下）

① 儿童体验：从启动产品到完成互动，儿童对新奇的感官体验产生兴趣，通过正向反馈保持学习热情。游戏化设计帮助他们克服任务难度，增强参与感。

② 家长体验：家长重视产品操作简便性和教育功能，在陪伴孩子使用产品的过程中，关注孩子的进步与安全。产品应为家长提供反馈，让他们更好地参与到孩子的教育中。

6.6.3 设计过程

经过草图绘制后，最终将设计重点聚焦在可穿戴设备上。CbooM 音乐交互可穿戴产品设计灵感来源于 3～6 岁学龄前儿童，从而确立了针对此年龄段的产品设计方向和关键词。CbooM 产品性格关键词选取了自然、圆角、亲肤材质、安全感、硅胶、鲜艳色彩和童趣等，打造出与儿童性格相协调的产品形态和气质，外形上趋向简约大方（图 6-41）。设计中融入了充满童趣的元素，如动物形状和卡通图案，借助鲜艳明亮的产品色彩及互动方式，激发儿童的音乐兴趣和创造力。

图6-41　推演草图（左）与功能和造型意向板（右）

CMF 方面，CbooM 音乐交互可穿戴产品设计着重于将自然元素融入儿童产品中，使用环保材料和模仿自然界的色彩，意在吸引儿童的注意力，并激发他们对自然世界的好奇心和探索欲望。为了确保产品的安全性，边缘采用圆角设计，以避免尖锐处对儿童造成伤害，从而使产品对儿童更加友好，让家长放心地让孩子自由使用（图 6-42）。

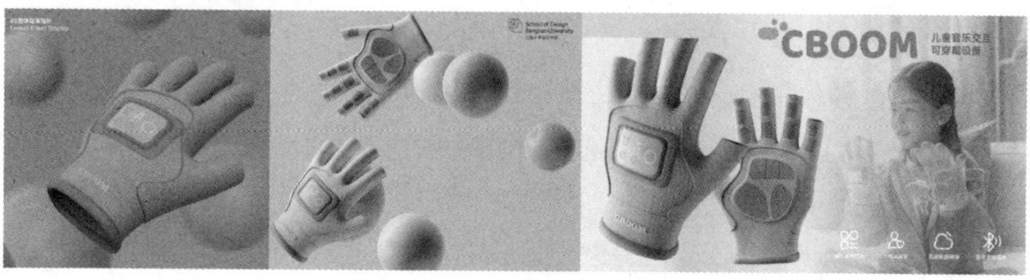

图6-42　产品渲染展示图和使用场景

材料采用了对儿童皮肤温和无害的高品质硅胶，这种材料不仅耐用，而且考虑了儿童长时间接触时的舒适性。硅胶因其柔软性、耐用性和易清洁的特性而成为产品的主要材料之一。这些特性保证了产品的安全和卫生，适合儿童频繁使用。产品采用了明亮而鲜艳的色彩，这不仅能够吸引儿童的视线，还有助于刺激他们的感官，增强他们的记忆力和认知能力。针对学龄前儿童的不同控制部位进行了手部数据的精准计算，从而确定了可穿戴设备的高度大约为 13 厘米。鉴于个体间的差异性，特别选用弹性材料，其尺寸调整范围设定在 10～16 厘米之间，以适应不同儿童的佩戴需求。产品的细节设计如图 6-43 所示。

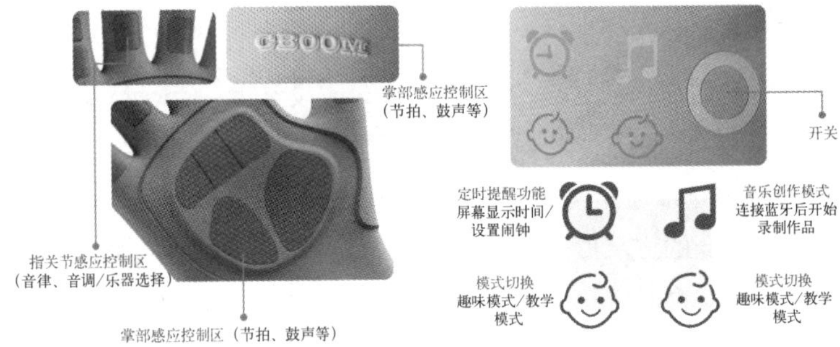

图6-43　产品细节设计

6.6.4　原型开发

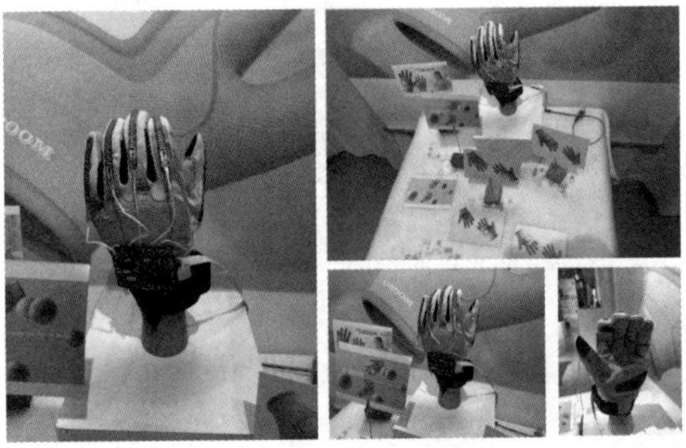

图6-44　产品原型

整个设计过程开始于捕捉儿童的手部动作和触摸，这是输入捕捉阶段的关键环节。随后，所采集的原始数据被送入数据处理模块，在这里数据被转换和解析以识别具体的动作类型。在音乐生成环节，系统根据识别的动作触发相应的音效并合成音频。这些音频通过设备的扬声器输出，并与相应的视觉效果同步展示，以增强用户的感官体验。为了维护和提升交互体验的品质，系统包括一个反馈调整机制，该机制根据用户反馈动态调整音乐输出。此外，考虑到安全性和适宜性，设计中还嵌入了家长控制与监测模块，使家长可以通过专用应用程序来监控和调整设备的设置。这些设计元素确保产品不仅能够吸引儿童，而且符合家长的期望和安全标准（图 6-44）。

技术实施路线涵盖了从硬件组件的选择到最终用户体验的优化（图 6-45）。初步阶段包括选择适宜的硬件组件：多种传感器（加速度计、陀螺仪、触摸传感器）用于捕捉儿童的手部动作和触摸，小型扬声器和麦克风提供音频反馈，微处理器和无线通信模块（如 Wi-Fi 或蓝牙）处理数据并支持设备间通信。软件开发和算法设计阶段涉及开发嵌入式系统软件，选择操作系统（如 RTOS），开发驱动程序和应用程序。此外，开发音乐生成和动作识别算法，这些算法可以将捕捉到的动作转换为音乐输出，并准确识别儿童的手势。系统集成与测试环节包括将硬件组件与软件系统整合，确保它们协同工作，并通过功能测试和用户测试，验证系统的响应速度、准确性、稳定性及用户体验。

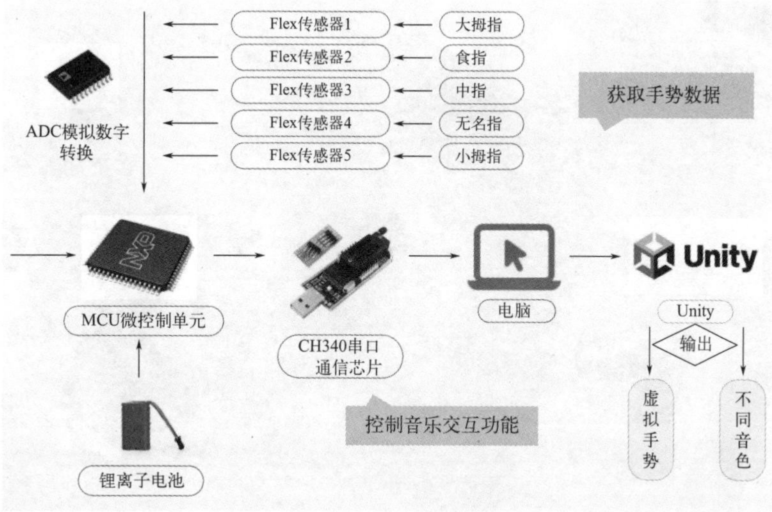

图6-45　交互硬件技术路线图

用户体验优化阶段聚焦交互界面的设计，使之直观易用，符合儿童的操作习惯和认知水平，并根据用户反馈调整界面和功能，以提升用户满意度和产品的易用性。用户输入动作触发系统，通过 5 个 Flex 传感器采集各指的弯曲电阻值，经过 ADC 转换后传送至 STM32F103C8T6 微控制单元进行处理，将电阻值转换为角度数据。处理后的数据通过 CH340 串口通信芯片传输至电脑上的 Unity 软件。软件检测并保存串口信息，打开指定串口后接收数据，只有当数据帧头正确时才处理这些数据，并根据接收的数据输出虚拟手势动作和相应的音色变化（图 6-46）。

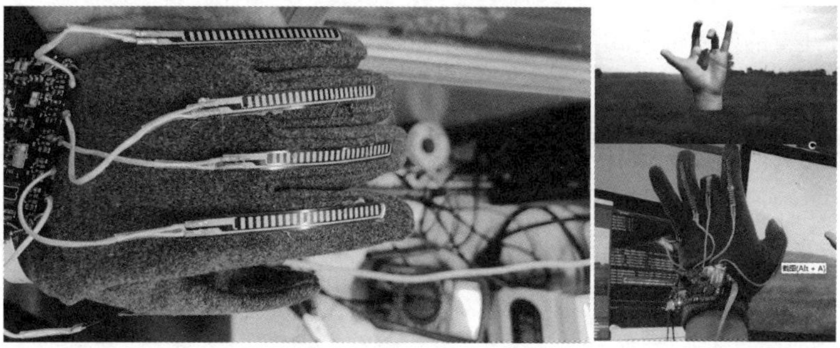

图6-46　交互硬件模型与测试

基于硬件产品的创新研究，CbooM 音乐交互可穿戴产品的 UI 设计继承了硬件实体的 CMF 设计。UI 设计保持清晰而直观，通过使用大而明亮的图标及简化的菜单选项，帮助儿童轻松理解和操作。色彩选择鲜明的大板块的铺色，以引起儿童的注意。界面融入了儿童熟悉的视觉元素，如可爱的动物和卡通人物，这些不仅能吸引他们的注意力，还能自然地引导他们操作。设计强调互动性，支持触摸和滑动等动作，确保 UI 元素能快速响应并提供立即反馈，如触动时的声音或视觉变化，以增强儿童的体验感（图 6-47）。

图6-47　UI设计整体展示图

具体的 UI 设计包括：① 主界面使用简单直观的图标，例如音乐符号和播放键，以及各类乐器的图像。采用明亮的颜色方案，以区分不同的功能区域，并确保所有元素都在儿童能轻易触及的范围内。② 当儿童进行音乐操作时，音乐交互界面会显示动态的视觉反馈，比如敲击时呈现的波纹效果。设计了拖放功能，让儿童能够通过拖动排列音乐元素，自由创作旋律。③ 学习模块提供简化的图形化教程，通过动画和游戏化的方式，教授节奏和旋律等基础音乐知识。设计了互动测试如音乐记忆游戏，帮助儿童在游戏中学习并巩固知识。④ 家长控制面板让家长可以监控和调整音乐内容及音量，确保儿童在适宜的环境中使用产品。提供一个界面供家长查看儿童的使用情况和学习进展，了解他们喜欢的活动和技能发展情况。

6.7　课程案例二：面向异地亲子的娱乐性交互产品设计

本案例是面向异地亲子的娱乐性交互产品设计，由连文思设计，李存指导并进行修改和完善。

6.7.1　设计概述

（1）设计背景

在全球化和信息化快速推进的当下，人们的生活方式与工作模式经历了显著的变革。这些变革显著地影响了家庭结构及成员间的关系。随着就业市场的多样化以及教育机会的地理分布日益广泛，越来越多的家庭遭遇成员地理分离的挑战。常见的情形是，父母与子女因工作或教育需求而居住在不同城市甚至不同国家，这种现象在农村与城市地区均广泛存在。

处于成长期的儿童，尤其是 6～9 岁的小学生，正处于心理和生理发展的关键阶段。稳定的情感支持和频繁的家庭互动对儿童的社会技能和情感健康发展至关重要。然而，异地亲子关系显著限制了父母参与日常互动和关注子女成长的可能性，这不仅可能导致亲子关系疏远，还可能对儿童的行为模式和情绪产生不利影响。

尽管现代通信技术为异地家庭提供了沟通的便利，但它们无法完全替代面对面的互动和身体上的陪伴。因此，研究和开发能够促进异地亲子间情感交流和互动的娱乐性交互产品变得尤为重要。这类产品的设计不仅需要考虑技术实现的可能性和亲子互动的趣味性，更重要的是关注其在支持儿童情感与社会发展方面的有效性。

本研究旨在设计并评估一款专为 6～9 岁异地亲子关系中的儿童开发的娱乐性交互产品，探索其在改善亲子关系和促进儿童发展方面的潜在影响。通过本研究，我们期望为异地家庭提供更有效的沟通和互动解决方案，以维护和增强家庭的整体幸福感和稳定性（图 6-48）。

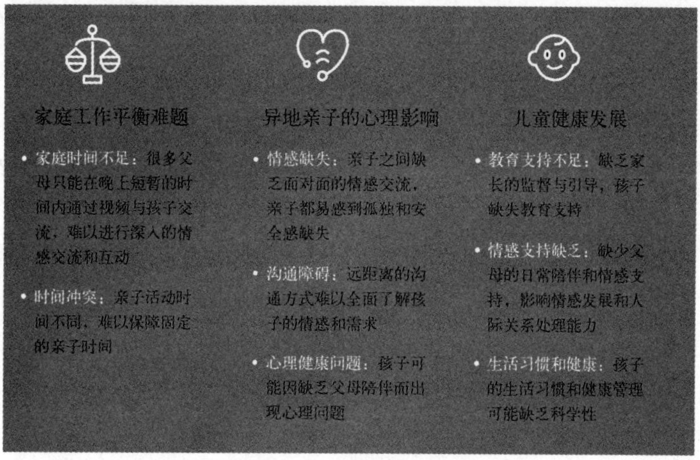

图6-48　研究背景

（2）设计目的与意义

在异地亲子关系的背景下，传统的沟通方式如电话或文字消息，往往难以满足儿童的情感需求。娱乐性交互产品通过集成视觉、听觉和触觉交互，能够提供更加丰富和吸引人的沟通体验。本研究将深入探讨这类产品在增强父母与远距离子女间的情感连接、提升交流质量和频率方面的潜力。通过理论研究与实际应用的结合，旨在验证娱乐性交互产品是否能有效减少由地理分离带来的情感隔阂，增强亲子间的理解和互信，从而为解决异地亲子关系中遇到的沟通障碍提供新的视角和方法。

本研究不仅关注娱乐性交互产品的理论和实践探索，更致力于根据 6～9 岁儿童的认知特点和心理需求，设计符合他们发展需求的创新解决方案。考虑到这一年龄段儿童的特性，产品设计将重点放在简洁易用的界面、互动性强的内容以及能够促进家庭成员共同参与的活动上。此外，设计过程中还充分考虑家长对于产品安全性和教育价值的期待，确保这些交互产品在提供娱乐的同时，也能促进儿童的社会性和情感发展。本研究希望能够为异地家庭提供一个既能满足儿童成长需要，又能增强家庭凝聚力的新型交互产品。

6.7.2 设计调研

（1）调研对象

亲子异地情况下，对于处在成长期的孩子生理、心理的影响更为明显。这个阶段孩子正处于儿童期和青少年期的过渡阶段，一方面，他们具有一定的日常生活技能，能够较为独立地完成自己的事，同时心理特征也在逐渐发生变化，自我意识开始增强，情绪波动可能会更为明显；另一方面，他们拥有了另一个身份，即学生，生活、社交环境发生了变化，日常生活也有了明显的改变，学业占据了他们较多的时间与精力。从整体上看，他们的身心尚在发展，自我保护意识、认知行为能力尚未成熟，需要正确的引导；亲情的缺乏会对他们的心理或多或少产生影响，常表现出缺乏安全感、渴望亲情与友情、内心敏感细腻、社交能力下降、叛逆等。这就需要老师的引导、同学的互助、社会的帮助和与祖辈的沟通来促进他们的身心健康发展。本研究选定的调研对象为有 6～9 岁儿童的异地亲子家庭，长期异地、短期异地的情况均包含在内。

（2）调研内容

调研内容旨在深入了解异地亲子关系中儿童的生活实际和心理状态，以及这种亲子关系形式对他们的具体影响。调研内容包括以下几个方面。

① 儿童的日常生活与学习情况：了解儿童的一般生活习惯、学习状况和日常活动，包括他们如何分配时间在学业、游戏和其他活动上。

② 儿童的情绪和心理状况：探讨儿童的常见情绪表现、如何表达情绪以及这些情绪与异地亲子关系之间的关联。

③ 家庭沟通模式：研究异地亲子之间的通信频率、方式和质量，包括使用的通信工具和沟通的满意度。

④ 对娱乐性交互产品的接受度：调查儿童及其父母对使用娱乐性交互产品的态度和期望，了解他们希望这类产品如何帮助改善亲子关系。

（3）调研过程与分析

为了深入理解异地亲子关系对 6～9 岁儿童的影响，以及娱乐性交互产品在促进这种关系中的潜在作用，本研究采用了定性、定量方法来收集和分析数据。方法包括问卷调查、深度访谈、观察研究及实验研究，以确保从不同角度获得全面的数据支持。

① 用户画像：通过对两对异地亲子的线上访谈，以及文献资料的查阅，总结出此类人群的特点，并且对他们的日常生活、特征等进行了归纳。通过对家长的特点进行总结，发现家长在与子女异地的情况下面临的问题有：工作忙碌，无法随时回复子女消息；远距离沟通带来诸多不便，无法及时、直观地感受到子女的情绪变化等。

通过对儿童的特点进行总结，发现儿童在与家长异地的情况下面临的问题有：需要更多的陪伴和情感支持，需要获得更多的关注，有稳定的亲子游玩时间等。

通过分析李女士及其女儿的个人特点和需求，我们可以更深入地理解异地亲子关系中各方面的挑战和需求，从而设计出更有效的支持策略和产品来帮助他们改善亲子关系，增加家庭的幸福感（图 6-49）。

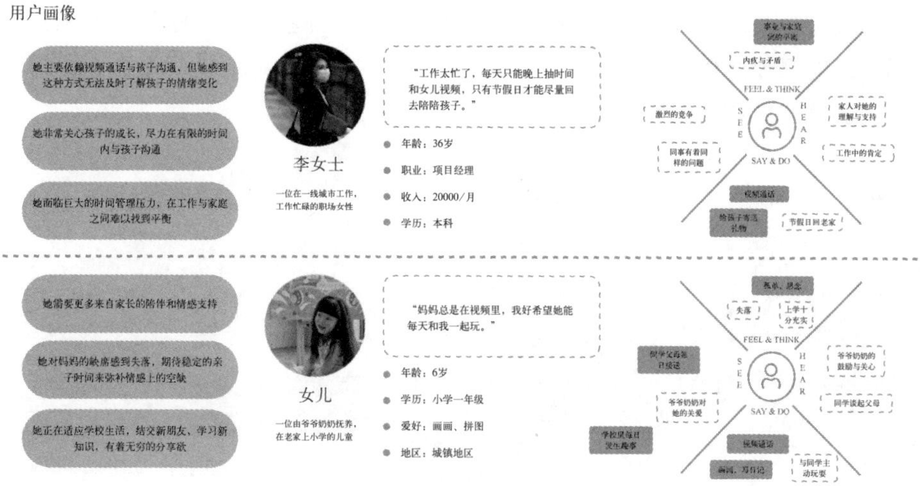

图6-49　用户画像

② 人群分析：结合访谈内容与总结的用户画像，将异地亲子的日常行为以及双方各自的需求进行整理和分析。在研究异地亲子关系中的 6～9 岁儿童时，发现这一特定的群体在生理、心理和社会发展方面处于关键的成长阶段。此年龄段的儿童通常开始展现更复杂的情感表达、社交技能和自主性，同时，他们的学业也开始加重，对成人的指导和支持的需求增加。并且这个年龄段的女孩对稳定的家庭环境和日常生活中的一致性有着本能的需求。家庭环境的不稳定性，如父母的异地工作安排，可能对他们的习惯、心理带来影响。

作为家长，因工作忙碌无法很好地顾及子女，也无法及时了解子女的情况并与子女沟通。这两类人群的生活存在“时间差”，很多时候子女期望的玩乐时间与家长的空闲时间有冲突，因此后续产品的设计需要特别考虑这点，并针对这点进行设计，满足双方对于“仿佛对方就在身旁”的需求（图 6-50）。

图6-50　异地亲子日常行为和需求分析

③ 痛点和机会点分析：根据以上关于异地亲子日常行为和需求的分析，得出以下痛点和产品机会点，如图 6-51。开发创新的情感表达工具、寓教于乐的活动内容以及非即时性交互功能，可以极大地改善异地亲子关系中的互动质量，减少孤独感，并强化父母与孩子之间的情感纽带，最终提升整个家庭的幸福感和满足感。这些解决方案不仅应对了现有的痛点，还开辟了促进亲子关系发展的新途径。

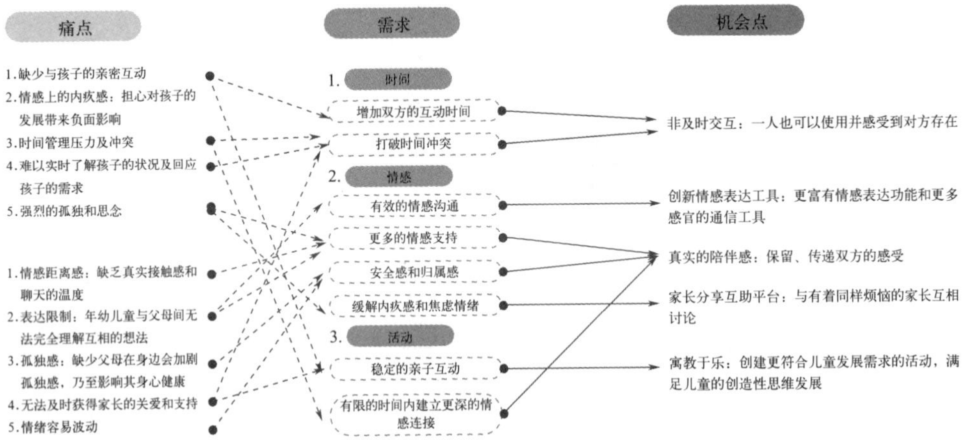

图6-51 痛点和机会点分析

6.7.3 设计内容

本产品旨在通过创新的互动方式和多感官体验增强异地亲子间的情感联系。通过前期调研分析得出以下设计内容（图 6-52）。

① 加强情感连接：异地亲子通常依赖电话或视频通话来维持联系，但这些方式很难完全传达真实的情感和即时的反应，尤其是在表达爱和关怀时，缺乏直接的身体接触和面部表情的互动，使得深层次的情感交流受阻。远距离互动：本产品设计了特有的视频模块与积木模块，允许父母和孩子在实时视频通话的同时，共同参与拼图游戏。这种互动不仅增加了游戏的乐趣，还使双方在游戏中体验到合作与共享的快乐，从而加深情感连接。

② 促进儿童身心健康：孩子在成长的关键阶段缺少直接的指导和榜样，可能影响其社交技能和情感发展。创新性思维锻炼：积木模块鼓励孩子使用多种几何形状和颜色的积木进行创造，这不仅锻炼了孩子的空间认知能力和创造力，还有助于孩子的整体心理发展。

③ 给予陪伴感与安全感：父母与孩子分隔两地，物理上的距离转化为情感上的距离感，增加了孩子的不安全感。多感官互动：通过实体积木和电子反馈设备的结合，本产品提供了触觉、视觉和听觉的多感官体验。父母和孩子在互动过程中，不仅可以看到对方，还可以通过手持模块感受到孩子操作积木时的温度变化和心跳震动，这种多感官的交互设计能有效地提供强烈的陪伴感和安全感。

④ 突破双方时间差：时间冲突可能导致沟通延迟或错过，影响亲子之间的互动频率和质量。非即时交互：考虑到父母和孩子可能位于不同时区，产品允许父母在任何方便的时间“参与”孩子的游戏中。通过录制和保存互动过程，父母可以在任何时间回放孩子的游戏过程，

并通过特殊的积木留下心跳和声音的印记。孩子在使用这些积木时可以感受到父母的存在，从而减少因时间差带来的隔阂。

⑤ 打破沟通代际障碍：父母和孩子在表达和理解上存在差异，尤其是在使用技术产品时，需要设计更易于两代人使用的互动方式。趣味的沟通模式：为了让沟通更加自然和有趣，本产品通过 AI 绘画技术和积木游戏引入了新的沟通方式。这些技术不仅使得亲子间的对话更加生动有趣，还能帮助双方更好地了解彼此的世界。

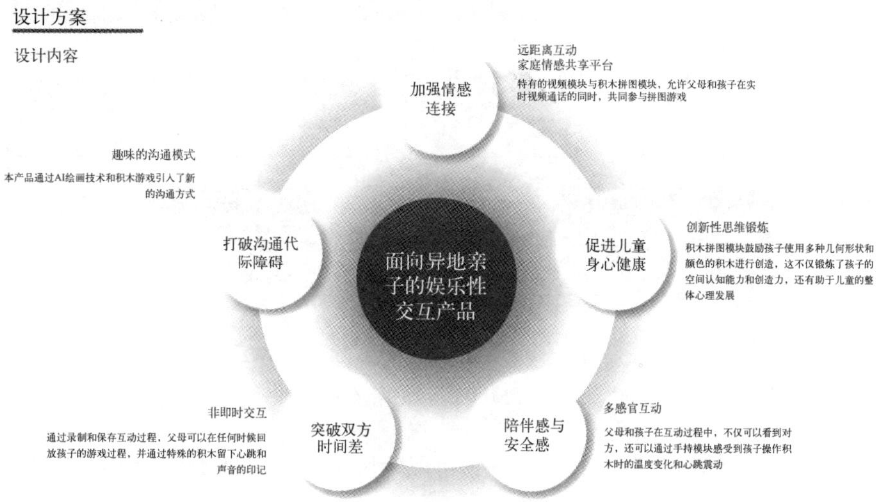

图6-52 设计内容

本设计还需要遵循以下几点设计原则。

① 双向沟通：形式上要满足知识、经历、生活故事的互相分享而非单方面的主导，减少祖孙辈的交流成为一方迁就另一方的情况。

② 模块化与统一性：设计上需要尊重个性，突出共性。双方的输入端口可以采用各自熟悉的形式，互动模块则可以突出共性，增强亲子的联系。亲子间年龄、经历、环境等带来的差异是无法磨灭也不应该去消除的，应该尊重他们的个体差异和性格，遵循他们习惯的方式。

③ 正向反馈与易用性：产品带来的物理上的正向反馈（视觉、听觉、触觉），给使用者带来心理的愉悦与成就感，同时操作易于双方使用，降低学习使用成本。

在调研中了解到，沟通难的一部分原因来自他们的不自信，对自己观点、聊天内容的“有用性”的担忧，适当的鼓励与支持可以缓解他们的担忧，促进他们积极沟通。

6.7.4 产品定义

根据前期调研，将产品定义为一款专为异地亲子设计的互动平台，旨在通过创新的多感官交互方式强化父母与孩子之间的情感联系。该产品结合了视频通信、感应式拼图游戏、AI 绘画技术和移动端应用程序，为父母和孩子提供一个共享、创造和交流的空间。该产品的核心功能如图 6-53。

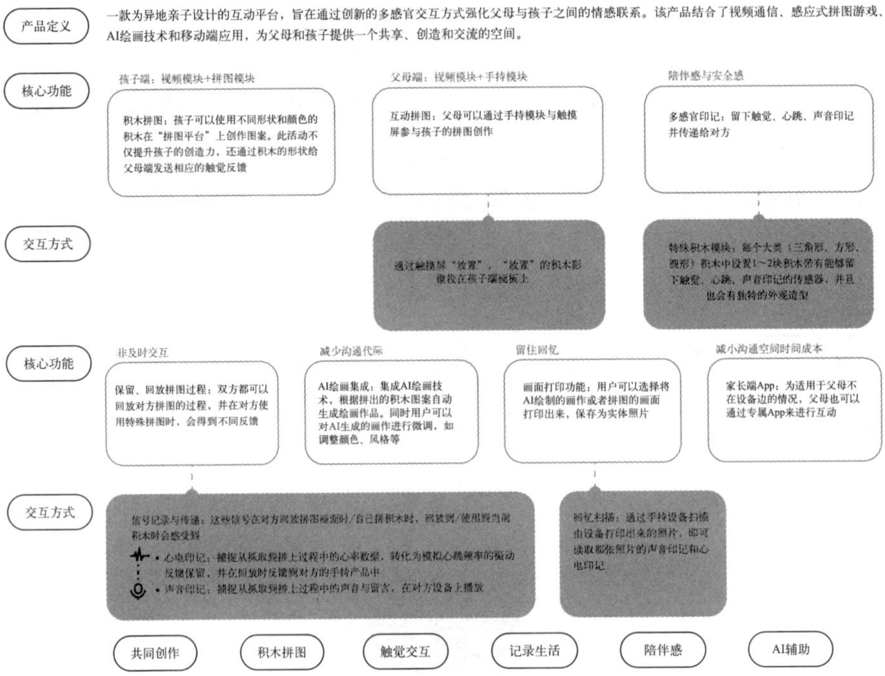

图6-53　产品定义

① 儿童端：视频模块 + 积木模块。孩子可以使用不同形状和颜色的积木在拼图平台上创作图案。此活动不仅能提升孩子的创造力，还能通过积木的形状给家长端发送相应的触觉反馈。根据积木的形状（圆形、方形、三角形），家长端的手持模块会收到不同的温度反馈，从而感受到孩子创作过程中的每一个细节。

② 家长端：视频模块 + 手持模块。父母可以通过手持模块与触摸屏参与孩子的拼图创作，通过触摸屏实时“放置”积木，“放置”的积木影像投在儿童端拼图平台上。

③ 特殊积木模块：每个大类（三角形、方形、圆形）积木中设置 1～2 块带有能够留下触觉、心跳、声音印记的传感器的积木，并且会有独特的外观造型。

④ 保留、回放拼图过程：双方都可以回放对方拼图的过程，并在对方使用特殊积木时，得到不同反馈。信号记录与传递：这些信号在对方回放拼图画面或自己拼积木时，以及回放或使用当前积木时会感受到。心电印记：捕捉从抓取到拼合过程中的心率数据，转化为模拟心跳频率的振动反馈，并在回放时反馈到对方的手持模块中。声音印记：捕捉从抓取到拼上过程中的声音与留言，在对方设备上播放。

⑤ AI 绘画技术：集成 AI 绘画技术，根据拼出的积木图案自动生成绘画作品。同时用户可以通过语音命令对 AI 生成的画作进行微调，如调整颜色等。

⑥ 移动端互动：适用于父母不在设备边的情况，父母可以通过专属 App 进行互动。

通过触觉交互弥补物理距离带来的情感隔阂，通过共同的创造和游戏活动加深彼此的理解和感情，为异地亲子提供了全新的、富有创意的沟通和互动方式，旨在促进家庭内的情感交流，增强家庭成员之间的联系（图 6-54）。

最终方案

使用流程

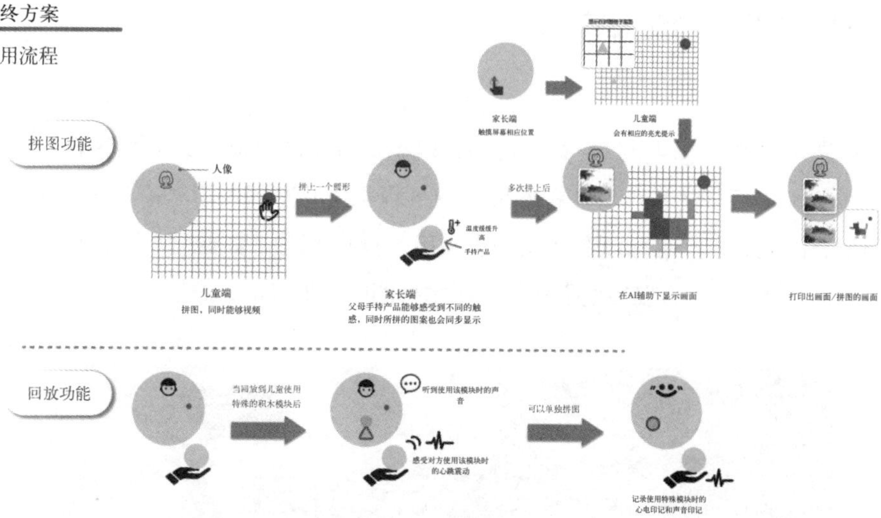

图6-54　产品使用流程

根据前期的调研及机会点的分析进行草图推演，如图 6-55、图 6-56 所示。

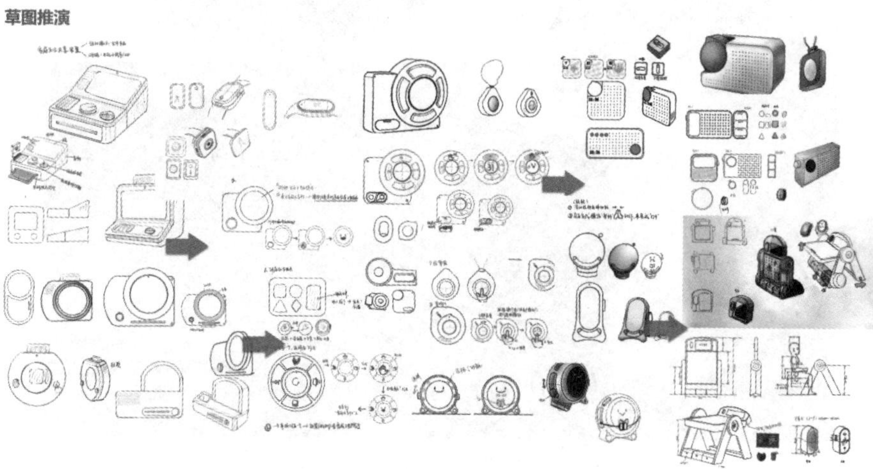

图6-55　草图推演过程

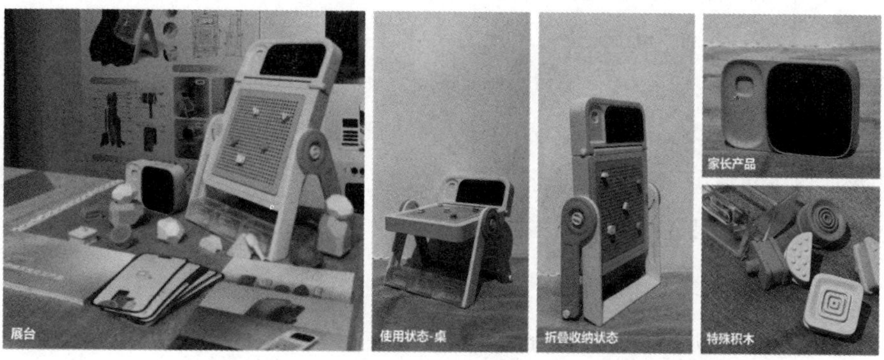

图6-56　产品原型

6.7.5 产品方案及功能细节

（1）儿童端产品

根据前期用户的需求以及日常行为习惯，以积木拼图作为亲子交互的桥梁。儿童端产品融合了积木桌和电话亭的特点，在积木搭建的过程中给儿童提供了与家长互动的多种方式。通过翻转折叠的设计，产品可以在竖立状态和积木桌状态之间切换，为儿童提供了多种使用姿势，包括坐、站、蹲等，以便他们在进行积木拼图时更加灵活、舒适（图 6-57）。

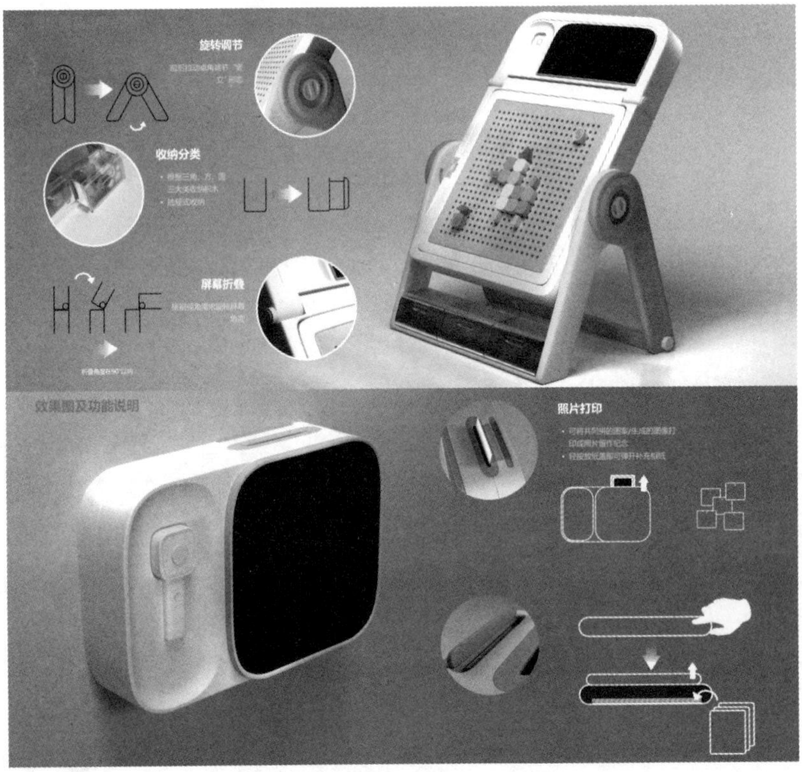

图6-57　效果图（上为儿童端，下为家长端）

儿童在使用回放功能时，通过手持产品，可以实时感知家长进行积木拼图时的“心电印记”和“声音印记”，从而为儿童提供充分的陪伴感。底部设计了三个收纳处，以鼓励儿童按照三角形、方形和圆形等几何形状分类整理积木，培养儿童的独立自主能力和创造性思维。积木设计上，设计了三大类形状，方形、三角形、圆形，以及半圆形、条形等，大小分大、中、小三种，以供儿童更加灵活地进行积木拼图。特殊模块积木作特殊纹理处理，侧边能够识别当前心电速率，并保留和反馈拼图过程。

（2）家长端产品

家长端产品融合座机、电话亭的特点，通过产品可以与孩子共同拼图，感受孩子拼图时的一举一动和情绪变化（图 6-58）。

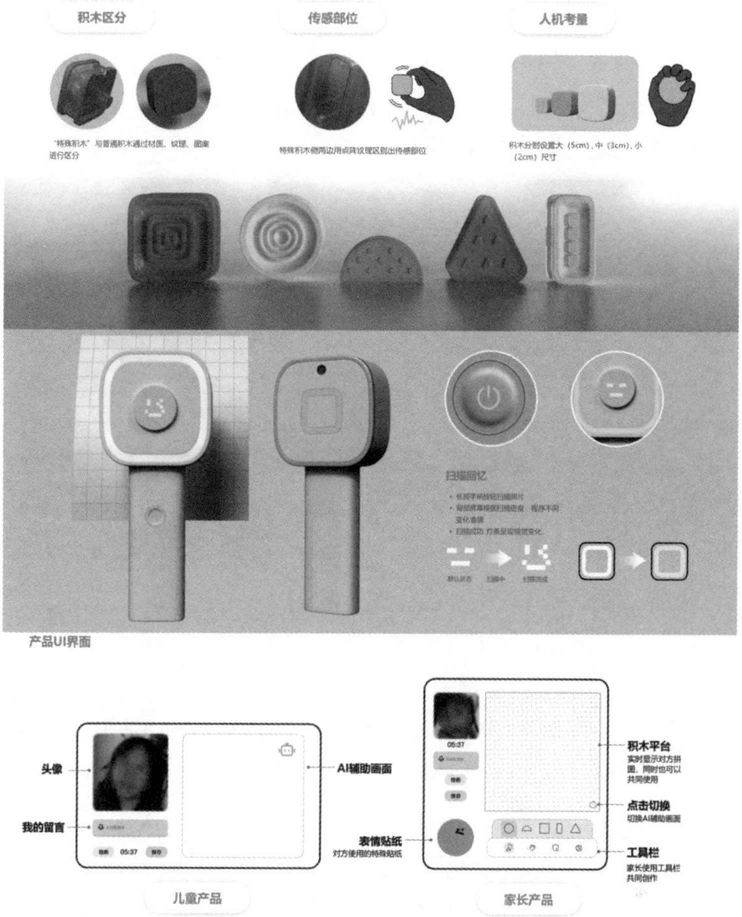

图6-58 设计细节说明

（3）App 设计

App 主要面向家长群体，旨在解决“出门在外无法使用产品”的问题。通过手机 App，家长能够快速与孩子共同进行拼图互动。同时，App 还注重满足家长自身的情感需求，提供独立创作、互助分享等创作和社交功能，促进家长间的交流与支持。具体功能包括：远程拼图互动，家长可以通过 App 随时随地与孩子共同完成拼图，保持亲子互动；情感支持，提供独立创作功能，让家长在拼图过程中表达自己的情感和创意；互助分享，建立家长社区，用户可以分享自己的创作，互相交流经验，获取支持和建议。该 App 不仅增强异地亲子之间的情感连接，还关注家长的个体需求，提供一个综合性的互动和社交平台。

（4）UI 设计

根据调研分析，App 主要包括“主页”“创作”“通话”“社区”“我的”五大板块，以满足家长和孩子的需求。App 命名为“pin”，取自“拼”的拼音。在 Logo 设计上，采用三角形、方形和圆形进行组合，同时文字 Logo 也由这三种形状组成。标语为“拼接彼此，跨越距离”，旨在通过产品和 App 跨越地域隔阂，拉近亲子之间的距离。

在色彩选择上，App 采用与实体产品相呼应的明亮温暖的亮黄色为主色调，传递积极和温馨的情感。整体风格基于“积木拼图”的意象，采用涂鸦风格，并大量运用几何元素，营造出富有创意和亲和力的视觉体验。开屏界面采用 Logo 加标语的布局，登录界面采用多个几何元素呼应“积木拼图”的意象（图 6-59）。

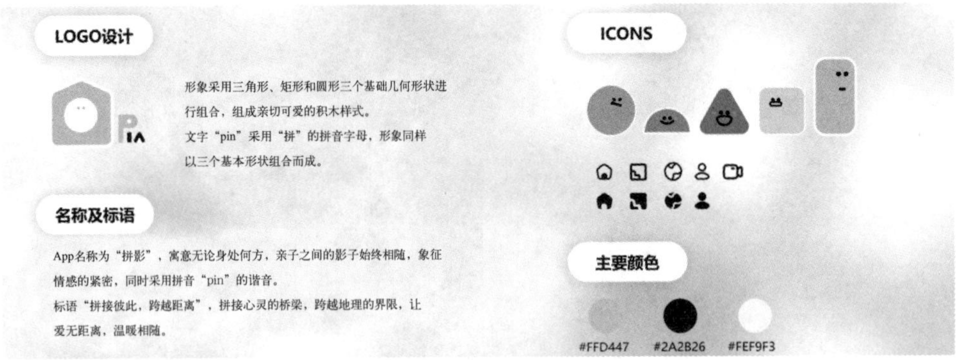

图6-59 Logo设计

（5）产品尺寸

该产品涉及儿童，需要着重考虑积木以及儿童端的人机尺寸（图 6-60）。

积木：根据市面上的积木大小、小孩手掌大小以及积木拼图时的灵活度，将积木大致分为三角形、矩形、圆形三类，均有大、中、小三个尺寸。圆形，大号直径为 6 厘米；中号直径为 4 厘米；小号直径为 2.5 厘米。矩形（以正方形为例），大号边长为 6 厘米；中号边长为 4 厘米；小号边长为 2.5 厘米。三角形（以等边三角形为例），大号边长为 6 厘米；中号边长为 4 厘米；小号边长为 2.5 厘米。厚度为 1～1.5 厘米；特殊积木均为大号尺寸。儿童端产品：考虑空间利用、拼图灵活度、儿童可用性，既要满足拼积木活动，又需要集成屏幕，使其便于使用且不占用过多空间。积木平台尺寸为 50 厘米 ×50 厘米，屏幕约 10 英寸；手持产品尺寸为 8 厘米 ×5 厘米 ×2 厘米；家长端产品尺寸为 45 厘米 ×45 厘米。

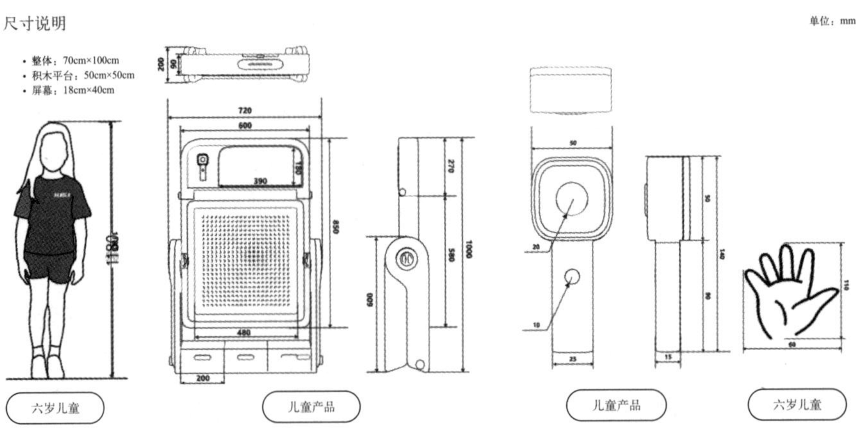

图6-60 产品尺寸说明

07 Chapter

第7章

多模态交互设计

本章将深入探讨多模态交互设计，涵盖多模态交互的前沿领域、方法和原则，以及在不同方向上的具体应用。多模态交互设计通过整合多种感官通道（如视觉、听觉、触觉等）与多样化的交互方式（如语言、手势、表情等），提升了人机交互的自然性、效率和用户体验。

本章首先介绍了多模态交互的基本概念，包括模态、多模态和多模态交互的定义。接着，详细讨论了多模态交互中的各种模态，如视觉交互、听觉交互、嗅觉交互以及手势交互和肢体语言在人机交互中的应用。通过具体案例，展示了多模态交互在增强现实（AR）、虚拟现实（VR）和混合现实（MR）等领域的综合应用。最后，探讨了自然人机交互的概念和特点，以及元宇宙背景下的交互产品设计。课程案例展示了多模态交互设计的多个方向和领域的设计过程和方法。

7.1 多模态交互的前沿领域

7.1.1 多模态交互概述

（1）多模态交互的定义

模态（Modality）是由生物学家赫尔曼·冯·亥姆霍茨（Hermann von Helmholtz）提出的概念。这一概念表达了生物体通过感觉器官来接收信息的方式，例如，人类可以通过视觉、听觉、触觉、味觉和嗅觉来接收信息。

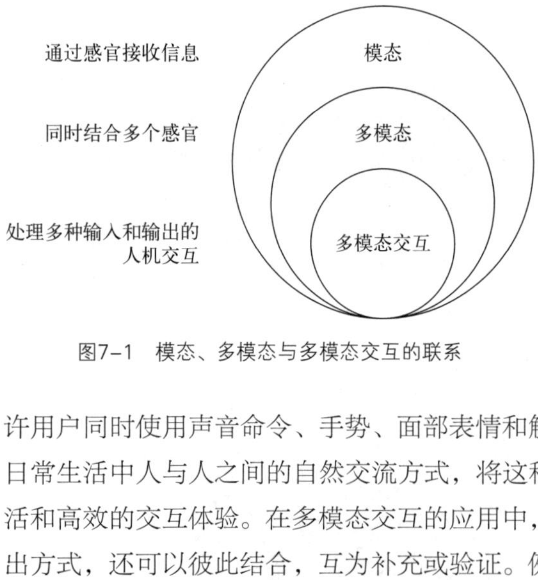

图7-1 模态、多模态与多模态交互的联系

多模态指的是这些感觉结合在一起的概念，这意味着我们能够从多个感官同时接收和处理信息。

多模态交互是计算机科学的一个子领域，研究如何设计和实现用于处理多模态输入和输出的用户接口。这种交互方式包括使用图像、文本、声音、触觉等多种方式的人机交互（图 7-1）。

一个典型的多模态交互系统可能会允许用户同时使用声音命令、手势、面部表情和触屏动作与计算机进行交流。这种设计模拟了日常生活中人与人之间的自然交流方式，将这种交流方式嵌入技术中，以提供更为直观、灵活和高效的交互体验。在多模态交互的应用中，各种感官信息不仅可以作为单一的输入或输出方式，还可以彼此结合，互为补充或验证。例如，在一个先进的虚拟现实系统中，用户可以看到 3D 图形，同时通过触觉设备感受到物体的质地，通过声音获取环境气氛，甚至能够嗅到或尝到与虚拟环境相关的特定气味或味道。

多模态交互的关键优势在于提供更加全面的沉浸式体验和更高的交互灵活性，它对各种用户群体，特别是残障人士，能够提供符合他们需要的交互方式。例如，听觉障碍用户可以借助视觉和触觉输入、输出与计算机交互，而视觉障碍用户可以依赖听觉和触觉反馈，比如图 7-2 的盲童触感绘本设计，将触感引入书籍媒介。触感绘本的主要构思是选择和描绘那些不依赖视觉记忆而依赖触觉互动，以及与现有物体有关联的图案。

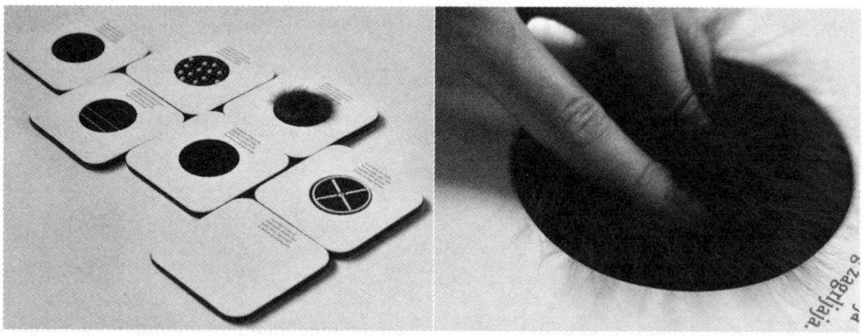

图7-2 盲童触感绘本，霍尔瓦特（Zrinka Horvat）设计

（2）多模态交互中的各种模态

随着技术的进步，多模态交互逐渐被融入智能家居、娱乐、教育、医疗和车辆系统中，推动了人类和机器交互方式的发展和创新。我们可以期待在未来的数字世界中实现更高效、更自然且更具人性化的交互体验。

① 视觉交互

通过眼睛去观察和识别事物是我们获取信息最直接和基本的方式之一。视觉交互的技术，如虚拟现实（VR）、增强现实（AR）以及混合现实（MR），利用这种直觉性，通过虚拟的图像或增强的图像，为用户提供一种沉浸式体验，增强了用户体验的丰富性和沉浸感。

眼动追踪技术是视觉交互的另一种形式。用户通过眼睛的移动来控制和与计算机交互，这项技术能够精确跟踪用户的视线焦点和移动路径。它在心理学研究中得到了广泛和成功的应用，尤其在研究人类的信息处理过程，例如阅读、观察场景、视觉搜索和对象分类等方面。

② 听觉交互

随着智能家居自动化产品、无人驾驶汽车和人工智能技术的快速普及，产品设计正面临前所未有的挑战。智能产品的自动化程度不断提高，导致用户与产品的交互频率逐渐减少，而产品所需传达的信息量却在不断增加。在这一背景下，如何实现有效的信息传递成为设计的关键问题。一个可行的解决方案是通过听觉显示系统（Auditory Display System）来实现信息的有效沟通。

听觉显示系统的作用与发展：听觉显示系统的应用正在不断扩展，从智能语音助手 Siri 的提示音到电动车的人造引擎声，这些声音通过传递机器状态、警告信号和导航信息等多种形式，帮助用户在不依赖视觉的情况下实现更加直观和流畅的交互。与听觉交互比较相关的国际会议是国际听觉显示会议（International Conference on Auditory Display，ICAD），该会议汇聚声音设计师、音乐家、研究人员和工程师等专业人士，共同探讨如何为日新月异的技术世界设计优质的听觉显示系统。会议讨论内容涵盖了医疗、汽车、消费品、建筑和游戏等多个领域，体现了听觉设计在不同领域中的广泛应用潜力。

被动通信：自动驾驶技术的兴起虽然为用户带来了诸多便捷，但也引发了关于安全性的担忧。为了确保驾驶员的注意力能及时集中于车辆状态，一些自动驾驶汽车采用了声音提醒功能。例如，车辆通过声音提醒用户系统发生故障，确保驾驶员能够及时察觉并做出反应。卡丽尔·鲍德温（Carryl Baldwin）在论文《高度自动化系统中的注意力管理》中提到，汽车中的警报音对于提醒驾驶员至关重要，设计不当的声音可能导致事故发生。鲍德温提出，汽车行业应遵守警报音的设计标准，良好的声音设计是维持自动驾驶技术信任感的关键。理想的自动驾驶听觉体验，应该基于路况变化的声音反馈和动态调节的声音景观设计来实现，为驾驶员提供安全的听觉引导。

为视觉障碍用户设计的听觉解决方案：感官替代技术通过听觉代替视觉信息的传递，为视觉障碍者提供感知替代的途径。近些年，多种新兴的听觉显示设计展现了如何帮助视觉障碍者通过声音获取本应通过视觉感知的信息。例如，罗德里戈·卡迪兹（Rodrigo Cádiz）设计的“听觉图”插件能够将 Microsoft Excel 中的数据通过声音呈现，帮助视觉障碍用户感知原本难以获取的信息。此外，蒂姆·齐默（Tim Ziemer）开发了一种通过音高和频率变化来引导用户定位二维空间目标的导航系统，这一技术在手术室或其他高精度导航环境中具有广泛的应用前景。

医疗中的听觉应用：在医疗领域，听觉显示技术被用来支持无视觉的沟通需求。Andrea Lorena Aldana Blanco 的研究展示了一个创新的心电图（ECG）实时音频化系统——CardioSounds，该系统通过将心电图数据转化为动态音乐音景，帮助医护人员在执行其他任务时实时监测患者的心律情况。这种听觉感知模式变化的方法，不仅提高了医疗监控的效率，还为其他领域（如汽车、工业等）的实时监控提供了新的思路（图 7-3）。

情感化声音：声音设计不仅能传递信息，还能通过旋律、节奏等元素引发情感共鸣，从而增强信息传达的效果。以汽车行业为例，沃尔沃的声音设计师弗雷德里克·哈格曼（Fredrick Hagman）专为新车型设计了转向灯的音效，模仿树枝折断的“木质”点击声，传达出品牌的温暖属性。这一设计不仅让驾驶员在使用时形成情感连接，还表明声音设计能够将情感融入产品的每一个细节，极大地提升了用户体验（图 7-4）。

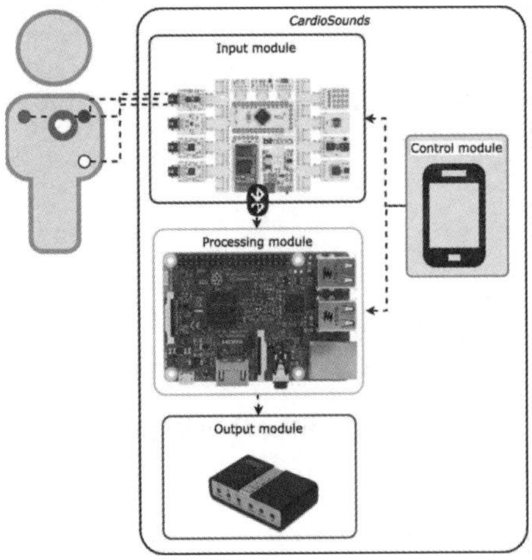

图7-3　CardioSounds结构

图7-4　沃尔沃声学测试场景

跨学科协作的潜力：从音乐、电影到广告，声音设计早已被广泛应用于吸引用户注意。产品制造商逐渐意识到声音在产品设计中的独特价值。声音设计能够迅速吸引注意力、传达信息并引发情感共鸣。听觉显示在医学、汽车、工业及消费领域具有广泛的应用前景。为了设计出适合的听觉体验，设计师需要跨学科协作，将人因工程、心理学、声音设计、产品设计和工程技术结合起来，设计出既简单又富有意义的声音体验，进一步增强用户对产品的情感联结。

③ 嗅觉交互

嗅觉交互是利用鼻子这一感官来接收信息并与环境互动的技术。鼻子是一个非常强大而且独特的感官，与其他感官不同，它直接与大脑中处理情感和本能反应的区域相连，如杏仁核、海马体、下丘脑和垂体。这表明嗅觉不仅与记忆和情绪有关，而且与本能和直觉性的行为有关。

在技术创新方面，嗅觉交互的研究尝试模拟真实世界中的气味，并使用户能够通过电子设备体验这些气味，以提升虚拟现实或增强现实体验的沉浸感。例如，东京大学的研究者设计了一种气味蒸汽发生器，用户可以通过管子和头戴式设备感受精确生成的气味以及快速的气味变换，但其中一些系统仍然难以控制气味浓度。一些装置旨在通过机械或喷墨打印技术在短时间内释放气味，从而在虚拟环境中实现气味的快速更替，这在早些时候的产品如 Trisenx 公司的气味包系统中得到了应用。而其他的如喷墨式气味呈现装置，虽然能够迅速发出特定气味，但难以调节释放量（图 7–5）。

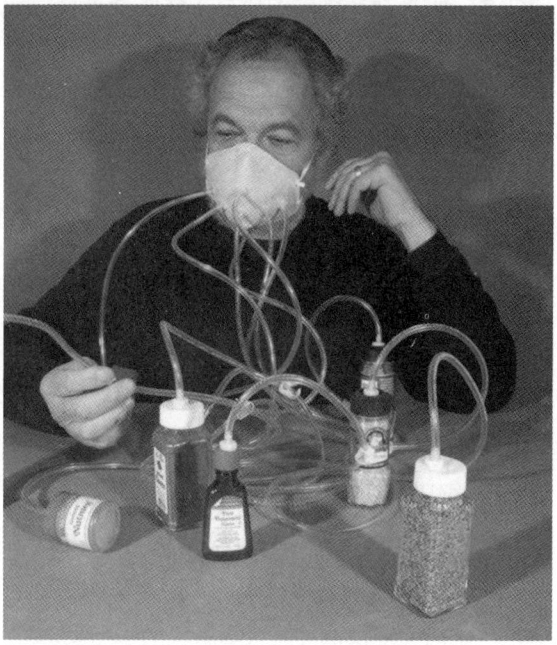

图7–5　研究嗅觉的装置设计

④ 手势交互

手势交互通常依赖人的手势语言来传达信息，是了解一个人的情感、态度和性格的无声方式。人机交互中的手势交互技术，着重于通过面部表情和手势来理解用户意图和反馈情绪。在手势识别方面，微软的 Kinect 曾是一个革命性的产品，它采用摄像头捕捉玩家在三维空间中的运动，能够实现即时动态捕捉和声控互动。尽管 Kinect 已经停止生产，但它开辟的人机交互方式仍然对后来的产品有着深远影响。Leap Motion 体感控制器和 MYO 腕带是两个突出的硬件产品。Leap Motion 体感控制器可以精确追踪用户的手指动作，结合虚拟现实头盔实现无手柄互动，而 MYO 腕带则通过检测胳膊上肌肉产生的生物电信号来识别手势。OpenPose 是一个开源项目，能够识别人体的各种姿势、面部表情和手势。这个项目已经吸引了全球的开发者和研究者参与，它在多人互动、计算机视觉和机器人领域有着广泛的应用前景（图 7–6）。

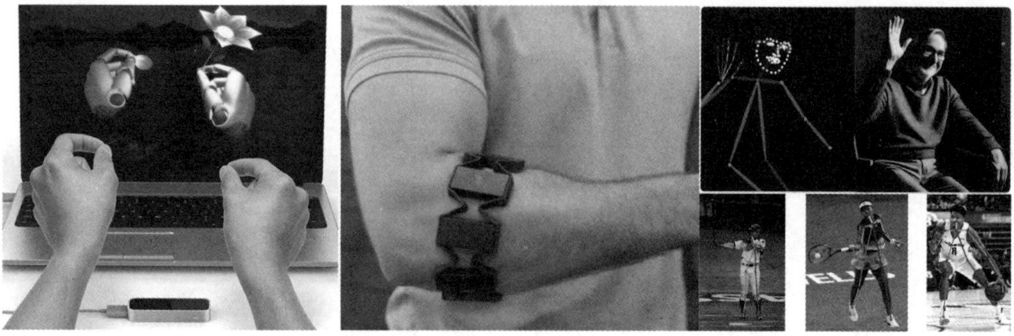

图7-6　Leap Motion体感控制器、MYO腕带、OpenPose开源项目

尽管手势交互技术在不断进步，但如何让计算机更加准确地理解并处理复杂的肢体语言依然是一大挑战。未来的研究工作需要不断优化和改进这些系统，使之能够更好地理解和响应人类复杂的交流需求。

当然，除了面部表情和手势，还有一些其他的肢体语言可以用于人机交互，整合这些肢体语言元素的系统能够提供更丰富的交互体验，更好地理解用户的意图和感受。随着传感器技术、机器学习以及模式识别的进步，未来人机交互有望变得更加自然和直观。

姿态：人体的姿态传达了很多信息。比如，站立姿势的变化、身体的倾斜可以透露出一个人的情绪状态。

动作：进行某种动作，如挥手、点头或摇头等可以作为交互信号，表示告别、赞同、拒绝等含义。

步态：步态分析可以用来识别个体、评估情绪状态或健康状况。

身体接触：尽管在人机交互中较少使用，但身体接触通常与情绪表达或情感慰藉相关，例如仿生假肢和护理机器人，已经开始探索这种形式的交互。

空间使用：人们使用空间的方式，如站立和坐姿的体态分布也能表达肢体语言。例如，靠近或远离交互设备可能表示用户的参与度。

头部运动：点头、摇头、头倾斜等动作可以传达非常明确的信号。

案例分析：多模态交互的综合应用

Boby 系统是一种创新的多感官、多模态交互解决方案，旨在解决全球每年约 1500 万名早产儿与其父母之间的亲子联系问题（图 7-7）。由于早产儿发育不全，他们在出生后通常被立即安置在新生儿重症监护室（NICU），与父母分离。这种早期分离严重影响了亲子关系的建立，父母与婴儿的互动在很大程度上取决于婴儿的健康状况。

在 NICU 环境中，早产儿往往被单独安置在孵化器中，无法与父母进行皮肤对皮肤的接触，这剥夺了他们获得身体触觉刺激的基本需求。Boby 系统通过远程交互技术，帮助父母在无法直接接触婴儿的情况下建立亲子连接。该系统的设计理念是通过技术手段，重建亲子之间的感官互动，弥补物理距离带来的情感隔阂。

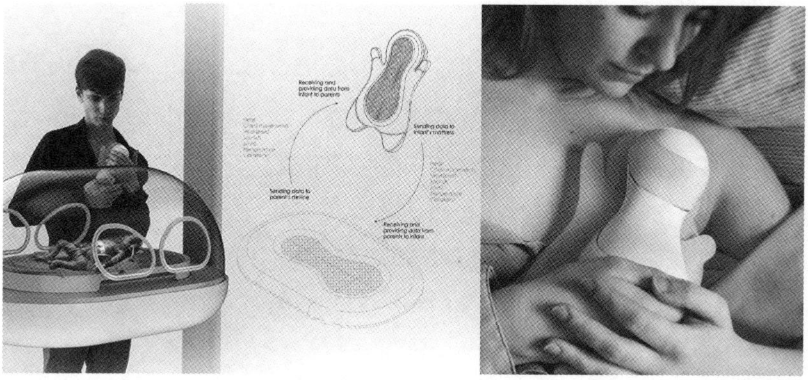

图7-7　Boby系统设计

Boby 系统由两部分组成：一个供父母使用的交互设备和一个为婴儿设计的智能床垫。这两个部分通过传感器和数据传输技术进行实时连接，能够收集并交换包括触摸、胸部运动、心跳和体温等多种感官数据。这种数据传输使得父母与婴儿即使在物理分离的情况下，仍然能够通过触觉模拟感受到彼此的存在，实现多感官的亲子互动。除了触觉反馈外，Boby 系统的多模态交互还融合了视觉和听觉元素，例如父母的语音录音或婴儿的心跳声，进一步增强了亲子间的互动体验。这种多维度、双向感官的交流方式，提供了类似皮肤对皮肤接触的体验，让父母和婴儿即使在 NICU 内外也能够通过自然且长时间的互动建立情感连接，促进婴儿的健康成长。

综上所述，Boby 系统展示了多模态交互在促进亲子联系中的独特优势，通过整合声音、触觉和视觉等多感官元素，提供了一种创新的交互方式，为早产儿和父母提供了更加丰富的情感交流手段。这种多元化的交互模式不仅增强了用户体验，还为特殊情境下的互动设计提供了宝贵的参考。

7.1.2　交互设计中的声音设计和应用

在数字化时代，我们的生活被众多设备和应用程序环绕，它们通过各种声音与我们密切交流。这些声音，无论是平和的通知音还是刺耳的警示音，都在无形中构成了我们日常互动的声音环境，对我们的日常体验起着举足轻重的作用，但往往容易被我们忽视。交互设计中的声音并非仅限于功能性通知音，还包括环境音和装饰音，为使用体验增添情感色彩和审美价值。精心设计的通知音能引发愉悦感，甚至强化品牌身份。这里总结了交互设计中的声音类型：反馈声音、通知声音、铃声和闹钟、装饰声音、英雄声音等（图 7-8）。

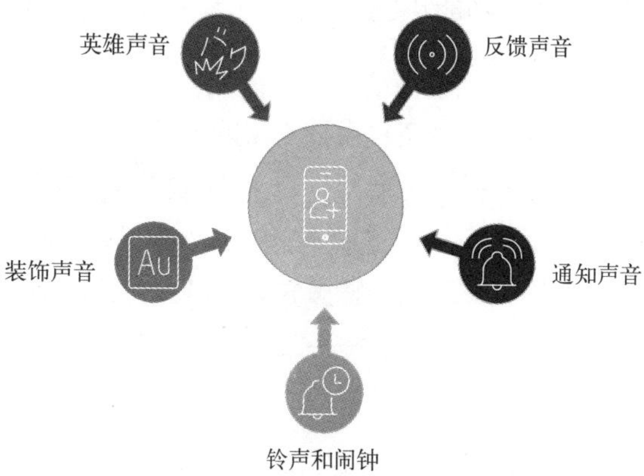

图7-8　增强用户体验的声音设计

（1）反馈声音

用户与应用程序或电子设备交互时，反馈声音发挥着核心作用。每当用户触碰屏幕、点击按钮、发送消息或执行其他功能时，反馈声音都在默默地强化着用户体验，激发着交互的反馈循环。例如，使用 iMessage 发送消息后听到的细微提示音，它不仅是一个声音信号，更是对用户操作的确认。这些声音有时被亲切地称为“耳感”，是设计师精心打造的交互艺术。它们让用户感受到被倾听、被理解。反馈声音在某种程度上将现实生活中的感觉数字化，模仿真实世界的声音，如智能手机相机的快门声，不仅增添了交互的趣味性，还巧妙地将用户的记忆与实体世界相连。

总之，通过触觉与听觉的巧妙结合，反馈声音增强了用户对操作的确认感。在发送信息、执行操作或接收事件提醒时，这种声音反馈显得尤为重要。它不仅是一种简单的回应，更是互动设计上的智能转化，使服务和产品通过声音展现出独特的个性。

（2）通知声音

通知声音通过巧妙捕捉节奏、音调和频率的微妙变化，成功吸引用户的注意力。这些细微却关键的声音，已经深深融入现代通信的日常之中，比如收到微信消息时设备发出的“叮咚”声，已然成为我们生活中不可或缺的一部分。通知声音的作用主要在于提醒用户查看新信息。理想的通知声音应当清脆、迅速且令人愉悦，使用户在接收信息的同时，感受到一种积极的情感反馈。此外，鉴于人们生活中不断接收各种通知，设计通知声音时还需考虑频繁重复带来的效果。通知声音应足够简短且中性，能够在一天之中多次重复播放而不会引起用户的不适或忽视。过度冗长或过于嘈杂的通知声音可能会导致用户感到烦躁，甚至关闭通知功能。

（3）铃声和闹钟

铃声、闹钟和定时器在提供用户服务方面起着不可或缺的作用。以铃声为例，它早已超越了简单提醒的范畴，成为一种展现个人品位和风格的方式。用户根据自己的喜好和需求，挑选和调整铃声。清晨，闹钟声将我们从睡梦中唤醒；烹饪时，计时器的声音提醒我们把握做饭的时间。这些功能几乎完全依赖声音来引导我们与设备进行互动，提供实时的反馈和提示。

（4）装饰声音

装饰声音是交互设计中隐藏的独特创作工具，而且是品牌声音的重要组成部分，它能够强化用户对品牌的记忆，在使用过程中营造出亲切、愉悦的氛围。设计师运用装饰声音作为情感沟通的桥梁，与用户建立微妙的联系。将用户的体验与品牌的特性紧密相连。特别是在塑造品牌或产品的独特声音形象时，装饰声音发挥着至关重要的作用。精心设计的装饰声音，就像一个深入人心的音乐印记，使用户在不知不觉中将其与特定的品牌或产品联系在一起。

（5）英雄声音

英雄声音（Hero Sounds）专用于传达成功、成就或奖励的情感，为用户完成任务或达成目标带来满足的体验，彰显其付出与努力的价值。当用户完成特定功能时，英雄声音以积极的反馈形式，营造出一种愉悦的心理氛围。例如，用户在网站下载应用，一旦下载完成，设备便会发出悦耳的提示音。这种声音即英雄声音，作为明确的反馈信号，为用户的行为画上圆满的句号，并赋予他们成就感。英雄声音不仅标志着交互流程的结束，更凸显了产品或服务的关键时刻，如交易完成或任务达成等。英雄声音是一种激励机制，激励用户在网站或应用中进行更多互动，使用户在使用产品过程中更愿意投入时间与精力。

7.2 多模态交互设计的方法和原则

7.2.1 多模态交互设计的方法

如前所述，多模态交互设计是一种通过整合多种感官通道（如视觉、听觉、触觉等）与多样化的交互方式（如语言、手势、表情等）来提升人机交互体验的设计方法。通过这种设计，设备可以更加智能地理解用户需求，提供自然、直观且吸引力强的互动体验。有效的多模态交互设计能够提高交互效率，提升用户满意度，并为各种应用场景提供创新的解决方案。下面详细讨论多模态交互设计的核心方法。

① 用户研究与情境分析：在多模态交互设计的起始阶段，深入理解用户需求与情境是至关重要的。这不仅包括了解用户的交互习惯，还要考察具体的使用场景与环境因素。通过情境分析，设计师能够判断哪些感官模式和交互方式最适合特定用户群体。举例来说，在可穿戴设备的设计中，如智能手表或健康监测设备，触觉反馈、手势控制与视觉或听觉输出相结合，可以极大提高用户的交互体验。而在自动驾驶与智能交通领域，多模态交互可以通过整合车辆传感器、语音输入和视觉信息来提供更加安全、直观的导航与控制服务。

② 多模态融合策略：多模态交互设计的关键在于如何有效融合不同的输入和输出模式。设计师需要精心设计如何将视觉、听觉、触觉等进行无缝整合，以确保用户体验流畅、直观。例如，在智能助手领域，通过融合语音、触摸和视觉反馈，智能音箱或虚拟个人助理可以提供更加丰富且灵活的交互体验。同样，在增强现实（AR）与虚拟现实（VR）领域，结合视觉、听觉和触觉的多模态互动，为用户创造出沉浸式的体验，广泛应用于游戏、教育及远程工作等场景。

③ 原型迭代与评估：多模态交互设计需要经历反复的原型迭代和用户测试。通过构建交互原型并进行真实用户的测试反馈，设计师可以不断优化系统的准确性、效率与用户满意度。这种过程的反复迭代至关重要，能够确保多模态系统的最终设计方案符合目标用户的需求。用户测试也有助于发现潜在的问题，最终找到最优的多模态交互解决方案。

④ 上下文感知：一个成功的多模态系统必须具备上下文感知能力，能够根据用户当前的情境自动选择最合适的交互模式。这不仅涉及用户的物理环境，还包括设备状态与用户行为。例如，智能家居系统可以根据用户的行为自动调整交互模式：当用户走进房间时，系统自动激活语音控制；当用户坐在电视前时，切换至遥控器操作。这种上下文感知的设计能够极大提高用户的便利性与使用效率。

7.2.2 多模态交互设计的原则

多模态交互设计中还需要遵循一些核心原则，以确保系统的可用性、灵活性和用户满意度（图 7-9）。

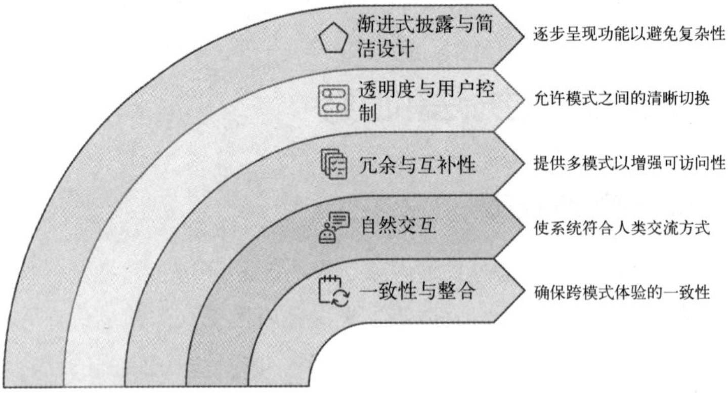

图7-9 多模态交互设计的核心原则

① 一致性与整合：多模态系统中的各个交互模式必须保持一致的体验。无论是语音指令、手势控制还是触摸屏操作，系统的功能和响应应该保持一致性，避免用户在不同模式下产生混淆。

② 自然交互：系统应模仿人类自然的交流方式，使其能够理解和响应自然语言、手势与表情等输入。这不仅降低了用户的学习成本，还能提高用户的交互舒适度与满意度。

③ 冗余与互补性：为用户提供多种模式来完成同一任务，这不仅增强了系统的灵活性，还能提升其可访问性。对于某些用户群体，如残障人士，当一种交互方式不可用时，能够通过其他模式继续操作系统，确保交互的连续性。

④ 透明度与用户控制：系统应清晰展示当前使用的交互模式，并允许用户随时在不同模式之间切换。这一设计增强了用户对系统的理解与控制感，避免了用户对系统状态产生困惑。

⑤ 渐进式披露与简洁设计：系统应根据用户的熟悉程度与需求，逐步呈现更多的功能和选项，避免在初始阶段过度复杂化。这种设计不仅有助于用户逐步适应系统功能，还能避免用户因信息过载而产生的负面体验。

多模态交互设计是当代人机交互领域的重要趋势。它通过整合多感官、多模式的交互方式，提升了交互的自然性、效率和用户体验。随着技术的进步，多模态交互设计不仅在智能家居、医疗健康、自动驾驶等领域发挥着重要作用，还不断拓展其应用场景，为未来的交互设计带来更多可能性。

案例分析：WindyWall——风效模拟与多模态交互设计的创新

多模态交互设计近年来在游戏设计中得到广泛应用，旨在调动玩家的多种感官，提供更加沉浸式、身临其境的体验。通过整合视觉、听觉、触觉，甚至嗅觉和味觉，多模态交互使得游戏体验不仅仅停留在屏幕与声音的互动层面，而是激发玩家的全方位感官反应，进而增强玩家的参与感和沉浸感。

这种设计不仅为玩家带来了更真实的感官体验，也大大提升了游戏的感知精度。例如，多模态游戏能够通过不同感官的综合刺激，帮助玩家更准确地感知游戏中物体和事件的时间与空间位置。对于儿童来说，这种多感官体验在认知发展上具有重要作用，有助于培养他们的思维能力、学习能力和问题解决能力。通过结合视觉、听觉和触觉等感官体验，多模态游戏还能够引发特定的情感反应，如平静、兴奋等，提供个性化的体验。

在这一背景下，WindyWall 作为一个探索风效模拟的创新平台，提供了一个令人信服的多感官交互案例。该平台由 90 个风扇组成的三面板阵列构成，旨在模拟各种风效应，为用户提供 270° 的环绕式风感体验。WindyWall 的设计初衷是通过风的模拟，为游戏和虚拟现实环境中的沉浸感提供新的维度，使用户能够体验从轻柔的微风到强烈的动态风模式的多种变化（图 7-10）。

图7–10　WindyWall的设计（左）和在游戏上的应用（右）

WindyWall 不仅停留在技术实现层面，还探索如何通过风的物理模拟，激发用户的心理和感知体验。研究者通过初步实验，探索了用户对不同风效模式的感知，以及个体之间在风感知上的差异。这种研究有助于理解气流对用户体验的深刻影响，并为未来多模态交互设计奠定了基础（图 7-11）。

图7–11　WindyWall的实验探索

该平台特别适用于增强虚拟现实环境中的沉浸感，尤其在放松、学习和治疗等领域具有巨大的应用潜力。WindyWall 允许设计师在虚拟空间中尝试不同的风效模拟，进一步提高了多模态交互设计在虚拟现实中的应用深度。未来的研究方向包括进一步优化风效模拟的方法，设计更具表现力的风效系统，并探讨用户在虚拟现实中的主动探索与风效互动的潜力。

WindyWall 的主要特点和创新点如下。① 定向风模拟：WindyWall 采用了三面板设计，可以从不同方向生成风，为用户提供 270° 的环绕风感。② 风强度的可调节性：WindyWall 可以模拟从微弱轻风到强烈阵风的各种风强度变化。③ 动态风模式：WindyWall 能够模仿自然环境中风的变化，如阵风或微风波动，提供更加动态的体验。④ 可定制风效：设计师可以根据特定的场景或需求，编写与内容同步的定制风效，以提升沉浸感。

WindyWall 的设计不仅为游戏和虚拟现实体验提供了更逼真的物理感知，更通过与其他感官的同步，使得多模态交互体验更加全面和自然。在风效模拟的技术之外，温度控制和触觉反馈的整合也逐渐成为研究重点。

多模态技术在游戏和虚拟现实中的进一步应用前景：在风效模拟的基础上，其他多模态技术如温度控制、触觉反馈等，也为虚拟现实和游戏体验的增强提供了新的方向。① 温度控制风效应：通过在模拟滑雪等游戏中引入温度变化（如热风模拟），游戏设计者可以更准确地再现环境中的风温，增强用户的沉浸感。② 热流和风设备的应用：研究已经证明，风效和温度控制设备在多模态交互中的潜力，通过对 WindyWall 类似风扇阵列的详细讨论，进一步提升了多模态交互设计的技术深度。③ 触觉系统与温度切换技术：结合超声波振动、皮尔特元件和电阻技术的触觉系统，能够模拟风温的变化，进一步提升游戏中的感官多样性。

这些研究表明，风效模拟仅是多模态交互设计的一部分，未来的游戏和虚拟现实体验还可以通过整合更多的感官输入，如温度、触觉和嗅觉，进一步增强用户的沉浸感。这种全方位的感官整合设计，标志着多模态交互的未来发展方向，并为游戏和虚拟现实行业带来新的创新机会。

通过风效模拟与多感官技术的结合，WindyWall 平台不仅为沉浸式体验提供了技术支持，更推动了多模态交互设计的理论和实践的深层次发展。综合使用这些多感官输入，设计师能够为玩家提供一个全面沉浸的游戏体验，这种体验不仅能够欺骗玩家的感知系统，让他们感觉自己真的身处游戏之中，而且能够激发更强烈的情感反应，增加游戏的吸引力和记忆点。

7.3 增强现实、虚拟现实与混合现实技术

7.3.1 增强现实技术

（1）增强现实技术概述

增强现实（Augmented Reality，AR）技术的核心在于通过将计算生成的图像、视频、音频或其他数字信息叠加到现实世界中，来增强用户对现实环境的感知。这种技术通过智能设备的屏幕或专用眼镜，将虚拟元素与现实环境无缝融合，为用户提供了全新的互动方式。增强现实技术的进步不仅改变了人们的日常生活，还为多个领域的应用带来了深远的影响。图 7-12 展示了一款利用增强现实技术的手机应用，将 2001 年 9 月 11 日的场景叠加于同一地点的现实时空，形成了一幅融合过去与当下的画面。该应用通过定位技术揭示了日常生活中隐藏的历史。

图7-12　增强现实技术的手机应用

近年来，随着移动设备处理能力的提升，增强现实技术已逐渐从一种营销工具演变为教育、医疗、娱乐等领域的关键技术解决方案。例如，宜家（IKEA）开发的增强现实应用程序允许用户通过手机或平板电脑扫描纸质目录，在家中预览家具的摆放效果。该应用依赖实时三维渲染与空间定位技术，使用户能够从不同角度查看家具并进行选择。这种便捷的应用大大提升了用户的购买体验，也展示了增强现实技术在日常生活中的实用价值（图 7-13）。

图7-13　宜家开发的增强现实应用程序

增强现实技术的应用不仅仅限于娱乐领域，它在医疗领域更是展示了巨大的潜力。Fraunhofer MEVIS 开发的 iPad 应用程序便是一个典型案例，该应用程序在肝脏手术中，通过在患者体表投射三维血管图像，协助医生进行精确的解剖判断。这种技术的应用不仅提升了手术的成功率，也为未来医疗技术的发展提供了方向（图 7-14）。

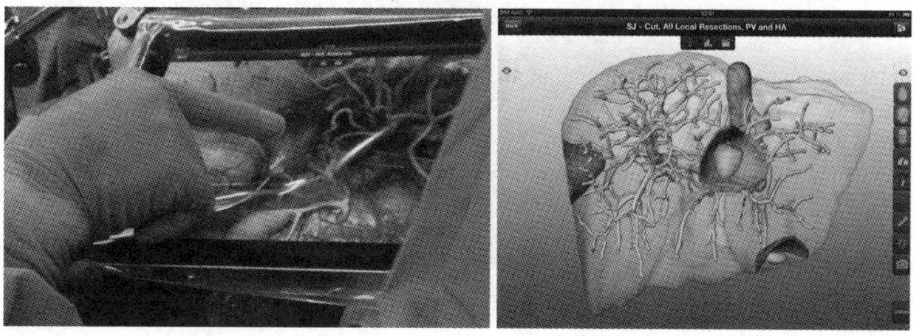

图7-14　Fraunhofer MEVIS开发的iPad应用程序

除了企业主导的应用程序开发，增强现实技术的另一大吸引力在于它能够让用户自主创造增强现实内容。例如，Aurasma 应用程序允许用户创建个性化的增强现实体验，如增强版的问候卡片、视频等。这种内容生成的自由度进一步加强了用户间的互动和情感交流，表明增强现实技术不仅是企业工具，还能够作为一种社交与情感交流的媒介。

增强现实技术的应用已经渗透到多个领域，展现了其在提升用户体验和优化操作效率方面的巨大潜力。例如，在零售领域，宜家（IKEA）通过其手机应用程序让顾客能够预览家具在家中的布局效果。这种技术为消费者提供了直观的购物体验，帮助他们在购买前更好地了解产品的适配性。类似地，欧莱雅的增强现实试妆功能让用户能够虚拟尝试化妆品，不仅减少了化妆品浪费，还避免了可能的交叉感染。

医疗保健领域也在积极应用增强现实技术。医生可以通过 AR 眼镜在手术中观看患者体内的 3D 图像，辅助决策和操作，提高复杂手术的安全性。同时，在康复治疗中，增强现实游戏正被用来提高患者的治疗参与度，使物理疗法更加生动有趣。

在设计与建筑领域，Autodesk 提供的增强现实技术让建筑师和设计师能够在现实场景中查看建筑模型，便于调整设计细节。此外，在城市规划中，增强现实展示让公众能够直观感受到未来发展项目如何与现有环境融合，从而提升公众参与度和理解力。生产与工业领域中，波音公司将 AR 眼镜应用于飞机电路的装配，显著提升了工人的工作精度和效率。在维修和操作中，增强现实技术使维修人员能够看到设备内部的交互式图示和操作指南，从而减少错误并提高维修速度。

娱乐与游戏领域无疑是增强现实技术应用最成功的范例之一。风靡一时的《宝可梦 Go》让玩家通过增强现实技术在现实世界中捕捉虚拟宝可梦，激励了全球数百万人参与户外活动。此外，主题公园也利用增强现实技术增强游客体验，例如呈现虚拟角色和场景，为游客打造更加沉浸式的游乐体验。

在营销与广告中，增强现实技术的应用也日益广泛。企业通过动态动画海报吸引用户注意力，在展会和会议上利用增强现实展示产品，显著提高观众的参与度与互动性。汽车行业则通过车载抬头显示器（HUD）将导航信息投影到挡风玻璃上，以提升驾驶安全性。同时，虚拟汽车展让潜在买家能够在真实环境中预览不同车型和功能，减少实体展示的成本（图 7-15）。

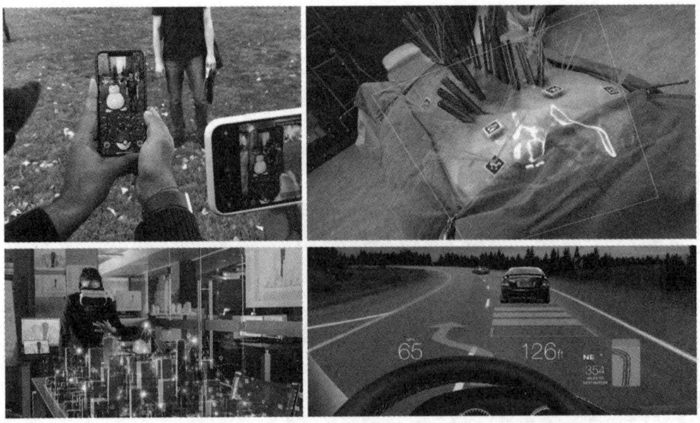

图7-15　不同领域增强现实技术的应用

以上案例充分展示了增强现实技术在各行业的多样化应用，表明这一技术已经成为提升用户体验和操作效率的重要工具。

（2）增强现实技术面临的挑战

尽管增强现实技术展示了广泛的应用前景，但当前其发展仍面临诸多挑战。首先，高品质的增强现实体验通常需要昂贵的硬件设备和复杂的软件支持，这限制了其在大众市场中的普及。其次，技术上的限制仍然明显，如视野角度受限、图像分辨率不高、设备续航能力不足等。此外，虽然增强现实技术在很多场景下颇具趣味性，但其实际应用价值仍有待提升。为了促进增强现实的广泛应用，相关企业正在进行深入的市场调研，寻求能够带来行业变革或改善用户生活质量的实用性应用。

随着增强现实技术的广泛应用，一系列伦理道德问题开始浮现。最为突出的便是隐私被侵犯的风险。增强现实设备可以未经用户许可捕捉并展示个人隐私信息，例如在公共场合扫描并显示个人的社交媒体资料等。随着设备不断收集和存储大量的个人数据，数据泄露的风险显著增加，这对个人隐私保护构成了严峻挑战。

增强现实技术还涉及知识产权问题。未经授权使用和展示受版权保护的内容的行为屡见不鲜，可能引发法律争议。此外，长期使用 AR 设备可能导致用户与现实世界的脱节，产生心理健康问题，如忽视交通安全。过度依赖增强现实技术还可能削弱社交能力，影响真实生活中的社交互动。

面对这些挑战时，开发者和用户应高度重视增强现实技术的潜在负面影响，采取有效措施以保障用户隐私与数据安全，并确保技术的合理应用不会损害社会整体福祉。技术的发展应以人为本，注重伦理与道德考量，以确保增强现实技术能够真正为社会带来积极的变革。

案例分析：Nouvelle Réalité 项目

Nouvelle Réalité（法语意为“新现实”）是设计师玛丽·鲁瓦特-卢杜克（Marine Rouit-Leduc）开发的增强现实探索项目，旨在通过增强现实激发儿童对艺术的兴趣。该项目结合乐高积木与数字艺术，帮助儿童体验如荷兰风格派艺术运动等经典艺术风格。游戏化的互动和奖励系统，通过增强现实将传统游戏与数字技术融合，培养儿童的艺术审美与创造力（图 7-16）。

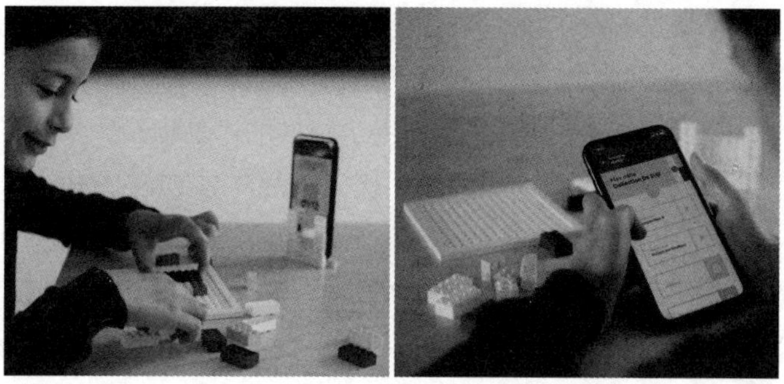

图7-16　Nouvelle Réalité 项目设计

Nouvelle Réalité 项目操作流程包括：准备乐高积木，记忆艺术作品，重现作品，通过增强现实解锁奖励。这种体验连接了物理与数字世界，帮助儿童在娱乐中学习艺术，激发他们的创作欲望。

这一体验让儿童探索连接物理与数字世界的新方式，满足他们的认知需求。在当今的数字化世界中，儿童从小便接触手机和平板电脑等设备，而与现实世界及手工艺的联系逐渐减弱。Nouvelle Réalité 的目标是重新激发儿童对实体游戏的兴趣，同时适应数字技术的普及。通过将传统的积木游戏与增强现实技术结合，设计师为儿童和家长创造了一种独特的互动体验。在这一过程中，物理与数字不再对立，而是和谐共存，共同服务于文化、创造力与艺术的培养目标。设计师们坚信，融合而非对立才是塑造更具建设性未来的关键。这一项目在物理和数字之间创造了一个平衡，让儿童在探索游戏与创作时不必在两者中做出选择。

增强现实技术作为一种颠覆性的创新工具，正在改变我们与世界互动的方式。尽管技术尚处于发展阶段，且面临多种技术和伦理挑战，但其在医疗、教育、娱乐等领域的潜力不可忽视。未来，随着技术的进一步成熟和应用场景的拓展，增强现实技术有望为各个行业带来更多的创新解决方案。在推动技术进步的同时，设计师也必须确保其道德使用，保障用户权益，创造一个更加安全、有效的增强现实生态系统。

7.3.2 虚拟现实技术

（1）虚拟现实技术概述

虚拟现实（Virtual Reality，VR）通过创建一个全面沉浸式的虚拟环境，使用户能够体验和互动。这种虚拟环境不仅依赖视觉呈现，还结合听觉、触觉等多感官反馈，带来逼真的感知体验。用户通过佩戴专门设计的头戴设备（如 Oculus Rift、HTC Vive 等），进入一个全新的虚拟世界。这一世界可以是对现实环境的精确模拟，也可以是完全虚构的虚拟场景。随着技术的发展，虚拟现实已经从早期主要应用于游戏和娱乐行业，扩展到教育、医疗、设计、房地产等多个行业，成为一个跨领域、多维度的综合技术。

虚拟现实技术的广泛应用正在重塑多个行业的工作方式和用户体验。从教育到医疗、设计、娱乐以及房地产领域，这项技术展现了其变革潜力。例如，在教育领域，Google 的 Expeditions 项目通过虚拟现实为学生提供了全新的学习方式。借助 VR 头戴设备，学生可以探索历史遗迹、自然奇观甚至太空站，而老师则充当导游角色，带领学生进行沉浸式的虚拟旅行。这种方式不仅拓展了课堂的边界，还为传统教学方式注入了新活力。

在医疗领域，Surgical Theater 为医生提供了精准的术前模拟工具。通过创建患者特定的 3D 虚拟模型，医生可以深入了解病患的身体状况，尤其是在复杂的神经外科手术中，这种技术可以帮助医生规划手术路径，降低手术风险，从而提高手术成功率。

设计与建筑领域同样受益于虚拟现实技术的进步。IrisVR 让设计师、工程师和客户可以在项目建设前体验虚拟现实中的设计方案。客户通过沉浸式的视觉体验能够更直观地理解设计意图，并提供反馈。这种协作方式不仅提升了设计沟通效率，还减少了建设过程中潜在的误解和返工成本。

在娱乐行业，《节奏空间》（*Beat Saber*）展现了 VR 游戏的吸引力和互动潜力。这款节奏游戏让玩家通过 VR 头戴设备置身于虚拟世界，用光剑击打迎面而来的音乐方块。这不仅带来了身临其境的娱乐体验，还兼具身体锻炼的效果，为游戏娱乐开辟了新的可能性。

房地产领域也因虚拟现实技术的加入变得更加高效和灵活。Matterport 提供了一种数字化的空间捕捉技术，能为潜在买家创建房产的三维模型。通过虚拟现实设备，买家可以远程对房产进行全面探索，无需亲自到场即可了解房屋的细节和空间布局。这种技术打破了传统看房的时间和地域限制，为房地产交易带来了全新的便捷性（图 7-17）。

这些案例展示了虚拟现实技术在不同领域的多样化应用，凸显了其推动行业创新与优化用户体验的强大潜力。

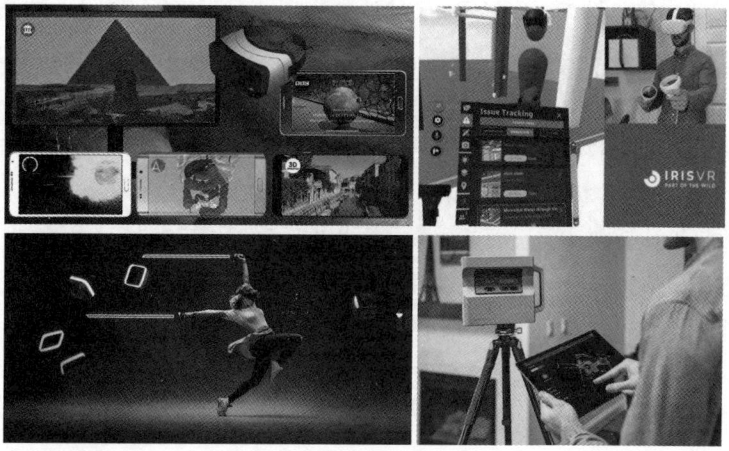

图7-17　VR项目案例

案例分析：Stic Stac Code Blocks

Stic Stac Code Blocks 是由德国不来梅数字媒体教育学院和不来梅艺术大学的学生团队为 9～14 岁儿童设计的虚拟现实工具。这一工具让儿童能够通过沉浸式虚拟现实环境创造出如故事、音乐、像素艺术、游戏等多样的内容（图 7-18）。

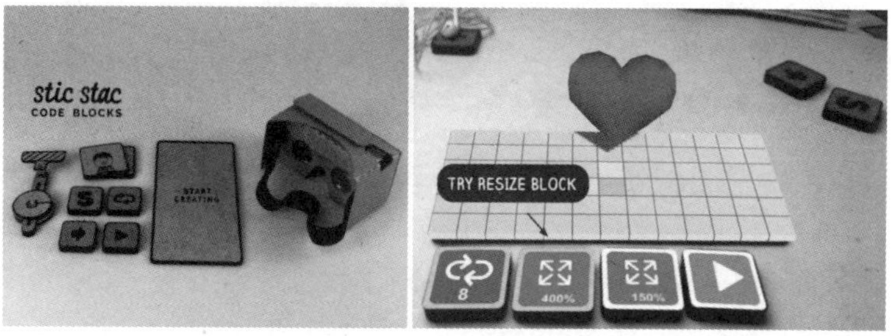

图7-18　Stic Stac Code Blocks

与传统的触摸屏互动方式不同，Stic Stac Code Blocks 鼓励儿童通过与木质积木和控制器的物理互动，获得更具触觉反馈的沉浸式体验。这种创新设计结合了虚拟和现实世界的互动方式，增强了孩子们的创作体验和学习兴趣（图 7-19）。

图7-19　Stic Stac Code Blocks的交互方式

（2）虚拟现实设计中的人机工程学研究

虚拟现实技术的发展不仅依赖虚拟内容的提升，更关键的是硬件设计的改进，特别是 VR 眼镜的人机工程学优化。例如，CHORUS VR 眼镜的设计在传统 VR 设备的基础上进行了创新，将耳机功能融入眼镜中，克服了传统耳罩式耳机和蓝牙耳塞在虚拟体验中的不便与分散注意力的问题。设计团队深入研究了不同用户群体的需求，通过广泛的人体工程学数据分析，确保耳机适应不同耳型和耳膜位置，从第 5 百分位的女性耳型到第 95 百分位的男性耳型，CHORUS 的声学设计能够覆盖用户的鼓膜位置（图 7-20）。

此外，该改良设计特别注重设备的重量和平衡性，确保用户在长时间佩戴时不会感到颈部不适。为了增强用户体验，设计团队还观察到许多用户在需要外界声音时会自然地摘下一只耳朵的耳机。因此，CHORUS 设计了可以翻转的扬声器，并配备了自动静音功能，以适应用户的自然行为模式。这一设计不仅提升了产品的功能性，还进一步增强了虚拟现实体验的沉浸感。

设计过程中，团队多次制作原型，进行了组装测试与用户体验观察，确保产品易于制造且符合用户需求。为了最终确定设计方案，他们与真实的游戏玩家和潜在用户群体进行了多次功能原型测试，收集反馈并进行优化调整，确保了 CHORUS VR 眼镜的舒适性、可用性和性能。

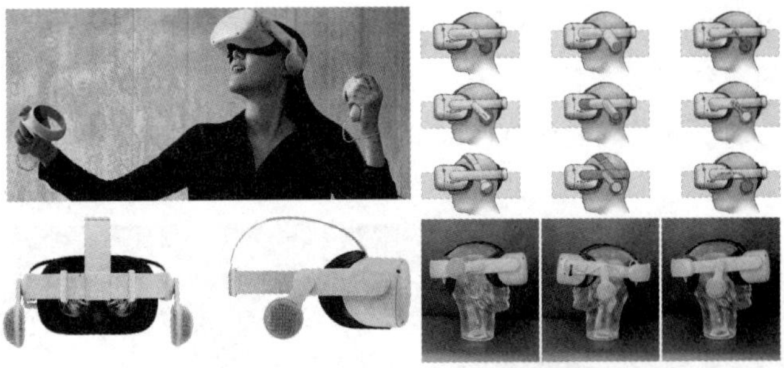

图7-20　CHORUS VR眼镜（左）和原型（右）

（3）虚拟现实技术面临的挑战

尽管虚拟现实技术拥有广阔的应用前景，但其推广仍面临诸多挑战。首先，硬件设备的高昂成本限制了普通消费者的使用。高质量的虚拟现实体验通常需要昂贵的头戴设备和高性能的计算平台，这无疑对消费者构成了经济门槛。其次，长时间使用虚拟现实设备可能引发眼部疲劳、头晕等不适感，影响用户的持续体验与健康。此外，内容的开发成本和技术复杂性也对虚拟现实生态的扩展提出了挑战。

与增强现实技术类似，虚拟现实技术的快速发展也带来了一系列伦理和道德问题。隐私保护和数据安全是其中的核心问题之一。虚拟现实平台通常需要收集用户行为、偏好数据，然而，这些数据的过度采集或不当使用可能导致隐私泄露。此外，长时间沉浸于虚拟世界可能导致对现实生活的疏离感，特别是对于青少年用户，接触虚拟世界中的暴力或成人内容可能带来心理上的负面影响。因此，开发者在设计和推广虚拟现实技术时必须考虑到这些潜在风险，并采取相应的措施加以预防，如加强家长监控和设定适龄内容限制。

虚拟现实技术正在快速拓展其应用边界，带来令人振奋的创新与体验。从游戏、娱乐到教育、医疗、设计等领域，虚拟现实技术的潜力几乎是无限的。它为用户创造了身临其境的沉浸式体验，重塑了人类与数字世界的互动方式。然而，伴随这些机遇而来的挑战也不可忽视，从硬件成本到伦理问题，虚拟现实技术仍需在多个层面进行优化和提升。技术进步的同时，我们应对其潜在的负面影响保持警惕，确保虚拟现实技术能够在为人类生活带来深远变革的同时，安全、健康地融入我们的日常生活。

7.3.3 混合现实技术

（1）混合现实技术概述

混合现实（Mixed Reality，MR）技术通过将物理世界与虚拟世界深度融合，创造出一个能够在真实环境与数字对象之间实现实时互动的新型空间。与增强现实技术类似，混合现实也将虚拟物体叠加到现实环境中，但其创新之处在于，虚拟物体不仅仅是静态展示，而是能够与物理环境中的真实对象进行动态互动和反应，从而提供一种比增强现实技术更深入、更具沉浸感的体验。近年来，随着计算能力、传感器技术和图形渲染技术的飞速进步，混合现实逐渐成为一种重要的沉浸式技术，在教育、设计、医疗和娱乐等领域展现了巨大的应用潜力。

Microsoft HoloLens 是混合现实技术的典型代表，也是目前市场上最具影响力的混合现实设备之一（图 7-21）。这款自主运行的头戴式智能眼镜通过先进的光学投影技术和空间音频技术，将高清 3D 虚拟物体无缝地融入用户的现实视野中。HoloLens 不仅允许用户看到虚拟对象，还支持通过手势、语音命令和视线追踪等多种方式与虚拟内容互动。无论是在教育、工业设计领域，还是在远程协作场景中，HoloLens 都为混合现实技术开辟了广阔的应用前景。

图7-21　Microsoft HoloLens

案例分析：智能学习灯 *The Smart Learning Lamp*

智能学习灯是一个将混合现实技术融入教育场景的创新应用。它创建了一个结合物理和

虚拟环境优势的混合现实空间，旨在提升学生在STEM（科学、技术、工程、数学）领域的学习体验。该设备通过投影仪、摄像头和微控制器等硬件嵌入在一个实体台灯中，利用纸质剪纸作为实验中的控制器（图7-22）。

图7-22 智能学习灯The Smart Learning Lamp

摄像头使用机器学习算法识别纸质剪纸，并根据识别结果实时投影相关虚拟内容，创造了一个直观、互动的学习环境。这一设计使得学生能够在虚实结合的空间中探索和实践科学概念，增强了他们的学习动力和效果。

案例分析:Reality Editor

Reality Editor是一款创新型工具，具有连接和操控物理对象的功能。用户只需将智能手机的摄像头对准某个物体，其隐形功能便会显现，从而进行编辑。通过简单地拖动虚拟线条，用户可以在不同对象之间建立新的关系。这种简便性使用户能够全面掌握物体连接的各种可能性（图7-23）。

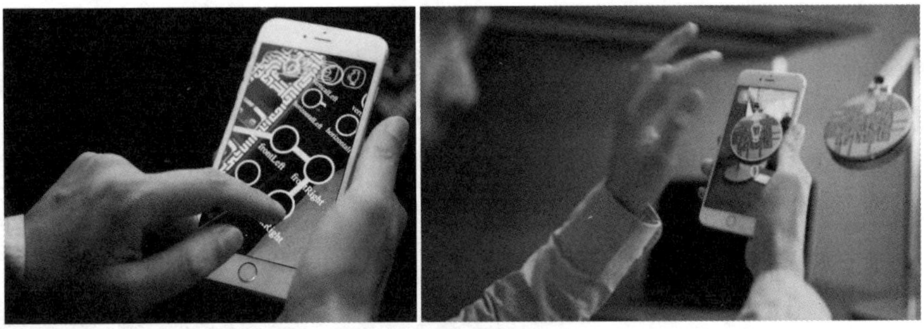

图7-23 Reality Editor

Reality Editor的开发源于麻省理工学院，旨在创造一种技术，以利用空间协调、肌肉记忆和工具制造等人类能力，赋予用户更大的控制权。例如，用户往往需要站起身来才能将卧室的电灯开关关闭，而通过Reality Editor，用户只需将其指向床边的物体，然后在灯上画一条线，便可轻松定制家庭环境，为生活提供便利。此后，用户可以利用空间协调能力和肌肉记忆，方便地操作床边的物品，将其作为控制灯光的工具。如果希望将计时器功能连接至灯光，仅需借用含有计时器的物体（如电视）的功能，将其与灯光相连。再如，调节汽车内部的温度，用户可通过Reality Editor将床边的物体与车内的温度系统连接，从而实现当用户醒来时，汽车便能自动调整至舒适的温度。

这一技术不仅适用于家庭环境中的物品，同样适用于办公用品、儿童玩具，甚至复杂的工业机械。该研究确定了一套普遍适用的简易规则，这些规则涵盖了思维、记忆、学习、设置、操作以及物体连接的方式。Reality Editor 正是在这些原则的基础上构建的，将直观的技术工具赋予用户。用户可以利用 Reality Editor 定义简单的操作，改变周围物体的功能，重新组合物品的工作方式和互动方式。它不仅能够将虚拟物体转化为物理存在，还能将物理对象虚拟化。

（2）混合现实技术面临的挑战

尽管混合现实技术为各个领域带来了前所未有的创新可能性，但其发展和推广依然面临多重挑战。首先是硬件成本与便携性问题，高质量的混合现实设备如 Microsoft HoloLens，虽然功能强大，但价格昂贵且未完全实现便携化，这在一定程度上限制了其大规模普及。其次，用户体验的自然性与直观性依然是混合现实技术优化的关键目标。如何让用户在虚实互动中获得流畅、自然的体验，仍是设计者需要持续探索的方向。此外，内容创建也是一大挑战，高质量的混合现实内容需要专业的设计与开发资源，且制作成本高昂，这制约了混合现实在各个领域的广泛应用。

与增强现实技术类似，混合现实的发展也带来了诸多伦理和道德问题。隐私与数据安全问题是其中的焦点之一。混合现实设备需要收集大量用户的环境、行为和交互数据，如何保障这些数据的安全和隐私不受侵犯，是开发者必须重视的议题。此外，长时间沉浸在虚拟与现实交融的环境中，可能对用户的心理健康和社会适应能力产生潜在影响，尤其是在教育和娱乐等领域，过度依赖沉浸式技术可能导致用户对现实世界的认知与社交行为发生改变。因此，开发者在设计混合现实体验时，需始终平衡技术进步与伦理责任，确保技术为用户带来积极的影响。

最后总结一下，混合现实技术正以迅猛的速度发展，其应用已经开始深刻改变教育、医疗、设计等多个领域。通过将虚拟与现实无缝融合，混合现实为用户提供了前所未有的沉浸式体验。然而，随着技术的不断成熟，如何克服硬件成本、用户体验和内容创建等方面的挑战，以及如何解决由此引发的伦理和道德问题，将是未来混合现实技术发展的关键。只有在技术进步与社会责任之间取得平衡，混合现实才能真正为人类的生活和工作带来深远的积极影响。

7.3.4 增强现实、虚拟现实与混合现实之间的异同

增强现实、虚拟现实和混合现实是三种不同的技术，它们在数字内容与现实世界融合的方式上各有特点。增强现实通过在用户的视野中叠加数字信息或图像来“增强”现实世界，用户在与现实世界交互的同时，可以看到叠加的虚拟信息。这项技术通常依赖智能手机、平板电脑或专用的 AR 眼镜，广泛应用于导航、游戏、教育和零售展示等领域。

虚拟现实则是通过构建一个完全虚拟的环境来替代现实世界，使用户全身心地沉浸于计算机生成的三维环境中，与现实世界隔绝。虚拟现实需要使用头戴式显示器（HMD）和手柄等设备，广泛应用于游戏、模拟训练、虚拟旅游、教育和治疗等领域。

混合现实技术则将虚拟对象与现实世界无缝结合，虚拟对象以三维形式存在于现实世界中，并可与现实物体互动。用户与现实世界和虚拟对象同时交互，虚拟对象似乎真实存在于

现实中。混合现实通常需要高级头戴式显示器，如微软的 HoloLens，应用于设计与建模、教育、医疗手术规划、建筑可视化等领域。

这三种技术的主要区别在于现实与虚拟融合的深度、用户视野的占据情况以及交互性。增强现实主要增强了现实体验，虚拟现实则完全替代了现实，而混合现实则实现了现实与虚拟的深度融合。在增强现实中，用户可以看到现实世界；在虚拟现实中，用户的视野完全被虚拟环境占据；在混合现实中，用户能够同时看到现实世界和虚拟对象。增强现实和混合现实均允许用户与现实和虚拟对象交互，而在虚拟现实中交互仅限于虚拟环境。设备需求方面，增强现实通常需要摄像头和传感器识别现实世界，虚拟现实则依赖完全封闭的头戴式显示器提供沉浸式体验，而混合现实需要更高级的传感器和显示器实现虚拟与现实的无缝交互（图 7-24）。

随着技术的不断进步，增强现实、虚拟现实与混合现实之间的界限日益模糊，它们相互融合的趋势愈加明显，各自在不同领域展现出独特的优势与应用潜力。

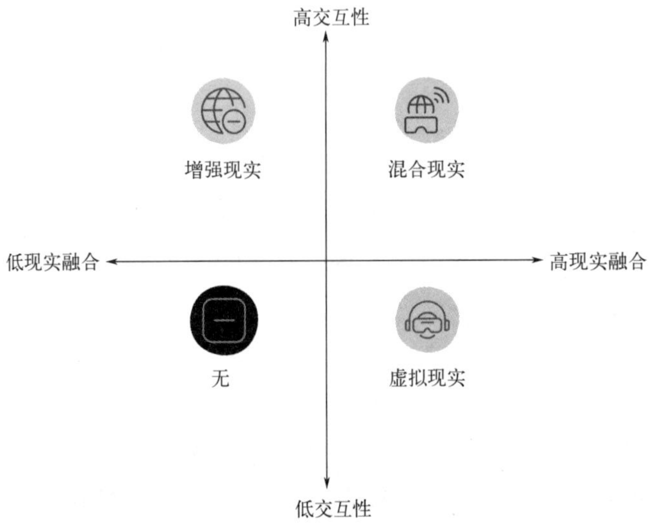

图7-24　AR、VR和MR的比较分析

7.4　自然人机交互

7.4.1　自然人机交互概述

自然人机交互（Natural Human-Computer Interaction，N-HCI）是一种以人为中心的设计理念，旨在使计算机与用户之间的交互方式更贴近自然行为和沟通模式。其核心目标是减少或消除传统交互界面（如键盘和鼠标）对用户体验的干扰，从而使操作过程变得简单、直观且易于理解和执行。

自然人机交互强调以自然和直观的方式与计算机或其他智能设备进行互动，而不是拘泥于特定的交互模式。自然人机交互的核心理念是允许用户以他们最熟悉的方式进行互动，从而有效降低学习曲线和操作难度。例如，前述的多模态交互方式正是自然人机交互的一种实现途径。除此之外，自然人机交互还有以下几个显著特点。

首先，智能环境适应性是自然人机交互的一大特征。系统能够理解并响应用户的自然语言表达和肢体语言，甚至可以基于上下文提供预测性的辅助。这种智能适应能力使得用户与设备的互动更加流畅，减少了不必要的手动操作。

其次，用户体验优化是自然人机交互设计的重要目标。通过注重用户的感官体验，界面和交互设计尽量降低学习曲线，使用户能够快速适应并有效地使用产品。这种以用户为中心的设计方法增强了产品的可用性和用户满意度。

再次，情境感知是自然人机交互的另一关键特征。设备和系统能够感知用户操作的环境，并根据环境变化调整交互方式，例如自动调整音量、亮度或提供相关信息。这种动态调整增强了交互的适应性，确保用户在不同情境下均能获得最佳体验。

最后，个性化定制也是自然人机交互的重要方面。系统能够记忆用户的偏好和习惯，并在未来的交互中个性化地适应用户的需求。这种个性化体验不仅提升了用户的使用效率，也增强了产品的吸引力。

综上所述，自然人机交互旨在使人机交互更加直观、自然和人性化，从而提升用户体验。这种交互方式并没有固定模式，能够根据用户的需求和设备的功能灵活设计与实现。通过强调流畅、直观且富有人性化的交互，自然人机交互使电子设备更加“人性化”，从而为用户提供更优质的体验。

案例分析：FingerTrak——3D 手势追踪手环的多模态交互创新

FingerTrak 是由康奈尔大学与威斯康星大学麦迪逊分校联合研发的一款 3D 手势追踪手环，标志着多模态交互技术的一次创新（图 7-25）。该设备通过观察用户手腕的轮廓，能够以三维形式精确重建 20 个手指关节的位置，从而为各种应用场景提供了新的可能性。

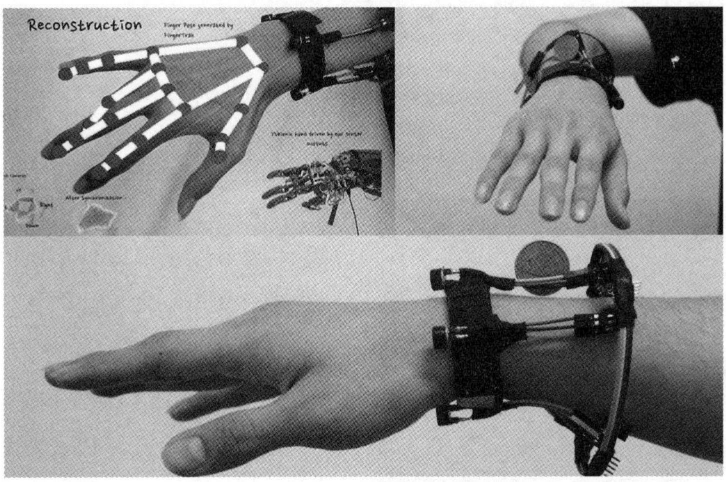

图7-25　FingerTrak 3D手势追踪手环

FingerTrak 的独特之处在于其采用的热传感器跟踪技术。这项技术不仅能够实时地预测每根手指的位置，还能将不同轮廓的图像无缝连接，以三维方式重构整只手。这种重构的手势信息不仅能够在虚拟模型中呈现，甚至可以在机器人的手上再现，从而为手势控制技术的应用开辟新的方向。

FingerTrak 的应用潜力广泛，涵盖手语翻译、虚拟现实、移动健康及人机交互等多个领域。例如，在手语翻译中，它能够实时捕捉和翻译手势，提升交流的流畅性和准确性。在虚拟现实环境中，它可以增强用户的沉浸感，使得用户与虚拟对象的互动更加自然和直观。

7.4.2 自然人机交互的实现形式

在具体应用上，自然人机交互的实现形式多种多样，包括：语音识别和语音控制，允许用户通过语音指令与设备交互，例如智能音箱或语音助手；手势识别，使用手势或手势设备（如 Kinect 或 Leap Motion）来控制界面或执行操作；触觉反馈，通过触摸、按压或其他物理接触进行交互，例如触摸屏和力反馈设备；眼动追踪，通过追踪用户的眼球运动来控制界面或聚焦特定元素；情感识别，分析用户的面部表情、声音或其他生理信号以判断情感状态并作出相应反应；体感控制，使用身体的运动或位置变化与设备互动等。

例如，Sensel Morph 是一款先进的压感触控板，配备了 20000 个压力传感器，能够检测并显示来自各种输入设备的压力变化（图 7-26）。这款触控板采用 3D 打印技术制造，具有高度的可塑性，能够转换为多种形态，如键盘、调色板或电子鼓等。

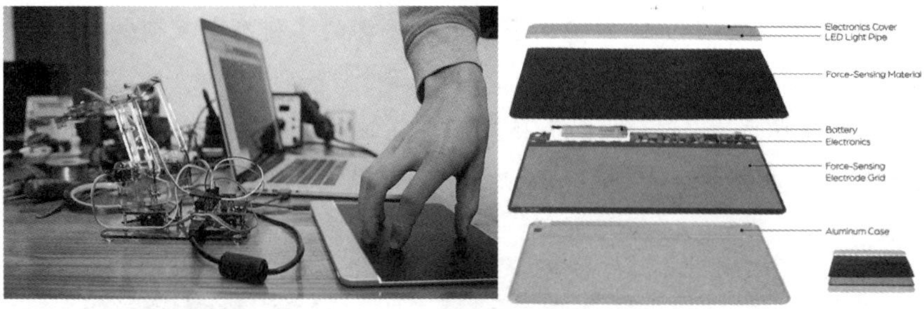

图7-26 Sensel Morph压感触控板设计

此外，Sensel Morph 还能够精确识别画笔的笔触，为电子绘画提供了可能。其设计轻薄且反应灵敏，支持用户根据个人需求进行定制，提供七种不同的叠加设计选项，用户可以根据个人喜好选择，包括标准键盘、MIDI 控制器、钢琴键盘、鼓垫，以及一个名为“创新者”的可定制表面覆膜，后者允许用户自行 3D 打印个性化的界面。通过这些特性，Sensel Morph 有效地将自然人机交互的理念融入实际应用中，提升了用户的互动体验（图 7-27）。

图7-27 Sensel Morph压感触控板

案例分析：Skube——家庭音响听觉体验的重新思考

Skube的诞生源于对家庭音响和音乐分享方式的深刻反思。早在十多年前，设计师就注意到，随着数字化和在线音乐体验的普及，传统的便携式音乐播放器已无法满足现代用户的需求。在当今音乐品位多样化的背景下，在共享空间中播放和分享音乐变得既不方便也不易实现。

Skube的创新不仅体现在其作为音乐播放器的功能，更在于其成为一个音乐发现和分享的平台。通过"播放列表"（Playlist）和"发现"（Discovery）两种模式，Skube简化了用户在公共场合选择音乐的过程。播放列表模式使用户能够播放自己在Skube上存储的音乐，而发现模式则根据用户的偏好智能推荐相似的新曲目，从而丰富用户的音乐体验。

此外，Skube的设计还突出连接与协同的理念。当多个Skube设备相互连接时，它们可以协同工作，形成一个统一的音乐播放系统，随机播放所有连接设备上的曲目。这种设计使用户能够通过任何一个Skube控制整个音乐系统，实现无缝的音乐体验，真正体现了现代共享音乐的精髓（图7-28）。

图7-28 Skube与电脑的连接

在交互界面设计上，Skube强调直观性和易用性。用户只需简单地翻转即可切换模式，轻敲触摸可以播放或跳过歌曲，而将Skube翻转至正面则可以关闭设备。Skube的形状本身传递了一种操作语言，指导用户如何将多个设备连接在一起，无论是在发现模式还是播放列表模式下，均能轻松上手（图7-29）。

图7-29 Skube的交互方式

Skube 的音乐曲目库通过 Last.fm API 进行填充，在发现模式下，系统利用算法为用户推荐相似音乐。此外，利用 Applescript 来调用 Spotify 播放音乐，而 XBee 则负责 Skube 之间的无线通信及与计算机的连接，这些功能均由自定义软件统一管理。

原型实现的原理是通过 Arduino、Max/MSP 和 XBee 无线网络的结合，以支持多种功能。通过这一系列的设计与技术集成，Skube 旨在为用户提供一个更加便捷、个性化且富有社交属性的音乐听觉体验，让音乐分享变得轻松愉快，进而推动家庭音响体验的全新变革。

7.5 元宇宙背景下的交互产品

7.5.1 元宇宙设计概述

近年来，随着设计实践在各个行业中的成熟与融合，以及向更具创造性的企业文化的转变，设计已经影响了产品的创建方式。进入数字化时代后，许多组织从主要创建实物产品转向数字体验。为适应数字化设计，企业不仅需要招聘设计人才和培训其新技能，还需要重新考虑设计组织本身。随着元宇宙的兴起和技术的发展，物理与数字设计之间的界限进一步模糊。实物可以在虚拟世界中实现，而虚拟也可以通过增强现实与实物互动（图 7-30）。

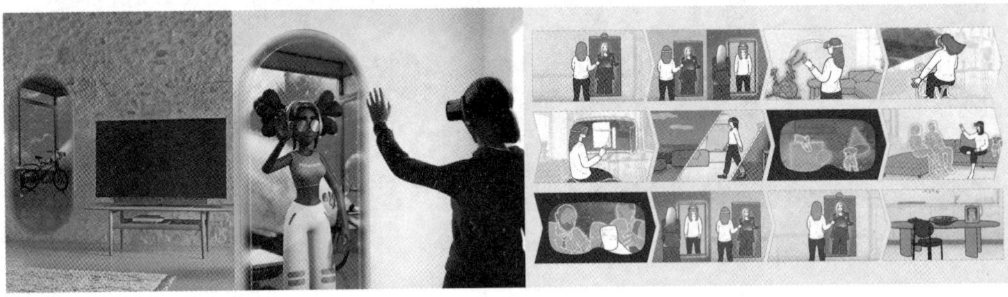

图7-30　元宇宙“传送门”的概念设计（左）和使用场景故事板（右）

设计师在为元宇宙创造体验时，将融合新技能和传统能力，这不仅提供了增长机会，还对设计管理提出了更高的要求。以用户为中心的服务设计方法至关重要，可以让设计师理解用户在不断扩大的互动范围中的需求。

元宇宙将大大增加体验设计的规模和复杂性，改变设计组织的运作和协作方式。为此，设计操作策略包括支持设计团队有效、高效运作的技能、工具、结构和治理，以适应新的变化。设计师的技能将由当前专业能力与新兴的虚拟现实或增强现实技术相结合构成。新的研究方法将帮助设计团队与用户建立更深入的联系，增加理解和共情。

元宇宙的多样化互动将显著增加记录和分析用户体验的规模和复杂性。例如，零售场景中的单一用户旅程可能包括现实接触点、增强现实、在线和虚拟体验。服务设计框架，特别是服务蓝图，提供了管理复杂性的短期方法。服务蓝图可以详细描述用户在各触点的活动以及支撑这些互动的后台系统。

由于物理与数字设计工具的集成，跨平台的兼容性和互操作性将变得至关重要，以支持跨团队工作流。最引人注目的将是元宇宙本身可能提供的设计工具。例如，医疗设备设计师在创造手术工具时“感受”其重量和平衡，或虚拟环境设计师在沉浸其中时构建世界。

简言之，随着元宇宙将设计实践的规模和复杂性成倍增加，适应设计操作以管理人员、工具和方法并提供关键结构是必需的。以上所有这些都在塑造一款全新的、面向设计团队和用户利益的元宇宙产品。

7.5.2 元宇宙背景下设计师的能力要求

在元宇宙设计领域，设计师和团队需要掌握超越传统设计技能的多种能力，以应对虚拟环境的复杂性与多样性（图 7-31）。

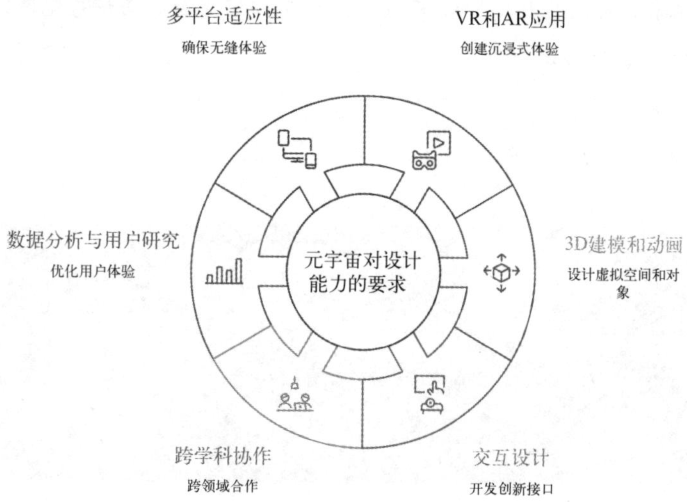

图7-31 元宇宙背景下设计师的能力要求

首先，虚拟现实（VR）和增强现实（AR）技术的应用能力是基础。掌握这些技术，设计师能够创建更具沉浸感和互动性的虚拟体验。例如，运用 VR 技术，设计师可以模拟真实场景，为用户提供感官丰富的交互体验；而 AR 技术则能将虚拟元素融入现实世界，实现虚拟与现实的无缝融合。

其次，3D 建模和动画制作技能同样不可或缺。这些技能使设计师能够构建三维虚拟空间和对象，从而打造出富有创意的虚拟环境。比如，在一个虚拟展览项目中，设计师可以通过精细建模与动画演示，展现动态艺术作品的魅力。

再次，交互设计能力是不可忽视的核心技能。设计师需为头戴设备、手势控制等元宇宙特有的交互方式开发适配界面，提升用户的沉浸感与操作便利性。

由于元宇宙涉及广泛的技术与学科，因此跨学科协作能力至关重要。设计团队需要与编程、心理学和用户研究等领域的专家紧密合作，以探索更具深度的设计解决方案。

此外，数据分析与用户研究能力也是优化设计的核心支撑。设计师可以通过数据分析和定性研究深入了解用户行为与偏好，从而为虚拟环境的改进提供依据。

最后，多平台设计适应能力使设计师能够开发在移动设备、PC、VR/AR 头戴设备等多种平台上无缝运行的体验。这种灵活性对于元宇宙中用户体验的一致性尤为重要，也是推动设计可持续发展的关键。综合来看，掌握这些技能将帮助设计师在元宇宙设计领域更好地应对挑战、实现创新。

案例分析：Inc. 5000 Marketplace 沉浸式在线体验

DotDot 与《公司》(*Inc.*) 杂志联手打造了一个虚拟体验市场，旨在还原线下会议中结识新友、重逢旧识，以及分享观点与洞见的随机互动体验。这是首个无需使用头戴设备的虚拟体验平台，为用户提供了便捷的沉浸式交互模式。该公司精心策划了一个融合乐趣、探索与社交的虚拟世界，使每位参与者都能在其中找到独特的体验和乐趣。以虚构主街为核心，这一虚拟世界汇聚了来自美国的 Inc. 5000 获奖者。他们以线上盛会的形式走过红毯、庆祝荣誉，并在虚拟酒吧、美术馆和娱乐中心中畅享丰富的社交活动。这种设计将现实世界的温馨氛围与虚拟世界的奇幻体验巧妙结合，为用户提供了一个充满新奇与探索的互动空间。这一切得益于 DotDot 对游戏技术与设计原则的深度融合（图 7-32）。

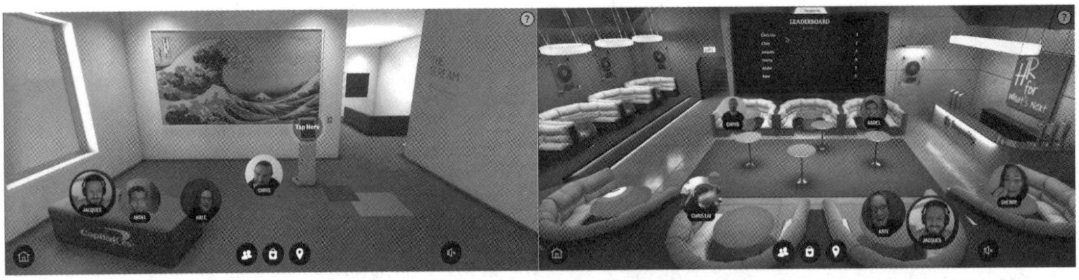

图7-32　Inc. 5000 Marketplace沉浸式在线体验设计

活动期间，参与者通过实时直播加入虚拟盛宴，在主街上偶遇熟人或结识新朋友。他们可以参观虚拟艺术画廊，参与酒吧对话与智力问答游戏，甚至在 Inc. 5000 剧院共同举杯庆祝彼此的成就与荣誉。整个虚拟世界的设计聚焦易用性、沉浸感和随机性三大核心要素。

在易用性方面，平台基于笔记本电脑或家用电脑开发，操作简单直观，用户可以通过键盘轻松导航虚拟市场，完成交互与探索；在沉浸感方面，虚拟世界提供了高度细致的 3D 视觉体验、层次丰富的环境音效以及第一人称视角，让用户感受到强烈的临场感，进一步激发他们的探索兴趣；在随机性方面，平台通过接近音频技术为用户创造了更多偶然的交互机会。当虚拟形象彼此靠近时，音频会自动激活，方便用户即时开展对话。

此外，设计者还在虚拟世界中设置了一系列互动游戏与挑战，鼓励参与者共同发现乐趣并建立连接。数据显示，平均每位参与者在虚拟市场中探索了 22 个虚拟空间，并至少收集了 3 个虚拟赠品。这不仅展示了该虚拟体验的吸引力，也反映出这种沉浸式在线互动模式在促进深度参与与创新社交方面的潜力。

7.5.3 空间计算

（1）空间计算的概念

在 2023 年苹果全球开发者大会（WWDC）上，苹果公司公布了第一代扩展现实（XR）硬件设备 Apple Vision Pro（图 7-33），同时提出了空间计算（Spatial Computing）的概念。空间计算通过将物理与虚拟相结合，进一步提升了自然的沉浸感。空间计算不是增强现实或混合现实，而是通过头戴式设备或其他可穿戴设备将应用程序放置在虚拟浮动屏幕上，投射到真实环境中。生成的界面类似于完整的显示器，具有与应用程序的桌面或移动版本相同的功能。

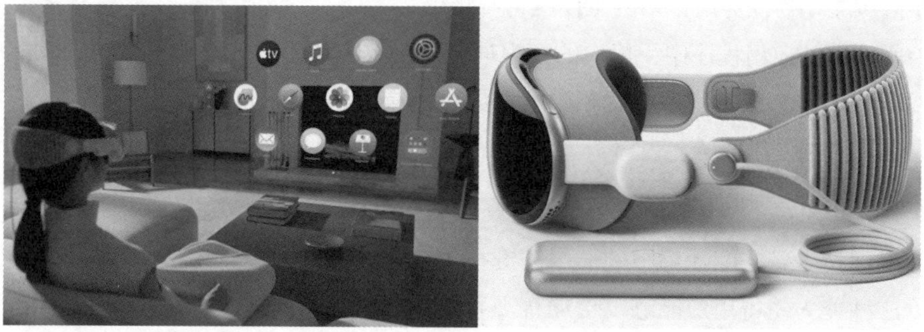

图7-33　Apple Vision Pro设计

空间计算是一个新兴科技领域，它正以独特方式深刻改变着我们与数字世界的互动模式。该技术将虚拟与现实无缝融合，借助头戴式设备或其他形式的可穿戴技术，将各类应用以虚拟浮动屏幕的形式巧妙地融入真实环境中。与传统的桌面或移动应用截然不同，空间计算为我们提供了一个革命性的全新界面。这个界面宛如一个全方位的显示器，其功能与应用程序的桌面或移动版本无异。你可以将其想象成一个虚拟的办公桌，每一个动作都能与之互动，就像与现实世界中的物体一样自然（图 7-34）。

图7-34　空间计算在工业与制造业的使用场景

空间计算的一大亮点在于其出色的空间识别能力。它能精准地感知你的位置及注意力所在。比如，如果你在桌上设置一个虚拟电影屏幕，即使你转过头去，它也会保持原位，仿佛它就是现实世界中的一个真实物体。

（2）空间计算中的眼动追踪

空间计算可以为应用程序提供三种新的数据类型，包括用户在看什么、用户的手和身体在做什么，以及他们周围有什么物体。在空间计算的关键技术中，眼动追踪是最重要的一种。它通过记录眼睛的运动轨迹，能精准识别用户的关注点，无需移动鼠标或触摸设备就能轻易获取用户的意图。这一技术的应用将极大地提高人们与电脑、手机等设备的交互效率。

通过视线检测，应用程序可以了解到用户何时在查看或阅读特定的内容，以及花费的时间长短。这使得系统能在用户阅读或查看信息时，提供高度个性化的服务。此外，空间计算还具备识别用户是否分心的能力。当系统检测到用户的注意力被新的信息或者通知分散时，它可以暂停用户正在执行的任务。这不仅可以帮助用户保持主要的工作或学习专注度，而且可以减少因频繁切换任务所带来的工作压力与疲劳。

在空间计算的应用程序中，用户的行为通过直观且自然的方式影响了系统的反应。例如，用户只需要注视某个应用程序，就能激活并聚焦这个应用程序上。这种新颖的交互方式，不仅能提供更直观的使用体验，也将极大地增强用户对于设备控制的自由度和灵活性。

（3）空间计算中的空间识别技术

空间识别技术是空间计算中的一个关键技术，它能感知和理解用户所在的环境并对其做出反应。这种能力使得用户能够以更加直观和自然的方式与虚拟世界进行交互。空间识别技术帮助用户进行交互的方式包括以下几种。

① 理解环境：空间识别技术可以识别用户周围的物理环境。例如，识别不同的表面，分辨墙壁、桌子和椅子等物体。这使得虚拟物体能够在这个现实环境中“存在”，把虚拟物品放在真实世界中的一张桌子上，或者使它们仿佛真实地靠在墙上。

② 用户交互：空间识别技术可以感知用户的位置和移动，使虚拟物体能够针对用户的动作（如移动、触摸、转头）做出响应。例如，当回头看时，先前放置在桌子上的虚拟物体仍然在那里，就像在现实生活中一样。

③ 实时更新：随着用户在环境中移动，空间识别技术可以实时更新虚拟对象的位置和用户的视角，使得虚拟环境与真实环境的交互更具连贯性和沉浸感。

④ 内容放置：空间识别技术使得内容的放置更加自然。例如，虚拟物体可以被“放置”在真实世界的平面上，而不是无规律地悬浮在空中。

（4）空间计算与元宇宙的区别

元宇宙是一个完全虚拟的在线世界，人们可以在这里工作、娱乐和社交。而空间计算则是将数字信息融入现实世界，比如在客厅预览虚拟家具或在商店通过 AR 查看产品信息。

苹果公司将其 Vision Pro 耳机定位为空间计算设备，避免了 AR、VR 和 XR 等术语的复杂性。虽然 Vision Pro 更接近 VR 设备，但它的摄像头允许用户看到现实环境，并在其上投射数字内容，这又类似于 AR。苹果公司通过空间计算这一描述，巧妙地绕开了传统的 AR、VR 分类，更准确地传达了产品的体验。这一术语在混合现实领域已有应用，苹果公司也已在音频体验中使用了“空间音频”。

7.6 课程案例一：“自然语者”儿童自然认知交互玩具设计

本案例来自大二的交互设计基础课程，学生为黄靖贻、曾颖洁、苏丹，由李存指导并在原作业基础上进行了修改和提升。

7.6.1 用户调研

（1）市场背景、消费需求和儿童需求分析

市场背景：教育玩具正以惊人的速度席卷全球市场，成为儿童智力开发的重要工具。根据市场研究与咨询公司 Future Market Insights 的研究报告，全球教育玩具市场的价值预计将从 2024 年的 563.12 亿美元增长至 2034 年的 1395.54 亿美元。这一趋势不仅反映了家长对儿童早期教育的高度重视，也体现了时代发展的需求。教育玩具已然成为家庭育儿和儿童成长过程中不可或缺的一部分。

消费需求分析：家长普遍认为玩具对儿童的成长至关重要。它不仅能锻炼儿童的想象力、创造力和语言能力，还能在儿童行为习惯的养成中发挥重要作用。在购买决策中，家长更倾向于选择趣味互动型和益智健康型的玩具。尤其是毛绒材质的玩具，因其柔软、安全的特性而备受青睐。家长认为一款理想的玩具应具备以下特点：造型美观、颜色鲜艳、重量轻便、耐玩性强、安全性高，并且适合不同年龄阶段的儿童使用。此外，玩具需兼具益智性、玩法多样性，以及促进儿童与家长互动的功能（图 7-35）。

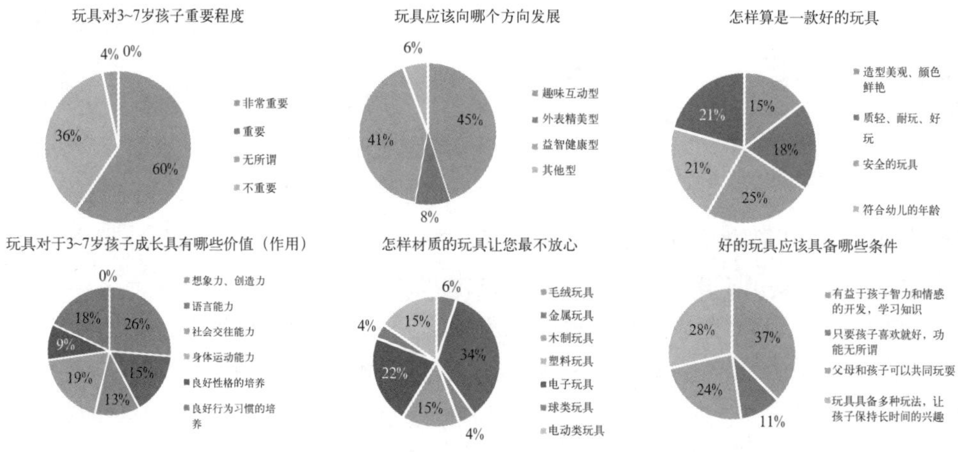

图7-35　儿童玩具消费需求分析

儿童需求分析：儿童益智类玩具的设计应基于儿童的核心需求，结合其认知发展特点和能力培养目标。研究显示，3～7 岁的儿童已经开始形成表象性思维和语言能力，这一阶段的学龄前儿童正经历感知觉、思维、记忆、言语、学习与想象等多方面能力的快速发展。因此，玩具设计应充分支持和促进这些能力的发展（图 7-36）。

年龄	特征	玩具偏好	总结
0~1岁	喜欢使用全部感官来了解他们周围的世界，会对气味、味道、声音、触觉、视觉做出反应，这个时期的孩子正在学习形成因果的概念并且喜欢重复	玩具主要为启蒙类玩具，质地多样，重量轻、尺寸大、安全且颜色鲜亮，能引起儿童视觉、听觉注意的特性	心理上：好奇心、情绪化、喜欢模仿、思维活跃、活泼好动、喜欢社交等特征 生理上：神经系统敏感，抵制力和适应能力弱，大脑发育不完善，易兴奋易疲劳，脑部思维活跃，外在器官上皮肤幼嫩，体内缺乏抗体，听觉视觉需要引导发育，呼吸和消化系统易感染
1~3岁	初学走路，喜欢在他们周围的环境里不断运动，想象游戏在这个时期开始，从2岁起便喜欢模仿大人的世界，并开始对控制物体、解决问题产生强烈兴趣	练习分类、装配能力的玩具，而且色彩要丰富鲜亮	
3~5岁	学前儿童喜欢与周围的孩子玩，喜欢共同分享多种活动，喜欢模仿大人的行为	锻炼想象力的简单玩具，同时可以与他人分享玩耍	
5~9岁	学龄儿童在玩耍的过程中寻求新信息、新经历和新挑战。带有强烈的公平感，喜欢社交，处在这个岁龄段的孩子易受同伴的影响，有很强的性别区分	各种类型的玩具，需具有较强的性别区分和性格区分	
9~14岁	具有独立性，却不失活跃。知道如何使用社交技巧进行合作和协商。有一定的学习技能，掌握的学习技能促使他们去追求一些智力型和有创意的娱乐活动，这个年龄是发展个人特殊能力、兴趣爱好的时候	智力型、创意性娱乐玩具，具有一定技术含量，主要根据个人喜好购买	

图7-36　儿童成长需求分析

（2）市场趋势、情感化和触觉体验分析

玩具类型	锻炼的能力	目标用户	玩具名称
数理智力类	数理能力、观察能力	3 岁以上	九宫格数独
空间智力类	空间能力、肢体能力	6 岁以上	乐高积木
人机智力类	语言能力、人际能力	3~12 岁	智能机器人
音乐能力类	音乐能力、节奏能力	3 岁以上	多功能八面鼓

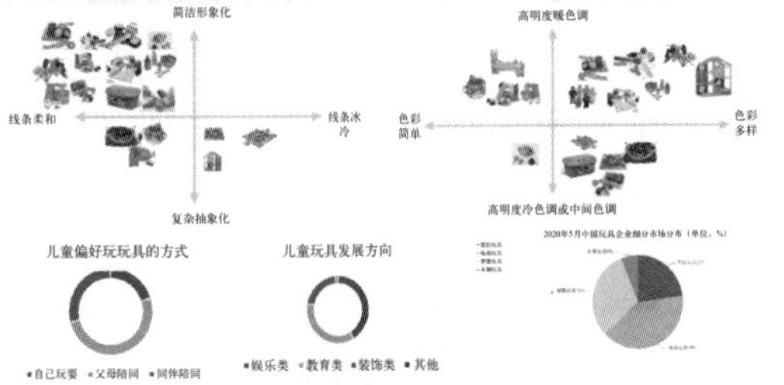

图7-37　儿童玩具市场分析

市场趋势：教育玩具的设计应全面考虑儿童的认知发展、情感需求和安全性，以满足其多样化的成长要求。首先，形象化设计是关键，玩具应以儿童熟悉的事物为设计原型，易于儿童理解并能够激发其想象力。同时，情景模拟功能通过模仿真实或虚构的生活场景，增强了玩具的互动性和故事性，进一步提升儿童的沉浸感和创意表达（图 7-37）。

情感设计在玩具中同样不可忽视，圆润的形态不仅赋予儿童安全感，还传递了对其心理健康的情感关怀。认知适宜性则强调玩具设计的简洁性，以帮助儿童快速理解和操作。为了保障使用过程中的安全性，玩具设计应避免尖锐的棱角，采用曲线和圆润的结构，最大程度降低意外伤害的风险。

触觉体验方面，玩具的表面质感需具有吸引力，圆滑的触感能够更好地吸引儿童的注意力并提高使用舒适度。此外，材料安全是玩具设计的基本要求，选择无毒且环保的材料不仅能保护儿童的健康，还符合当下可持续发展的理念。色彩吸引力作为另一个重要因素，通过明快鲜艳的颜色直接吸引儿童的目光，而相比之下，形状和材质的视觉刺激则略显间接。

值得注意的是，不同年龄阶段的儿童对色彩的偏好有所不同。婴儿更倾向于鲜艳的红色和黄色。随着年龄增长，儿童的色彩偏好逐渐向复合色过渡，呈现出更加成熟的审美趋势。因此，在色彩设计中需考虑年龄阶段的差异性，同时确保设计符合单纯、柔和且多样的特质，以迎合儿童的个性需求和成长轨迹。

综上所述，教育玩具的设计不仅需要紧跟市场与消费需求，还需充分理解儿童的认知特点和情感体验。通过结合科学设计原则与严格的安全标准，教育玩具能够更好地支持儿童的全面发展，成为其成长过程中的重要助力。

（3）儿童听觉、认知分析

听觉体验对于儿童发展的意义：听觉体验在儿童早期发展中具有重要作用。首先，在情感发展方面，声音能够引发学龄前儿童的情感反应，帮助他们识别和表达自身的情绪。这种能力对情感认知的培养至关重要。其次，听觉体验能够促进感官协调，因为这一阶段的儿童正处于整合多感官信息的关键时期。听觉与视觉、触觉等其他感官的协同作用，能够有效提升儿童对环境的整体感知能力。此外，听觉体验还对专注力培养具有显著意义。通过声音的变化与节奏，可以有效吸引儿童的注意力，帮助他们集中精力学习和探索环境。

自然认知对于儿童发展的意义：自然环境对儿童的认知发展有着深远的影响。首先，自然环境的多样性和不可预测性能够激发创造力。儿童可以通过自然元素创造游戏和故事，从而激发想象力和创新能力。其次，自然环境对于语言技能的发展也起到了积极作用。在描述自然现象、动植物特征以及户外体验的过程中，儿童不仅可以增加词汇量，还能够提高语言表达与沟通能力。最后，自然环境丰富的感官刺激对儿童的认知发展大有裨益。例如，观察植物生长、触摸不同材质的物体等体验，可以帮助儿童学习分类、比较和识别，从而提升他们的逻辑思维与认知能力。

综合来看，听觉体验和自然认知在学龄前儿童的发展中分别从情感、感官整合、语言学习和创造力培养等多方面提供支持。通过科学设计和有效利用这些体验，可以更好地促进儿童全面健康发展。

7.6.2 用户访谈

（1）家长和儿童访谈

用户访谈旨在全面了解家长和儿童（3～6岁）对玩具的需求与期望，重点涵盖安全性、教育价值、娱乐性、设计美观性、性别中立性、创新性、环保性、经济性以及清洁保养等多维度问题。通过对家长和儿童的深度访谈，可以从不同视角探索玩具设计与使用中的关键痛点与潜在改进空间。

家长访谈：家长访谈主要围绕他们为孩子选择玩具时的关注点和体验展开。例如，家长最关心的因素、对玩具现状的评价、玩具对儿童成长的积极影响、性别倾向考虑、创新期待、清洁与保养需求等。家长对玩具的包装要求、购买决策过程以及对优质玩具的定义也被纳入问题设计。此外，访谈还探讨了家长与孩子共同玩玩具的频率、对玩具教育功能的期待、价格与质量的平衡，以及玩具的耐用性和维护性等内容。

儿童访谈：儿童访谈通过简单、直接的问题，探索他们对玩具的真实感受与需求。问题涉及儿童对玩具类型和功能的偏好、玩乐过程中最开心的体验、不喜欢的玩具类型、对未拥有玩具的渴望、与朋友分享玩具的感受以及对玩具颜色的看法。访谈还包括儿童对游戏类型的喜好、对未来玩具功能的期待、对包装的印象以及与家长或朋友互动的偏好。特别是，问题鼓励儿童发挥想象，描述他们理想中的玩具形态。

(2)访谈结果分析

根据访谈结果，对家长和儿童的需求进行了分析，总结了各自的关注点。

家长关注点分析：家长普遍将玩具的安全性视为首要关注点，认为玩具应符合严格的安全标准以保障儿童使用时的健康与安全。此外，家长对玩具的教育功能寄予厚望，期望其能促进孩子的智力开发，帮助培养孩子的逻辑思维和解决问题的能力。玩具的吸引力也是家长关注的重要方面，希望其能够持续吸引孩子的兴趣，同时易于清洁和保养，以减轻日常维护的负担。在未来玩具的发展方向上，家长普遍期待更加智能化的设计，使玩具能够与孩子互动。最后，家长对于玩具的性价比有较高的要求，希望玩具兼具耐用性与合理的价格（图 7-38）。

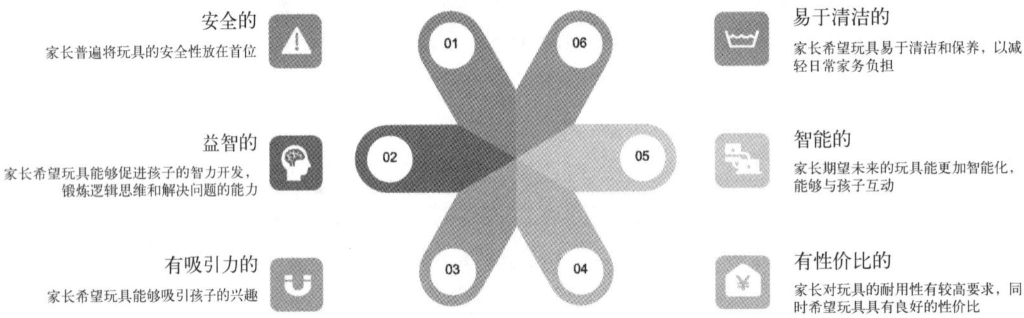

图7-38　家长关注点分析

儿童关注点分析：儿童的玩具需求更多集中于直接的使用体验。操作简单、有趣味性的玩具最能激发儿童的兴趣，而过于复杂的设计可能降低其玩乐体验。儿童更倾向于能够与他人分享的玩具，尤其是那些可以与家长或同伴共同操作的产品。颜色丰富、鲜艳的玩具在吸引儿童注意力方面具有显著优势，而可组装、可创造的玩具能够为儿童带来更多的成就感，激发他们的创造力。此外，能够发声、发光等可交互的玩具尤为受欢迎，因为其具有更高的参与感和互动性（图 7-39）。

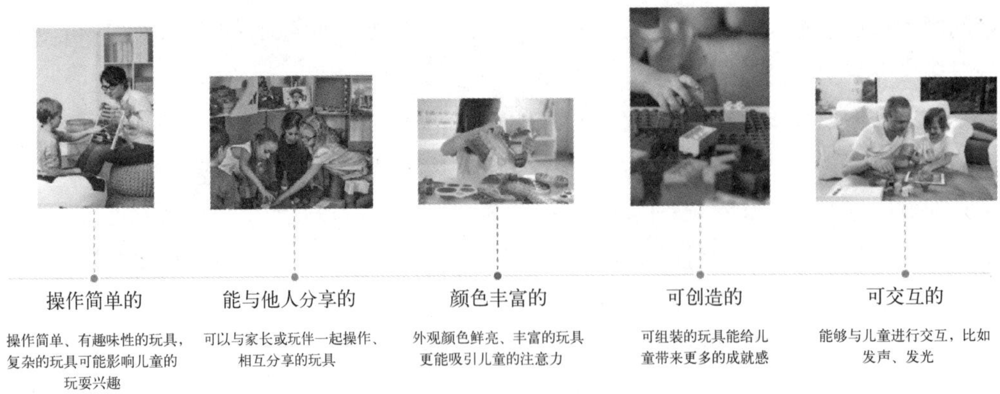

图7-39　儿童关注点分析

通过对家长与儿童的需求分析可以发现，玩具设计应在安全性、教育性、趣味性与互动性之间取得平衡，同时满足家长的实用性需求与儿童的使用体验。未来，玩具设计需要更加智能化、创新化，并兼顾环保与经济性，以满足用户多层次、多角度的需求。

7.6.3 设计方案

（1）设计目标

设计目标与理念：本设计旨在打造一款集视、听、触三种感官体验于一体的儿童玩具，目标是提升儿童对声音的感知能力，激发其对自然元素的联想，促进其认知与感官协调发展。通过运用丰富的色彩和视听联觉反馈，该玩具引导儿童通过简单的动作触发声音反应，进一步强化其感官协作能力。此外，该玩具模拟自然元素，通过触觉体验培养儿童对自然的亲近感，引导儿童探索声音的多样性，从而提升其对自然环境的认知能力（图 7-40）。

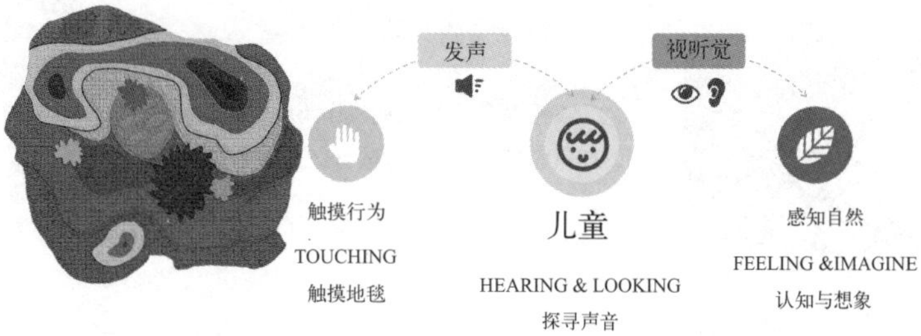

图7-40 产品逻辑架构

（2）设计方案

可交互触摸毛绒地毯“自然语者”（Nature Whisperer）是一款以触摸发声为核心功能的毛绒地毯，旨在模拟自然环境中的多样元素。地毯通过色彩区分和编织工艺表现自然区域（如树林、绿地、草丛、沙地、石滩、河流等），触摸不同区域可触发对应的声音反馈，帮助儿童通过感官探索构建认知。毛绒地毯采用柔软的毛线材料，轻便、安全且色彩丰富，同时具备较高的耐用性和互动性（图 7-41）。

此款地毯支持多人参与，儿童与家长或玩伴可以共同探索，创造丰富的互动体验。触发点由编入地毯的铜线构成，结合 MakeyMakey 设备实现声音反馈的交互功能。

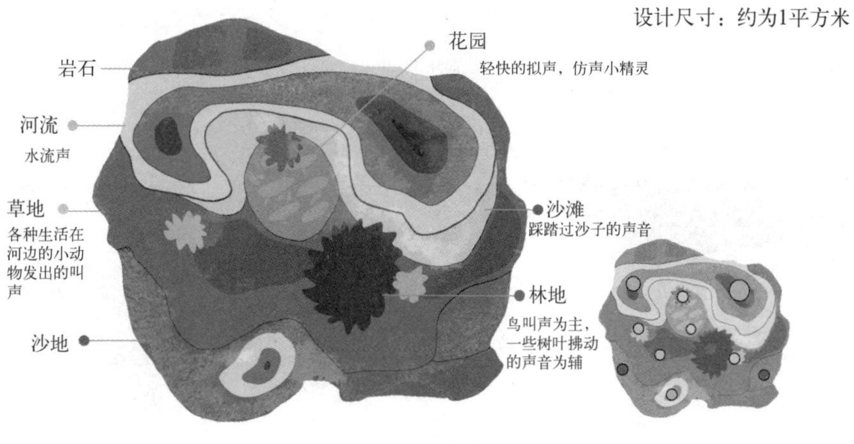

图7-41 外观与触发点说明

7.6.4 原型制作与测试

（1）原型制作

制作成本：约 200 元人民币。主要工具：戳针、簇绒枪、电推剪。制作技术：在毛绒地毯中嵌入铜线作为触发点，通过电路与 MakeyMakey 设备连接实现声音交互（图 7-42）。

图7-42 产品原型制作

（2）产品设计特点

设计对象：适合 3～6 岁学龄前儿童。

多感官体验：通过视、听、触联觉设计，增强儿童的感官输入能力，促进其感官协调发展。

认知与探索：激发儿童对自然的好奇心和探索欲望，构建其对自然环境的初步认知。

自然亲近感：模拟自然元素和声音，培养儿童对自然环境的亲近感。

安全性与操作简便：采用柔软的毛绒材质，设计安全性高，玩法操作简单，适合儿童自发性探索。

互动性：支持多人参与，儿童与家长、玩伴均可合作体验互动乐趣。

视觉吸引力：地毯色彩鲜艳且层次丰富，促进儿童的视觉发展和空间感知能力。

产品命名说明："自然语者"（Nature Whisperer）的命名灵感来自能够与自然深入沟通的形象，意在激发儿童倾听自然秘密的兴趣，增强其对自然环境的理解力和感知力（图 7-43）。

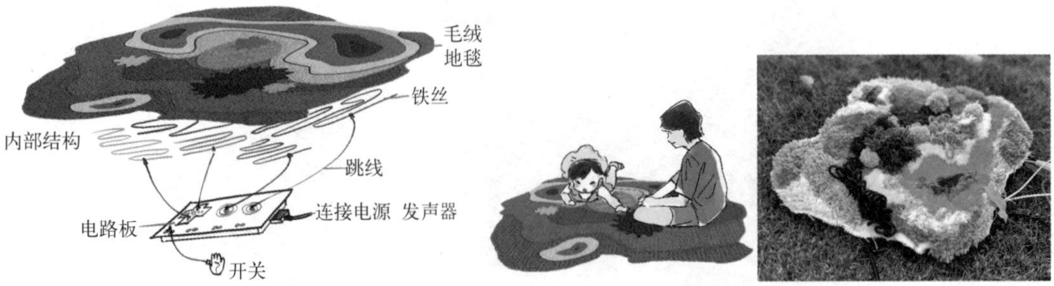

图7-43 原型内部结构和产品使用场景

（3）产品测试

产品测试与反馈显示，该产品具有很强的交互趣味性，其多样化的触摸操作如按压、揉捏等，能够触发声音反馈，极大地吸引了儿童的兴趣（图 7-44）。同时，地毯采用柔软的毛线材质，并结合鲜艳的色彩和立体编织设计，为用户提供了令人愉悦的触觉和视觉体验。

产品在教育意义方面还有待深化，目前的设计虽然上手简单，但缺乏足够的挑战性和进阶玩法。未来版本可以考虑加入更复杂的触发机制或学习功能。此外，毛线材质容易吸附灰尘，且儿童在玩耍过程中可能会弄脏地毯，因此建议在材料选择上优化清洁便捷性。

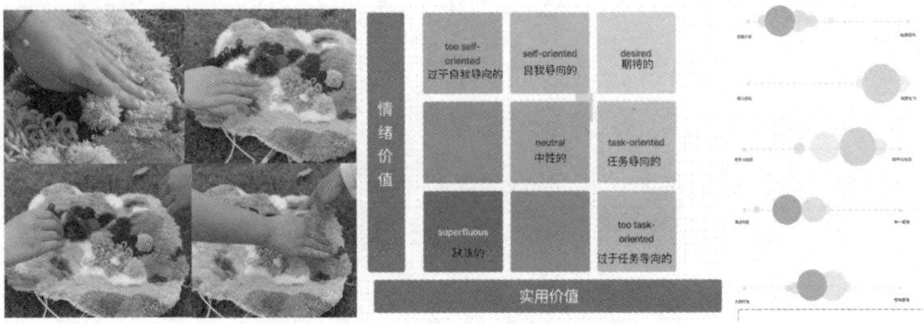

图7-44　产品测试场景和测试结果

为了进一步提升产品的教育意义，可以加入进阶任务机制，例如完成特定触发组合来解锁自然知识或声音故事。同时，探索使用更易清洁的材质或附加保护层来解决清洁难题。优化声音库的丰富性，使自然元素的模拟更为多样化和具有真实感。

7.7　课程案例二：ODYSSEY 交互设计

本案例来自大二的交互设计基础课程，学生为孙若成、李云朵、刘伊，由李存指导并在原作业基础上进行了修改和提升（图 7-45）。

图7-45　ODYSSEY的交互场景

7.7.1 用户调研

（1）大学生特征

大学生群体的年龄通常为 18～22 岁，这是个体心理和社会角色逐渐成熟的重要阶段，也是人生承上启下的关键期。随着网络社会的快速发展，线上社交已逐渐取代线下互动，成为大学生满足社交需求的主要方式。然而，这一趋势也导致许多大学生在日常校园生活中社交互动减少。同班同学之间的沟通频率显著降低，课外交流习惯逐渐弱化，这种现象可能进一步导致个体孤立、不善合作以及心理健康问题。此外，长时间缺乏有效沟通可能会加剧冷漠和竞争氛围，从而对团队协作能力和沟通能力的发展形成阻碍，同时在学业和心理层面造成双重压力。

（2）访谈调研

调研旨在探讨大学生之间以及师生之间的媒体沟通现状，发掘社交痛点，并以此为基础提出基于现代网络技术和多元文化融合的创新设计方案。综合运用数字技术、虚拟现实（VR）、人工智能（AI）等前沿科技，同时结合音乐、影视、新媒体、交互艺术等多种媒介形式，以提升用户界面体验并促进社会创新。通过调研，进一步分析大学生的社交行为特征及其在网络文化中的表现，探讨多感官互动设计的可能性。调研内容分为四个部分（图 7-46）。第一部分：个人信息，包括年龄、性别、专业年级、性格特质、课外活动参与度及兴趣爱好。第二部分：社交途径，聚焦大学生交友来源及行为习惯，如朋友来源、互动频率及常见活动。第三部分：社交阻碍，分析阻碍大学生交友的因素，包括社交恐惧、学习竞争、活动缺乏等。第四部分：恋爱关系，探索大学生恋爱现状、情感需求及其对单身现象的看法。

图7-46　问卷调研（左）和用户角色模型（右）

（3）调研总结

现如今，大学生已经成为网络社交工具最主要的使用人群之一，网络社交软件已经成为大学生日常交往的必备 App。

社交软件可以扩大学生的交往空间，拓展大家的交往方式，增进人与人之间的感情。但与此同时，一些网络社交工具也使大学生现实人际关系在某些情况下变得疏离，使其现实生活中交往能力下降，出现了孤僻、叛逆等心理问题，严重的则导致对周边的人产生信任危机。

对于大学生而言，社交软件确实起着很大的作用，它可以维持人际关系，还可以拓宽社交圈。也有一部分人认为社交软件存在着恶化人际关系的负面影响。

7.7.2 设计方案

（1）设计说明

为改善大学生之间的社交状况并增强互动体验，设计方案提出了一种结合全息投影和音乐偏好匹配的交互系统。

首先，地面全息投影将展示一张虚拟网格地图，模拟迷宫形式，用于阻隔陌生人之间的虚拟视线。用户脚下的虚拟圆圈会以不同颜色呈现，代表其音乐偏好。这项技术不仅用于投影地图轮廓，还能显示交互动画和相关信息，例如用户间的动态互动点。

其次，当陌生人擦肩而过时，NFC 芯片将扫描双方耳机的音乐类型，并通过大数据分析匹配音乐风格。在地图上，匹配结果以可视化的方式呈现，例如显示音符图标，用户点击后可以查看陌生人的音乐偏好和个人资料。通过智能手机应用程序，这一过程得以实现，同时利用增强现实（AR）技术动态展示互动内容。

最后，当音乐偏好匹配成功时，虚拟网格“墙”将被打破，视线恢复正常。匹配用户之间脚底的虚拟圆环将合并为统一颜色，象征着共同音乐品味的连接。此设计不仅提高了社交体验，还通过视听交互和动态变化创造了新颖的社交场景，使用户能够在共享兴趣的基础上建立联系。

（2）相关技术说明

全息地图：为了实现全息地图，我们需要使用一种能够在地面上显示虚拟图像的投影技术。一种可能的选择是激光投影技术，它可以通过向地面发射激光束来创建图像。这种技术可以用于投影地图轮廓和标记，也可以用于显示其他信息，例如交互动画、交互信息等。

音乐匹配：是由 NFC 技术在短距离实现短波的传导，上传到云端进行大数据分析得出音乐类型的匹配度，从而实现交互方式。

Logo 设计：以蓝紫色调为主，具有神秘动感的音乐氛围。两条道路的交错意味着音乐品味的相互碰撞，也表达了社交的寓意。下方展示“ODYSSEY”字母，意为充满险阻的路途，也寓意以音乐为载体的特殊社交理念。

（3）故事板和交互过程

在进入场地后，用户脚下会生成与其音乐风格相对应的光圈，形成一种动态、个性化的视觉效果。当两位用户在场地中相遇时，NFC 芯片会实时建立连接，生成悬浮于两人之间的光屏，进行音乐数据的分析和匹配。这种匹配过程以视觉动态的方式呈现，光屏逐渐消失后，用户脚下的光圈颜色发生融合，象征音乐品味的交汇与联结，最终实现歌曲的自动交换，进一步加强用户之间的互动体验（图 7-47）。

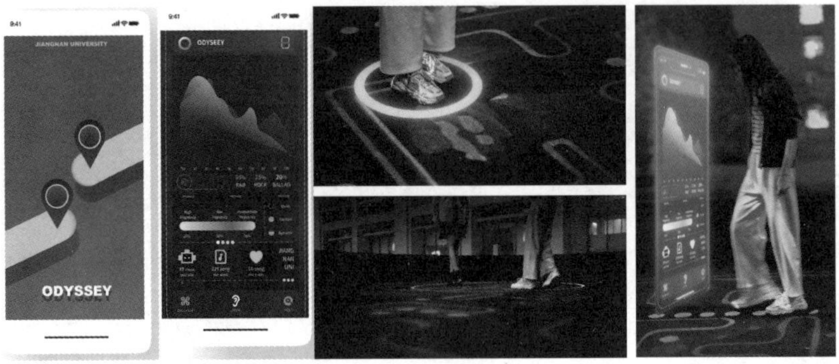

图7-47　产品界面和交互方式

用户脚下的虚拟圆圈不仅代表其音乐品味，还在场地中起到投影地图轮廓与标记的作用，同时可以显示交互动画和个性化的信息。当陌生用户彼此擦肩而过时，NFC 芯片会自动扫描对方耳机中的音乐类型，借助大数据分析技术匹配两者的音乐风格。这一过程通过增强现实技术直观地在地图上显示结果，例如陌生人的音乐类型或个人资料。为实现这一功能，智能手机应用程序会采集用户的音乐偏好并与其个人资料相关联。匹配成功后，光圈的颜色开始融合，呈现出视觉上的统一与和谐，象征用户间共同音乐兴趣的联结（图 7-48）。

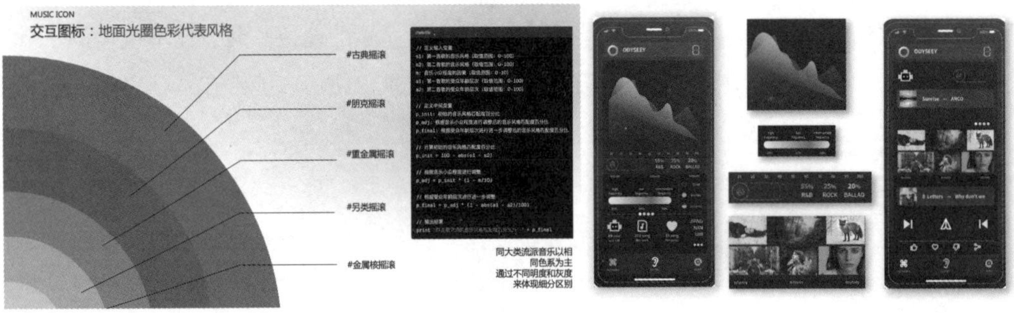

图7-48　交互说明（左）与产品用户界面（右）

（4）交互界面设计与音乐匹配过程

用户可通过简单直观的交互界面参与音乐匹配。在界面顶部，设计了两个输入框，供用户输入歌曲名称或歌手信息。同时支持扫描二维码或语音输入，提供快速添加选项，优化用户体验。在输入框下方的下拉菜单中，用户可以选择受众的年龄层次，以便获得更加精准的匹配结果。

完成歌曲输入与受众选择后，用户点击“匹配”按钮，系统将依据内置算法分析两首歌曲之间的匹配度，并以百分比的形式在界面中心呈现结果。此外，界面底部设有“分享”按钮，用户可以便捷地将匹配结果发布至社交媒体或分享给朋友。整体设计简洁明了，结合智能匹配和分享功能，既满足了用户的探索需求，又增强了社交互动性。

这种交互设计不仅能够帮助用户快速了解音乐偏好之间的关联性，还通过动态视觉表现和社交功能拓展了音乐匹配的应用场景，为用户创造了一个充满趣味与互动的体验环境。

08 Chapter

第8章

智能交互设计的其他方向

本章将探讨智能交互设计的其他方向，包括智能交互式展示设计、智能家居设计、公共交互装置以及智能交互设计的可持续发展。这些方向展示了智能交互设计在不同领域的应用和创新。

智能交互式展示设计通过整合触摸屏、AR、VR 等技术，注重顾客互动体验，遵循以顾客为中心、易用性等原则，列举了英特尔 Edison 交互展台等案例。智能家居设计呈现多功能转型趋势，设计案例体现了用户体验与技术结合的重要性，还探讨了智能家居的设计机会点。公共交互装置部署于公共场所，呈现智能化等发展趋势。智能交互设计的可持续发展则涉及环境、社会、经济多层面，包括环境友好设计等方向。

最后的课程案例通过基于 Touch designer 的中国传统乐器博物馆交互空间设计以及老旧社区饮食文化再激活系统设计，来为大家具体展示设计过程和方法。

8.1 智能交互式展示设计

8.1.1 智能交互式展示设计领域

智能交互式展示设计是一个将尖端科技融入商业空间，以创造吸引力并提升用户友好度的设计领域。该设计不仅仅关注产品的陈列方式，更重视顾客的互动体验与参与感。其核心目标在于通过智能技术的应用，如触摸屏、增强现实（AR）、虚拟现实（VR）、人工智能（AI）、传感器和大数据分析等，构建个性化、便捷且高度互动的购物环境。

智能技术为零售业带来了前所未有的变革。这些技术手段使零售商能够更全面地理解顾客的需求与偏好，帮助优化库存管理和店铺布局，同时通过个性化推荐系统，为顾客提供量身定制的服务。交互式展示通过丰富的互动元素（如触摸屏信息站、虚拟试衣镜、互动橱窗等）将顾客更深入地吸引到购物过程中。顾客不仅能够轻松获取产品信息，还能通过虚拟试用或其他娱乐化的互动形式，增强购物体验的趣味性与沉浸感（图 8-1）。

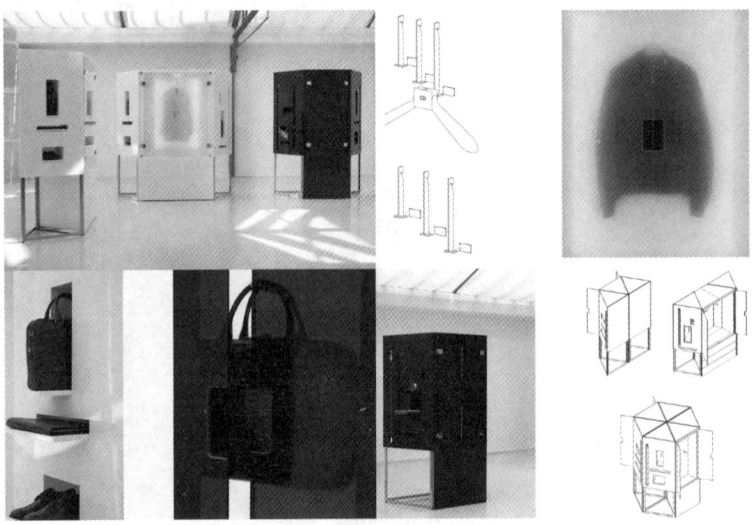

图8-1　迪奥的交互式展示柜

智能交互式展示设计的应用范围广泛，从小型精品店到大型购物中心，都可以通过这一设计策略提升顾客体验。它改变了传统的购物方式，使顾客能够与产品进行更加灵活的互动，从而为零售商提供了独特的机会来增强品牌忠诚度与顾客满意度。在提升顾客参与感的同时，这种设计还显著推动了销售增长和商业空间的长远发展。例如，荷兰女王店 de Bijenkorf 的动态雕塑设计（图 8-2）。这些动态雕塑作为橱窗展示，为顾客呈现出充满魔幻感的视觉体验。为了实现这些复杂的动态展示，设计团队采用了多学科集成的设计方法，结合了机械运动、电子控制与编程技术。

图8-2　荷兰女王店de Bijenkorf的动态雕塑设计

智能交互式展示设计已在众多前沿零售商中广泛应用，为顾客提供创新的购物体验（图 8-3）。例如，苹果零售店通过大量触摸屏设备使顾客能够直观地了解产品特点，并设置了自助结账区域，让购物过程更加便捷。亚马逊 Go 则采用无人零售的模式，凭借智能技术实现了无缝的自助结账与物品跟踪，为消费者提供了全新的购物体验。在耐克旗舰店，智能互动技术进一步提升了顾客参与度，通过手机应用程序与增强现实（AR）体验的结合，顾客可以进行虚拟试穿，并了解鞋类产品的详细信息，从而更方便地做出购买决策。同样的，丝芙兰在零售场景中引入 AR 试妆镜，让顾客能够虚拟试用化妆品，同时利用智能货架技术提升库存管理效率。宜家利用虚拟现实技术，将家具摆放模拟带到顾客家中，使顾客可以看到家具与现有家居装饰的搭配效果。这种体验式购物不仅增强了消费者的购买信心，还提升了品牌的技术创新形象。优衣库则在部分店铺中使用触摸屏展示产品和电子目录，甚至配备机器人助手，为顾客提供定制化服务。

这些实体店利用最新的技术创新为顾客提供了一种新颖、有吸引力的购物体验，有效地将传统零售与数字化转型相结合。这些实施了智能设计的零售商为行业树立了典范，也预示了未来零售业的发展方向。

图8-3　智能交互式展示设计的应用

8.1.2　智能交互式展示设计策略

在数字化零售的背景下，智能交互式展示设计采用了一系列创新方法，以提升商业价值并优化顾客体验。这些设计方法广泛应用于多个行业领域，包括服装、家具、电子产品及食品等。

首先，技术整合是智能交互式展示设计不可或缺的组成部分。触摸屏、增强现实、虚拟现实、传感器以及大数据分析等前沿技术被纳入零售环境，不仅显著提升了顾客的互动体验，还为零售商提供了实时监控库存和顾客行为的工具。例如，通过大数据分析顾客的购买习惯，零售商可以精准推送个性化的广告和优惠信息，从而有效推动销售增长。

其次，体验设计是智能交互式展示设计中的关键。一个成功的购物环境不仅应当是功能性的，还应当是沉浸式的，通过互动展示、个性化服务以及娱乐元素来吸引顾客并提升其参与感。虚拟现实技术的应用可以进一步增强体验，让顾客能够在虚拟环境中试用产品或感受服务，从而留下深刻印象。

再次，多渠道融合是提升顾客体验连贯性的关键手段。通过实现线上线下无缝对接，零售商能够为顾客提供一致的购物体验，不论是在实体店、移动端还是在线平台。这种跨渠道的整合不仅有助于增强品牌形象，还能够提高顾客的满意度和忠诚度。例如，通过构建统一的顾客数据库，商家可以确保顾客在不同的接触点享受到一致的服务和信息。

最后，数据驱动决策在智能交互式展示设计中占据核心地位。通过分析顾客的互动数据与购买记录，零售商可以优化库存管理、个性化营销策略以及产品推荐系统。这种以数据为基础的优化方式，不仅提高了运营效率，还大大提升了顾客的购物体验和满意度。

智能交互式展示设计不仅仅是科技与商业的结合，更是通过用户研究、技术整合、体验设计、多渠道融合和数据驱动决策，为顾客和商家创造双赢的价值。这些设计方法正逐渐成为现代零售业不可或缺的组成部分。

8.1.3　智能交互式展示设计原则

在智能交互式展示设计中，核心设计原则是以顾客为中心，这一理念贯穿整个设计过程。

其根本目标在于满足顾客的需求，为他们创造持久的价值，无论是通过提供个性化服务，还是营造令人愉悦、引人入胜的购物体验。在竞争日益激烈的零售环境中，设计不仅要满足顾客的基本需求，还要通过创新手段为顾客带来额外的价值，增强顾客的品牌忠诚度和满意度（图 8-4）。

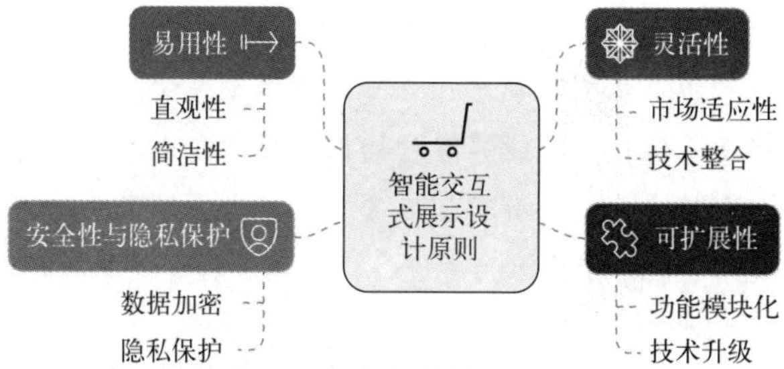

图8-4　智能交互式展示设计原则

易用性是智能交互式展示设计中的关键原则之一，尤其是在界面设计方面。交互界面应具备高度的直观性，以确保各类顾客，无论其年龄或技术水平如何，都能轻松理解并使用设计的功能。复杂的设计可能会导致顾客产生挫败感，从而影响他们的购物体验。因此，在设计时必须遵循简洁清晰的原则，确保信息传达准确、交互操作流畅。

灵活性是另一个不可忽视的设计要素。随着市场需求的快速变化以及新技术的不断涌现，智能交互式展示设计必须具有足够的适应性，能够快速响应这些变化。这意味着设计需要具备模块化的特性，允许零售商根据具体需求或市场趋势进行功能扩展或系统更新。灵活性不仅体现在功能拓展上，还体现在如何有效整合新的交互技术，如增强现实、虚拟现实或人工智能，以确保设计始终保持前沿性和市场竞争力。

可扩展性也是设计成功的关键。智能交互式展示设计应考虑未来的扩展需求和潜在的技术升级。例如，设计需要支持无缝添加新的功能模块或提供更新的服务，以适应不断变化的消费者需求和商业模式。这种可扩展性使得零售商能够在保持现有顾客满意度的同时，不断优化和创新服务模式。

安全性与隐私保护在高度数字化的零售环境中显得尤为重要。随着智能技术的广泛应用，顾客的数据安全和隐私保护成为不可忽视的设计挑战。零售商必须在其智能交互式展示系统中实施强有力的数据保护措施，以确保顾客的个人信息不被滥用或泄露。这不仅是遵循法律法规的要求，更是赢得顾客信任的基础。因此，设计必须整合先进的加密技术、数据备份和访问控制等安全措施，以确保信息安全。

综上所述，智能交互式展示设计不仅仅是技术和创意的结合，更是一种以顾客为中心、灵活适应市场需求、注重安全性和隐私保护的综合设计理念。无论是现有的零售商还是新兴企业，都应当不断采用和更新这些设计原则，才能在不断发展的零售行业中为顾客提供更加优质的购物体验。

案例分析：通过手势控制的英特尔 Edison 交互展台

英特尔 Edison 是一款具备无线功能的高性能通用计算平台，在物联网应用中展现了强大的计算和连接能力（图 8-5）。Sid Lee NYC 的设计师们充分发挥了这一平台的优势，开发了一组具备手势控制功能的音乐与照明交互桌，并成功在全球多个创客博览会和技术贸易展上展示。

为了让参观者更直观地体验这些桌子的互动效果，设计团队专门设计了一个高度精准的交互系统，系统能够实时捕捉参观者手部的动作和位置变化。当参观者挥动手臂时，系统会立即作出响应，触发相应的灯光和音响效果，从而为参观者带来沉浸式的互动体验。这个系统不仅展示了技术的先进性，还通过其直观、即时的反馈，创造了极具吸引力的参观体验。

图8-5 通过手势控制的英特尔Edison交互展台

每张桌子还具备独特的手势控制功能，参观者可以通过不同的手势动作生成个性化的音效组合。这种互动方式不仅为展示增添了创意和乐趣，还使每位参观者能够通过自己的动作生成独特的声音，进一步增强了展示的参与感和个性化体验。通过这一创新展示，设计师展示了英特尔 Edison 平台在物联网领域的性能及广泛的应用潜力。

案例分析:Chrome Web Lab 展览

Chrome Web Lab 展览展示了如何通过技术和设计的融合，构建出既具有高度互动性又充满教育意义的体验式展示（图 8-6）。该展览利用数字技术，结合物理装置，将互联网的虚拟概念通过实物互动的形式展示给参观者，成功地将复杂的技术原理可视化和情境化。

图8-6 Chrome Web Lab展览

首先，在用户参与和沉浸式体验方面，展览的多个互动装置，特别是 Universal Orchestra，通过实时网络连接，让全球的用户共同创作音乐（图 8-7）。这一设计打破了地理和技能的限制，强调了网络平台在人机互动中的重要性。通过物理乐器和数字界面的结合，设计师为用户提供了无缝的协作平台，使用户能够直观感受到全球实时交互的魅力。这种设计不仅提升了用户的参与感，还通过简化复杂的技术操作，增强了展示的易用性，确保不同背景的用户都能轻松参与其中。

图8–7　Universal Orchestra设计

其次，Sketchbot 展示了数字信息与物理世界的转化过程。它通过机器人将用户的数字照片转化为沙画，充分体现了数字与物理交互的核心理念。这一设计通过机械动作和计算平台的结合，将抽象的数字内容具象化，使用户不仅能看到自己的数字化身，还能拥有一个实体的艺术品。这种互动模式，不仅加强了用户的参与感，同时也是对智能展示设计中可视化交互与物理体验融合的深度探索。

Chrome Web Lab 通过多维度的技术与设计融合，展示了智能交互设计如何通过增强用户体验、提升信息传递效率以及创造沉浸式互动环境来满足现代展示需求，体现了智能交互式展示设计在未来博物馆和公共展示空间中的巨大潜力。

8.2　智能家居设计

8.2.1　智能家居设计趋势

自 20 世纪中期以来，数字化技术已逐步打破传统家庭功能的界限，推动居住空间向多功能转型，使居住空间集工作、休闲、健身、健康管理于一体。智能家居技术的迅猛发展体现了人们对能效、便利性和信息即时性的需求。近年来，全球局势的动荡进一步加速了家庭角色的演变，促使智能技术在居住环境中广泛应用，使得现代家庭的功能日益复杂与多元（图 8–8）。

“量化之家”（The Quantified Home）的概念在智能家居领域逐渐成为现实。随着各类传感器在家庭中的应用，居住空间变得类似于一个先进的监控中心，实时追踪空气质量、能源使用等各项指标。然而，仅有数据积累是不够的，真正的挑战在于如何将这些数据转化为有价值的洞见。类似“量化自我”的早期讨论表明，智能家居的价值在于通过直观且实用的解读，帮助用户制定提高生活质量的策略。

图8-8　智能家居场景

智能家居未来的发展很大程度上取决于其设备在提升生活质量中的实际贡献。不断上升的居住成本，尤其是能源开销的增加，促使人们期望智能家居技术能够将数据转化为切实可行的解决方案，帮助用户减少水电消耗、优化资源管理，并促使行为改变，进而降低家庭成本。消费者对于智能设备的环保性也日益关注，推动了市场上低功耗设备的发展，包括智能扬声器、恒温器等全系列家电产品。

互操作性仍是未来智能家居的关键之一。新的协议如 Matter 智能家居连接标准协议，旨在促进不同生态系统之间的设备无缝协作。这一协议得到了行业巨头如苹果、小米、三星、亚马逊和谷歌的广泛支持，致力于消除用户在多个平台间切换时的障碍，从而提升整体用户体验。然而，智能家居的广泛应用也伴随着日益严重的隐私、网络安全和系统完整性问题。智能家居品牌不仅需要在技术上有所突破，还需构建起类似于自动驾驶汽车或机器人辅助手术等领域的信任机制，确保用户在使用这些设备时有足够的安全感和控制权。

总而言之，未来的智能家居设计不仅要推动技术进步，还需重点打造用户信赖的使用环境。这将是平衡人机互动、数据隐私与安全性的关键所在。

案例分析：Nest 恒温器

Nest 恒温器的成功可以归结于其独特的用户体验设计、学习能力以及和用户进行有效沟通的能力（图 8-9）。

用户体验方面，Nest 恒温器的外观设计简洁、现代，圆滑的界面和体感操作系统极大地提升了用户交互体验。其直观的旋转式外壳输入方式，加之清晰的屏幕展示，使得用户能够自然而然地理解并操作设备，降低了用户在使用初期的操作难度。这种以用户为中心的设计理念，确保了即使是对技术不感兴趣或者不熟悉的用户也能轻松掌控。

在学习能力上，Nest 恒温器的最大特点之一是自学习能力，它能够根据用户日常的调温习惯，自动调整房屋的温度设定。这种学习能力减少了用户需要进行的手动操作数量，实现了高度的个性化和自动化服务。通过对用户行为模式的分析和预测，Nest恒温器能够在不打扰用户的情况下，自动为用户创造最舒适的居住环境。

图8-9 Nest恒温器

在沟通能力上，Nest恒温器通过其应用程序与用户进行实时的通信，提供能源消耗报告和温度调整提醒等信息。此外，它能够与其他智能家居设备相互连接，形成一个整体的智能家居生态，实现设备间的信息共享和协同工作。这种沟通能力不仅提升了用户的使用体验，也让用户能够更有效率地管理家庭能源消耗，推动节能减排的生活方式。

Nest恒温器之所以在智能家居市场脱颖而出，很大程度上归功于其在智能交互设计方面的创新。通过简洁直观的设计、个性化学习能力和有效的沟通机制，Nest恒温器不仅提升了用户体验，还引领了智能家居设备在功能性、节能性和用户自主性方面的新潮流。Nest恒温器的成功展示了智能交互设计在提升生活质量方面的巨大潜力，为未来的智能家居产品设计提供了宝贵的参考。

8.2.2 智能家居的设计机会点

当前，智能家居产品的发展已趋于成熟，但依然存在许多尚待探索的设计机遇。智能家居设计不仅限于现有技术的应用与整合，还在于发掘新的交互方式和创新场景。以下两个案例展示了这一领域中的设计潜力。

第一个案例是物联网沙箱（IoT Sandbox）的设计，它是一个通过亚克力切割等工艺制作的小型交互式智能家居模型，专用于设计研究。该模型通过物理界面和交互展示智能设备的连接与功能组合，为研究物联网在家庭环境中的应用提供了一个直观的平台。学生可以通过此设计探索如何在智能家居中将不同设备有机结合，从而创造出新的用户体验。

第二个案例是Smartians，该设计旨在让传统的非智能家居产品实现智能化升级。Smartians的设计理念是从用户的需求和痛点出发，尤其关注那些功能完善但由于不具备智能化而被逐渐遗弃的产品。Smartians通过为这些产品添加新的交互方式，赋予它们智能化的功能，从而延长其使用寿命。这种设计不仅关注环保与可持续性，还提供了一种创新的方式，使人们能够继续利用已有的资源，减少浪费。

这两个案例展示了智能家居设计中的不同思路，既有对物联网应用的探索，也有对传统产品的智能化升级。这为学生提供了广阔的设计空间，不仅可以探索技术创新，还可以在用户需求和实际痛点中找到设计的切入点，推动智能家居的进一步发展。

（1）物联网沙箱

物联网沙箱（IoT Sandbox）由埃因霍温理工大学的乔普·弗伦斯（Joep Frens）设计，是一个用于展示和研究智能家居设计的小型模型，通过物理交互来探讨物联网设备的连接和智能产品的潜在应用。沙箱的核心是一个托盘和一系列可更换的操作模块。初始配置中，这些操作模块是空白的，随着家中新增智能设备，空白操作模块可被相应的功能操作模块替换。当前版本已包含用于控制照明、分布式音频、电视和自动窗帘的瓷砖，并预设了一些基础功能（图 8-10）。

图8-10　物联网沙箱

相比于单纯控制独立的智能设备，物联网沙箱更为创新的设计理念在于将不同设备的功能组合起来，从而生成新的、复杂的功能。基本的功能组合通过可编程预设在空白操作模块上实现，而定制的功能操作模块则可以直接替换这些空白模块，嵌入新的智能控制功能。这样，用户不仅可以个性化设置家庭的各项智能功能，还可以通过预设和物理调整，实现更加高级的设备联动（图 8-11）。

物联网沙箱展示了物理界面与智能家居系统之间的协同作用，证明了物理界面能够随着智能家居的动态发展而不断更新。随着家庭环境和需求的变化，用户可以通过替换和调整操作模块，使界面具备更灵活的适应性。这一设计思路不仅强调了物理控制在智能家居中的重要性，还为探索未来智能家居的演变提供了可行的思路。

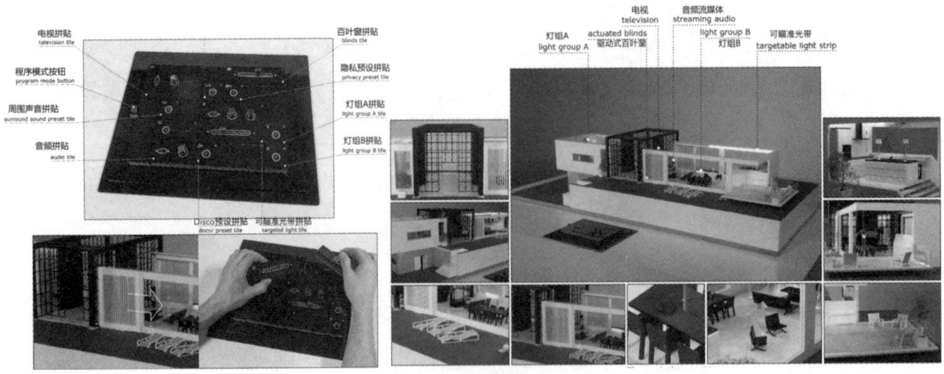

图8-11　物联网沙箱的交互

通过这种集成式的智能家居模型，物联网沙箱展示了如何将智能设备与物理界面结合，形成一个动态、可拓展的居住环境，进而为智能家居设计带来了新的可能性和创新机会。

（2）让生活物品更智能的 Smartians

在消费主义推动的快节奏消费模式下，许多功能完好的物品因技术更新换代而被遗弃，造成了环境负担。在此背景下，设计师提出了 Smartians 这一设计概念，旨在通过智能化升级来延长传统物品的使用寿命，倡导环保且高效的生活方式。Smartians 不仅是对现有科技的创新，也是对传统消费模式的挑战，鼓励人们通过技术手段升级家居生活，而非盲目淘汰旧物。

核心功能与组成：Smartians 的核心组件包括基座、枢纽和一系列附加模块，通过云连接和智能自动化工具（如 IFTTT 和定时器），为各种家居物品赋予智能功能（图 8-12）。

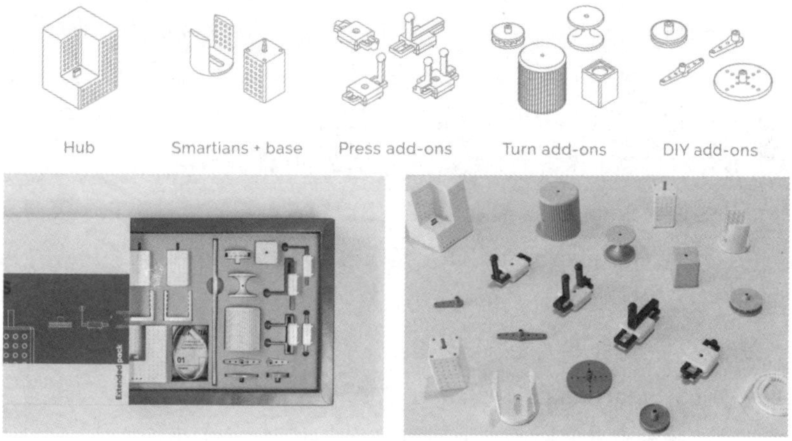

图8-12　Smartians套装里面的构件

基座采用创新的卡扣网格设计，便于用户自由组合和布局各类 Smartians 模块，提供了极大的灵活性。即插即用的设计大大降低了安装难度，让用户轻松上手（图 8-13）。作为系统的核心，Smartians 枢纽连接云端，能够控制家中所有的 Smartians 设备，并可作为充电站使用。一旦充满电，枢纽能够运行数月。此外，枢纽通过信息传递机制扩展信号范围，确保智能家居信号覆盖家中每个角落，不受空间限制（图 8-14）。用户可以将附加模块插入基座，赋予普通物品特定的智能功能。这些模块不仅可以实现远程操控，还能够通过手机应用程序实时监控物品状态，解锁家居生活的无限可能性。

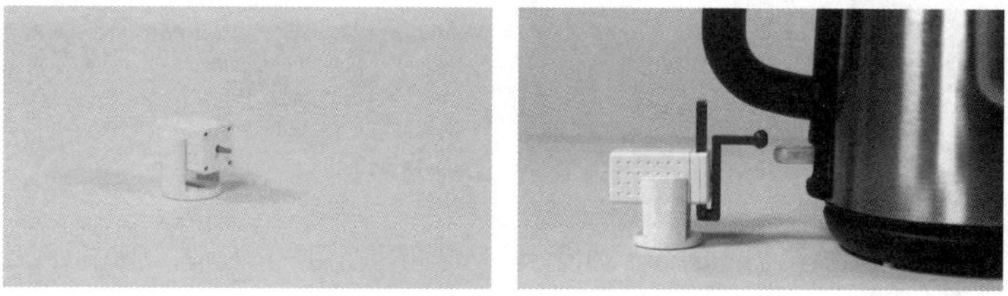

图8-13　Smartians基座

图8-14　Smartians枢纽（左）和附加模块（右）

远程控制与多场景应用：Smartians 通过移动应用程序提供了远程控制功能，用户能够在任何地点监控并控制家中的智能设备（图 8-15）。这一功能显著提升了家居管理的便捷性。例如，通过 Smartians，普通灯具可以升级为智能灯光系统，支持语音控制、定时开关、调光等多项功能。此外，用户还可以将 Smartians 连接到空调、风扇等家电设备，实时监测和控制其运行状态。这不仅提高了设备的能效，还有效减少了能源浪费。

兼容性与可扩展性：Smartians 展现了极高的兼容性与可扩展性。它不仅与现有的智能家居系统如 Google Home 和 Amazon Alexa 无缝集成，还为开发者提供了开放的 API 接口，支持个性化的功能开发和定制。这种高度兼容的设计确保 Smartians 可以适应用户不断变化的需求，为用户带来灵活且全面的智能家居体验。

环保与可持续性：Smartians 的环保价值尤为突出。它通过赋予旧设备新的智能功能，延长其使用寿命，从而减少电子废物的产生，倡导了一种可持续的生活方式。同时，Smartians 的节能设计采用低功耗技术，在确保设备性能的同时最大限度地降低能耗。

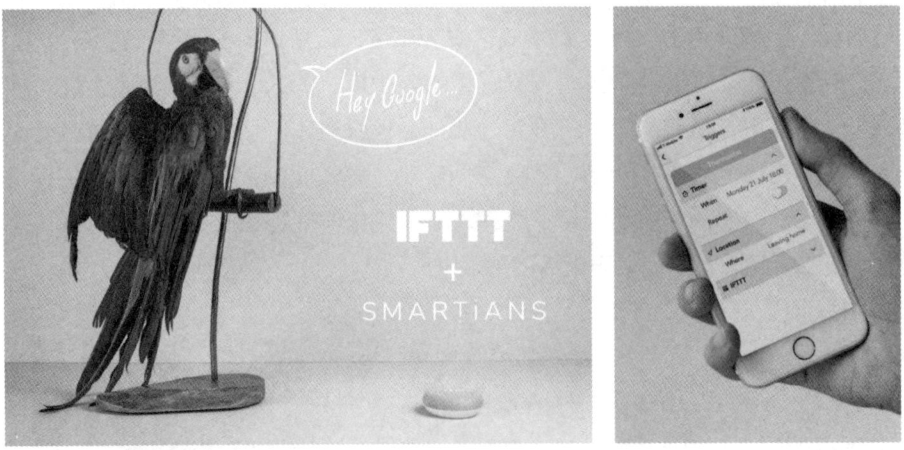

图8-15　远程控制与多场景应用

用户反馈与产品迭代：Smartians 的设计团队非常重视用户的反馈，通过社区互动平台持续收集用户的使用经验和创意。用户可以在平台上分享心得，启发彼此。Smartians 团队则根据这些反馈不断优化产品，并定期推出新功能和升级，以确保其产品始终走在技术发展的前沿（图 8-16）。

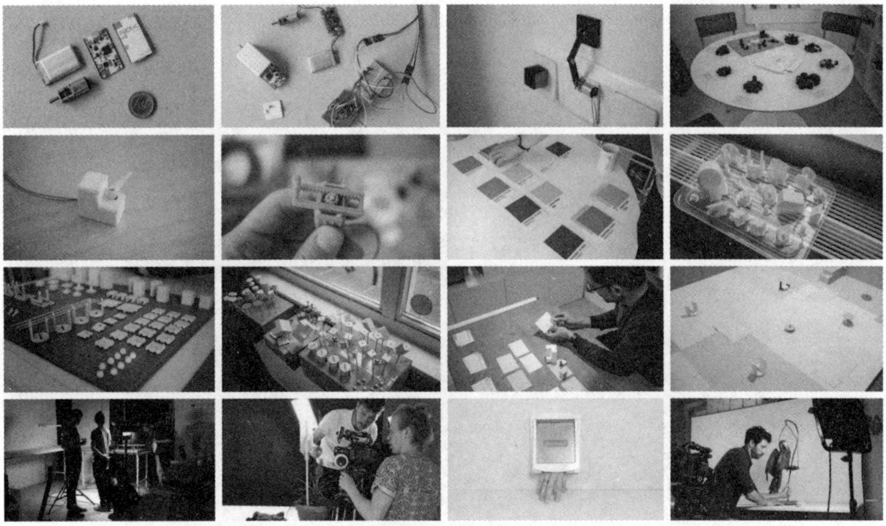

图8-16　开发过程

Smartians 是一款革命性的智能家居解决方案，它通过智能化升级，使传统物品焕发新生，融合了创新、环保和实用性。Smartians 不仅为用户提供了熟悉且焕然一新的家居体验，还在智能家居领域开辟了一条可持续发展的新道路。

8.3　公共交互装置设计

8.3.1　公共交互装置设计领域

公共交互装置一般部署在公共场所，为公众提供信息、服务和互动体验。这些装置包括各种自助服务终端、信息展示设备、互动娱乐装置等，旨在通过直观、便捷的方式帮助用户获取信息、进行交易、导航或者娱乐。常见的公共交互装置包括自动售票机、自助结账机、信息亭、数字标牌、智能公交站牌等。

除了这些自助服务终端，公共交互装置中更有趣的是互动娱乐装置，它们提供了丰富的娱乐互动体验，吸引用户参与。比如互动广告牌，用户通过互动游戏参与广告活动，增加品牌参与感，广告牌则根据用户的互动行为实时调整显示内容。此外，还有促进人与人之间沟通和交流的装置，在公共场所展示用户的社交媒体活动，增强社区参与感，以及收集公众对特定议题的意见和反馈等。比如互动展示墙，一般是博物馆、科学中心中用于教育展示的互动墙，提供深入的学习体验，用户通过触摸或手势参与创作，形成公共艺术作品。

大卫・洛克威尔（David Rockwell）打造的 Imagination Playground 是一个充满创意与探索的游乐空间，引入了一系列建筑玩具（图 8-17）。这里，孩子们可以沉浸在各种形状和尺寸的互动装置中，体验从传统的 Lincoln Logs 和 Tinker Toys 到 Imagination Playground 的数百种大小不一的积木，每一个环节都充满了动手实践的乐趣。Imagination Playground 配备了交互式视频投影，能够追踪物体的形状，并将它们转化为虚拟的积木块，孩子们的每一个动作都可能引发一场积木的倒塌，锻炼了他们的空间感知能力和创造力。

图8-17 Imagination Playground游戏系统

公共交互装置通常集成了触控屏、摄像头、传感器等硬件，支持多种交互方式，如触摸、语音、手势等，以满足不同用户的需求。随着技术的进步，公共交互装置的功能越来越丰富，不仅能提供基本的服务，如信息查询、支付、导航等，还能实现个性化推荐、互动娱乐、健康监测等高级功能。

有些公共交互装置采用了光投影的形式。这种装置通常利用先进的投影技术和传感器来创造一个沉浸式的视听环境，允许公众通过身体动作或触摸与之互动。例如 Plug-In-Play 是一个光投影项目，将圣何塞市政厅转变成一幅巨大的多媒体生活画卷，它通过广泛的连接和互动网络变得栩栩如生，创造出一种向上流动的视觉效果，象征着城市生活的活力和节奏（图 8-18）。这些光影不仅是静态的，而且是根据市政厅广场上的设备所收集的物理和虚拟输入而动态变化的。当然，更重要的是借助装置来实现市民的参与。

图8-18 Plug-In-Play光投影项目

8.3.2 公共交互装置的发展趋势

（1）智能化

智能化是公共交互装置发展的重要趋势之一。通过集成人工智能技术，装置能够更好地理解和响应用户的需求。例如，基于自然语言处理（NLP）的语音助手可以与用户进行自然对话，为用户提供个性化的服务和建议。机器学习算法还可以分析用户行为数据，为用户提供定制化的内容和服务，如精准广告推荐和个性化健康建议。

（2）无接触交互

公共交互装置开始集成手势识别、语音控制等技术，减少用户与设备的物理接触。这些技术不仅提高了公共卫生安全性，还提升了用户的使用体验。例如，手势识别技术可以让用户通过简单的手势完成操作，如查询信息或调整设置。

（3）多感官交互

公共交互装置将更加注重多感官交互体验。除了传统的视觉和触觉外，听觉、嗅觉和触感等感官也被整合进来。这样可以提供更加丰富和沉浸式的体验。例如，互动展示墙结合声音效果和触觉反馈，让用户在体验内容时有更强的临场感。

（4）多设备和多平台集成

公共交互装置将不再是孤立的设备，而是与其他设备和平台无缝集成。通过物联网（IoT）技术，公共交互装置可以与智能手机、智能家居设备等互联，提供更加全面和一致的用户体验。例如，用户可以通过智能手机控制公共信息亭的界面，或将公共设备上的信息传送到个人设备上。

案例分析：[X]Changing Perspectives

在西欧，全球化与技术发展的复杂性日益融入人们的日常生活中。2008 年经济危机的余波导致了西欧的去中心化、预算削减和福利国家的缩减（如英国的大社会政策）。当今的公共事务要求不同的利益相关者通过地方层面的多学科合作来应对这些挑战（如审议民主）。然而，利益冲突、背景差异以及利益相关者角色和责任的动态变化，呼唤新的合作与互动方式。

该设计研究项目“参与性空间的具身设计”聚焦市政机构与公民在公共事务中的协作，旨在通过设计一个名为“[X]Changing Perspectives”（[X]CP）的互动系统，促进 6～120 位参与者之间的多利益相关者讨论（图 8-19）。

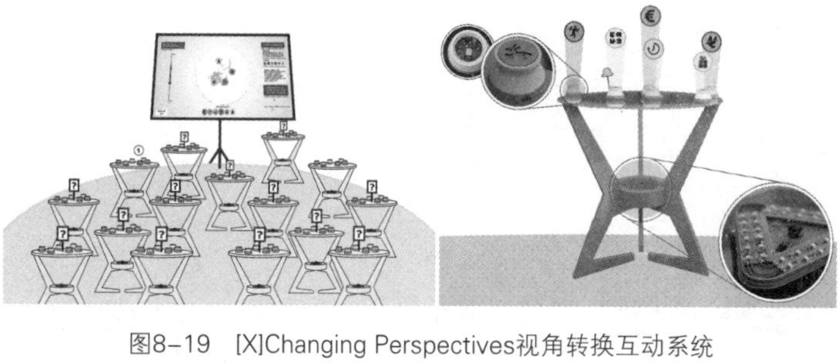

图8–19 [X]Changing Perspectives视角转换互动系统

[X]CP 是一个由 15 张配备视觉追踪技术的桌子构成的互动系统，每张桌子上配有 6 个带有图标的互动标记，这些标记嵌入了 NeoPixel LED 环、电容传感器和 AR 标记。此外，该系统还有一个在线实时可视化工具，用于显示所有标记的触碰、移动及其痕迹。该设计着重于通过为具身感知提供支撑和可视化结果来丰富讨论内容，旨在通过具身和社会认知的结合，促使多方参与的讨论更加立体，并促进“参与性意义构建”（图 8-20）。

图8-20 [X]Changing Perspectives视角转换互动系统的现场实验

8.4 智能交互设计的可持续发展

可持续性在智能交互设计领域的重要性日益凸显，这不仅包括环境层面的可持续性，还涵盖了社会和经济层面。随着技术的快速发展，设计师和开发者越来越多地开始考虑如何在创新的同时，确保设计对环境的影响最小化，促进社会公正，并实现长期经济效益。智能交互设计可持续发展的几个方向如图 8-21 所示。

（1）环境友好的设计理念

智能设备和交互系统的设计越来越注重减少环境足迹。这包括使用可再生资源和可回收材料，优化生产过程以减少废物和能耗，以及设计长寿命产品以减少废弃物。例如，设计师可能探索生物降解材料在智能设备制造中的应用，或开发能够通过软件更新来延长使用寿命的设备，减少电子垃圾。

（2）提升能效和资源利用效率

随着可持续性越来越受到重视，智能交互设计也在寻找节能减排的方式。例如，设计能够根据用户的实际使用情况动态调整能源消耗的智能家居系统，或者开发能够优化数据传输和处理以降低能耗的算法和协议。

（3）促进社会包容性和可及性

智能交互设计的可持续性还包括创建公平、包容的社会环境。这意味着设计需要考虑各种用户的需求，包括残障人士、老年人以及偏远地区的居民，确保技术的普遍可及性和易用性，为所有人提供平等的参与机会。

（4）经济可持续性与道德责任

智能交互设计还需考虑其经济可持续性和道德责任，包括确保供应链的透明度，遵守负责任的采购准则，以及通过设计提升产品的长期价值，减少浪费和过度消费。此外，还应考虑设计过程中的用户隐私和数据安全，保护消费者免受潜在风险。

（5）鼓励可持续消费行为

通过智能交互设计激励和促进可持续的消费习惯也是一个重要方向。例如，开发能够追踪和反馈个人碳足迹的应用程序，鼓励用户选择更环保的出行方式；或设计智能系统帮助用户优化家庭能源使用，减少浪费。

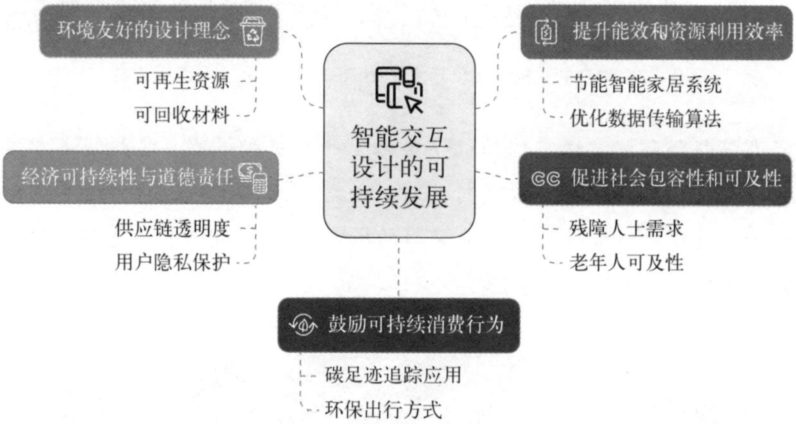

图8-21　智能交互设计的可持续发展

在智能交互设计领域中整合可持续性原则，不仅有利于保护环境、促进社会公正和提升经济效益，还能为企业带来长期竞争优势，提升品牌形象。未来，可持续性将成为智能交互设计不可或缺的一部分，引导技术发展和创新走向更加负责任和有益于全人类的方向。

案例分析：smART数据可视化艺术品

如今，全球54%的人口生活在城市地区，到2050年，这一比例预计将增加到66%，随之而来的是对更多住房和更高自然资源消耗的需求。建筑物的采暖、制冷和供电已占全球40%的二氧化碳排放，空气污染和健康问题愈加严重。因此，设计师面临着巨大的机遇，通过可持续的智能家居解决方案，提升居民的生活质量，同时降低资源的消耗。

当谈论家居的未来时，智能家居常常被提及，而非可持续性。然而，无论是技术专家还是普通房主，都有着对科技简化生活的幻想：通过挥手控制窗帘，通过打响指控制灯光，设备可以自动协调用户的日程安排，甚至智能物品能够在用户不在时照顾宠物。问题在于，如何在智能家居中与科技建立真正有意义的关系？如何设计能更好地支持可持续生活的智能家居，增强人与技术之间的情感连接？设计师认识到，在资源丰富的发达国家，人们往往忽视资源的有限性和其精细管理的重要性。目前的智能家居解决方案能够优化资源消费，但对用户行为和习惯的洞察却很少。家中的每个设备都在生成数据，但这些数据几乎未能以可感知的方式在居住空间中体现。

smART是一件动态的数据可视化艺术品，将消费数据从数字空间带入物理空间。它通过实时接收水和暖气的使用量数据，动态调整其外观，鼓励用户更加环保地使用资源。当过度消费时，艺术品的颜色会变淡，失去对比度，而节制使用则能保持原有的美丽状态。因此，smART 不仅是一个视觉艺术装置，更是一种支持可持续消费行为的工具（图 8-22）。

图8-22　动态的数据可视化艺术品smART（左）和交互面板（右）

传统的能源消耗跟踪方案通常依赖数字屏幕上的数据和提醒。这些解决方案很难与用户建立情感联系，尤其是在激励用户改变行为时。与之相比，移动的物体因其生动性而更能吸引人们的注意力，使用户对数据产生更加深刻的感官体验。smART 正是因为其情感引导和自我激励的潜力，显得与众不同（图 8-23）。

图8-23　数据可视化艺术品smART

smART 通过一种简单、易理解且非侵入式的方式，将复杂的数据转化为直观的颜色编码。这种方式使用户能够更直观地评估自己的消费行为，并在达到可持续消费目标时获得奖励。用户不仅是数据的接受者，也是数据的创作者和影响者（图 8-24）。

图8-24　数据可视化艺术品smART的原型制作

目前，许多追踪个人数据的解决方案依赖数字、图表和提醒，这些难以与用户形成深度的情感连接。相比之下，smART 以一种更具移动性和艺术感的方式呈现数据，吸引着用户参与和呵护，像对待亲密的物品一样。

smART 是设计师们与 ArtRebels 和宜家合作开发的动态解决方案，旨在通过视觉艺术来引导人们追踪和改善其可持续消费行为。它通过实时响应用户行为，动态调整其外观，从而推动用户与环境更加和谐地互动。

随着自然资源日益紧张，家居环境将成为减少浪费的重要领域。设计师们正致力于开发更加非侵入、易于理解的大数据可视化方案，而不再单纯依赖复杂的数字工具。smART 正是这种转变的典范，成为家庭中不可或缺的存在，引导用户走向更可持续的生活方式。

8.5 课程案例一：基于 TouchDesigner 的中国传统乐器博物馆交互空间设计

本案例来自大二交互设计基础课程，学生为罗骁、左昊、张沁，由李存指导并在原作业基础上进行了修改和提升。

8.5.1 课题规划

① 基于博物馆中展览的传统乐器，提供全新的交互方式。传统的博物馆中文物乐器的参观方式仅仅是游客自由参观或者讲解员 / 机器自动讲解文物特征、历史等。文化输出的效率较为低下，且效果不够理想，游客对于文化的参与度也不够高。② 通过交互方式设计出一种高效有趣，能够增强游客文化体验的全新交互方式，实体呈现乐器的乐趣，使游客对中国传统乐器更加感兴趣。③ 在发展迅速的时代，人与人之间的交流减少，人机互动增多，通过奏乐等增加人与人之间的交流和互动（图 8-25）。

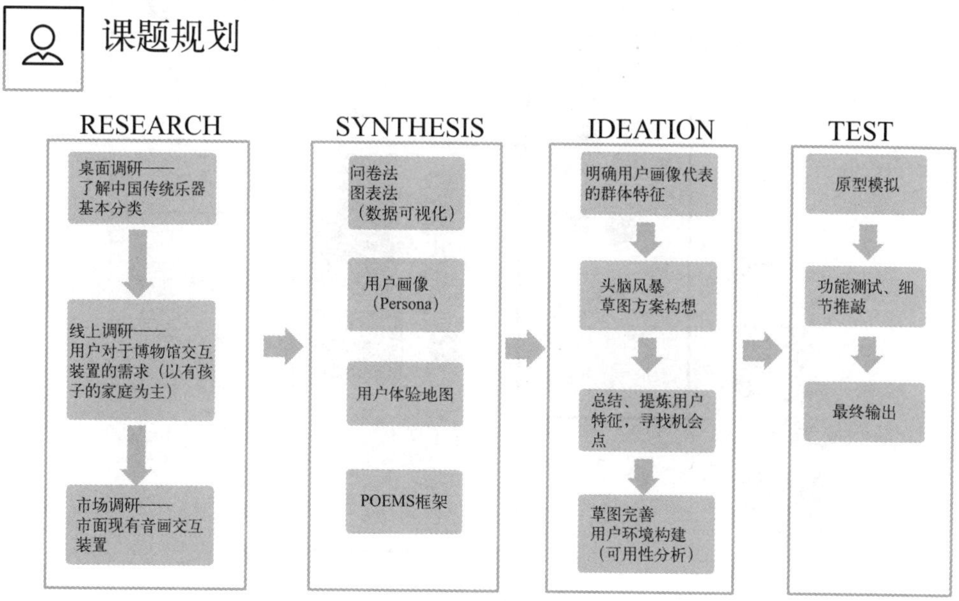

图8-25　课题规划

8.5.2 前期调研

（1）桌面调研

中国十大乐器调研如图 8-26 所示。

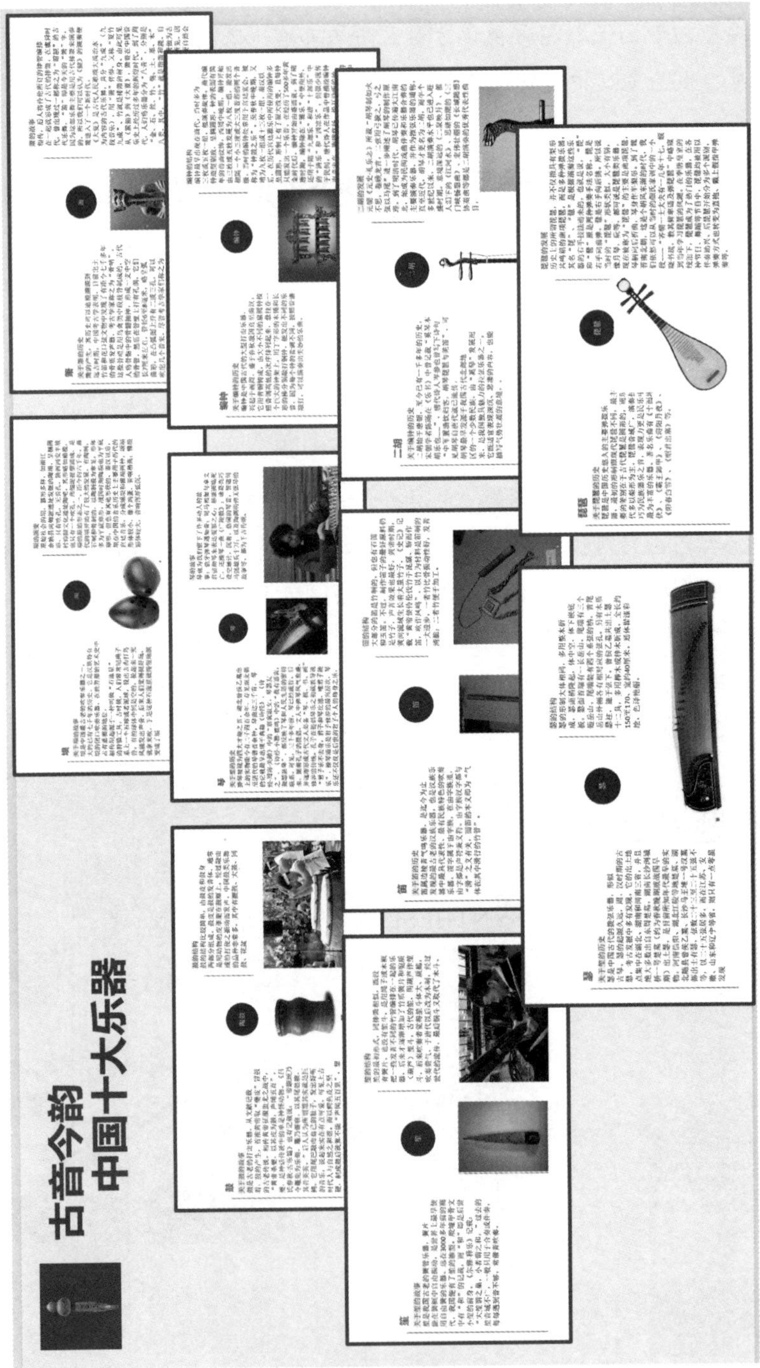

图8-26 桌面调研

（2）线上调研

线上调研问卷如图 8-27 所示。

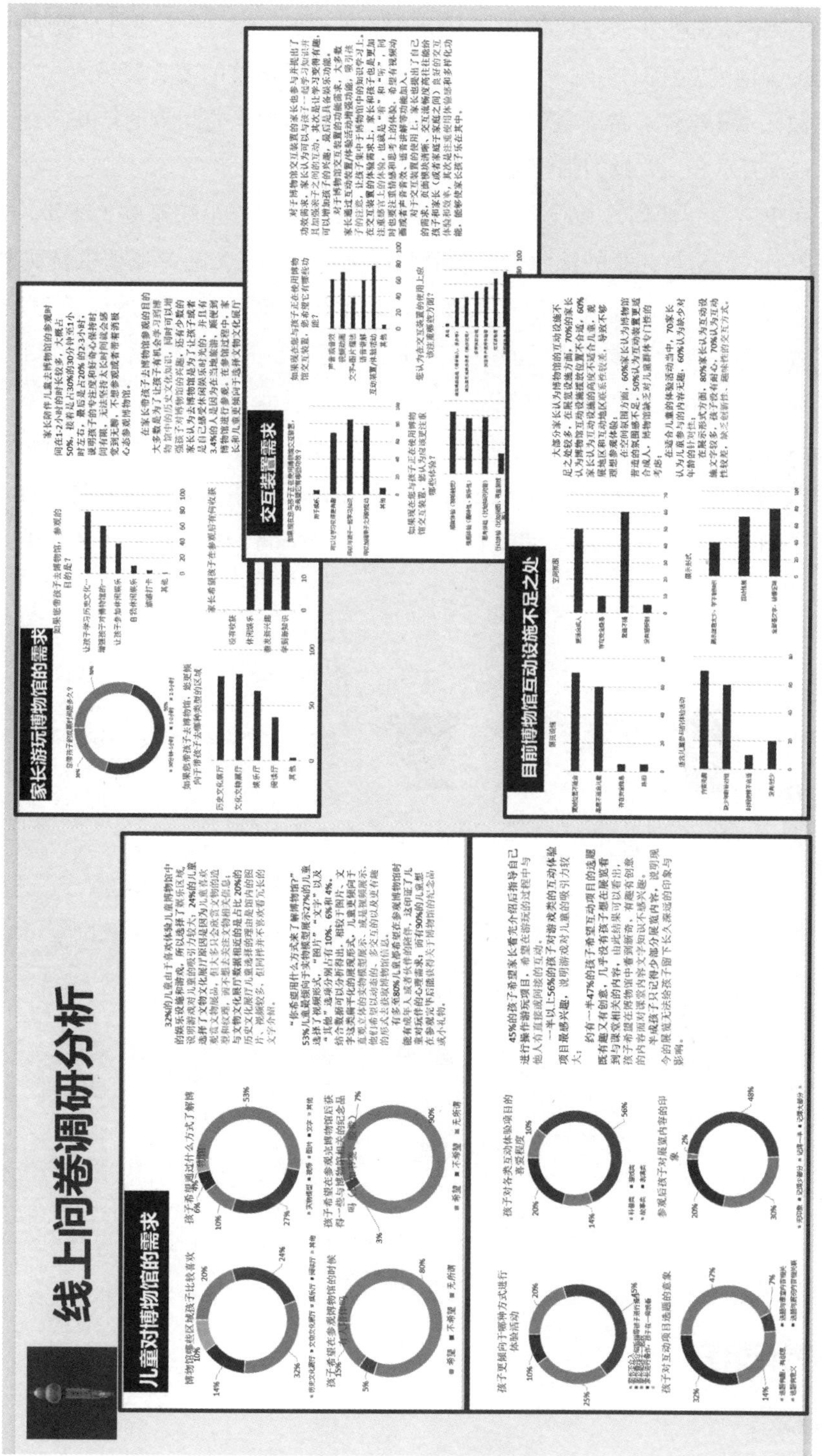

图8-27 线上调研问卷分析

（3）调研结果

调研数据显示，儿童在博物馆参观过程中表现出鲜明的行为特征和需求偏好。约三分之一的儿童（32%）首选娱乐区域，主要被其中的游戏设施吸引；另有 24% 的儿童虽然对文物展品的外观感兴趣，却很少关注相关文字说明。在信息接收方式上，超过半数的儿童（53%）更倾向于通过实物模型获取知识，仅有 16% 的儿童能接受传统的图文展示方式。值得注意的是，绝大多数儿童（80%）希望有成人或同伴陪同参观，90% 的儿童期待获得纪念品。这反映出他们对社交互动和仪式感的强烈需求。

从家长角度观察，博物馆参观呈现出明显的时段特征。约半数家庭（50%）的参观时长集中在 1～2 小时，这与儿童的注意力持续时间高度吻合。家长的参观动机呈现多元化特征：72% 以教育为主要目的，58% 注重亲子互动，35% 则更看重休闲娱乐功能。在互动装置方面，83% 的家长强调需要融合视觉和听觉的多感官体验，同时要求兼具知识性和趣味性。

然而，现有博物馆设施在儿童友好性方面存在明显不足。空间设计上，70% 的家长认为互动设施布局不合理，60% 指出设备高度不适合儿童使用。内容体验方面的问题更为突出：80% 的家长反映文字信息过量，70% 认为互动性不足，60% 指出缺乏年龄针对性。这些数据清晰地揭示了当前博物馆在儿童互动体验设计上的改进空间，亟需建立更科学的儿童参观服务体系（图 8-28）。

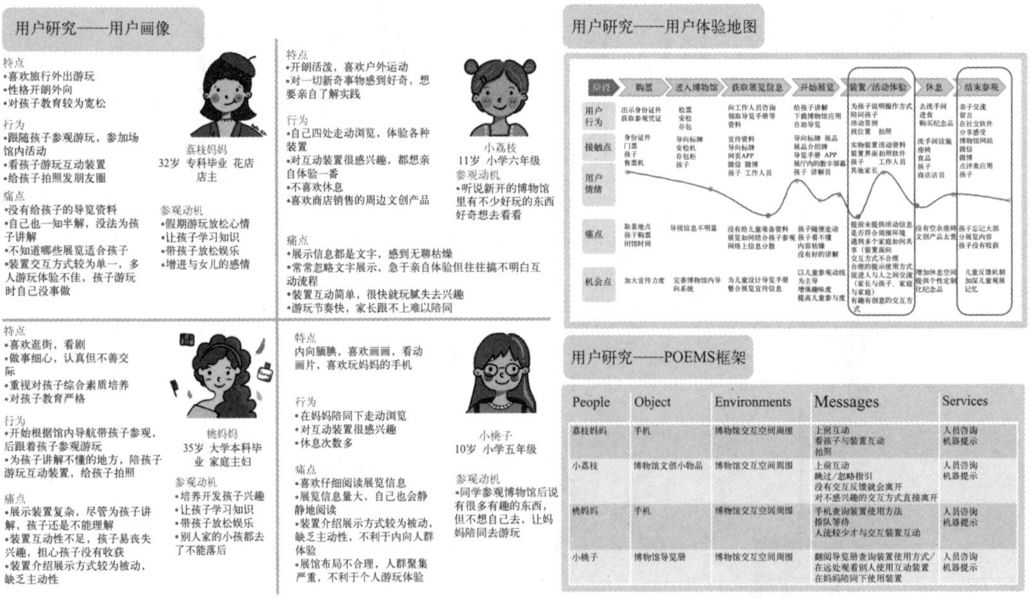

图8-28　用户研究

8.5.3　设计过程

（1）设计定义

本设计的目标用户定位为对中国传统音乐文化感兴趣、希望通过亲子活动获得收获的家庭群体。设计的核心定位是以中国传统乐器博物馆为背景，打造面向社会大众的教育娱乐体验类交互空间。这一空间设计的主要用户群为 12～18 岁的青少年及其家长，通过游戏化的交互方式激发用户的参与热情，旨在让用户在体验过程中感受到愉悦与满足，从而提升他们对中国传统乐器和音乐文化内涵的了解与情感认同。本设计同时承担社会教育与文化传承的功能，并致力于促进亲子交流，推动中国传统乐器博物馆的文化传播在现代社会中延续与发展。

（2）设计特色

设计以趣味互动和社交分享为核心特色。首先，在趣味互动方面，以中国传统乐器为文化基础，通过对传统乐器操作方式（如吹、拉、弹、敲）的创新，设计出能满足多感官交互体验的特定空间。这种交互不仅融合了视觉、听觉和触觉，还注重促进亲子之间或陌生家庭之间的互动交流。用户在合作、分享中感受中国传统音乐文化的魅力，同时获得情感上的满足。

其次，社交分享功能是设计中的亮点。中国传统乐器博物馆开发了一款小程序，用于发布展览、活动信息，并日常更新展示博物馆中的见闻趣事。用户还可以自行创建账号，记录参观过程或互动体验，并通过社交媒体进行分享。这样的功能不仅延伸了用户的体验，还扩大了文化的传播范围和社会影响力。

（3）草图推演与最终方案

从草图推演开始，逐步优化方案的呈现形式和交互方式，最终形成一个注重体验创新的设计方案（图 8-29）。

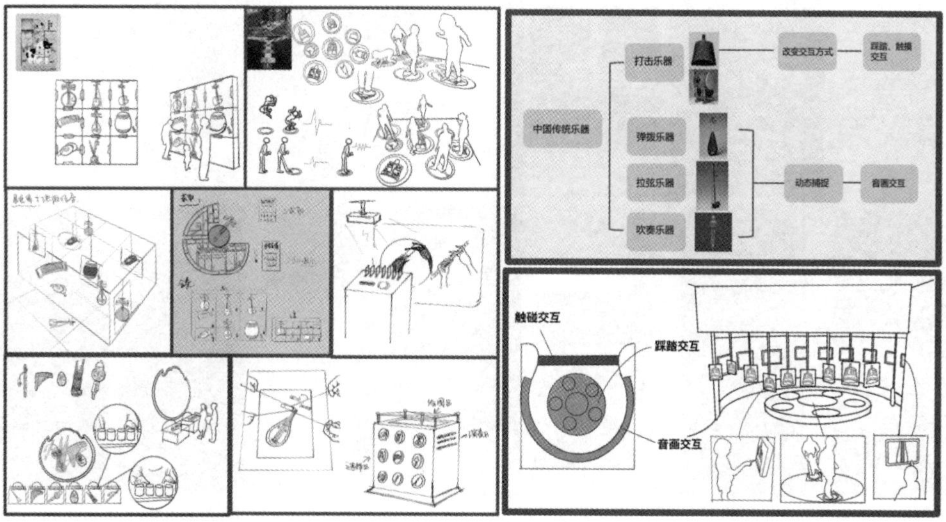

图8-29　设计草图

最终方案的交互方式围绕多人协作展开，颠覆了以往单人与乐器交互的传统模式，探索多人共同对单一乐器或多种乐器进行交互的可能性。在技术实现层面，结合了

TouchDesigner 与 Blender 等软件工具，充分发挥数字化技术的优势，以支持方案的视觉与功能实现（图 8-30）。

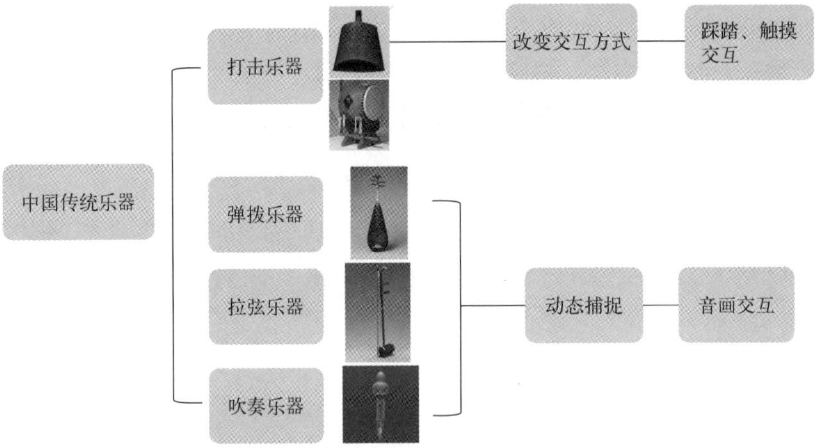

图8-30　产品构成

（4）反馈机制与技术支持

设计中配备了 App 或小程序作为反馈机制，用户可以通过这些平台获取实时反馈，同时记录并分享自己的交互体验（图 8-31）。

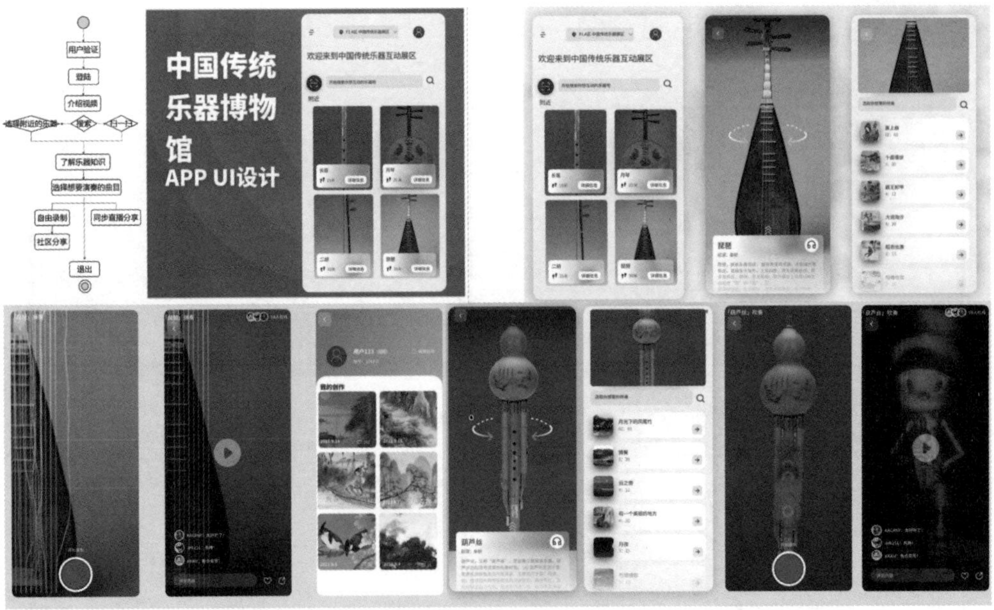

图8-31　App和小程序

技术支持方面，选择使用 TouchDesigner 互动设计软件，结合 Blender 进行建模与动画制作，为项目的实现提供全面的技术支撑（图 8-32）。

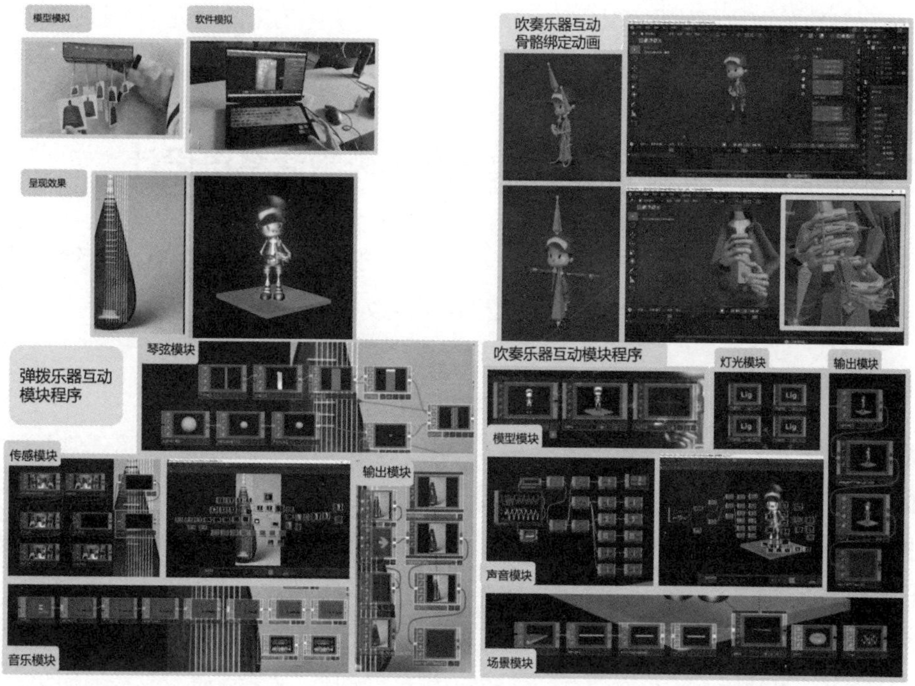

图8-32　原型的技术实现

8.5.4　案例总结

本案例在深入传播中国传统乐器与音乐文化的基础上，重点探索交互方式的创新。通过从人与乐器的单向交互转变为多人对单乐器或多乐器的协作交互，实现了人与人之间交流方式的革新。其创新性体现在屏幕交互方式的探索，以及 TouchDesigner 与 Blender 软件结合的实现路径上（图 8-33）。

图8-33　交互过程

设计过程中也暴露出一些不足之处。一方面，整体设计体量较大，融合各模块时表现效果略显分散；另一方面，方案的反馈机制与实际落地实施性尚需进一步完善。未来的改进方向在于优化各功能模块的协作效率，加强对用户需求与实际场景的适配性考量，确保设计方案更加系统化与可操作。

8.6 课程案例二：老旧社区饮食文化再激活系统设计

本案例来自硕士系统创新设计课程，学生为徐奕文、马语遥、万之唯、李欣怡、杨雯萱，由李存、陆一晨指导，李存在原作业基础上进行了修改和提升。

8.6.1 背景介绍

老旧社区饮食文化是指存在已久的传统饮食习惯和文化特征，这些社区通常是历史悠久的城市、村庄或街区中的社区，其饮食文化经过代代传承，逐渐形成了独特的地域特色。这种文化与当地的历史背景、地理环境、民俗习惯以及社会传统等密切相关，成为社区发展的重要组成部分。

老旧社区饮食文化主要通过老一辈的生活经验和技艺传承给下一代。例如，老年人长期生活在社区内，对其饮食文化有深刻的理解和传承。同时，随着自媒体平台的崛起，线上自媒体平台逐渐成为年轻一代探索新潮美食文化的主要场所。年轻人通过“探店”“打卡”等方式，对地域特色美食充满好奇，怀旧于市井街道的烟火气息，并将自身的经历和信息通过网络平台进行二次传播，促进了新一轮饮食文化的交流与传播。

（1）痛点问题分析

首先，老旧社区饮食文化面临流失的困境，尤其是与年轻一代缺乏互动交流。在传统传承方式中，老一辈的生活经验是主要的传承载体，然而，由于缺少网络化平台的支持，这种文化逐渐形成“信息孤岛”，年轻一代无法有效参与和继承。此外，老年人与年轻人之间的信息交流不畅，使得年轻人只能通过单一的网络信息来了解传统饮食文化，缺乏全面、真实的体验。其次，在老旧社区的“美食探店”过程中，食客往往只关注食物的口感和味道，而忽视了食物背后的文化故事和人文内涵。这种单一的消费方式限制了饮食文化的传承和传播，导致人们无法深入了解和分享社区的文化背景。

此外，社区参与者之间缺乏系统的整合与联动。在江苏省无锡市锡山区稻香新村社区，食客、居民和商家等各方利益相关者之间存在着互动与交流的壁垒，缺乏有效的服务体系来将多方资源整合起来，实现共赢。这种孤立的状态阻碍了社区的整体发展和文化的可持续传承。

（2）桌面调研

稻香新村市场是无锡市的一座知名农副产品市场，位于江苏省无锡市锡山区锡北街道稻香新村小区内。市场主要提供农副产品，包括蔬菜、水果、肉类、粮食和水产等，满足消费者对于新鲜农产品和传统特色食品的需求。此外，稻香新村市场还设有一些特色小吃和熟食摊位，游客和居民能够品尝到各种无锡特色美食，如无锡狮子头、馄饨和蟹粉小笼包等。这使得市场不仅成为购买当地特色食品的理想场所，也为居民提供了丰富的饮食选择。整体而言，稻香新村市场以其新鲜、优质的农产品和独特的小吃吸引了众多消费者，展示了区域特色和文化的融合。

（3）饮食文化面临的问题

现代快节奏生活促使快餐文化兴起，快餐店逐渐取代了传统的街巷小店。这种趋势使得人们倾向于选择便捷、高效的饮食方式，导致原本丰富的烟火气息逐渐消失。在这样的背景下，传统的饮食习惯和文化特征面临逐步淡化的风险。

此外，随着食品工业的发展，大规模生产和标准化的食品制造逐渐取代了传统手艺的传承与学习。许多传统的家常菜和饮食文化背后的故事逐渐被遗忘，饮食文化的多样性因此受到压制。信息时代的到来进一步加剧了这一矛盾，人们越来越依赖网络推广渠道和社交媒体来了解和分享美食。然而，这种网络化的趋势使得本土传统饮食文化的传承逐渐减少，传统的口口相传逐渐被互联网信息取代。

同时，现代社会对多样化口味的追求日益增长，许多人喜欢尝试不同文化背景下的食物。然而，某些本地饮食文化往往依赖特定的食材和烹饪技巧，这种多样化需求与本地特色文化的冲突日益显现。这样，传统饮食文化的传承面临挑战，如何在多样化的食物选择中保留本地特色成为一个重要课题（图 8-34）。

图8-34　相关报道和社区饮食文化参与者分析（左）和课题探索过程（右）

（4）矛盾分析

社区结构的固化使得其布局难以大规模调整，社区的发展与优化面临一定的限制。特别是在解决食客就餐空间问题上，传统社区的空间限制成为阻碍。这种结构上的限制，使得社区无法快速适应现代化需求，难以为居民提供更好的公共服务和设施。

随着“探店”“打卡”等新潮流活动的兴起，人们对食物的认知逐渐局限于口味本身，而忽略了背后的人文价值和文化脉络。这样的文化消费方式，使传统饮食文化的传承与挖掘受到了挑战，难以实现深层次的文化交流和多维度的体验。

与此同时，随着线上经济的快速发展，许多由老年、中年群体经营的商户在面对现代营销方式时显得缺乏足够的适应能力。线上营销手段的不足成为新的挑战，使得这些商户难以在激烈的市场竞争中脱颖而出。此外，宣传方式的单一化限制了他们在市场上的曝光和消费者的认知，这需要通过创新的途径来解决。

8.6.2 设计方向

在自媒体平台网络文化的冲击下，老旧社区文化流失严重。基于活化社区氛围，针对社区、食客、商铺三方利益相关者，通过“涂鸦互动”“饮食享用”“美食圈 App 分享”等多种设计形式，为老旧社区参与人群提供更有趣、更便捷的生活方式（图 8-35）。

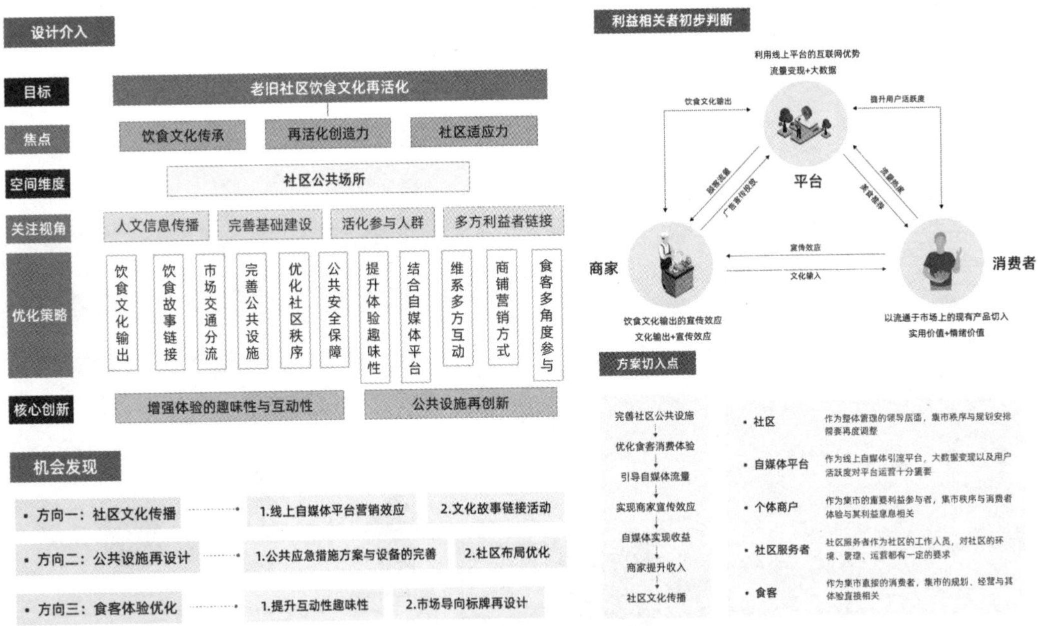

图8-35　设计介入与机会发现（左）和利益相关者与方案切入点（右）

（1）前期调研与设计洞察

基于选定的现实社区场所稻香新村市场，研究团队进行实地调研，模拟食客的探食过程及路径，并针对相关用户群体进行问卷调查和访谈，深入了解用户群体需求与痛点，对用户调研结果进行分析，以此探索设计洞察机会点（图 8-36）。

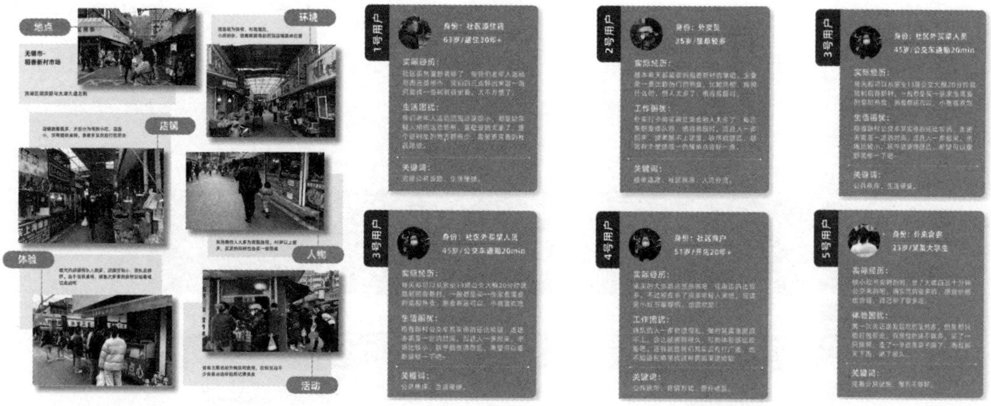

图8-36　目标场所实地调研（左）和用户群体洞察卡片（右）

（2）用户群体洞察

经过实地调研，研究团队在集市中选取了不同年龄、不同身份的用户进行分析。通过与不同用户群体的深入接触，获取了他们在市场中的行为、需求和体验，以便更好地理解各个群体的需求特征和消费习惯。洞察卡片的目的在于，研究团队选取不同群体，针对各个群体的利益链条、市场体验以及日常行为进行深入调研，并将相关信息汇总和归纳。这有助于形成对用户群体的全面认知，为研究团队提供全面的用户数据支持（图 8-37）。

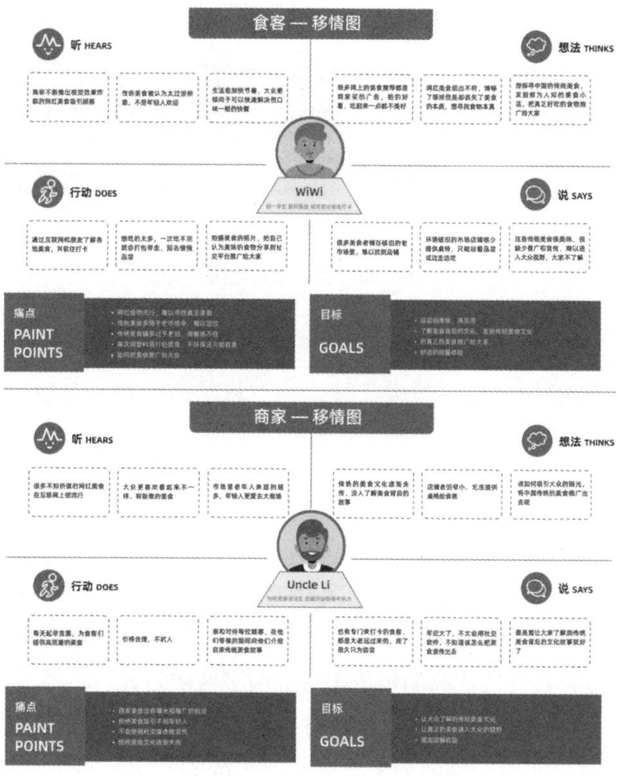

图8-37　用户群体洞察卡片

基于行为分析，深入研究用户群体在市集中的行为动机与痛点，从而为设计提供切入点。通过对多个群体的分析，找出共性特征，以此为基础进行设计策略的构建，从而更精准地满足用户需求。用户旅行地图如图 8-38 所示。

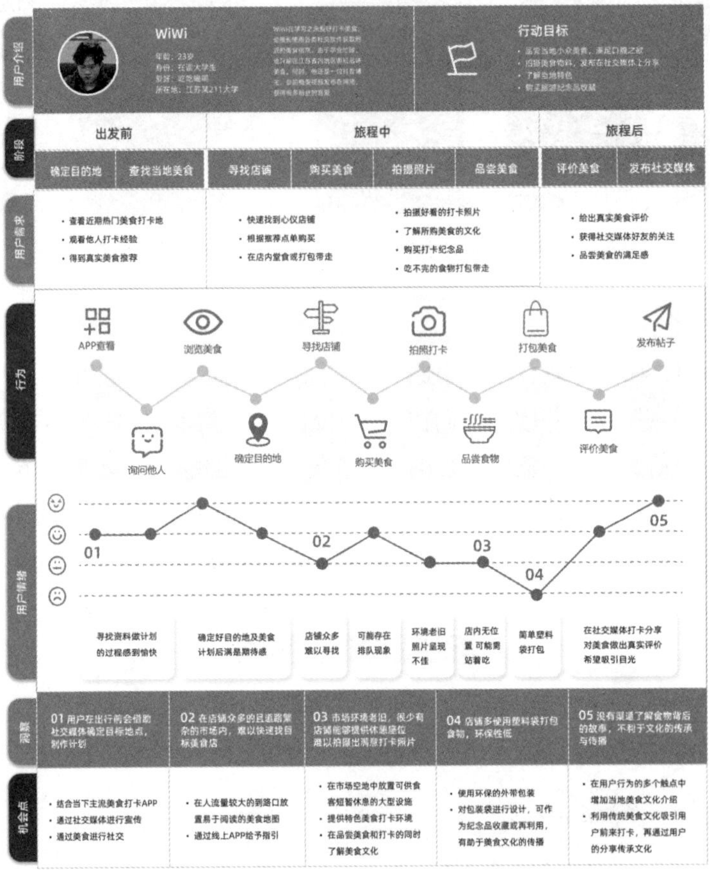

图8-38　用户旅行地图

结合社区的人文背景，将社区的饮食文化与自媒体平台进行有效连接，并围绕这一连接点发散相关概念，以实现传统文化与现代技术的有机结合，提升社区文化的多维度传播和互动。

（3）情景建立与接触点规划

A 是一位大学生，热衷于品尝美食。在学业之余，他关注网络上的热点，特别是一些地方特色美食，例如最近引起广泛关注的“淄博烧烤”。A 在看过相关新闻后前往淄博尝试，与朋友们分享旅程中的点滴和感受。在社交平台上，A 也注意到朋友们频繁分享无锡稻香新村市场的早餐，简单、淳朴且性价比高的传统美食吸引了他的目光。

B 是一位稻香新村市场的店铺老板，他经营着一家传统玉兰饼铺子，手艺是从父亲那里传承下来的。平时来店里买玉兰饼的大多是住在附近的回头客，很少有年轻人光顾。他外出时常常看到其他网红店铺的玉兰饼，虽然打着传统的招牌，但实际制作方法和口味早已改变。

外地游客无法品尝到正宗的无锡传统美食，B 感到困惑和无助，不知道该如何通过网络宣传自家店铺。

C 是无锡稻香新村市场的管理人员。由于市场所在区域较早建立，如今已显得老旧，且道路规划不合理，许多外来的游客找不到路，市场内部拥挤，没有休息场所。C 希望通过将稻香新村的传统美食推广出去，吸引更多外地游客和年轻消费者，从而提升市场效益和改善环境。近年来，稻香新村市场的美食逐渐出现在小红书等社交媒体上，越来越多的人开始关注和探访这里（图 8-39）。

图8-39　情景建立与接触点规划

（4）概念转化与设计亮点

通过调研稻香新村市场内的商户、居民等的痛点并进行分析，同时结合市场现有的基础设施功能和位置，设计团队发现以下需求。设计需要侧重于用户之间的交流，同时注重用户与产品之间的实体交互。设计亮点如下。

① 重视体验感：通过调研稻香新村市场内食客的体验，发现食客需求侧重于更有趣、更具互动性的交流体验，为用户创造更具个性化与便捷性的消费体验。通过引入趣味性的互动元素，提升用户的参与感和互动性，使每次市场体验更加丰富和有意义。

② 可持续性：对于食客而言，提升体验感能够激发持续性的打卡行为。而对于平台和商户而言，流量和广告宣传的积累能够实现收益的可持续性。通过优化市场环境和提供更好的服务，形成一种良性循环，从而推动整体市场的长期发展。

③ 共建共享：通过完善社区公共设施，优化社区布局，使食客能够更加便捷地享受美食。同时，通过重新规划市场秩序，使各方能够更加和谐共处，实现共建共享的目标。这不仅提

升了市场的秩序和体验感，也为社区带来了更多的社会价值。

④ 自媒体参与联动：联动自媒体平台，为活动带来更大的流量，同时引入平台资金以确保活动的可持续性。通过线上与线下资源的结合，连接年轻群体与当地文化，使传统市场更具时代感，吸引更广泛的用户参与。大众点评等自媒体平台可以成为推广和变现流量的重要渠道，提升平台活跃度和市场影响力。

（5）系统分析

① 食客视角：原本食客的体验仅停留在寻找并打卡美食，将其视角从单纯的消费者转变为社区内的“美食家”和“创作者”。通过探索美食背后的文化和历史，食客不仅享受美食本身，还参与创造和分享的过程，从而提升整体活动的参与感和互动性。

② 社区视角：社区在该系统中处于主导地位，提供最基础的服务，包括场地与基础设施等。通过完善这些基础服务，社区能够提升自身的口碑，同时有效解决当前食客和商户的困扰，推动市场的长期发展。

③ 自媒体视角：大众点评等自媒体平台曾与多个线下社区联动品牌举办主题活动。作为自媒体平台，以稻香新村市场为基础，引入商家入驻进行广告宣传，吸引大量用户流量，从而提升平台活跃度并实现变现。这样，线上与线下的联动形成一个双向推动的生态系统（图8-40）。

图8-40　系统分析

8.6.3　设计方案

在现代都市化进程中，地道的饮食文化逐渐面临流失的危机。一方面，信息的传播渠道有限，传统美食店铺往往依赖口耳相传，外来的年轻食客难以轻松获取这些店铺的信息。另一方面，路径不明的问题也显得尤为突出。在狭窄的巷道中，隐藏的美食店铺难以被寻找到，这让外地食客的就餐体验大打折扣。此外，大部分市井美食店铺年久失修，面积有限，甚至缺乏固定的就餐座位，这也影响了整体的就餐环境与体验。

（1）功能和目的：老旧社区饮食文化再激活

为了应对这一问题，设计团队提出了一个系统创新设计方案，主要目标是通过线上与线下的结合，激活老旧社区的饮食文化，并促进食客与社区之间的深度互动。该方案包括以下几个核心功能（图 8-41）。① 平台引流：实体交互装置的引入能够有效引导食客在线上平台进行打卡与分享，将隐藏的市井美食信息扩展到自媒体平台上，吸引更多年轻人和外地食客的关注，从而扩大传统美食的曝光度和影响力。② 路线指导：通过精细化的地图展示，细化社区内美食聚集区域的小巷和店铺位置，提升路径的可视性与导航便捷性，使年轻人和外地食客更容易找到传统美食店铺。③ 临时就餐：在交互装置的周边设置临时的就餐区域，为食客提供一个相对安静且舒适的环境，以应对市场环境的喧扰，为他们提供更优质的就餐体验。

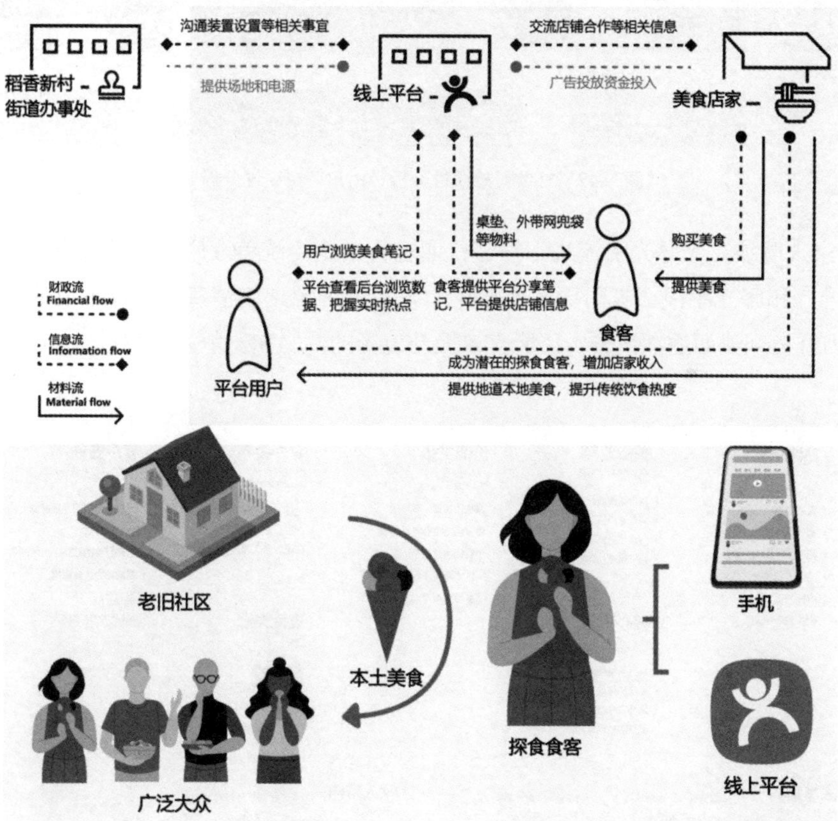

图8-41　设计方案的功能

该系统以线上平台与社区的深度合作为基础，构建起线上平台、社区、店家、食客以及平台用户之间的互利共赢合作关系。线上平台不仅发掘并展示隐藏的本土美食，还通过食客的分享与互动提供丰富的用户内容，同时积累后台数据。店家借助线上曝光和线下引流，吸引更多食客的光顾，提升经营收入和社区氛围。食客通过探店活动为社区带来活力，使传统美食在线上平台得到更广泛的传播与推广。

（2）系统运作

① 体验驱动分享，实现平台内容供给：通过实体化的交互装置简化线上平台的分享操作，同时提升趣味性和互动性，赋予分享者更大的自定义空间，以满足年轻群体自我表达的需求。通过动态视觉反馈，鼓励分享者积极参与并增强其对传统美食的兴趣。

② 优化探店体验，提升市场自身竞争力：通过设置公共交互装置，打破传统市场的“脏乱差”印象，优化市场的购物与体验流程，满足不同用户的多样化需求。可交互硬件的引入不仅提升了市场的数字化水平，还能够更好地与年轻群体的生活建立联系（图 8-42）。

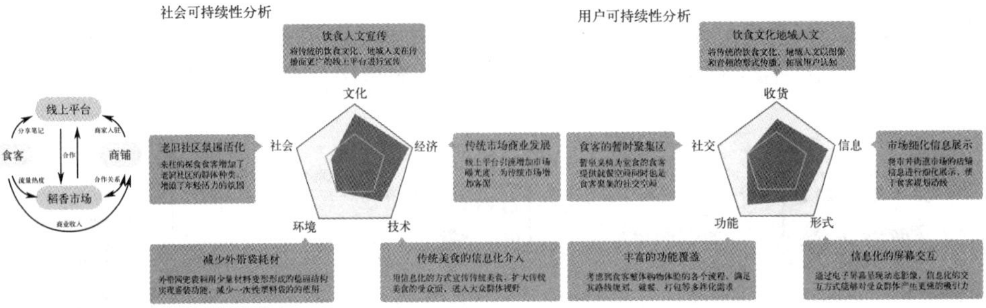

图8-42　社会可持续性分析和用户可持续性分析

③ 商家入驻线上，曝光引流线下拓客：通过将本土传统美食店铺入驻线上平台，借助高效的线上推广和曝光手段，吸引更多年轻和非本地的客源到店消费。这样不仅能够避免传统美食文化因鲜有问津而逐渐消失，还能有效提升市场的活力和竞争力（图 8-43）。

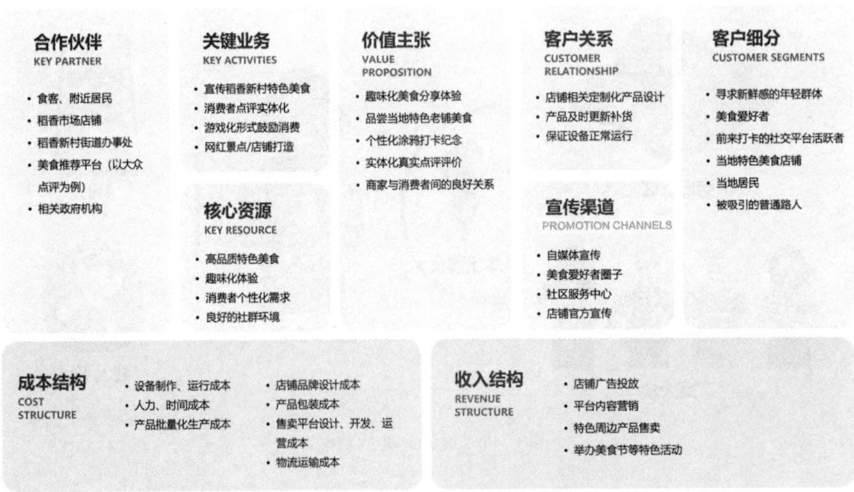

图8-43　商业画布

本系统以线上平台、食客、店家、平台用户、社区五方为主要的利益相关者，充分利用各方资源，构建利益合作关系。线上平台的介入与食客的线上分享为社区美食店家增加曝光和线下引流，从而让各地的食客能够通过平台了解其他地域的传统美食。同时，平台也能够通过此方式获得更多的内容生成和流量热度。在社区商业氛围的提升下，更多的人流涌入，区域的市场氛围得到活化，地道美食文化也得以被更多人熟知和传承（图 8-44）。

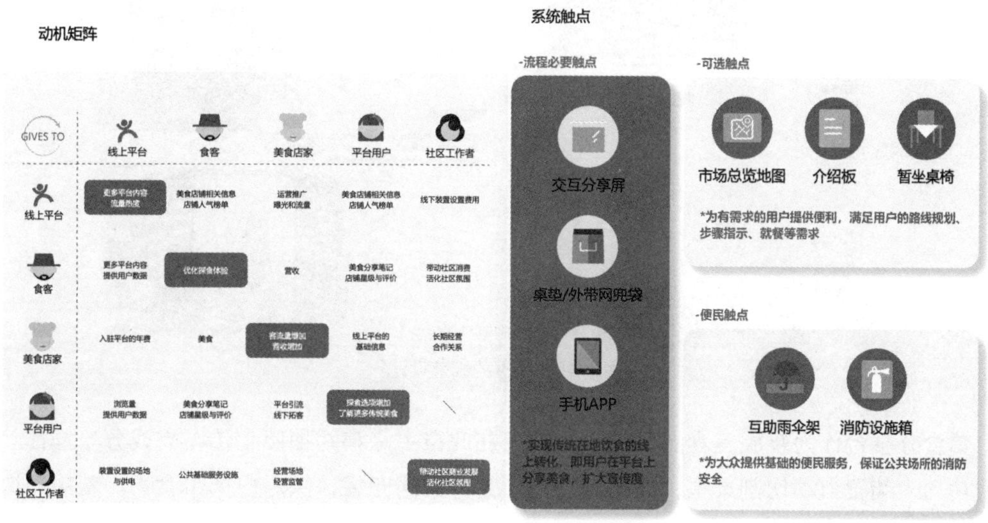

图8-44　动机矩阵与系统触点

（3）硬件设施

装置整体采用橙白配色，延续了大众点评的品牌色彩。鲜艳的橙红色在市场中具有极高的识别度，能够吸引来往人群的注意力。与此同时，这种颜色具有活力，能有效刺激身体感官，加快进食速度，从而减少食客长时间的逗留集聚，缓解市场拥堵压力（图 8-45）。

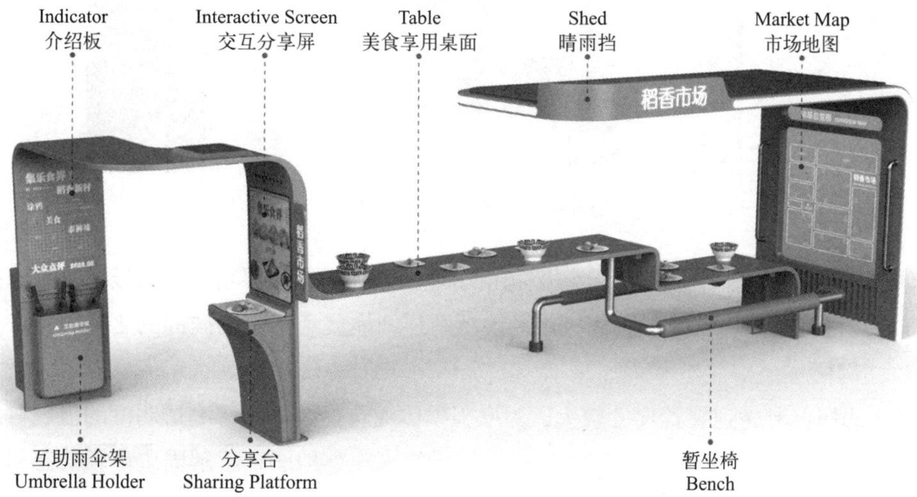

图8-45　交互装置

① 细节设计：交互分享屏幕通过展示美食渐逝的动态影像，吸引用户将购买到的美食分享到线上平台。装置引导用户完成操作步骤，并展示市场内优质店铺的推荐（图 8-46）。

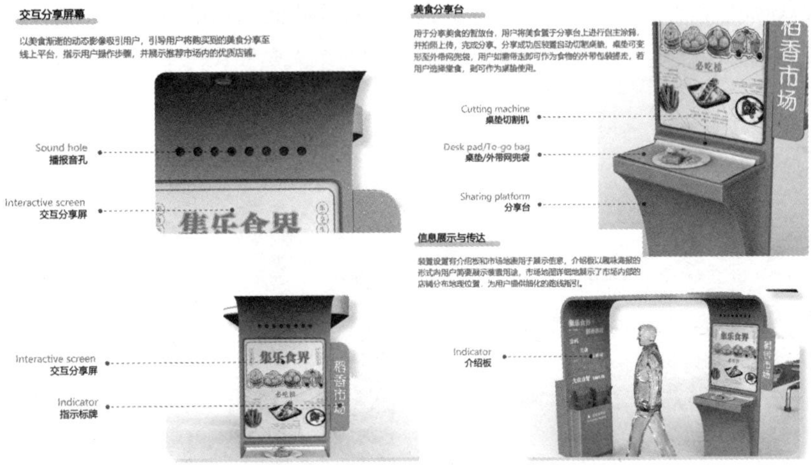

图8-46　装置的细节设计1

美食分享台作为暂放美食的区域，用户可在此自主涂鸦并拍照上传，完成分享操作。分享成功后，装置自动切割桌垫，桌垫可以变形为外带网兜袋，供用户携带食物。若用户选择堂食，则可作为桌垫使用，提升了用户的体验和便利性（图 8-47）。

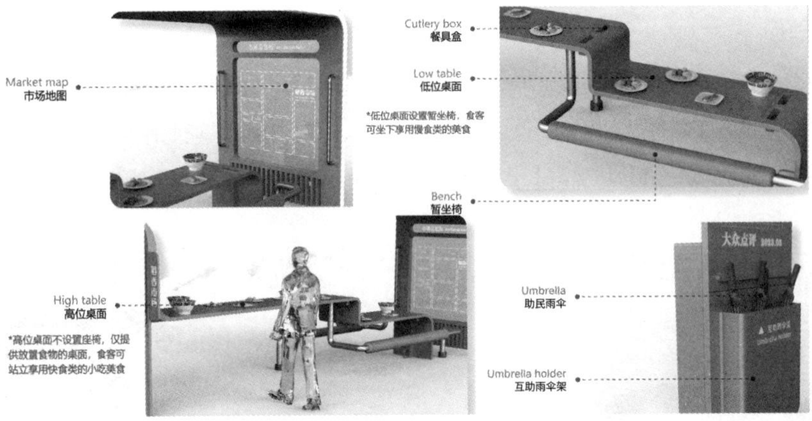

图8-47　装置的细节设计2

② 信息展示与传达：装置设有介绍板和市场地图，提供信息展示。介绍板以趣味海报形式简要展示装置用途，吸引用户关注。市场地图则详细地展示了市场内部的店铺分布，提供精准的路线指引。

③ 材质选择：考虑到装置尺寸较大，为增强整体通透性，采用了高透明度的玻璃材质呈现市场地图。这种材质可以减少大面积遮挡，便于行人观察地图，了解周边市场动态和暂享桌上的空余座位。

④ 美食暂享桌椅：在老旧社区市场中，原本桌椅仅服务附近居民的购物需求，缺乏充足的就餐场地。为满足外来食客的堂食需求，装置功能中加入了桌椅设置。同时，为了避免市场过度拥挤，桌椅的设置在提供便利的同时，尽量减少食客的逗留时间。高位桌面不设座椅，

仅提供放置食物的空间，供食客站立享用快食类的小吃美食。而圆筒形状的暂坐椅则避免用户过长时间使用，从而有效减少用户的逗留时间。

⑤ 便民设施：作为人流密集区域的公共设施，装置整体配备有助民雨伞、消防设施箱等设施，以应对突发天气变化和突发事故，提升市民的便利性和安全感。同时，这些设施有助于缓解人流压力和消防压力，进一步优化市场环境（图 8-48）。

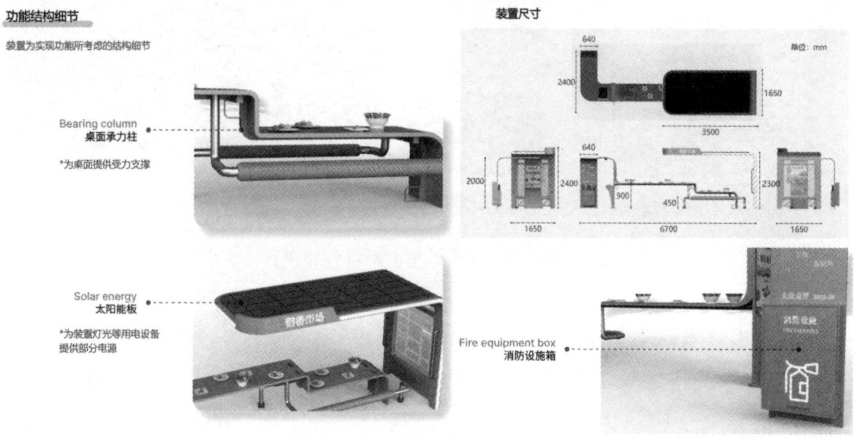

图8-48　装置的细节设计3

（4）软件界面

基于大众点评 App 的基本架构与视觉风格，为提升用户体验的流畅度，本系统在原有的大众点评界面基础上，增设了线下装置分享界面，旨在引导用户完成一系列的线上分享操作（图 8-49）。

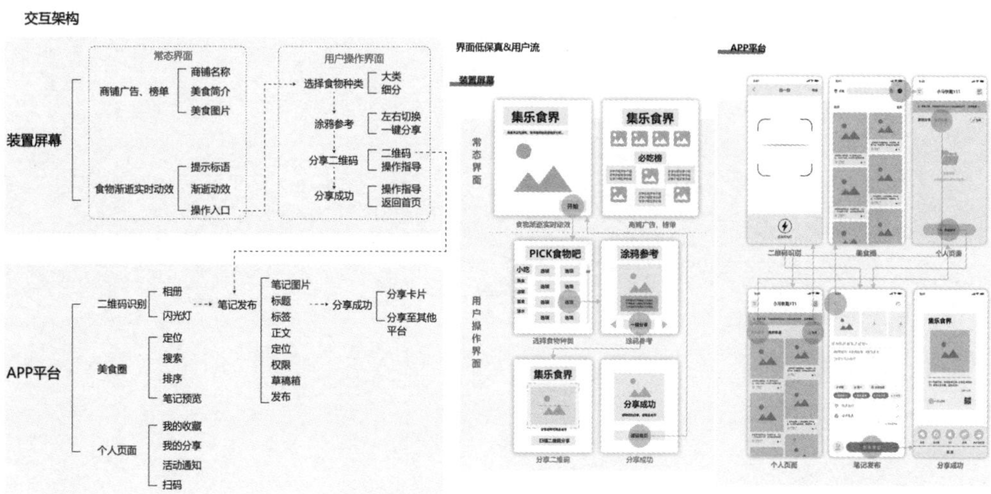

图8-49　软件的交互架构设计

扫描装置屏幕上的二维码，用户可以直接跳转至笔记发布界面，减少用户在分享过程中所需的步骤。分享成功后，系统生成一张分享卡片，用户可将其分享到其他社交平台，让更多人看到并参与互动（图 8-50）。

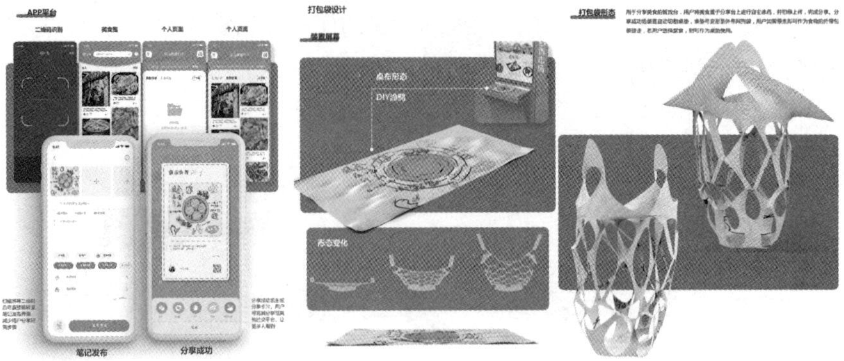

图8-50　手机App设计（左）和打包袋设计（右）

此外，用户可以在打包袋上进行涂鸦，并拍照上传，完成分享操作。分享成功后，装置会自动切割打包袋，使打包袋变形为外带网兜袋。用户若需带走，其可作为食物的外带包装提走；若用户选择堂食，则可以作为桌垫使用，从而提升了用户的便捷性与互动体验。

8.6.4　案例总结

由于时间及成本问题，本设计未能制作出完整的 1∶1 实体模型，而是采用了模拟演绎的方式来验证其可行性。这一装置的体积较大且为带屏交互硬件，因此实现成本较高。此外，装置对放置场地有一定要求，需要一定的空间范围，这在实际应用中可能会面临一定的限制。

参考文献

[1] Rogers Y. Moving on from Weiser's vision of calm computing: Engaging ubicomp experiences[J]. UbiComp'06: Proceedings of the 8th international conference on Ubiquitous Computing, 2006, 4206: 404 - 421.

[2] Dusek V. Philosophy of technology: An introduction[M]. Oxford: Wiley-Blackwell, 2006.

[3] Endsley M R, Bolte B, Jones G D. Designing for situation awareness: An approach to user-centered design[M]. Boca Raton: CRC Press, Inc., 2003.

[4] Funk M, Ling-Ling C, Shu-Wen Y, et al. Addressing the need to capture scenarios, intentions and preferences: Interactive intentional programming in the smart home[J]. International Journal of Design, 2018, 12 (1) : 53-66.

[5] Garg R, Cui H. Social contexts, agency, and conflicts: Exploring critical aspects of design for future smart home technologies[J]. ACM Transactions on Computer-Human Interaction, 2022, 29 (2) : 1-30.

[6] Hajian S, Ferrer D J, Monreale A, et al. Discrimination-and privacy-aware patterns[J]. Data Mining and Knowledge Discovery, 2015, 29 (6) : 1733 - 1782.

[7] Jensen H R, Strengers Y, Kjeldskov J, et al. Designing the desirable smart home: A study of household experiences and energy consumption impacts[C]//CHI 2018 - Proceedings of the 2018 CHI Conference on Human Factors in Computing Systems.New York: Association for Computing Machinery, 2018: 14.

[8] Rozendaal M C, Boon B, Kaptelinin V. Objects with intent: Designing everyday things as collaborative partners[J]. ACM Transactions on Computer-Human Interaction, 2019, 26 (4) : 1-33.

[9] Seymour W, Binns R, Slovak P, et al. Strangers in the room: unpacking perceptions of 'smartness' and related ethical concerns in the home[C]// Proceedings of the 2020 ACM Conference on Designing Interactive Systems (DIS '20) .Association for Computing Machinery, Inc., 2020: 841 - 854.

[10] Yang R, Newman W M. Learning from a learning thermostat: lessons for intelligent systems for the home[C]// UbiComp '13: Proceedings of the 2013 ACM international joint conference on Pervasive and ubiquitous computing.New York: Association for Computing Machinery, 2013: 93 - 102.

[11] Allen V P, Schultz M J, Brown B, et al. AniThings: animism and heterogeneous multiplicity[C]// CHI'13 Extended Abstracts on Human Factors in Computing Systems.New York: Association for Computing Machinery, 2013: 2247-2256.

[12] Ju W, Takayama L. Approachability: How people interpret automatic door movement as gesture[J]. International Journal of Design, 2009, 3 (2) : 1-10.

[13] Ju W. The design of implicit interactions[M].Cham, Switzerland: Springer Cham, 2015.

[14] Vaswani A, Shazeer N, Parmar N, et al. Attention is all you need[C]//NIPS'17: Proceedings of the 31st International Conference on Neural Information Processing Systems.New York: Curran Associates Inc., 2017: 6000 - 6010.

[15] Norman A D. The psychology of everyday things[M]. New York: Basic Books, 1988.

[16] Holtzblatt K, Beyer H. Contextual design: defining customer-centered systems[M]. Burlington, Massachusetts: Morgan Kaufmann, 1997.

[17] Gaver M B, DunneT, Pacenti E. Design: cultural probes[J]. Interactions, 1999, 6 (1) : 21 - 29.

[18] Gaver W W, Boucher A, Pennington S, et al. Cultural probes and the value of uncertainty[J]. Interaction Design, 2004, 11 (5) : 53-56.